QIANRUSHI PLC
ZHIZUO YU
YINGYONG SHILI

嵌入式PLC制作与应用实例

陈洁 著

内 容 提 要

本书介绍了构成可编程序控制器（PLC）的 STC 单片机电路、输入电路、输出电路和电源电路的原理和设计，以及几款专用控制板和选配式控制板的制作。对需要用到的三菱编程软件、梯形图转换单片机可执行代码软件和代码烧录软件做了比较详细的介绍。最后列举了多个应用案例，对传统的继电器控制电路改造成 PLC 控制具有参考价值。

本书适用于电气与电子工程技术人员或其爱好者，也可作为高等院校电气控制、机电工程、计算机控制、自动化类专业学生 PLC 或单片机课程实践参考用书，本书是熟悉继电器控制的一线人员学习 PLC、单片机控制的合适教材。

图书在版编目（CIP）数据

嵌入式 PLC 制作与应用实例/陈洁著. —北京：中国电力出版社，2022.5
ISBN 978-7-5198-6435-4

Ⅰ.①嵌…　Ⅱ.①陈…　Ⅲ.①PLC 技术—程序设计　Ⅳ.①TM571.61

中国版本图书馆 CIP 数据核字（2022）第 015742 号

出版发行：中国电力出版社
地　　址：北京市东城区北京站西街 19 号（邮政编码 100005）
网　　址：http：//www.cepp.sgcc.com.cn
责任编辑：杨扬（010－63412524）　孟花林
责任校对：黄　蓓　朱丽芳
装帧设计：赵姗姗
责任印制：杨晓东

印　　刷：北京天宇星印刷厂
版　　次：2022 年 5 月第一版
印　　次：2022 年 5 月北京第一次印刷
开　　本：787 毫米×1092 毫米　16 开本
印　　张：18.25
字　　数：498 千字
定　　价：78.00 元

作 者 简 介

陈洁，笔名键谈。男，江苏吴江人，江苏省电子信息工程类高级工程师职称。1988 年自考大专毕业于东南大学和南京大学“微型计算机应用”专业，2007 年本科毕业于东南大学成人院“计算机控制与管理”专业。主要从事计算机管理与控制、电力电子技术方面单片机或 PLC 的应用研究工作，已出版《EDA 软件仿真技术快速入门》《PLC 控制技术快速入门——三菱 FX 系列》《PLC 入门与应用案例》《PLC 控制技术快速入门——西门子 S7-200 系列》和《轻松掌握 PLC 软硬件及应用（三菱 FX1S）》等 7 部作品，在二十余种公开期刊或报纸上发表作品百余篇，拥有专利 4 项。

前言

嵌入式可编程序控制器是将 PLC 常用的梯形图语言嵌入单片机开发中，实现 PLC 的单片机化，其实现途径主要有两种，一是直接将梯形图编译程序嵌入单片机中，用户可以通过梯形图编辑程序直接与单片机系统通信，将保存的 PMW 文件直接下载到单片机系统中；另一种是把梯形图编译程序独立出来，通过转换软件的转换，将 PMW 文件转换成单片机的目标代码，再烧录到单片机中。以上两种方式所使用 PLC 的指令都受到梯形图编译程序或转换软件的限制，前者可以直接在编程软件界面上进行梯形图编辑、修改、下载、监控等操作，但如果硬件系统设计定型，则 PLC 硬件中所使用单片机的引脚分配便不可再改动；而后者的单片机引脚分配比较灵活，只要在转换软件允许范围内，可根据需要做相应调整。有了转换软件，可以针对实际控制系统要求定制不同的硬件电路，按照控制功能编制梯形图，再将 PMW 文件通过转换软件转换成目标代码，烧录到单片机。这样单片机产品开发就从使用汇编语言或 C51 语言变为使用梯形图语言，为没有汇编语言或 C51 语言编程基础，却懂得继电器—接触器控制原理的一线人员提供了一条新途径，即可通过梯形图编程平台所提供的各种强大的应用功能学习和应用单片机控制技术，虽然使用的梯形图指令受到转换软件的限制（只能是三菱 FX_{1N}或 FX_{2N}PLC 中的一个子集）。

本书坚持“硬件是躯体，软件是灵魂”的原则，以先硬件、后软件、再案例的次序进行介绍。本书共分为 7 章，分别为 PLC 硬件结构原理，单片机及其电路简介，信号、通信及电源电路原理，控制板制作，软件使用，梯形图编制方法和步骤，以及应用案例。对于读者而言，可以不拘泥于本书的章节次序安排，自由地选择自己合适的章节次序来阅读。此处列出一种建议的阅读次序：第 1 章；第 5 章→第 6 章；第 4.2.1 节→第 7.1 节；第 4.2.2 节→第 7.2 节；第 4.2.5 节→第 7.3 节，第 7.4 节，第 7.6 节，第 7.7 节；第 4.2.6 节→第 7.5 节；第 4.2.5 节→第 7.9 节；第 4.1 节→第 7.13 节；第 4.2.2 节、第 4.2.3 节、第 4.2.4 节→第 7.11 节，第 7.12 节。在阅读第 7 章时可穿插第 2 章和第 3 章的相关内容。

本书适合电气与电子工程技术人员或其爱好者学习实践之用，也可作为高等院校电气控制、机电工程、计算机控制、自动化类专业学生 PLC 或单片机课程实践的参考用书，还可作为熟悉继电器控制的一线人员学习 PLC 和单片机控制的教材。

本书中用到的梯形图转单片机可执行代码软件由叶剑锋工程师及成家尚工程师提供，苏州市职业大学严俊高副教授、江苏永鼎线缆科技有限公司沈洪工程师参与了部分控制板制作、实例程序的编制和调试工作，在此对其表示感谢。

由于编者水平和经验所限，转换软件的有些功能未涉及，书中的缺点和错误之处，恳请广大读者予以批评指正，邮箱：chenjiee@126. com。

请扫码下载本书
配套数字资源

陈洁

目 录

第1章 PLC硬件结构原理

可编程序控制器（PLC）最初的应用是取代当时的继电器顺序控制电路，主要用于现场单机设备控制。这类电气控制装置的输入信号有按钮、开关、时间继电器、压力继电器、温度继电器等；输出信号有继电器、接触器、电磁阀等。这些信号只有闭合与断开或吸合与释放两种工作状态，该类物理量被称为开关量或数字信号。

工业生产过程中有着大量的开关量顺序控制，其按照逻辑条件进行顺序动作，并按照逻辑关系进行连锁保护动作的控制。这些功能是通过气动或继电器控制系统来实现的。早期的PLC只是一种用于替代继电器控制的逻辑控制器，随着技术的提高和应用的积累，PLC向着大型和小型两个方向发展，不仅有数字信号、模拟信号，而且还通过网络组成了控制网。小型PLC的功能一般以开关量控制为主，输入、输出点数一般在256点以下，具有一定的通信能力和少量的模拟量处理能力，适用于控制单台设备、开发机电一体化产品。本章以三菱FX_{2N}系列中的一款PLC主模块为例由外而内地介绍其硬件配置。

1.1 面板布局

FX_{2N}系列PLC外形如图1-1所示，图中为有32路输入点和32路输出点的FX_{2N}-64MR PLC，PLC面板上布置有电源输入端子、信号输入端子、输入信号指示灯、输出信号指示灯、系统指示灯、信号输出端子等，FX_{2N}-64MR面板说明如图1-2所示。

图1-1 FX_{2N}系列PLC外形

1.1.1 端子和指示灯排列

FX_{2N}-64MR信号端子排列如图1-3所示，将图中的PLC面板分为上中下三部分，其中PLC面板上侧为输入端子，下侧为输出端子。输入点的端子号分别是X00～X07、X10～X17、X20～X27、X30～X37，中间右侧上面2排是32个输入点的状态指示，当某点（X*n*）与公共端（图1-3中COM端子）接通时，对应的指示灯亮。输出点的端子号分别是Y00～Y07、Y10～Y17、Y20～Y27、Y30～Y37，中间右侧下面2排是32个输出点的状态指示，当某点（Y*m*）内部的继电器吸合，即外部两个端子接通时，对应的指示灯点亮。输出端子上的粗线条是输出端与公共端COM的分组线，即有单独一个或几个输出端单独或共用某个公共端COM*n*。

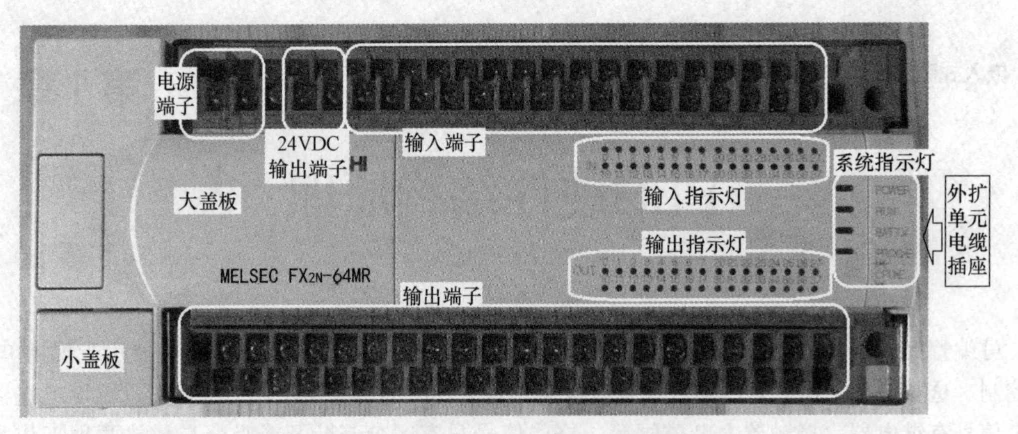

图 1-2　FX_{2N}-64MR 面板说明

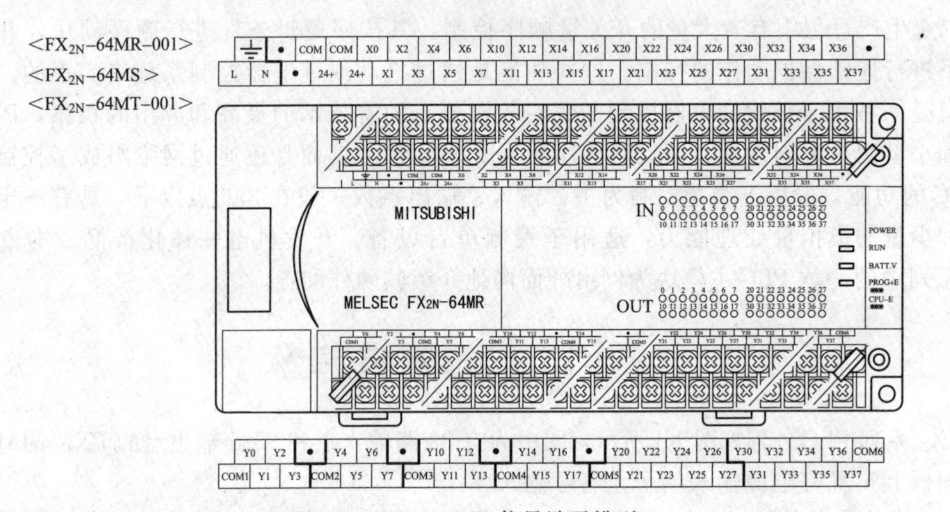

图 1-3　FX_{2N}-64MR 信号端子排列

1.1.2　通信和扩展口

打开面板上的小盖板，就能见到编程接口和运行/停止开关。若打开面板上的大盖板，除编程通信口和运行/停止开关外，还可以看到选件连接口、电池等，PLC电池、选件连接口如图 1-4 所示。

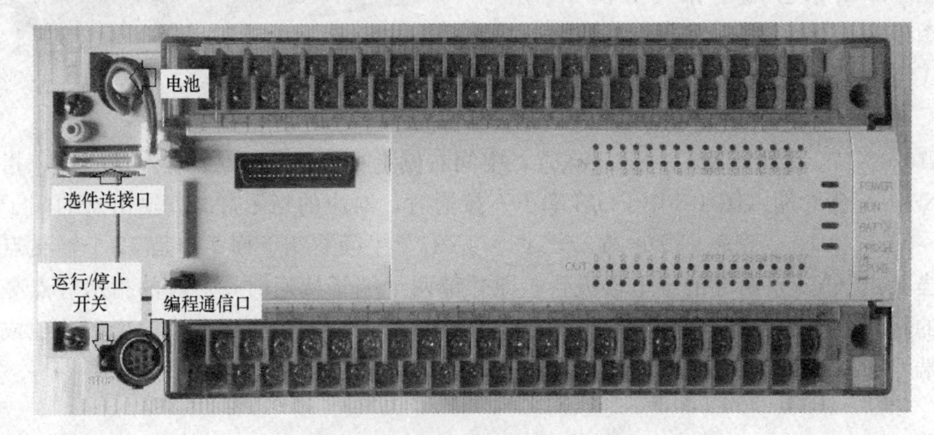

图 1-4　PLC 电池、选件连接口

1.2 内部电路板组成

三菱 FX_{2N}-64MR PLC 壳体内有三块印刷电路板，从上到下分别是 CPU 板、输入输出板和电源板，FX_{2N}-64MR 电路板排列如图 1-5 所示。

图 1-5 FX_{2N}-64MR 电路板排列

1.2.1 CPU 板

CPU 板位于壳体内最上层，CPU 板外形如图 1-6 所示。CPU 板通过板上接插件 CN2 与输入输出板上的 CN3 相连接。CPU 板上除了安装了 CPU 芯片 IC1 外，还有多种集成电路芯片、二极管、贴片电阻电容，以及与选件板的连接口、编程通信口、运行/停止开关、输入信号指示灯、输出信号指示灯和与输入输出板的连接口。

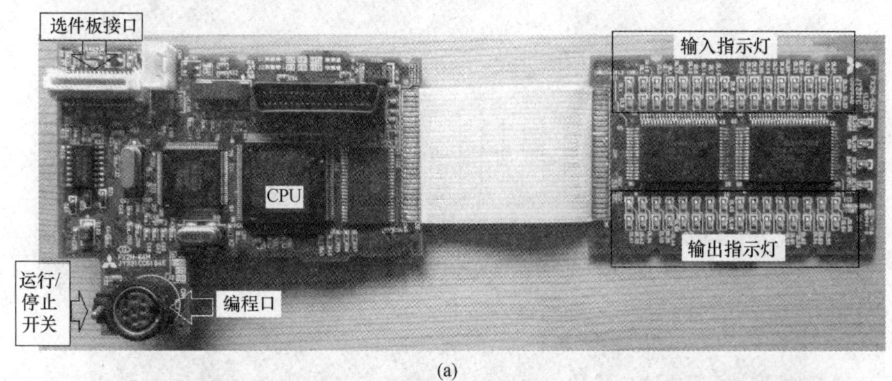

(a)

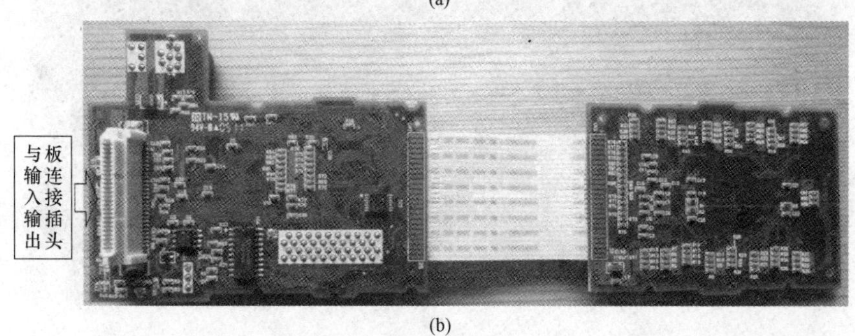

(b)

图 1-6 CPU 板外形

(a) 顶面；(b) 底面

CPU是PLC的核心，它在系统程序的控制下，完成逻辑运算、数学运算、协调系统内部各部分工作等任务。PLC中采用的CPU一般有三大类：①通用微处理器，如80286、80386等；②单片机芯片，如8051、8096等；③位处理器，如AMD 2900、AMD 2903等。一般来说，PLC的档次越高，CPU的位数也越多，运算速度也越快，指令功能也越强。为了提高PLC的性能，有的PLC会采用多个CPU。

存储器是PLC存放系统程序、用户程序及运算数据的单元。和计算机一样，PLC的存储器可分为只读存储器（ROM）和随机存储器（RAM）两大类。只读存储器（ROM）是用来存放永久保存的系统程序，一般为掩膜只读存储器和可编程电改写只读存储器。随机存储器（RAM）的特点是写入与擦除都很容易，但在掉电情况下存储的数据会丢失，一般用来存放用户程序及系统运行中产生的临时数据。为了能使用户程序及使某些运算数据在PLC脱离外界电源后也能保持，机内随机存储器均配备了电池或电容等掉电保持装置。

PLC的存储器区域按用途不同，又可分为程序区及数据区。程序区是用来存放用户程序的区域，一般有数千个字节。数据区是用来存放用户数据的区域，一般较小，在数据区中，各类数据存放的位置都有严格的划分。由于PLC最初是为熟悉继电器—接触器控制系统的电气技术人员使用的，为方便记忆将PLC的数据单元称作继电器，如输入继电器、时间继电器、计数器等，不同用途的继电器在存储区中占有不同的区域。每个存储单元有不同的地址编号。

1.2.2 输入输出板

输入输出板位于中间，输入输出板外形如图1-7所示。板上装有分别与电源板、CPU板和外

(a)

(b)

图1-7 输入输出板外形

(a) 顶面；(b) 底面

扩单元连接的接插件 CN2、CN3 和 CN4，多种集成电路芯片、晶体管、光电耦合器、电阻、电容，以及电磁继电器和接线端子等元器件。其中，CN2 为与电源板连接口、CN3 为与 CPU 板连接口、CN4 为输入输出扩展口。

1. 开关量输入电路

FX_{2N}-64MR PLC 的 DC 输入通道内部电路有两种，输入端 X00 和 X01 为一种，输入端 X02～X07、X10～X17、X20～X27 和 X30～X37 为另一种。X02～X07 使用的光电耦合器是 P180，X10～X17、X20～X27、X30～X37 使用的光电耦合器是 PS2805。其中输入端 X00 和 X17 的输入等效电路如图 1-8 所示，两电路图输入侧的限流电阻阻值不同，输入端子号 X10 前等效电路的限流电阻取值是 3.3kΩ，输入端子号 X10 及后等效电路的限流电阻取值是 4.3kΩ。

由于输入端 X00～X07 具有高速计数功能，即输入信号会是一列连续的脉冲信号，故其使用的光电耦合器不同于常规的开关量信号所采用的光电耦合器。对于 DC 输入类型，其输入电流比常规的开关量信号大 1mA，为可靠起见，必须保证 X00～X07 端为 ON 时的信号电流不小于 4.5mA，为 OFF 时的信号电流不大于 1.5mA；其余端子为 ON 时的信号电流不小于 3.5mA，为 OFF 时的信号电流不大于 1.5mA。对于 AC 输入类型，必须保证 X00～X07 端为 ON 时的信号电流不小于 3.8mA，为 OFF 时的信号电流不大于 1.7mA。

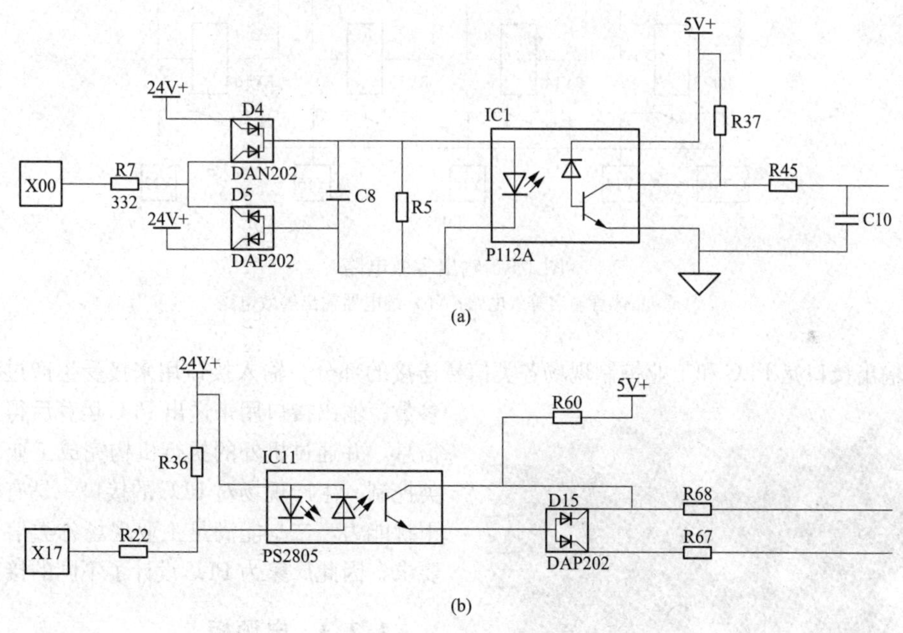

图 1-8 输入等效电路

(a) X00 输入等效电路；(b) X17 输入等效电路

2. 开关量输出电路简介

FX_{2N}-64MR PLC 输出通道是继电器输出，除此之外还有晶体管输出和继电器输出两种，输出等效电路如图 1-9 所示。图 1-9（a）所示电路为第 i 路晶体管输出型的输出电路，当 CPU 连接至第 i 路晶体管 Q_{i1} 的基极为高电平时，光耦 U_i 的输入有电流通过，使输出晶体管 Q_{i2} 饱和导通，即输出端 Y_i 与 COMk 接通（忽略晶体管的饱和导通电阻）。图 1-9（b）所示电路为继电器输出型的输出端 Y14～Y17 组的输出电路，该电路由 CPU 通过驱动器控制电磁继电器吸合或释放，使电磁继电器的触点去控制外接电路。当 CPU 连接至 IC21 的某个输入引脚为高电平时，对应驱动器的输出为低电平，该路继电器吸合，继电器触头闭合，使某输出端与该组的公共端接通。其余输出端的输出电路与图 1-9（b）相同，仅各组的继电器数量不同。

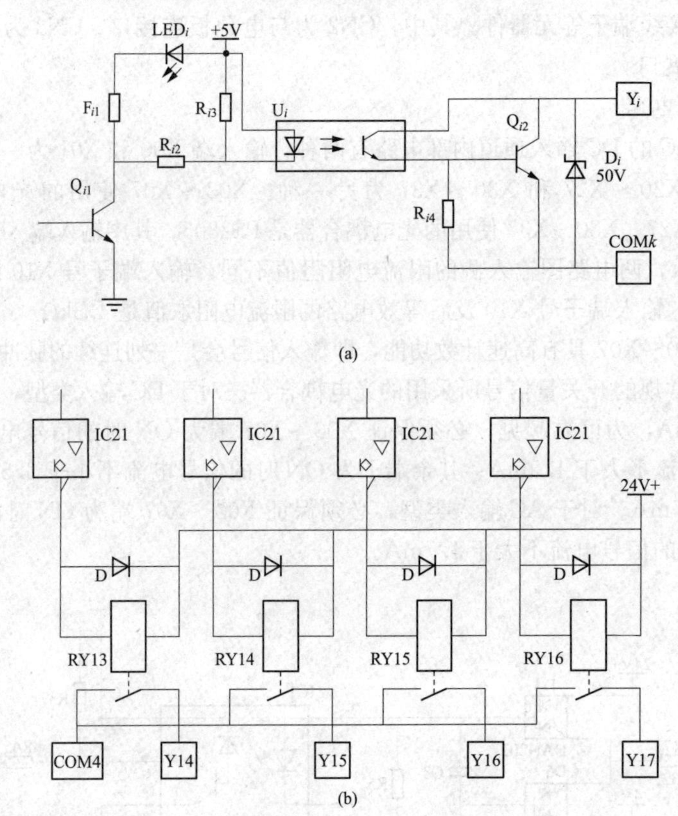

图 1-9　输出等效电路

（a）晶体管输出等效电路；（b）继电器输出等效电路

输入输出接口是 PLC 和工业控制现场各类信号连接的部分。输入接口用来接受生产过程的各种参数；输出接口用来送出 PLC 运算后得出的控制信息，并通过机外的执行机构完成工业现场的各类控制。生产现场对 PLC 的接口一是有较好的抗干扰能力，二是能满足工业现场各类信号的匹配要求，因此厂家为 PLC 设计了不同的接口单元。

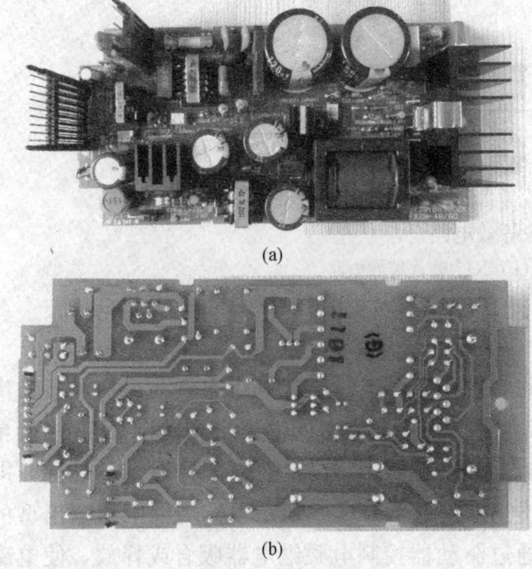

图 1-10　电源板外形

（a）顶面；（b）底面

1.2.3　电源板

电源板位于壳体内最底层，电源板外形如图 1-10 所示。该电路将输入为 85～264V AC 的交流电压变换为 24V 直流电压。

85～264V AC 的交流供电经由三菱 PLC 的 L、N 端子进入电源板，通过由 C1、C2、C4 和 L1 组成的双向低通滤波网络，进入桥式整流器整流。交流电经整流变成约为 280V 的直流电压，加到开关变压器 TB1 一次侧上。然后再经离线式准谐振反激开关稳压器 STRG6551 进行 DC/DC 变换，将约 280V 的高压直流电变换成稳定的24V低压直流电压供PLC使用。电源板输出有两路24V DC，其中一路供PLC输入和输出回路使用，另一路供CPU板使用。

通过剖析可知，FX_{2N}系列PLC的硬件主要由三块电路板通过接插件连接而成，中央处理器（CPU）、存储器（RAM、ROM）、信号指示灯、通信口等组成CPU板，接线端子、光电耦合器、晶体管/电磁继电器/晶闸管（I/O接口）等组成输入输出板（I/O板），接线端子、整流滤波、直流变换（DC/DC变换）等组成电源板。PLC硬件结构如图1-11所示。

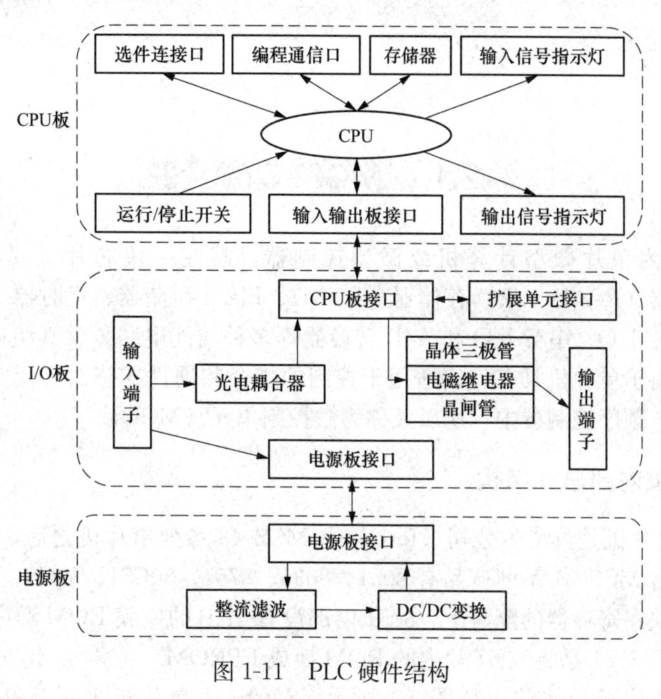

图1-11　PLC硬件结构

第2章 单片机及其电路简介

2.1 MCS-51单片机

单片机的全称为单片微型计算机或微型控制器，其在一块芯片上集成了中央处理单元（CPU）、随机存储器（RAM）、只读存储器（ROM）、Flash 存储器、定时器/计数器和多种输入/输出（I/O），如并行 I/O、串行 I/O 和 A/D 转换器等多种功能电路。就其组成而言，一块单片机就是一台计算机。由于单片机具有许多适用于控制的指令和硬件支持而广泛应用于工业控制、仪器仪表、外设控制、顺序控制器中，所以又称为微控制单元（MCU）。

2.1.1 单片机内部总体结构

MCS-51 系列单片机是英特尔公司（Intel）继 MCS-48 系列单片机之后，在 1980 年推出的高档 8 位单片机。当时 MCS-51 系列产品有 8051、8031、8751、80C51、80C31 等型号，其结构基本相同，主要差别反映在寄存器的配置上。8051 内部没有 4KB 的掩膜 ROM 程序存储器，8031 片内没有程序存储器，而 8751 是将 8051 片内的 ROM 换成 EPROM。

MCS-51 单片机内部总体结构如图 2-1 所示。MCS-51 单片机采用互补高性能金属氧化物半导体结构（CHMOS）制造工艺 40 引脚双列直插封装形式，其芯片上集成了 1 个 8 位中央处理器，4KB/8KB 的只读存储器，128B/256B 的随机存储器，4 个 8 位（32 条）I/O 引脚线，2 个或 3 个定时器/计数器，1 个具有 5 个中断源、2 个优先级的嵌套中断结构，用于多处理器通信、I/O 扩展或全双工通用异步接收发送器（UART）的串行 I/O 口，以及 1 个片内振荡器和时钟电路。

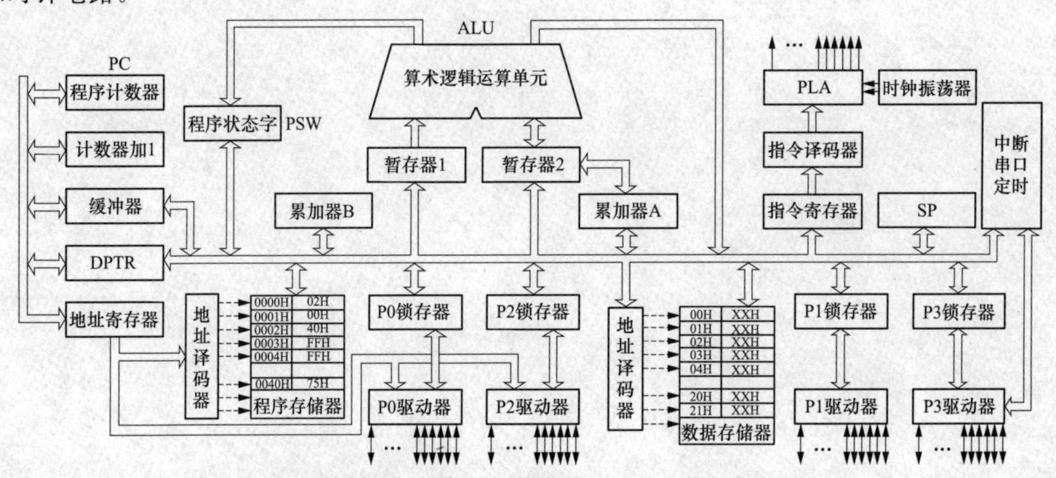

图 2-1　MCS-51 单片机内部总体结构

算术逻辑运算单元（ALU）可以对半字节（4 位）、单字节等数据进行操作，能完成加、减、乘、除、加 1、减 1、BCD 码十进制调整、比较等算术运算，还能进行与、或、异或、求补、循环等逻辑操作，操作结果的状态送至状态寄存器（PSW）。该算术逻辑运算器还包含一个布尔处理器，用来处理位操作，它是以进位标志 C 为累加器，可执行置位、复位、取反、等于 1 转移、等于 0 转移、等于 1 转移且清 0，以及进位标志位与其他可位寻址的位之间进行数据传送等位操作；也能使进位标志位与其他可位寻址的位之间进行逻辑与、或操作。

程序计数器（PC）是一个 16 位的计数器，可对 64KB 程序存储器直接寻址。执行指令时，PC 内容的低 8 位经 P0 口输出，由外接锁存器锁存，高 8 位经 P2 口输出。

2.1.2　输入输出口结构

由于 MCS-51 单片机的 4 个端口功能不同，所以它们的电路结构也不完全相同，但工作原理相似。四端口引脚结构如图 2-2 所示。

1. P0 口

图 2-2（a）是 P0 口中任一位引脚的结构图，图中包含着一个输出锁存器、2 个三态缓冲器、1 个输出驱动电路和 1 个输出控制电路。其中，输出控制电路由 1 个与门、1 个反相器和 1 路模拟转换开关（MUX）组成，来自 CPU 的信号通过与门和模拟转换开关去控制由一对场效应管（FET）组成的输出驱动电路的状态。

模拟转换开关的位置由来自 CPU 的控制信号决定，当控制信号为低电平 0 时，锁存器的反相输出端 $\overline{Q}$ 与输出驱动接通，同时与门输出也为低电平 0，输出级中的上拉管 T1 处于截止状态，因此输出级是输出管 T2 开漏输出。此时需要外接上拉电阻便可作为一般的 I/O 口用。CPU 向端口写数据时，写脉冲加在锁存器时钟脉冲端 CL 上，内部输出的数据经过锁存器和输出级两次反相后，恢复为原输出数据。

图 2-2（a）中 2 个缓冲器用于读操作。1 号缓冲器读取锁存器 Q 端的数据，2 号

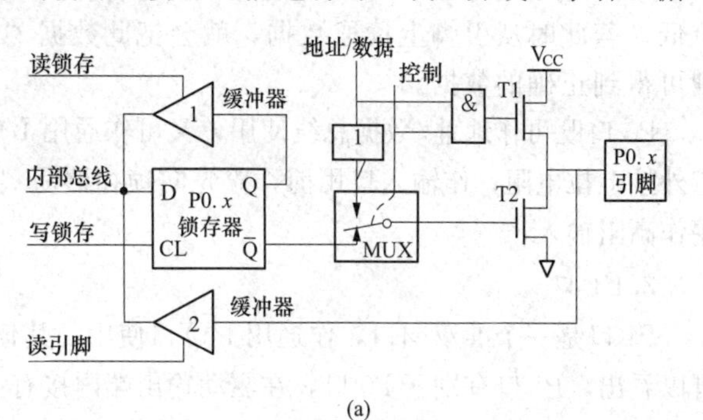

(a)

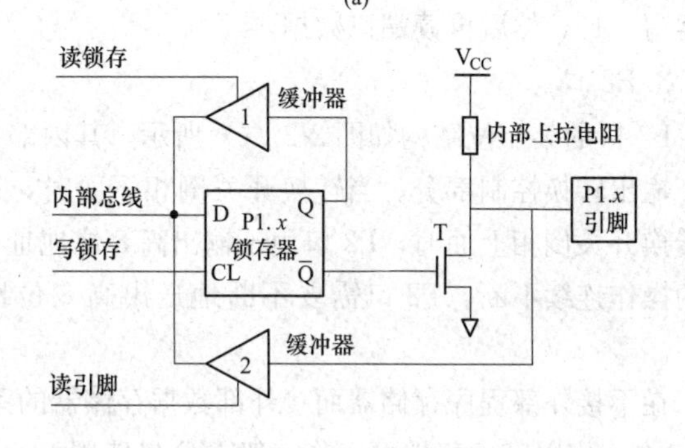

(b)

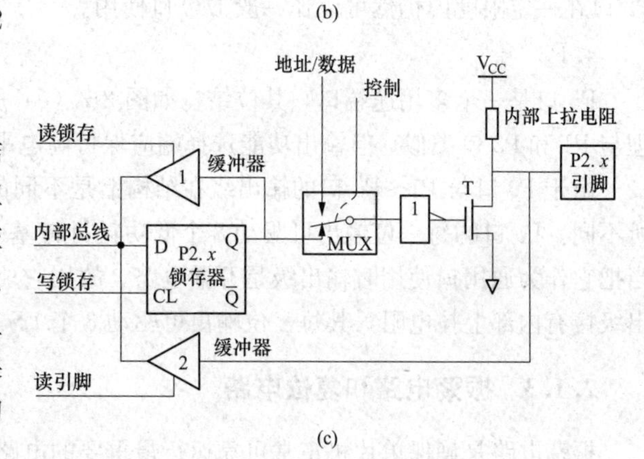

(c)

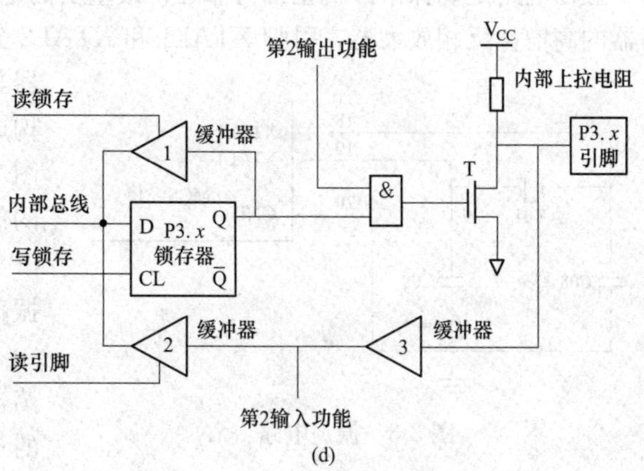

(d)

图 2-2　四端口引脚结构

（a）P0 口；（b）P1 口；（c）P2 口；（d）P3 口

缓冲器直接读端口引脚上的数据。1号缓冲器不直接读引脚上的数据而读锁存器Q端上的数据，是为了避免错读引脚上的电平，如向某引脚写“1”时，场效应管导通并把引脚上的电平拉低，若此时从引脚上读取数据，就会把此数据“1”错读成“0”，而从锁存器的Q端读取，则可得到正确的数据。

P0口既可作地址/数据总线使用，又可作通用I/O口用。作输出口用时，输出级属开漏输出，应外接上拉电阻；作输入口用前，应先向锁存器写“1”，这时输出级的2个场效应管皆截止，可用作高阻输入。

2. P1口

P1口是一个准双向口，作通用I/O口使用，其任一位引脚的结构如图2-2（b）所示。从图中可以看出，P1口有别于P0口，在驱动输出端内接有上拉电阻。同样端口作输入口用时，应先向锁存器写“1”，然后再读端口数据。

3. P2口

P2口的某一位结构如图2-2（c）所示，其内部上拉电阻的结构同P1口，但P2口比P1口多了一个输出转换控制部分。当转换开关倒相下面时，P2口作通用的I/O口使用，是一个准双向口。当转换开关倒相上面时，P2口用于输出高8位地址，对外部存储器进行访问。由于访问外部存储器的操作连续不断，P2口需要不断地送出高8位地址，故此时P2口不能再作为通用I/O口使用了。

在不接外部程序存储器而接外部数据存储器的系统中，根据访问外部数据存储器的频繁程度，P2口在一定限度内仍然可以作一般I/O口使用。

4. P3口

P3口是一个多用途端口，其位结构如图2-2（d）所示。当它作为通用I/O口使用时，工作原理与P1和P2口类似，但输出功能选择端应保持高电平，使与非门对锁存器输出端畅通。

由于P0口与P1～P3口的输出级在结构上是不同的，因此它们的带负载能力和接口要求也有所不同。P0口的每一位输出可驱动8个低功耗肖特基晶体管—晶体管逻辑电路（LS TTL）输入，当把它作为通用口使用时输出级是开漏电路，故用它驱动输入时需要接上拉电阻。P1～P3口的输出级接有内部上拉电阻，其每一位输出可驱动3个LS TTL输入。

2.1.3 振荡电路和复位电路

振荡电路是确保单片机正常可靠运行最重要的电路之一。MCS-51内部集成了一个用于构成振荡器的高增益反相放大器，引脚XTAL1和XTAL2分别是此放大器的输入端和输出端。这个放大器与外接作为反馈元件的片外晶体或陶瓷谐振器构成一个自激振荡器，振荡电路如图2-3所示。图2-3中的Y01采用晶体时，电容器C08和C09的值通常选择为30pF左右；采用陶瓷谐振器时，C08和C09的典型值约为47pF。也可以采用外部振荡器。

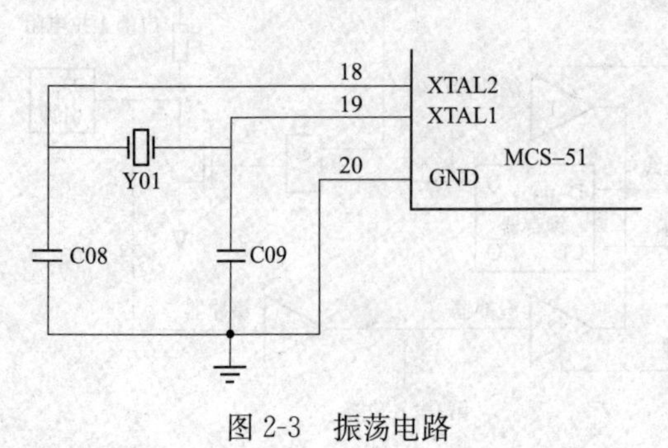

图2-3 振荡电路

单片机有一个专门用于复位的引脚，在振荡器正在运行中，该引脚至少保持2个机器周期的高电平才能实现复位，复位电路如图2-4所示。

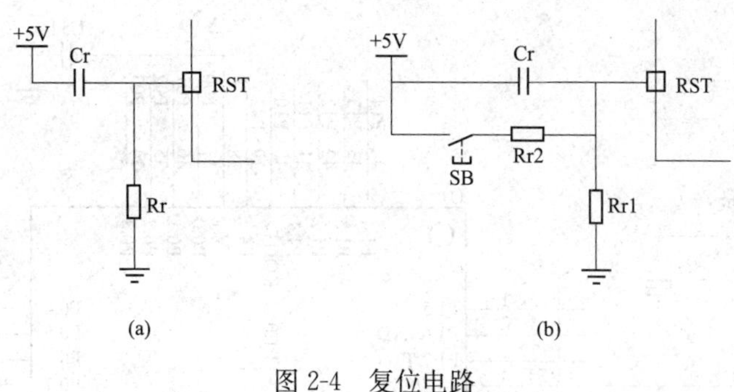

图 2-4　复位电路
（a）上电复位；（b）开关复位

2.1.4　存储器结构

MCS-51 单片机的存储器结构与常见的微型计算机的配置方式不同，它把程序存储器和数据存储器分开，各有自己的寻址系统、控制信号和功能。芯片内集成有一定容量的程序存储器和数据存储器，其中程序存储器用来存放程序和始终要保留的常数，数据存储器通常用来存放程序运行中所需要的常数或变量。

从物理地址空间看，MCS-51 有片内程序存储器、片外程序存储器、片内数据存储器和片外数据存储器 4 个存储空间。MCS-51 单片机的存储器配置如图 2-5 所示。

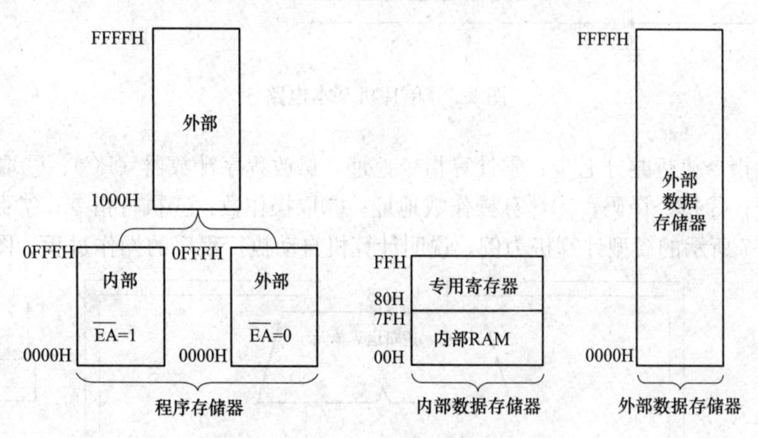

图 2-5　MCS-51 单片机的存储器配置

2.2　单片机工作原理

单片机能够工作的基本条件是有一个最基本的电路，且单片机的程序存储器内烧录了可执行代码。

2.2.1　单片机基本电路

单片机的基本电路是指能够运行程序的最小系统，由单片机、时钟振动电路和复位电路组成。采用 LQFP-44 封装的 STC 单片机基本电路如图 2-6 所示。

2.2.2　单片机工作过程

单片机的工作过程是自动执行存放在程序存储器中一条条指令的过程。一条指令的执行需要

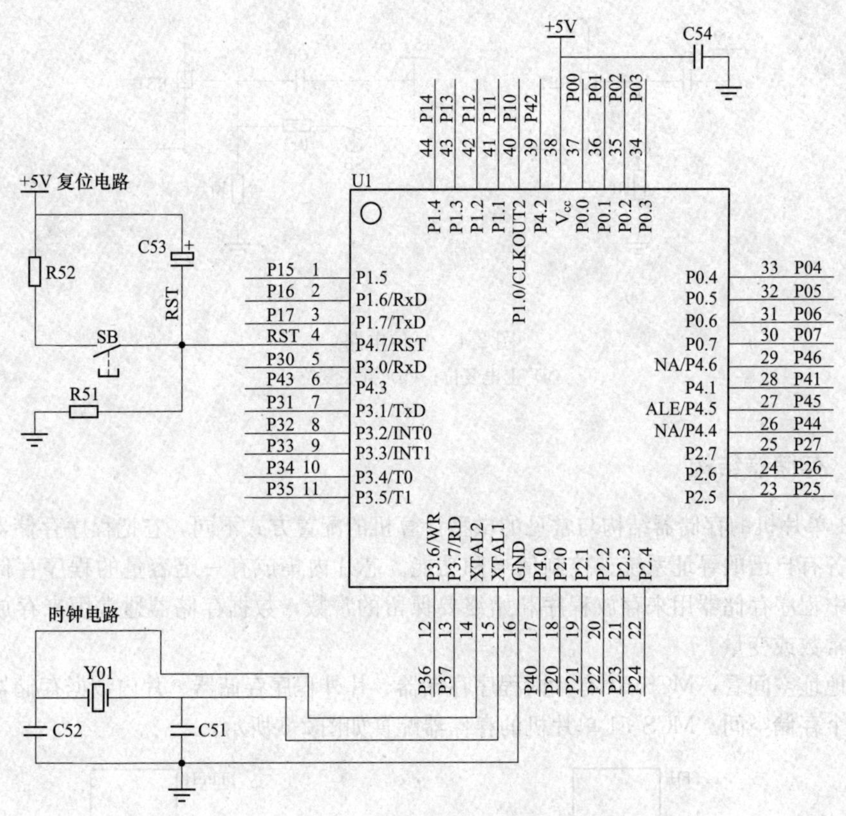

图 2-6　单片机基本电路

若干步，典型的指令执行共分七步：①计算指令地址，修改程序计数器（PC）；②取指令，即从存储器中取出指令；③指令译码；④计算操作数地址；⑤取操作数；⑥执行指令；⑦保存结果。

下面以图 2-7 所示的模型计算机为例，说明计算机自动执行程序的操作过程。图 2-7 所示模型

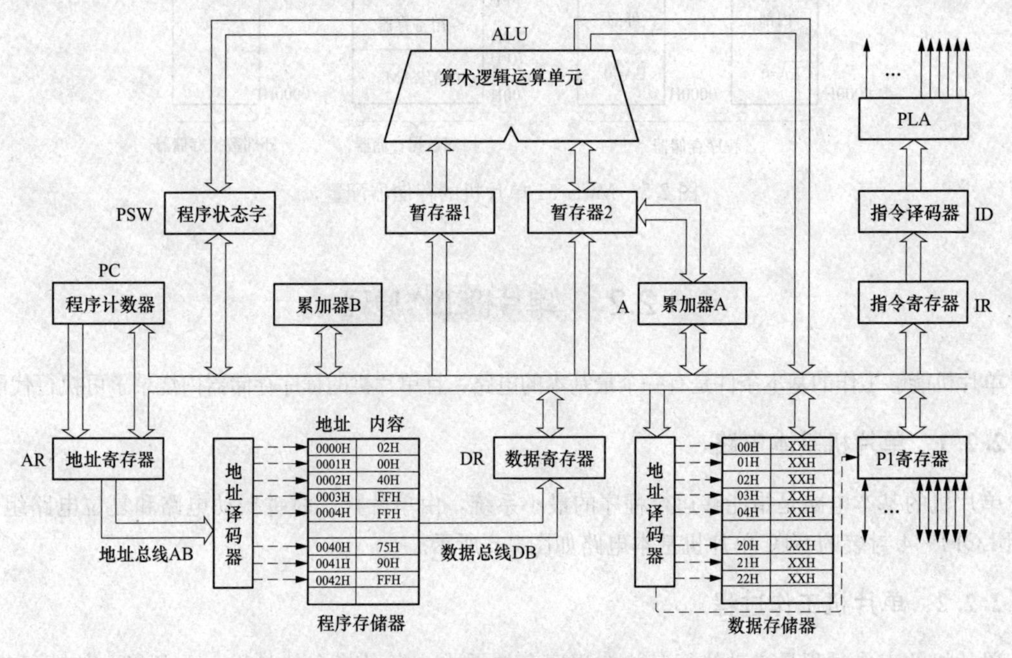

图 2-7　模型计算机

计算机中内部RAM中已存放若干条指令，其中起始两条指令的机器码和其存放的地址如图2-8所示，复位时设程序计数器的内容为0000H（后缀字母H表示十六进制数）。

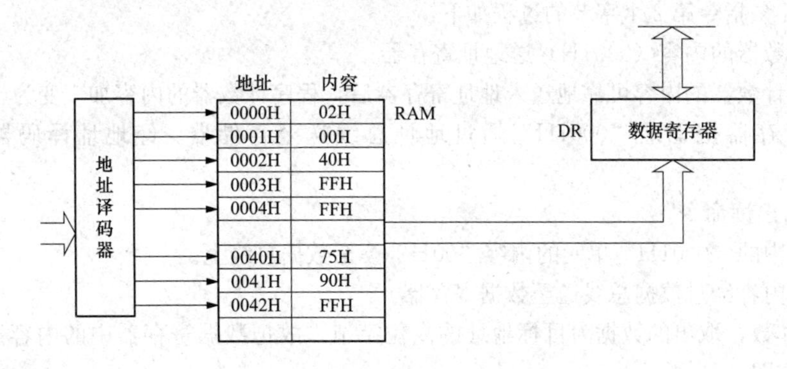

图2-8 RAM地址及内容

1. 执行第1条指令

（1）取第1条指令第1个字节的过程如下：

1）程序计数器的内容（0000H）送地址寄存器（AR）。

2）当程序计数器的内容可靠地送入地址寄存器后，程序计数器的内容加1变为“0001H”。

3）地址寄存器把地址“0000H”通过地址总线送至存储器。经地址译码器译码，选中“0000H”单元。

4）CPU给出读命令。

5）将所选中的“0000H”单元的内容“02H”读至数据总线上。

6）读出的内容经过数据总线送至数据寄存器（DR）。

因是取指令阶段，取出的数据为指令，故把数据寄存器中的内容送至指令寄存器（IR），然后经过译码发出执行这条指令的各种控制命令，其过程如图2-9所示。

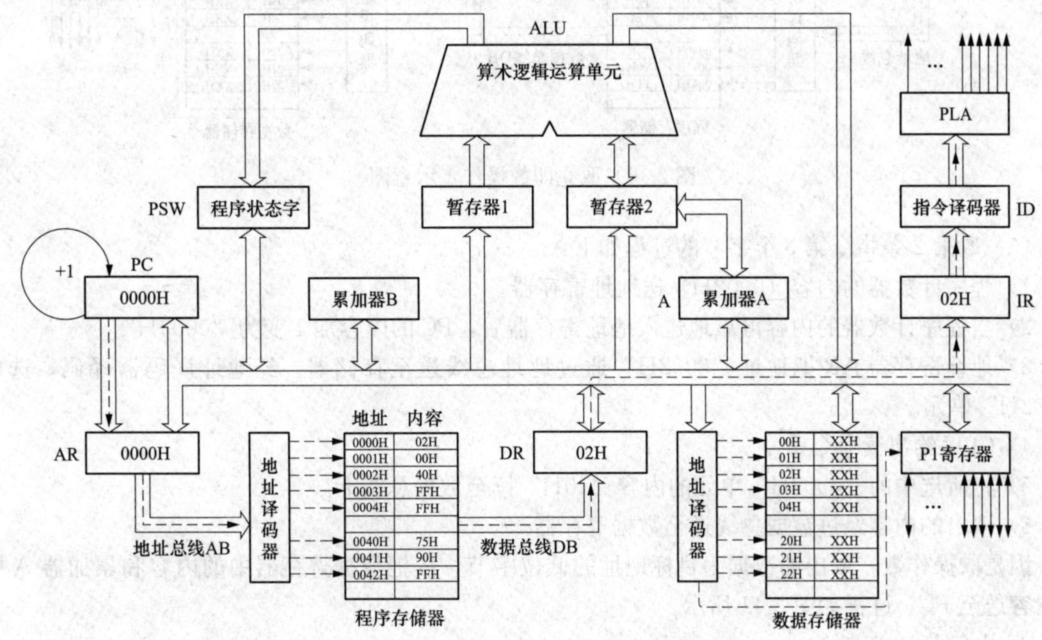

图2-9 取第1条指令第1个字节的操作示意图

经译码后知道该指令执行转移操作。所转移的目标地址存放在该指令后面的两个字节中。故执行第一条指令就必须把指令第 2 个字节和第 3 个字节中的操作数取出来。

(2) 取第 1 条指令第 2 个字节的过程如下：

1) 程序计数器的内容（0001H）送地址寄存器。

2) 当程序计数器的内容可靠地送入地址寄存器后，程序计数器的内容加 1 变为“0002H”。

3) 地址寄存器把地址“0001H”通过地址总线送至存储器。经地址译码器译码，选中“0001H”单元。

4) CPU 给出读命令。

5) 将所选中的“0001H”单元的内容“00H”读至数据总线上。

6) 读出的内容经过数据总线送至数据寄存器。

因是取操作数，取出的数据为目标地址的高位字节，故把数据寄存器中的内容送至累加器 A 中暂存，过程如图 2-10 所示。

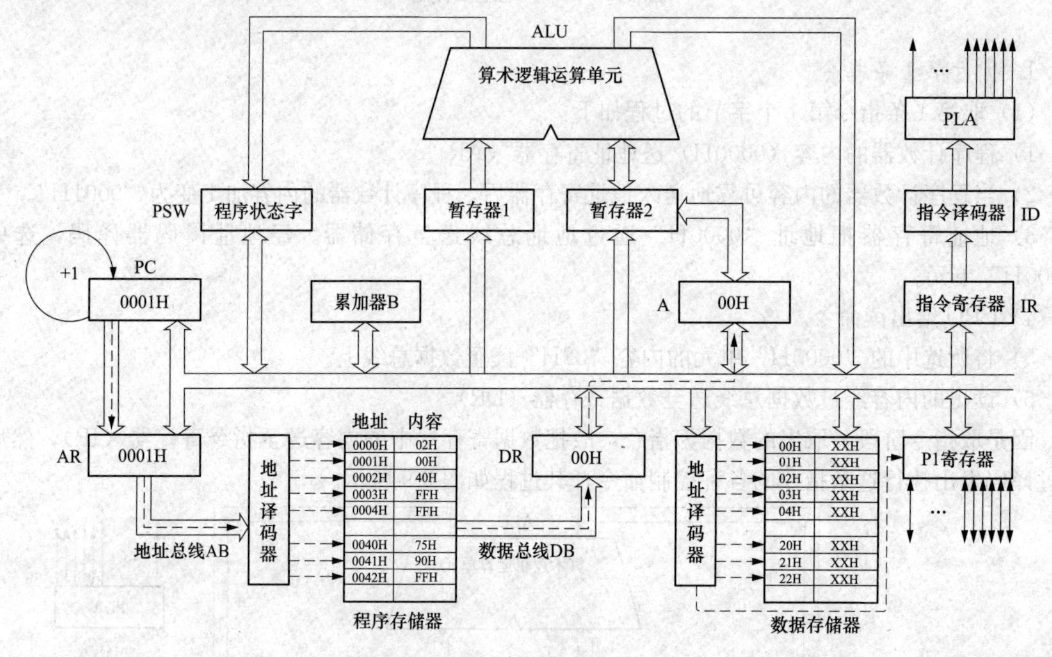

图 2-10 取立即数操作 1 示意图

(3) 取第 2 条指令第 3 个字节的过程如下：

1) 程序计数器的内容（0002H）送地址寄存器。

2) 当程序计数器的内容可靠地送入地址寄存器后，PC 的内容加 1 变为“0003H”。

3) 地址寄存器 AR 把地址“0002H”通过地址总线送至存储器。经地址译码器译码，选中“0002H”单元。

4) CPU 给出读命令。

5) 将所选中的“0002H”单元的内容“40H”读至数据总线上。

6) 读出的内容经过数据总线送至数据寄存器。

因是取操作数，取出的数据为目标地址的低位字节，故把数据寄存器中的内容和累加器 A 中的内容送至 PC，过程如图 2-11 所示。

2. 执行第 2 条指令

执行完内存 RAM 中的第一条指令后，此时程序计数器中的内容已变成“0040H”。接着便执

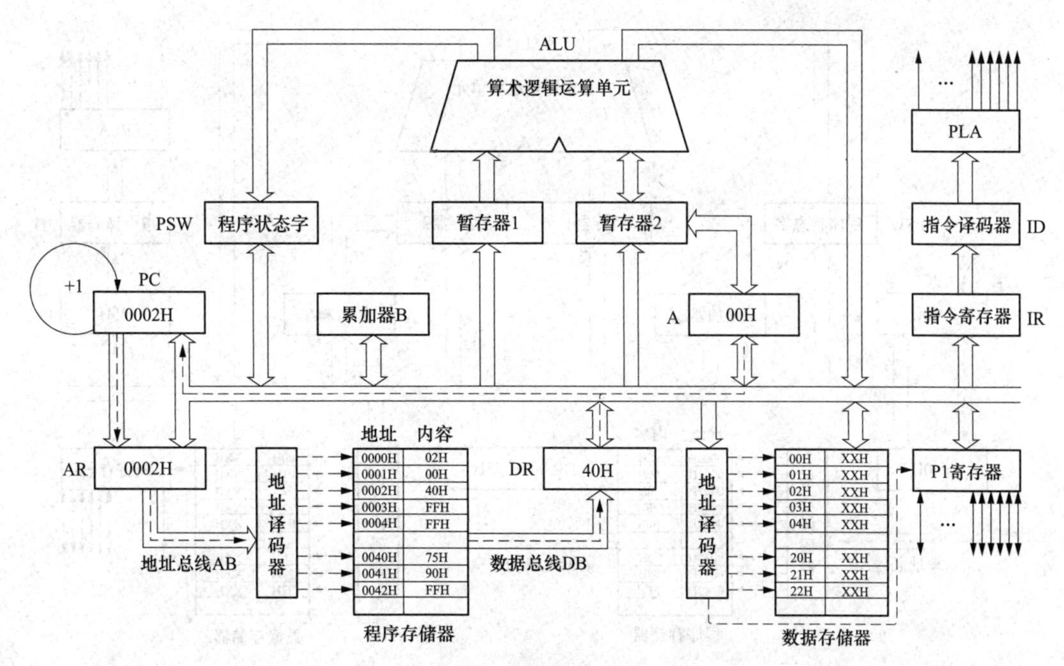

图 2-11 取立即数操作 2 示意图

行第二条指令，即存放在内存 RAM“0040H”单元中的指令。

（1）取第 2 条指令第 1 个字节的过程如下：

1）程序计数器的内容（0040H）送地址寄存器。

2）当程序计数器的内容可靠地送入地址寄存器后，PC 的内容加 1 变为“0041H”。

3）地址寄存器把地址“0040H”通过地址总线送至存储器。经地址译码器译码，选中“0040H”单元。

4）CPU 给出读命令。

5）将所选中的“0040H”单元的内容“75H”读至数据总线上。

6）读出的内容经过数据总线送至数据寄存器。

因是取指令阶段，取出的数据为指令，故把数据寄存器中的内容送至指令寄存器，然后经过译码发出执行这条指令的各种控制命令，其过程如图 2-12 所示。

经译码后知道该指令执行立即数送内部 RAM 或专用寄存器操作。指令的第 2 个字节为直接地址，第 3 个字节为立即数。故执行第二条指令就必须把指令第 3 个字节中的立即数送到第 2 个字节所指定地址的单元中。

（2）取第 2 条指令第 2 个字节的过程如下：

1）程序计数器的内容（0041H）送地址寄存器。

2）当程序计数器的内容可靠地送入地址寄存器后，PC 的内容加 1 变为“0042H”。

3）地址寄存器把地址“0041H”通过地址总线送至存储器。经地址译码器译码，选中“0041H”单元。

4）CPU 给出读命令。

5）将所选中的“0041H”单元的内容“90H”读至数据总线上。

6）读出的内容经过数据总线送至数据寄存器。

因是取操作数，取出的数据为专用寄存器地址，故把数据寄存器中的内容送至数据存储器的地址译码器，过程如图 2-13 所示。

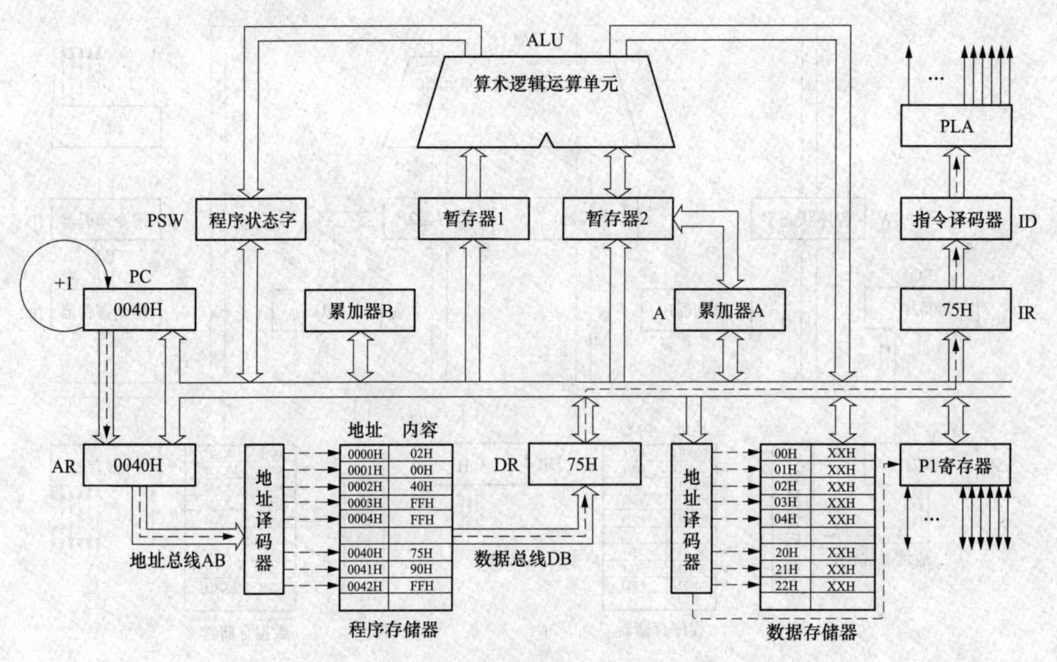

图 2-12 取第 2 条指令第 1 个字节的操作示意图

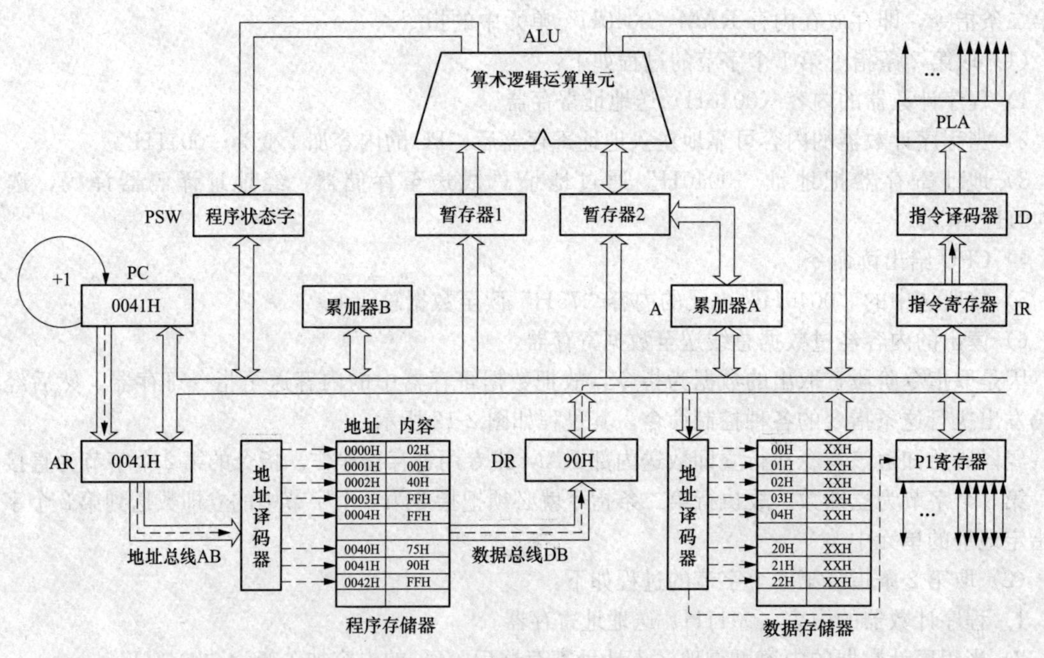

图 2-13 取第 2 条指令第 2 个字节的操作示意图

(3) 取第 2 条指令第 3 个字节的过程如下：

1) 程序计数器的内容（0042H）送地址寄存器。

2) 当程序计数器的内容可靠地送入地址寄存器后，PC 的内容加 1 变为“0043H”。

3) 地址寄存器把地址“0042H”通过地址总线送至存储器。经地址译码器译码，选中“0042H”单元。

4) CPU 给出读命令。

5）所选中的“0042H”单元的内容“FFH”读至数据总线上。

6）读出的内容经过数据总线送至数据寄存器。

因是取操作数，取出的数据为立即数，故把取出的立即数送至上一个字节为地址的单元中，过程如图2-14所示。

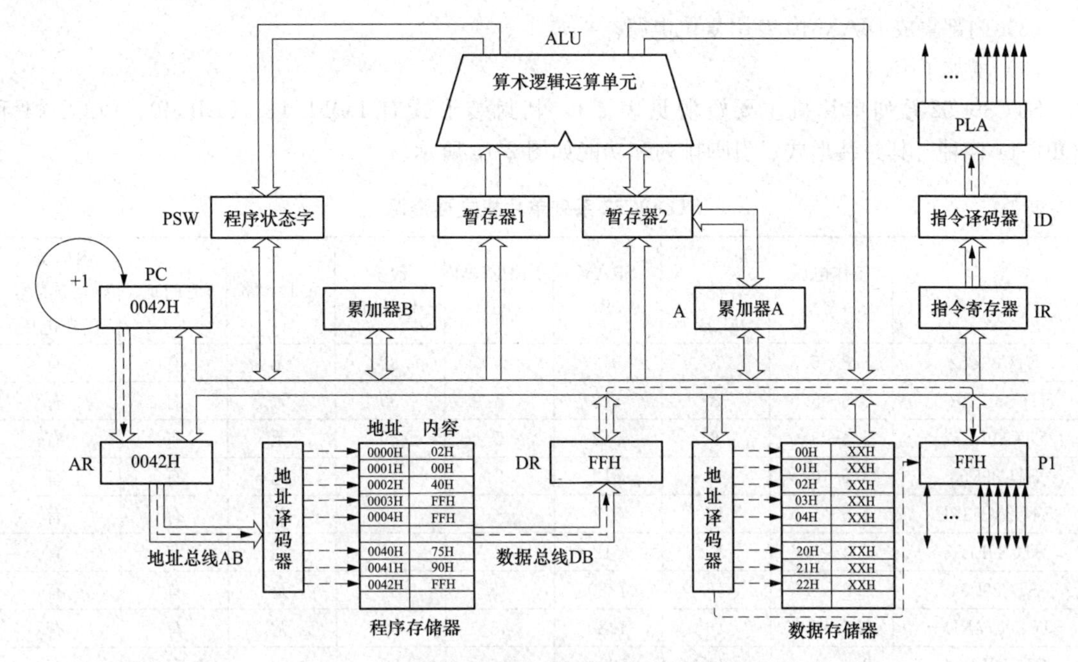

图2-14 取第2条指令第3个字节的操作示意图

单片机的工作过程就是取指令、分析指令、执行指令的过程，完成每个指令所规定的操作，具有不在人的直接干预下自动完成所要求任务的功能。

2.3 STC单片机简介

STC单片机是一系列高性能1T8051单片机，拥有增强内核，完全兼容于工业标准80C51微控制器指令集，执行指令只需1～6个时钟周期，是标准8051器件额定速度的6～7倍。在系统编程（ISP）和在应用编程（IAP）支持用户程序或数据系统升级。ISP允许用户就地下载新代码，无须将单片机脱离产品。IAP是器件在应用程序运行期间，向Flash存储器内写数据。在保留了标准8051单片机的全部特点外，STC系列单片机还扩展了一个I/O口P4，一个6个中断源、2级优先级的中断结构，片上晶体振荡器和硬件看门狗。每个I/O口驱动能力均可达到20mA，但建议整个芯片不要超过90mA。

2.3.1 STC89C52系列

STC89C52系列单片机是一代高速、高可靠、超低功耗、超低价、超强抗静电、超强抗干扰、ISP/IAP无须编程器和仿真器直接兼容传统8051单片机的单片机，其具有如下特点：

（1）超大容量静态随机存取存储器（SRAM），最高达1280byteSRAM。

（2）直接取代传统8051单片机，成本更低。

（3）强抗干扰：高抗静电保护，能整机轻松过20kV静电测试；轻松过4kV快速脉冲干扰测试；电压范围大，不怕电源抖动；温度范围广，－40～＋85℃。

(4) 采取降低单片机时钟对外部电磁辐射的措施。

(5) 用户应用程序存储器容量：8、12、16、32、40、48、56、62KB。

(6) 片上可集成 1280、512、256B RAM。

(7) 有 EEPROM 数据存储器。

(8) 内部集成 MAX810 专用复位电路。

(9) 增加了 P4 口。

STC89C52 系列单片机主要资源见表 2-1，其封装形式有 LQFP-44、PDIP-40、PLCC-44 和 PQFP-44 四种，其封装形式、引脚排列和功能如图 2-15 所示。

表 2-1　STC89C52 系列单片机主要资源

型号	工作电压（V）	Flash 程序存储器（KB）	SRAM（B）	EEPROM（KB）	最多 I/O 口	A/D 8 路	看门狗	内部复位（可选复位门槛电压）
STC89C52	3.8～5.5	8	512	5	39	无	有	有
STC89C52RC	3.5～5.5	8	512	5	39	无	有	有
STC89LE52	2.4～3.6	8	512	5	39	无	有	有
STC89C53	3.8～5.5	12	512	2	39	无	有	有
STC89C53RC	3.5～5.5	12	512	—	39	无	有	有
STC89LE53	2.4～3.6	12	512	2	39	无	有	有
STC89C54	3.8～5.5	16	1280	45	39	无	有	有
STC89C54RD+	3.5～5.5	16	1280	45	39	无	有	有
STC89LE54	2.4～3.4	16	1280	45	39	无	有	有
STC89C58	3.8～5.5	32	1280	29	39	无	有	有
STC89C58RD+	3.5～5.5	32	1280	29	39	无	有	有
STC89LE58	2.4～3.4	32	1280	29	39	无	有	有
STC89C510	3.8～5.5	40	1280	22	39	无	有	有
STC89C510RD+	3.5～5.5	40	1280	21	39	无	有	有
STC89LE510	2.4～3.4	40	1280	22	39	无	有	有
STC89C512	3.8～5.5	48	1280	22	39	无	有	有
STC89C512RD+	3.5～5.5	48	1280	13	39	无	有	有
STC89LE512	2.4～3.4	48	1280	22	39	无	有	有
STC89C514	3.8～5.5	56	1280	6	39	无	有	有
STC89C514RD+	3.5～5.5	56	1280	5	39	无	有	有
STC89LE514	2.4～3.4	56	1280	6	39	无	有	有
STC89C516	3.8～5.5	62	1280	—	39	无	有	有
STC89C516RD+	3.8～5.5	61	1280	—	39	无	有	有
STC89LE516	3.4～5.5	62	1280	—	39	无	有	有

2.3.2　STC90C52 系列

STC90C52RC/RD+系列单片机是新一代超强抗干扰、超强抗静电、高速、低功耗、超低价、高可靠的单片机，比 STC89 系列更强、复位效果更好，可直接取代 STC89 系列。与传统的 8051 单片机相比较，其具有如下特点：

(1) 指令代码完全兼容传统的 8051 单片机，12 时钟/机器周期和 6 时钟/机器周期可以任意选择。

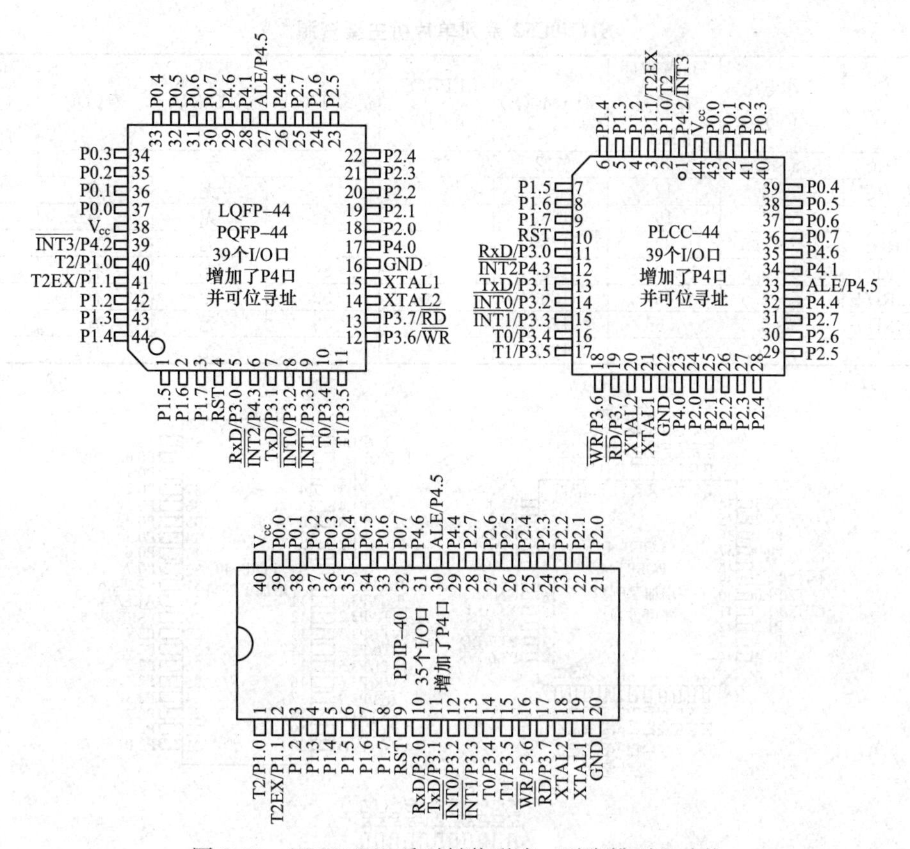

图2-15 STC89C52系列封装形式、引脚排列和功能

(2) 工作电压：3.3～5.5V（C型单片机），2.2～3.6V（LE型单片机）。

(3) 工作频率范围：0～40MHz，相当于普通8051单片机的0～80MHz，实际工作频率可达48MHz。

(4) 用户应用程序空间包括4、8、13、16、32、40、48、56、61KB。

(5) 片上可集成1280、512、256B RAM。

(6) 通用I/O口（35/39个），复位后：P1/P2/P3/P4为准双向口/弱上拉（普通8051传统I/O口）。P0口是开漏输出，作为总线扩展用时，不用加上拉电阻；作为I/O口使用时，需加上拉电阻。

(7) 具有ISP/IAP，无需专用编程器，无需专用仿真器，可通过串口（RxD/P3.0，TxD/P3.1）直接下载用户程序，数秒即可完成一片。

(8) 有EEPROM数据存储器。

(9) 内部集成MAX810专用复位电路，外部晶体12MHz以下时，可省外部复位电路，复位脚可直接接地。

(10) 共3个定时器/计数器，其中定时器0还可以当成2个8位定时器使用。

(11) 外部中断4路，下降沿中断或低电平触发中断，Power Down模式可由外部中断低电平触发中断方式唤醒。

(12) 具有通用异步串行口（UART），还可以用定时器软件实现多个UART。

STC90C52系列单片机主要资源见表2-2，其封装形式有LQFP-44、PDIP-40、PLCC-44、PQFP-44四种，其封装形式、引脚排列和功能如图2-16所示。

表 2-2　　STC90C52 系列单片机主要资源

型号	工作电压（V）	Flash 程序存储器（KB）	SRAM（B）	EEPROM（KB）	最多 I/O 口	A/D 8 路	看门狗	内部复位（可选复位门槛电压）
STC90C52RC	3.5～5.5	8	512	5	39	无	有	有
STC90C53RC	3.5～5.5	12	512	—	39	无	有	有
STC90C54RD+	3.5～5.5	16	1280	45	39	无	有	有
STC90C58RD+	3.5～5.5	32	1280	29	39	无	有	有
STC90C510RD+	3.5～5.5	40	1280	21	39	无	有	有
STC90C512RD+	3.5～5.5	48	1280	13	39	无	有	有
STC90C514RD+	3.5～5.5	56	1280	5	39	无	有	有
STC90C516RD+	3.5～5.5	61	1280	—	39	无	有	有

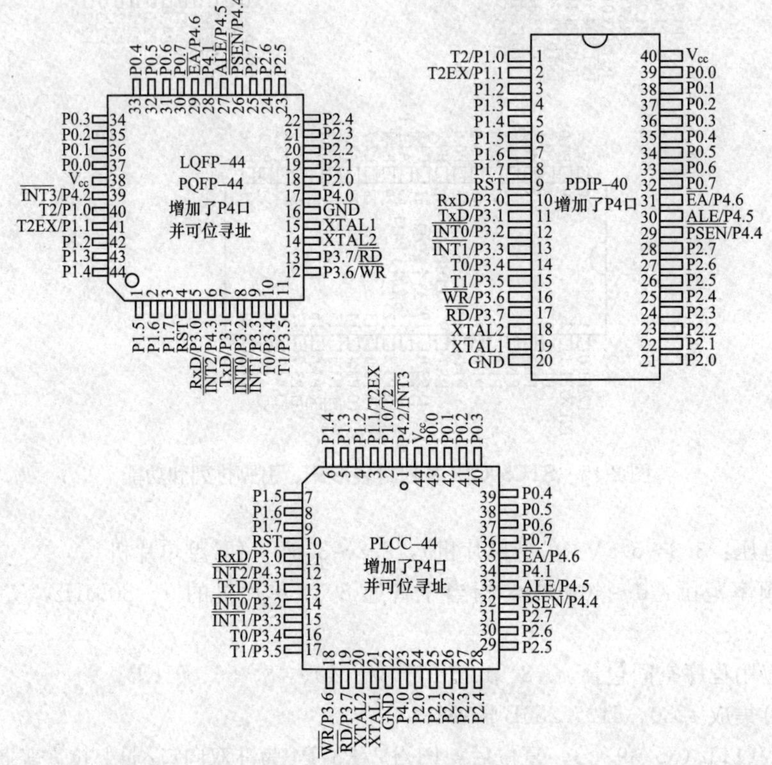

图 2-16　STC90C52RC/RD+封装形式、引脚排列和功能

2.3.3　STC11/10F 系列

STC11/10F 系列单片机是 STC 生产的单时钟/机器周期（1T）的单片机，是高速、低功耗、超强抗干扰的新一代 8051 单片机，直流代码完全兼容传统 8051，但速度较 8051 快 8～12 倍。内部集成高可靠复位电路，针对高通信、智能控制、强干扰场合。该系列具有如下特性：

（1）增强型 8051CPU，1T，单时钟/机器周期，指令代码完全兼容传统 8051 单片机。

（2）工作电压范围：

1）STC11F××：4.1V/3.7～5.5V；

2）STC11L××：2.4V/2.1～3.6V；

3）STC10F××：3.8V/3.3～5.5V；

4）STC10L××：2.4V/2.1～3.6V。

（3）工作频率范围：0～35MHz，相当于标准 8051 的 0～420MHz。

（4）最大 62KB Flash 程序存储器。

（5）片上可集成1280B或256B RAM。

（6）有EEPROM功能。

（7）看门狗。

（8）内部集成MAX80专用复位电路（晶体频率在24MHz以下时，要选择高的复位门槛电压，如4.1V以下复位；晶体频率在12MHz以下时，可选择低的复位门槛电压，如3.7V以下复位；复位脚接1kΩ电阻到地）。

STC11F/L系列单片机主要资源见表2-3，STC10F/L系列单片机主要资源见表2-4。STC11/10F封装形式有LQFP-44、PDIP-40、SOP16/20、DIP16/20、PLCC-44。STC11F系列单片机封装形式、引脚排列和功能如图2-17所示，STC10F系列单片机封装形式、引脚排列和功能如图2-18所示。

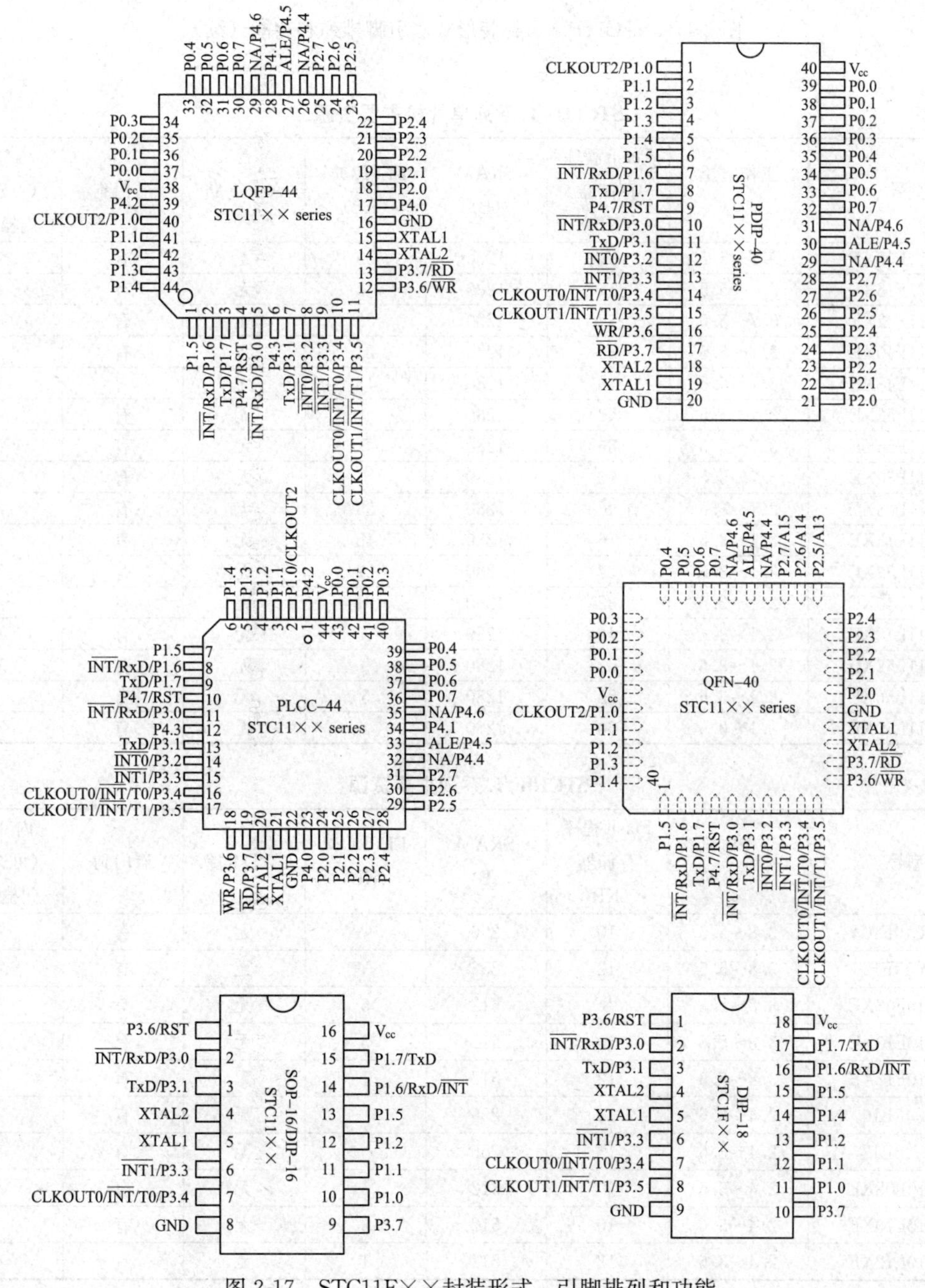

图2-17 STC11F××封装形式、引脚排列和功能

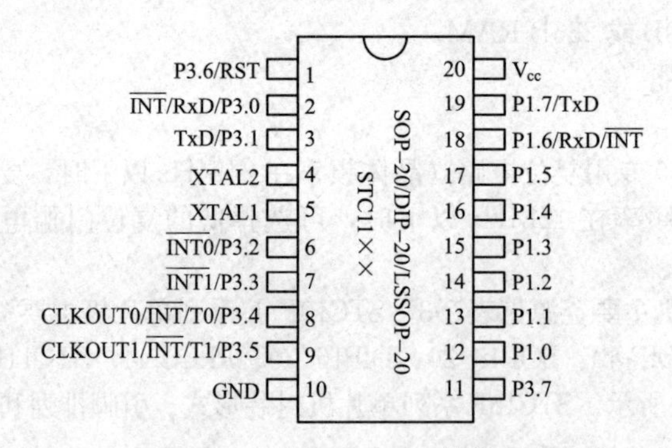

图 2-17　STC11F××封装形式、引脚排列和功能（续）

表 2-3　　STC11F/L 系列单片机主要资源

型号	工作电压（V）	Flash 程序存储器（KB）	SRAM（B）	EEPROM（KB）	A/D 8 路	看门狗	内部复位（可选复位门槛电压）
STC11F08XE	3.7～5.5	8	1280	53	无	有	有
STC11F16XE	3.7～5.5	16	1280	45	无	有	有
STC11F32XE	3.7～5.5	32	1280	29	无	有	有
STC11F40XE	3.7～5.5	32	1280	21	无	有	有
STC11F48XE	3.7～5.5	48	1280	13	无	有	有
STC11F52XE	3.7～5.5	52	1280	9	无	有	有
STC11F56XE	3.7～5.5	56	1280	5	无	有	有
STC11F60XE	3.7～5.5	60	1280	1	无	有	有
STC11L08XE	2.1～3.6	8	1280	53	无	有	有
STC11L16XE	2.1～3.6	16	1280	45	无	有	有
STC11L32XE	2.1～3.6	32	1280	29	无	有	有
STC11L40XE	2.1～3.6	32	1280	21	无	有	有
STC11L48XE	2.1～3.6	48	1280	13	无	有	有
STC11L52XE	2.1～3.6	52	1280	9	无	有	有
STC11L56XE	2.1～3.6	56	1280	5	无	有	有
STC11L60XE	2.1～3.6	60	1280	1	无	有	有

表 2-4　　STC10F/L 系列主要资源

型号	工作电压（V）	Flash 程序存储器（KB）	SRAM（B）	EEPROM（KB）	A/D 8 路	看门狗	内部复位（可选复位门槛电压）
STC10F10	3.8～5.5	10	256	—	无	有	有
STC10F12	3.8～5.5	12	256	—	无	有	有
STC10F08XE	3.8～5.5	8	512	5	无	有	有
STC10F10XE	3.8～5.5	10	512	3	无	有	有
STC10F12XE	3.8～5.5	12	512	1	无	有	有
STC10L10	2.4～3.6	10	256	—	无	有	有
STC10L12	2.4～3.6	12	256	—	无	有	有
STC10L08XE	2.4～3.6	8	512	5	无	有	有
STC10L10XE	2.4～3.6	10	512	3	无	有	有
STC10L12XE	2.4～3.6	12	512	1	无	有	有

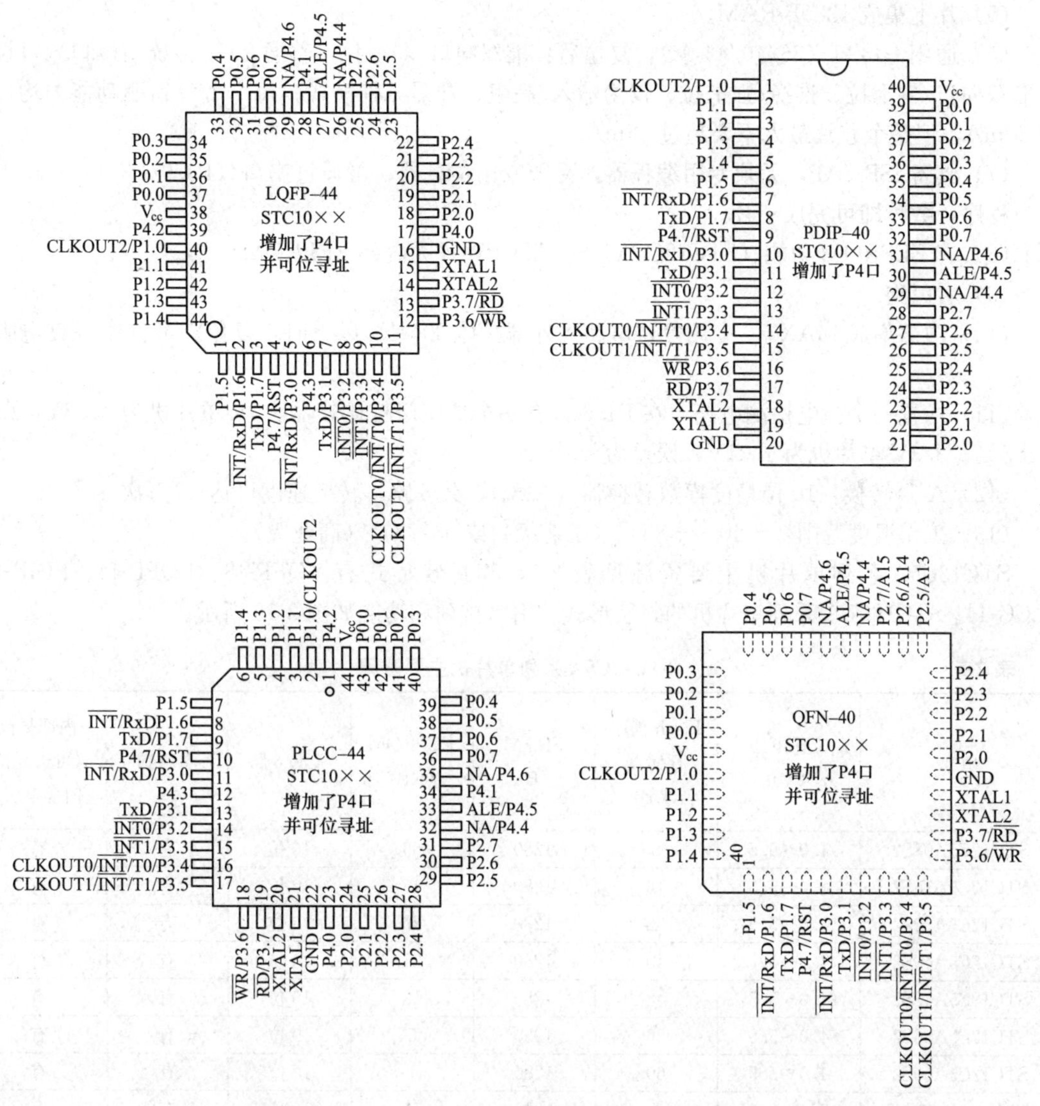

图 2-18 STC10F××封装形式、引脚排列和功能

2.3.4 STC12C5A 系列

STC12C5A 系列单片机是单时钟/机器周期（1T）单片机，是高速、低功耗、超强抗干扰的新一代 8051 单片机，加密性强、有全球唯一的 ID，其指令代码完全兼容传统 8051，但速度较 8051 快 8～12 倍。内部集成 MAX810 专用复位电路，以后缀字母的不同内含 2 路 PWM 或 8 路高速 10 位 A/D 转换（25 万次/s），针对电动机控制，强干扰场合使用。该系列单片机的主要特点有：

（1）增强型：8051CPU，1T，单时钟/机器周期，指令代码完全兼容传统 8051。

（2）工作电压：

1）STC12C5A60 系列工作电压：3.3～5.5V（5V 单片机）；

2）STC12LE5A60 系列工作电压：2.2～3.6V（3V 单片机）。

（3）工作频率范围：0～35MHz，相当于普通 8051 单片机的 0～420MHz。

（4）用户应用程序空间包括 8、16、20、32、40、48、52、60、62KB。

(5) 片上集成 1280B RAM。

(6) 通用 I/O 口(36/40/44 个),复位后:准双向口/弱上拉(普通 8051 传统 I/O 口)可设置成准双向口/弱上拉、推挽/强上拉、仅为输入/高阻、开漏 4 种模式;每个 I/O 口驱动能力均可达到 20mA,但整个芯片最大不要超过 55mA。

(7) 具备 ISP/IAP,无须专用编程器,无须专用仿真器,可通过串口(P3.0/P3.1)直接下载用户程序,数秒即可完成一片。

(8) 有 EEPROM 功能(STC12C5A62S2/AD/PWM 无内部 EEPROM)。

(9) 看门狗。

(10) 内部集成 MAX810 专用复位电路(外部晶体 20MHz 以下时,复位脚可直接 1kΩ 电阻到地)。

(11) 内置一个掉电检测电路,在 P4.6 口有一个低压门槛比较器。5V 单片机为 1.33V,误差为±5%;3.3V 单片机为 1.31V,误差为±3%。

(12) A/D 转换,10 位精度模数转换器(ADC),共 8 路,转换速度可达 25 万次/s。

(13) 工作温度范围:-40~+85℃(工业级)或 0~75℃(商业级)。

STC12C5A 系列单片机主要资源见表 2-5,其封装形式有 LQFP-48、LQFP-44、PDIP-40、PLCC-44。STC12C5A 系列单片机的封装形式、引脚排列和功能如图 2-19 所示。

表 2-5　　STC12C5A 系列单片机主要资源

型号	工作电压(V)	Flash 程序存储器(KB)	SRAM(B)	EEPROM(KB)	A/D 8 路	看门狗	内部复位(可选复位门槛电压)
STC12C5A08S2	4.0~5.5	8	1280	53	10 位	有	有
STC12C5A16S2	4.0~5.5	16	1280	45	10 位	有	有
STC12C5A32S2	4.0~5.5	32	1280	29	10 位	有	有
STC12C5A40S2	4.0~5.5	40	1280	21	10 位	有	有
STC12C5A48S2	4.0~5.5	48	1280	13	10 位	有	有
STC12C5A56S2	4.0~5.5	56	1280	5	10 位	有	有
STC12C5A60S2	4.0~5.5	60	1280	1	10 位	有	有
STC12LE5A08S2	2.1~3.6	8	1280	53	10 位	有	有
STC12LE5A16S2	2.1~3.6	16	1280	45	10 位	有	有
STC12LE5A32S2	2.1~3.6	32	1280	29	10 位	有	有
STC12LE5A40S2	2.1~3.6	40	1280	21	10 位	有	有
STC12LE5A48S2	2.1~3.6	48	1280	13	10 位	有	有
STC12LE5A56S2	2.1~3.6	56	1280	5	10 位	有	有
STC12LE5A60S2	2.1~3.6	60	1280	1	10 位	有	有

2.3.5 STC12C56 系列

STC12C5620AD 系列单片机主要性能有:

(1) 高速:1 个时钟/机器周期,增强型 8051 内核,速度比普通 8051 快 8~12 倍。

(2) 电压范围广:3.5~5.5V,2.2~3.6V(STC12LE5620AD 系列)。

(3) 低功耗设计:空闲模式,掉电模式。

(4) 工作频率:0~35MHz,相当于普通 8051 的 0~420MHz。

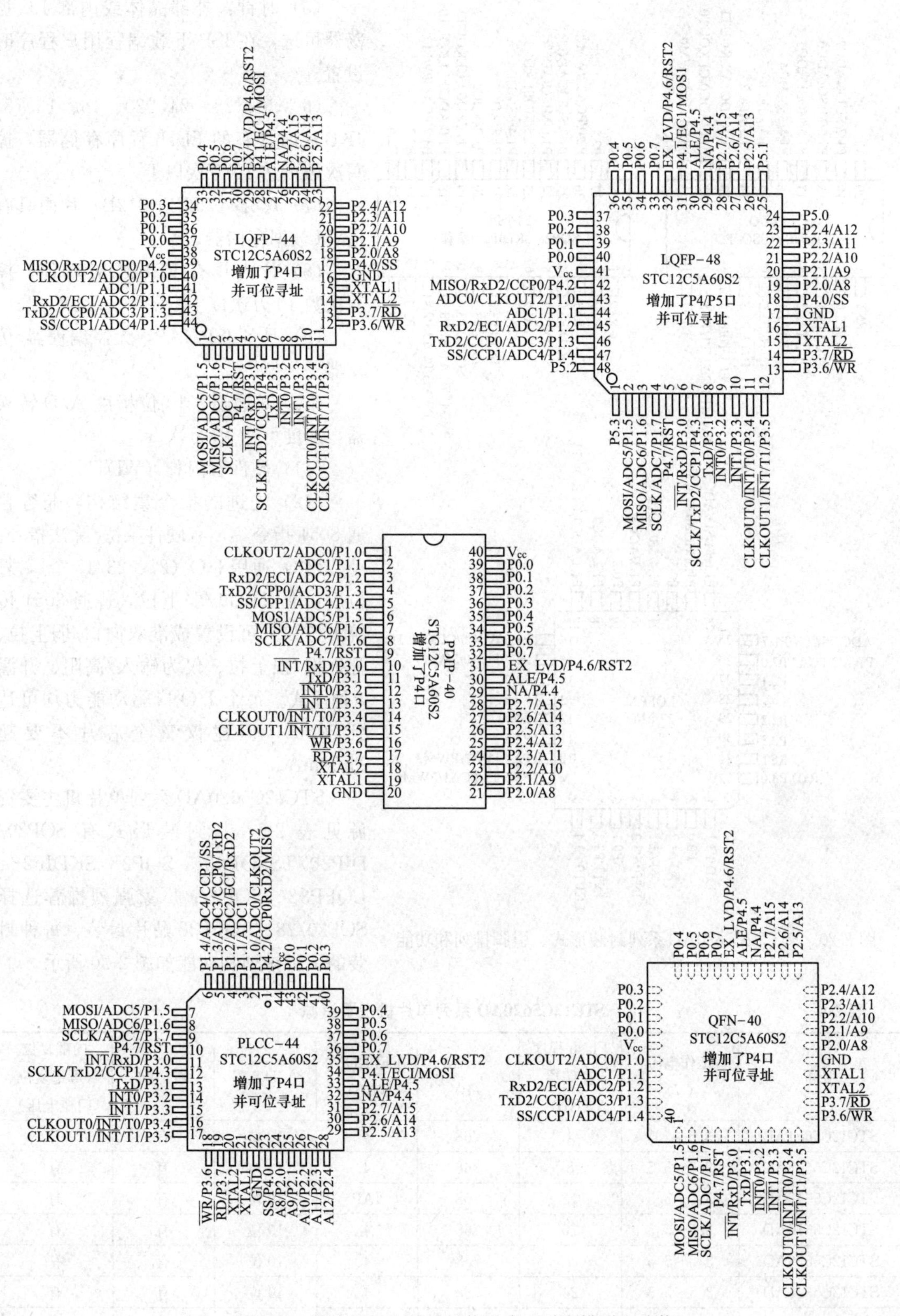

图 2-19　STC12C5A 系列封装形式、引脚排列和功能

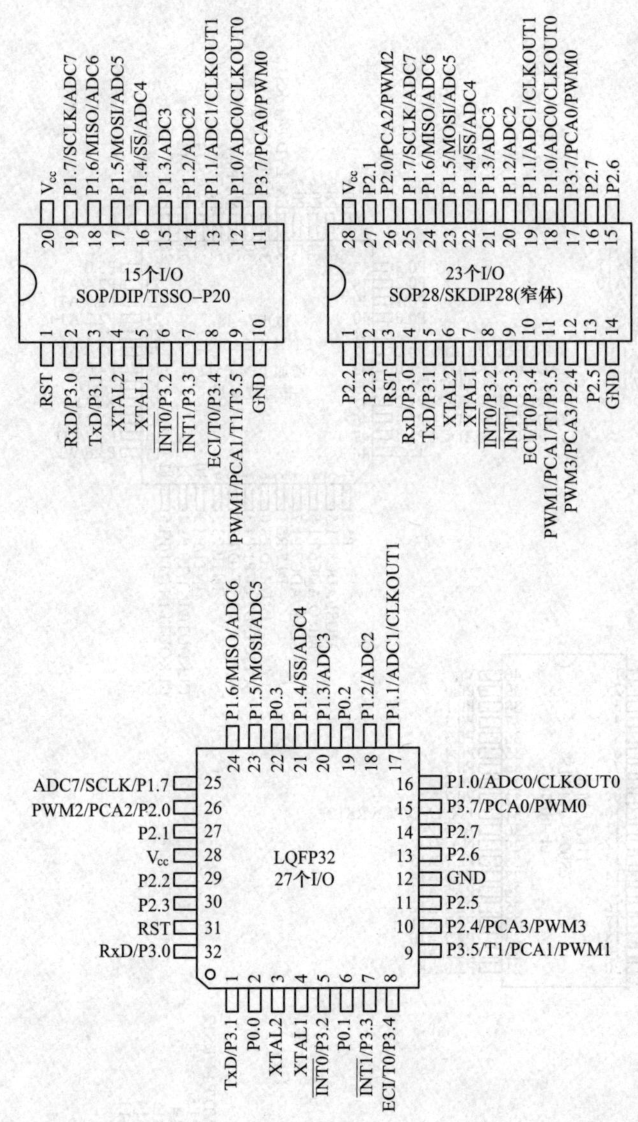

图 2-20　STC12C5620AD 系列封装形式、引脚排列和功能

(5) 时钟：外部晶体或内部 RC 振荡器可选，在 ISP 下载编程用户程序时设置。

(6) 30、28、24、20、16、12、8、4KB 片内具有的 Flash 程序存储器，擦写次数可达 10 万次以上。

(7) 768B（256B+512B）片内具有 RAM 数据存储器。

(8) 片内具有 EEPROM 功能，擦写次数 10 万次以上。

(9) 具备 ISP/IAP，无需编程器/仿真器。

(10) 8 通道，10 位精度 A/D 转换器，速度可达 10 万次/s。

(11) 硬件看门狗（WDT）。

(12) 先进的指令集结构，兼容普通 8051 指令集，有硬件乘法/除法指令。

(13) 通用 I/O（27、23/15 个），复位后：准双向口/弱上拉（普通 8051 传统 I/O 口）可设置成准双向口/弱上拉、强推挽/强上拉、仅为输入/高阻、开漏 4 种模式。每个 I/O 口驱动能力均可达到 20mA，但建议整个芯片不要超过 90mA。

STC12C5620AD 系列单片机主要资源见表 2-6，其封装形式有 SOP20/DIP20/TSSOP20、SOP28/SKDIP28、LQFP32、SOP32；厂家强烈推荐选择 SOP20/28、LQFP32 贴片封装。每种封装的引脚排列和功能如图 2-20 所示。

表 2-6　STC12C5620AD 系列单片机主要资源

型号	工作电压（V）	Flash 程序存储器（KB）	SRAM（B）	EEPROM（KB）	A/D 8 路	看门狗	内部复位（可选复位门槛电压）
STC12C5604AD	3.5～5.5	4	768	4	10 位	有	有
STC12C5608AD	3.5～5.5	8	768	4	10 位	有	有
STC12C5612AD	3.5～5.5	12	768	IAP	10 位	有	有
STC12C5616AD	3.5～5.5	16	768	4	10 位	有	有
STC12C5620AD	3.5～5.5	20	768	4	10 位	有	有
STC12C5624AD	3.5～5.5	24	768	4	10 位	有	有
STC12C5628AD	3.5～5.5	28	768	IAP	10 位	有	有
STC12C5630AD	3.5～5.5	30	768	IAP	10 位	有	有

2.3.6 STC12C54 系列

STC12C54 系列单片机主要性能有：

（1）高速：1 个时钟/机器周期，增强型 8051 内核，速度比普通 8051 快 6～12 倍。

（2）电压范围广：3.5～5.5V，2.2～3.8V（STC12LE5410AD 系列）。

（3）低功耗设计：空闲模式、掉电模式。

（4）工作频率：0～35MHz，相当于普通 8051 的 0～420MHz。

（5）时钟：外部晶体或内部 RC 振荡器可选，在 ISP 下载编程用户程序时设置。

（6）16、12、10、8KB 等片内具有 Flash 程序存储器，擦写次数可达 10 万次以上。

（7）256/512B 片内具有 RAM 数据存储器。

（8）片内具有 EEPROM 功能，擦写次数可达 10 万次以上。

（9）ISP/IAP，无需编程器/仿真器。

（10）8 通道，10 位模数转换器（ADC），速度可达 10 万次/s。

（11）硬件看门狗（WDT）。

（12）先进的指令集结构，兼容普通 8051 指令集，有硬件乘法/除法指令。

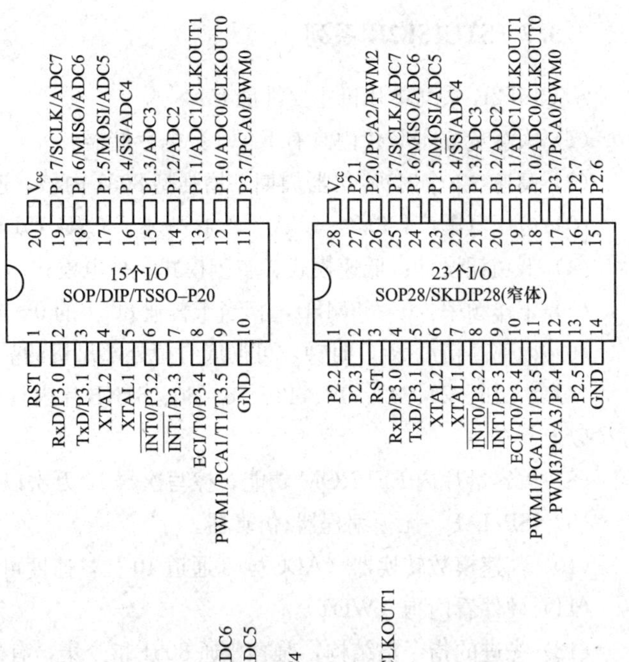

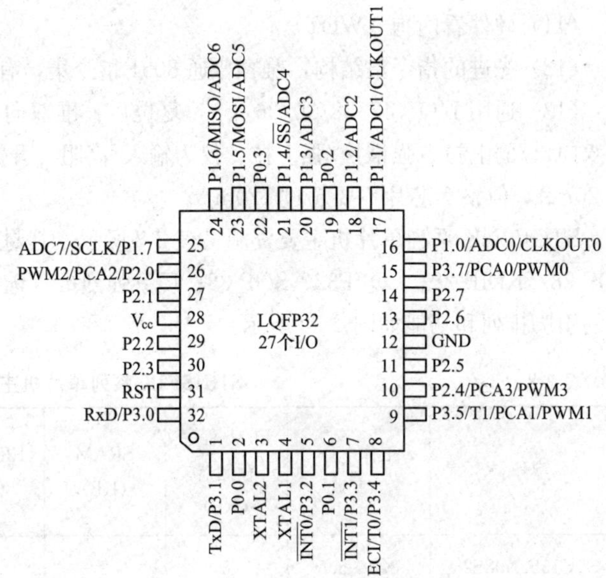

图 2-21 STC12C54 系列封装形式、引脚排列和功能

STC12C54 系列单片机主要资源见表 2-7，其封装形式有 SOP20/DIP20/TSSOP20、SOP28/SKDIP28、LQFP32、SOP32；厂家强烈推荐选择 SOP20/28、LQFP32 贴片封装。每种封装的引脚排列和功能如图 2-21 所示。

表 2-7 STC12C54 系列单片机主要资源

型号	工作电压（V）	Flash 程序存储器（KB）	SRAM（B）	EEPROM	A/D 8 路	看门狗	内部复位（可选复位门槛电压）
STC12C5408AD	3.5～5.5	8	512	有	10 位	有	有
STC12C5410AD	3.5～5.5	10	512	有	10 位	有	有
STC12C5412AD	3.5～5.5	12	512	IAP	10 位	有	有

2.3.7 STC15F2K 系列

STC15F2K 系列单片机主要性能有：

（1）大容量 2048B 片内具有 RAM 数据存储器。

（2）高速：1 个时钟/机器周期，增强型 8051 内核，速度比普通 8051 快 7～12 倍。

（3）电压范围广：3.8～5.5V，2.4～3.6V（STC15LE2K60S2 系列）。

（4）低功耗设计：低速模式、空闲模式、掉电模式。

（5）工作频率：0～35MHz，相当于普通 8051 的 0～420MHz。

（6）内部高精度 R/C 时钟，可彻底省掉外部昂贵的晶体时钟，内部时钟从 5～35MHz 可选。

（7）8、16、24、32、40、48、56、60、61KB 片内具有的 Flash 程序存储器，擦写次数可达 10 万次以上。

（8）大容量片内 EEPROM 功能，擦写次数 10 万次以上。

（9）ISP/IAP，无须编程器/仿真器。

（10）高速模数转换器（ADC），8 通道 10 位，速度可达 30 万次/s。

（11）硬件看门狗（WDT）。

（12）先进的指令集结构，兼容普通 8051 指令集，有硬件乘法/除法指令。

（13）通用 I/O（42/38/30/26 个），复位后：准双向口/弱上拉（8051 传统 I/O 口）可设置成准双向口/弱上拉、强推挽/强上拉、仅为输入/高阻、开漏 4 种模式。每个 I/O 口驱动能力均可达到 20mA，但整个芯片不要超过 120mA。

STC15F2K 系列单片机主要资源见表 2-8 所示，其封装形式有 LQFP-44、PDIP-40、PLCC-44、SOP-28/SKDIP-28、LQFP32、SOP-32；厂家强烈推荐选择 SOP28、LQFP32/44 贴片封装。3 种封装的引脚排列和功能如图 2-22 所示。

表 2-8　STC15F2K 系列单片机主要资源

型号	工作电压（V）	Flash 程序存储器（KB）	SRAM（KB）	EEPROM（KB）	A/D 8 路	看门狗	内部复位（可选复位门槛电压）
STC15F2K08S2	3.8～5.5	8	2	53	10 位	有	有
STC15F2K16S2	3.8～5.5	16	2	45	10 位	有	有
STC15F2K24S2	3.8～5.5	24	2	37	10 位	有	有
STC15F2K32S2	3.8～5.5	32	2	29	10 位	有	有
STC15F2K40S2	3.8～5.5	40	2	21	10 位	有	有
STC15F2K48S2	3.8～5.5	48	2	13	10 位	有	有
STC15F2K56S2	3.8～5.5	56	2	5	10 位	有	有
STC15F2K60S2	3.8～5.5	60	2	1	10 位	有	有

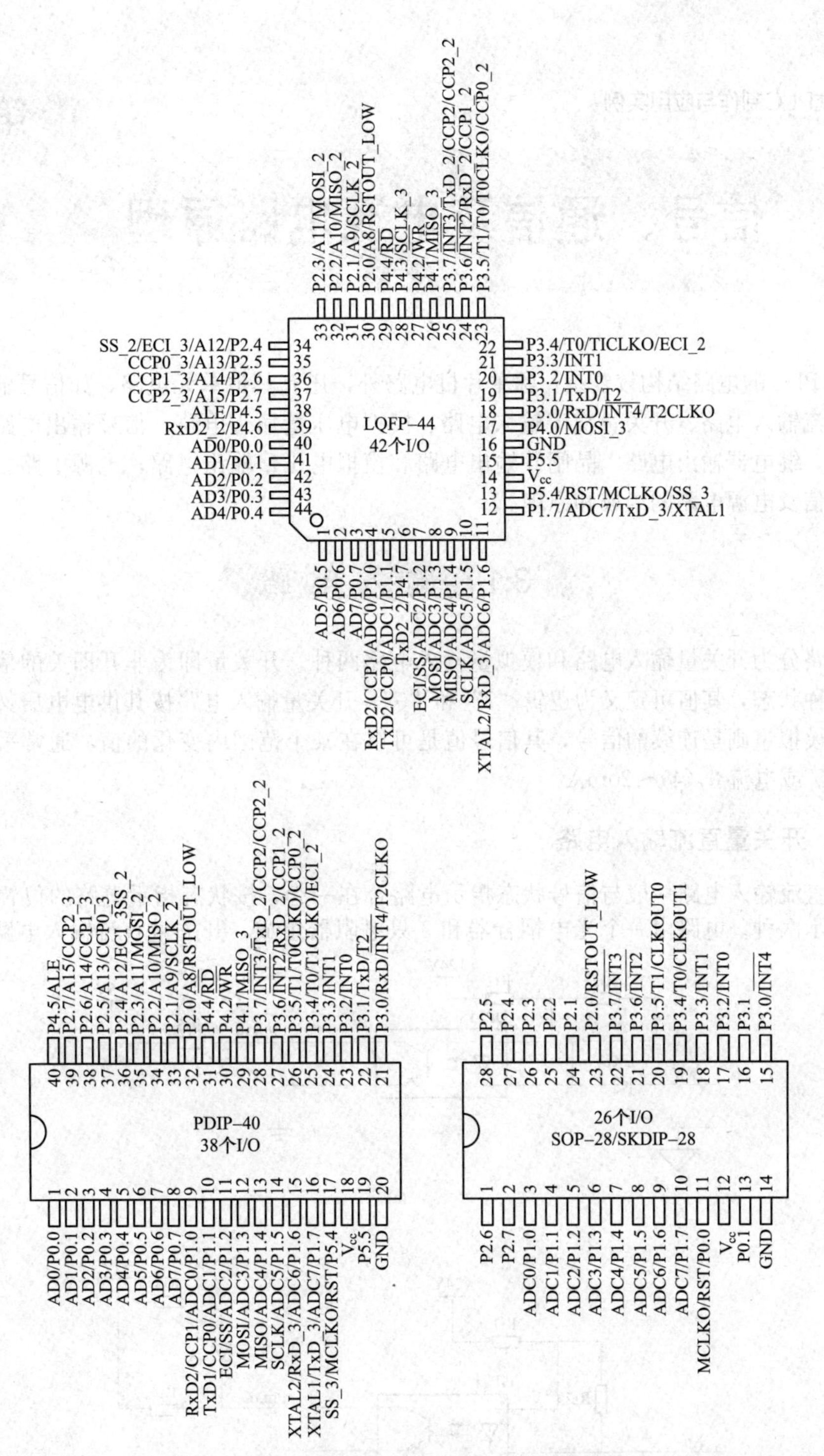

图 2-22 STC15F2K 系列封装形式、引脚排列和功能

以上 STC 单片机资料来自厂商各芯片的用户手册，若读者需要最新信息可去网站 www. stcmcudata. com 下载。

第3章

信号、通信及电源电路原理

嵌入式PLC的电路结构较复杂，除单片机电路外，还有其他单元电路，如信号输入电路，包含开关量直流输入电路、开关量交流输入电路、模拟电压量输入电路；信号输出电路，包含晶体管输出电路、继电器输出电路、晶闸管输出电路和模拟电压量输出电路；电源电路。本章主要介绍信号、通信及电源电路的组成和原理。

3.1 输入电路

输入电路分为开关量输入电路和模拟量输入电路两种。开关量即为非开即关的信号，电路只有开和关两种状态，其值可定义为逻辑“1”和“0”。开关量输入电路按其供电电压又分为直流和交流两种。模拟量则是连续的信号，其信号值是可以在某个范围内变化的值，通常采用的是电压0～5（10）V或电流0（4）～20mA。

3.1.1 开关量直流输入电路

开关量直流输入电路一般与信号状态指示电路合在一起，按状态指示电路的位置分为前置指示和后置指示两种。电路由一个光电耦合器和3只电阻器组成，开关量直流输入电路如图3-1所

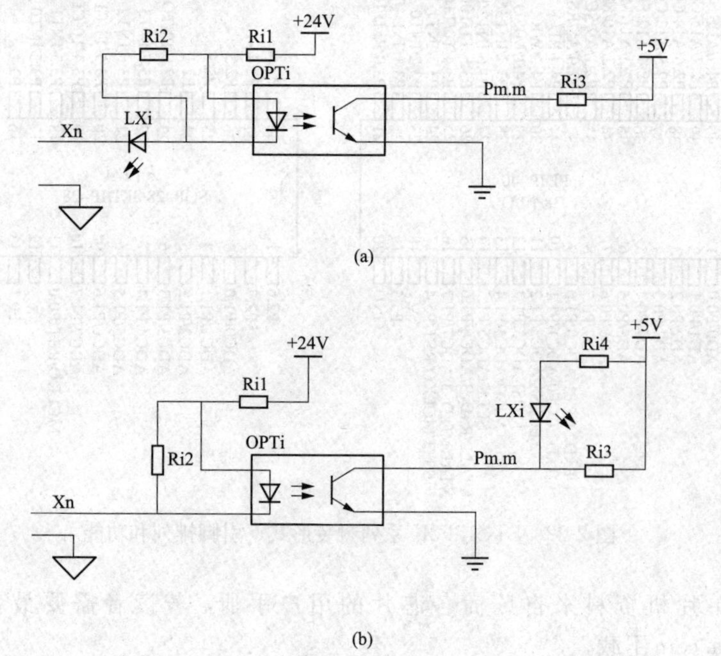

图3-1 开关量直流输入电路
（a）前置指示；（b）后置指示

示，图中输入信号侧以直流 24V 供电，光电耦合器的输入与输出分别用不同电压供电使之相互隔离。图 3-1（a）电路在信号输入端 Xn 与信号地断开时，信号指示灯熄灭，光电耦合器内部发光二极管没有电流通过、输出光电三极管截止，Pm. m 端处在高电平。当信号输入端 Xn 与信号地接通后，电流经过电阻 Ri1 和 Ri2、LXi 构成回路，信号指示灯 LXi 点亮、光电耦合器 OPTi 内部光电二极管导通、内部输出光电三极管受到光照后饱和导通，使输出端 Pm. m 电位接近地电位成低电平。

图 3-1（a）中光电耦合器 OPTi 若选用“PC817”，从该器件的电流传输和输出特性曲线（见图 3-2）上可以看出，若取正向电流 $I_F=7mA$ 时对应的电流传输比 $CTR=125$，故设计光电耦合器的工作电流为 5mA，又从其电光性能表中得到当正向电流 $I_F=20mA$ 时，PC817 的正向电压 V_F 为 1.2～1.4V，这里取 $V_F=1.2V$。假定图中取 $I_{Xn}=7mA$，则图 3-1（b）电路中输入电阻器 Ri1 的阻值计算见式（3-1）。

$$R_{Ri1}=\frac{V_{cc}-1.2-0.4}{7}=\frac{24-1.2-0.4}{7}=3.2(k\Omega) \tag{3-1}$$

取 $R_{Ri1}=3.3k\Omega$，考虑到 CTR 的变化以及长期稳定性，取 $CTR_{min}=35\%$，则光电耦合器输出电流计算见式（3-2）。

$$I_{Cmin}=I_F\times CTR_{min}=7\times0.35=2.45(mA) \tag{3-2}$$

考虑晶体管—晶体管逻辑（TTL）电路低电平输入电流 I_{IL} 和高电平漏电流 I_{IH}，负载电阻 Ri1 的阻值计算见式（3-3）。

$$R_{Ri3}>\frac{V_{cc}-V_{IL}}{I_{Cmin}+I_{IL}}=\frac{5-0.8}{2.45-1.6}=4.94(k\Omega)$$

$$R_{Ri3}<\frac{V_{cc}-V_{IH}}{I_{CE0}+I_{IH}}=\frac{5-2.4}{0.041}=63(k\Omega) \tag{3-3}$$

取 $R_{Ri3}=10k\Omega$，若有脉冲信号输入时，可取 $5.1k\Omega$。

取 1206 封装的 LED 电压降 $V_{LXiF}=2.2V$，电流取 $I_{LXi}=1mA$，则 Ri4 的阻值计算见式（3-4）。

$$R_{Ri4}=\frac{V_{cc}-1.2-0.4}{7}=\frac{5-2.2}{1}=2.8(k\Omega) \tag{3-4}$$

取 $R_{Ri4}=3k\Omega$。

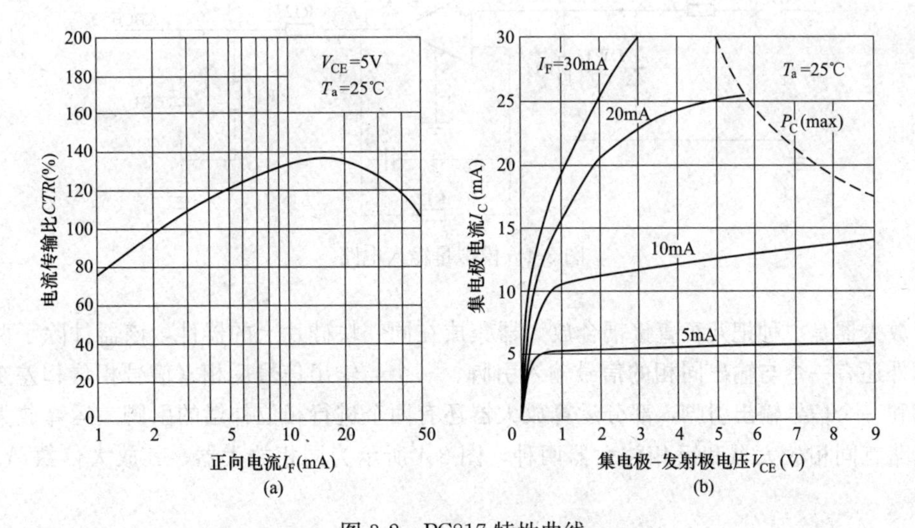

图 3-2　PC817 特性曲线

（a）电流传输特性；（b）输出特性

3.1.2　开关量交流输入电路

采用交流电源供电的开关量输入电路如图 3-3 所示，电路在图 3-1 的基础上增加了一只桥式整流器 BDi 和电容器 Ci，其余与图 3-1 相同，图中以交流 24V 供电为例。

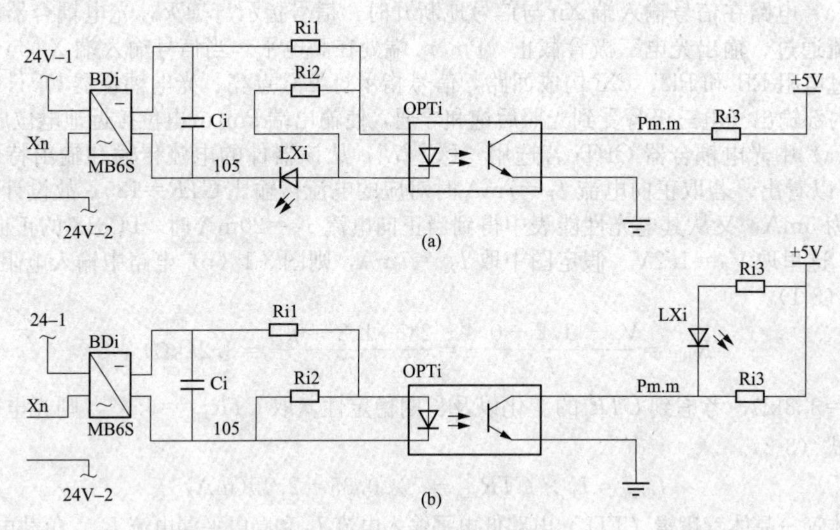

图 3-3 开关量交流输入电路

(a) 前置指示；(b) 后置指示

3.1.3 模拟电压量输入电路

模拟电压量输入电路由限压保护电路、运算放大器组成的跟随电路和电阻分压电路两部分组成，其电路原理如图 3-4 所示。该电路的输入电压范围为 0～10V DC，输出电压范围为 0～5V DC。

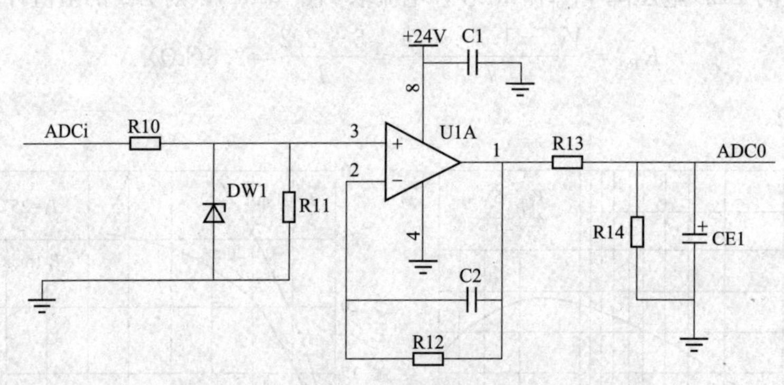

图 3-4 模拟量输入电路

运算放大器是一种把几级直接耦合放大器集成在同一块硅片上的器件，该器件除了两个供电电源引脚外还有一个与输出同相的信号输入引脚、一个与输出信号反相（信号相位相差 180°）的输入引脚和一个信号输出引脚，部分运算放大器还有两个进行相位补偿的引脚。运算放大器组成的线性电路有同相放大器和反相放大器两种，图 3-4 所示为同相放大器，其放大倍数 A_{vf} 计算见式（3-5）。

$$A_{vf}=\frac{U_{U1A1}}{U_{ADCi}}=1 \tag{3-5}$$

由于 $A_{vf}=1$，即输出与输入电压大小相等、相位相同，因此称这种电路为电压跟随器，也称单位增益隔离器。

3.2 输出电路

信号输出电路同输入电路一样也分为开关量输出和模拟量输出电路两种。开关量输出电路又分为晶体管输出、继电器输出和晶闸管输出3种。

3.2.1 晶体管输出电路

晶体管输出电路由一个光电耦合器、三极管和电阻组成，按信号状态指示分为前置指示和后置指示两种，其电路分别如图3-5（a）和（b）所示，若图3-5（a）中光电耦合器OPT0也选用“PC817”，假定图中取 $I_i=8mA$，即 $I_F=8mA$，则电路中输入电阻器R01的阻值按式（3-6）计算。

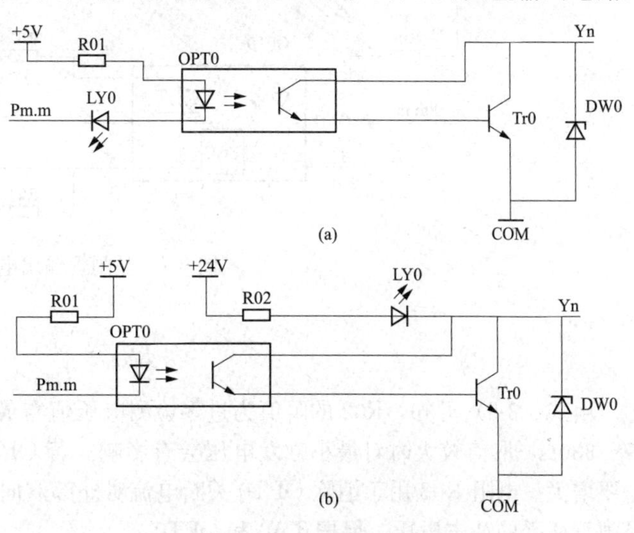

图3-5 开关量晶体管输出电路

（a）前置指示；（b）后置指示

$$R_{R01}=\frac{V_{cc}-1.2-0.4}{8}=\frac{5-1.2-0.4}{8}=425(\Omega) \quad (3\text{-}6)$$

取 $R_{R01}=390\Omega$。

光电耦合器内部输出三极管与外接三极管Tr0组成一个复合管以提高驱动电流能力，与三极管c-e脚并接的稳压管用于限制其两端出现的浪涌电压，保护三极管Tr0。

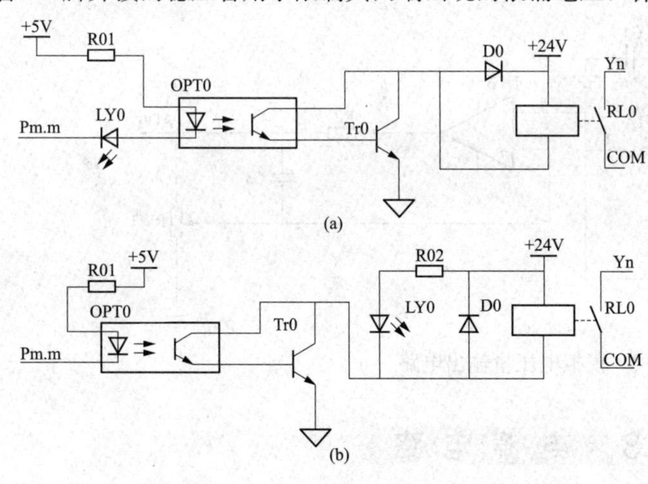

图3-6 开关量继电器输出电路

（a）前置指示；（b）后置指示

3.2.2 继电器输出电路

继电器输出电路由一个光电耦合器、继电器、二极管和电阻组成，前置指示和后置指示电路分别如图3-6所示。若图3-6（b）中光电耦合器OPT0也选用“PC817”，假定图中取 $I_i=10mA$，即 $I_F=10mA$，则电路中信号输入负载电阻器R01的阻值按式（3-7）计算。

$$R_{R01}=\frac{V_{cc}-1.2}{10}=\frac{5-1.2}{10}=380(\Omega) \quad (3\text{-}7)$$

取 $R_{R01}=390\Omega$。

同样光电耦合器内部输出三极管与外接三极管Tr0组成一个复合管以提高驱动继电器的能力，二极管D0用于驱动三极管Tr0截止时继电器线圈电流的续流。

3.2.3 晶闸管输出电路

采用双向晶闸管输出的电路如图3-7所示，图中OPT0是过零触发光电耦合器，起到隔离单片机系统和触发外部双向晶闸管的作用。电阻 R02 是光电耦合器 OPT0 的限流电阻，用于限制流经 OPT0 输出端的电流最大值不超过其最大重复浪涌电流 I_P，R02 的阻值计算见式（3-8）。

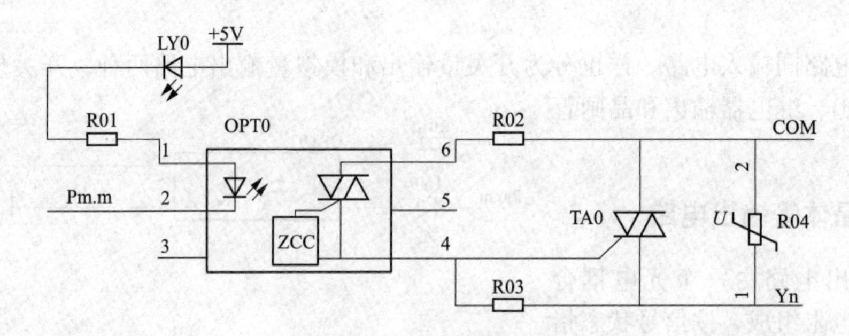

图 3-7　晶闸管输出电路

$$R_{R02}=\frac{V_P}{I_P} \tag{3-8}$$

由式（3-8）可知，R02 的阻值为过零检测电压值与最大重复浪涌电流的比值，其取值范围为 27～330Ω，取值较大时对最小触发电压会有影响。若 OPT0 所接负载是电感性负载时，R02 的值需要增大。电阻 R03 用于消除 OPT0 关断电流对外部双向晶闸管的影响；电阻 R04 用于降低双向晶闸管所受的冲击电压，保护 TA0 和 OPT0。

3.2.4　模拟电压量输出电路

模拟电压量输出电路由电压跟随器和同相比例放大器组成，其电路原理如图 3-8 所示。图 3-8 中 U1A 为电压跟随器，U1B 和电阻 R2、电位器 RW1 组成增益可调的同相放大器。当输入 U_{DA0} 在 0～5V 范围内变动时，调节 RW1 使输出电压 U_{AO0} 在 0～10V 范围内跟随变化。

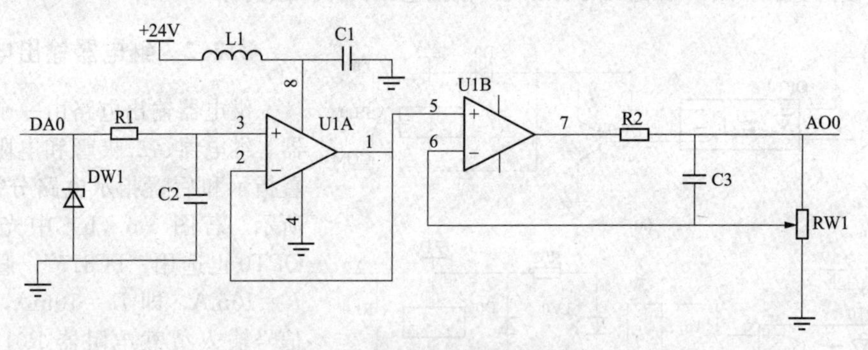

图 3-8　模拟电压量输出电路

3.3　电源电路

单片机的工作电压通常为直流 5V 或 3.3V，考虑到单片机的输入和输出信号通道电路等也需要电源供电才能工作，故选用 24V DC 作为供电电压，再将 24V DC 通过 DC/DC 变换或集成稳压器降至 5V DC 或 3.3V 给单片机供电。降压电路可用开关电源或和线性电源来实现。

3.3.1　开关电源电路

开关电源电路即 DC/DC 变换电路，其通过晶体管饱和或截止时间宽度不同进行脉冲宽度调制，将具有占空比的脉冲整流得到 5V 电压，采用 LM2576S-5 芯片的 DC/DC 变换电路原理如图 3-9 所示，

LM2576S-5芯片的引脚功能见表3-1。图3-9中的24V DC电源经防反接二极管D73和共模线圈TCM送至DC/DC转换芯片的①脚，DC/DC转换芯片②脚输出的脉冲经电感器L41镇流及电容器C72滤波后输出5V。二极管D71或D72为续流二极管，LE71和R71为5V电源指示电路。

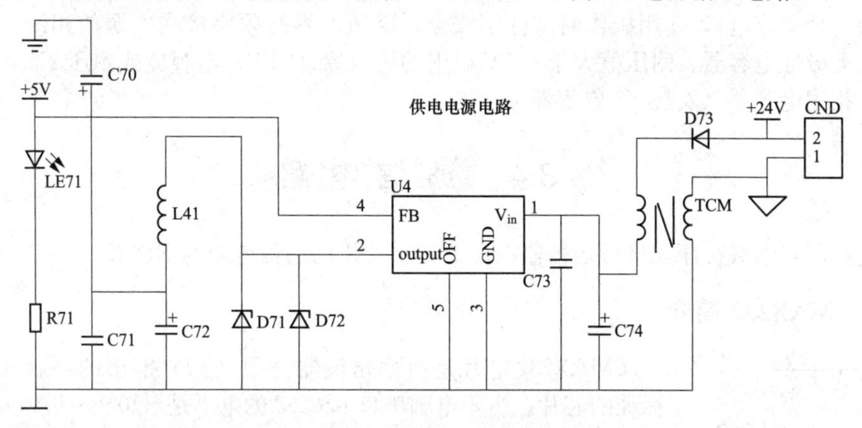

图3-9 DC/DC电源供电电路

表3-1　LM2576S-5引脚功能

脚号	1	2	3	4	5
功 能	电源输入端	电压输出端	接地端	反馈端	ON/OFF端

3.3.2 线性电源电路

线性电源电路就是通过晶体管放大电路来得到5V电压，常用7805稳压集成块获得5V电压的电路，如图3-10所示。

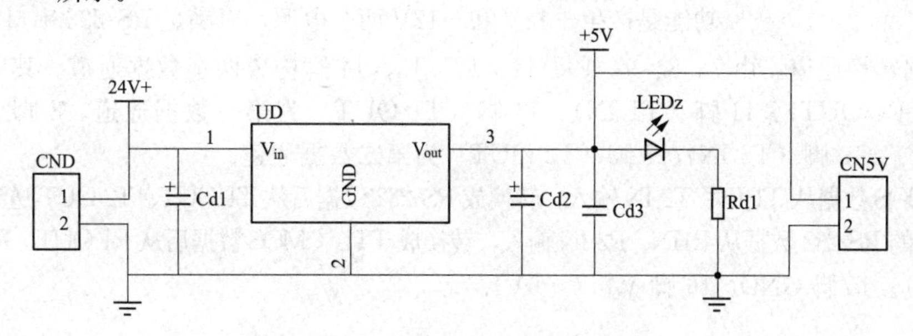

图3-10 线性电源5V供电电路

3.3.3 交流供电电路

交流供电电路是一款采用电容器降压后进行整流稳压滤波的电路，电路原理如图3-11所示。交流220V电压经电容器C40降压→由二极管D40～D43全波整流→R42和稳压二极管D44稳压→电容器C41滤波后经退耦电阻R43输出直流24V。电阻R40是泄放电阻，用于断电后释放电容器C40上的残余电压。交流供电电路中的电容器具有限流作用，

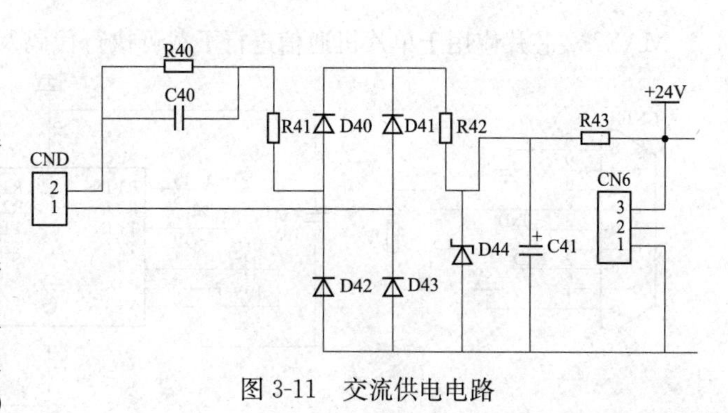

图3-11 交流供电电路

其最大电流为 $I=U\times j\omega C$。这种电路输出的电流较小，不应作为负载电流要求大于 100mA 及以上的电源。

需要注意的是，电容降压电路是一种低成本小容量供电电路，没有与交流 220V 电源隔离，因此是热底板（带交流电），使用操作时应注意安全。降压电容必须串接在电源的相线（俗称火线）上，应选用无极性电容器、耐压值大于 400V 以上的聚丙烯（CBB）电容器或耐压 275V AC 的抑制电源电磁干扰用电容器（安规 X2 电容器）。

3.4 通信电路

通信电路用来下载程序和进行运行监控。STC 单片机的通信电路为 RS-232。

3.4.1 MAX232 简介

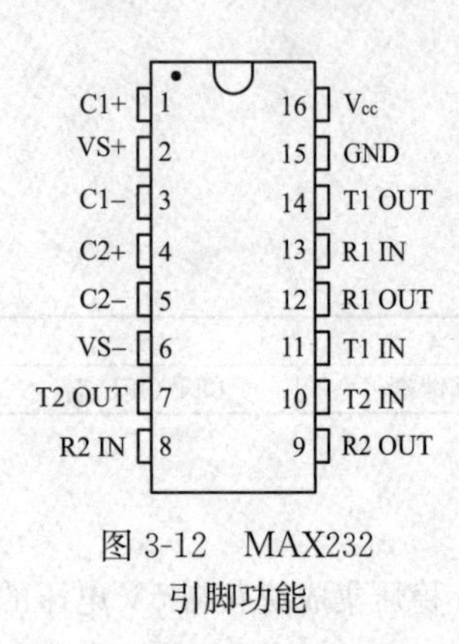

图 3-12 MAX232 引脚功能

MAX232 芯片是由德州仪器公司（TI）推出的一款兼容 RS-232 标准的芯片。由于电脑串口 RS-232 的电平是−10～+10V，而一般的单片机应用系统的信号电压是 TTL 电平 0～+5V，因此 MAX232 用来进行电平转换，MAX232 内包含 2 个驱动器、2 个接收器和一个电压发生器电路（用来提供 TIA/EIA-232-F 电平）。MAX232 是电荷泵芯片，可以完成两路 TTL/RS-232 电平的转换，它的 9、12、10、11 引脚是 TTL 电平端，用来连接单片机；8、13、7、14 引脚是 TIA/EIA-232-F 电平。MAX232 芯片有 PDIP-16 和 SOP-16 两种封装，其引脚功能如图 3-12 所示。

MAX232 芯片是专门为电脑的 RS-232C 标准串口设计的接口电路，使用+5V 单电源供电。内部结构基本可分三个部分。

（1）电荷泵电路。由 1、2、3、4、5、6 脚和外接 4 只电容构成。功能是产生+12V 和−12V 两个电源，以满足 RS-232 串口电平的需要。

（2）数据转换通道。由 7、8、9、10、11、12、13、14 脚构成两个数据通道。其中 13 脚（R1 IN）、12 脚（R1 OUT）、11 脚（T1 IN）、14 脚（T1 OUT）为第一数据通道。8 脚（R2 IN）、9 脚（R2 OUT）、10 脚（T2 IN）、7 脚（T2 OUT）为第二数据通道。

TTL/CMOS 数据从 T1 IN、T2 IN 输入，转换成 RS-232 数据后从 T1 OUT、T2 OUT 送到电脑 DP9 插头；DP9 插头的 RS-232 数据从 R1IN、R2 IN 输入，转换成 TTL/CMOS 数据后从 R1 OUT、R2 OUT 输出。

（3）供电。15 脚 GND、16 脚 V_{CC}（+5V）。

3.4.2 应用电路

MAX232 芯片应用于单片机通信进行下载可执行代码及监控的接口电路如图 3-13 所示，读者

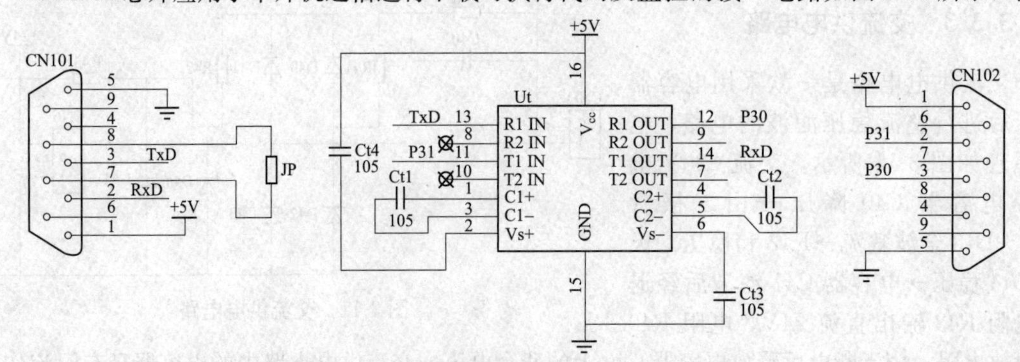

图 3-13 MAX232 典型应用电路

可用直插芯片和万能板等自制。用贴片封装芯片的印制电路板如图 3-14 所示，图 3-14 中电容器 Ct1～Ct4 的容量取值均为 1μF，CN101 用孔型（母）插座，用于与电脑 RS-232 口连接；CN102 用针型（公）插座，通过插头及 4 芯排线与单片机连接，需要进行监控须短接 JP。自制排线连接器如图 3-15 所示。

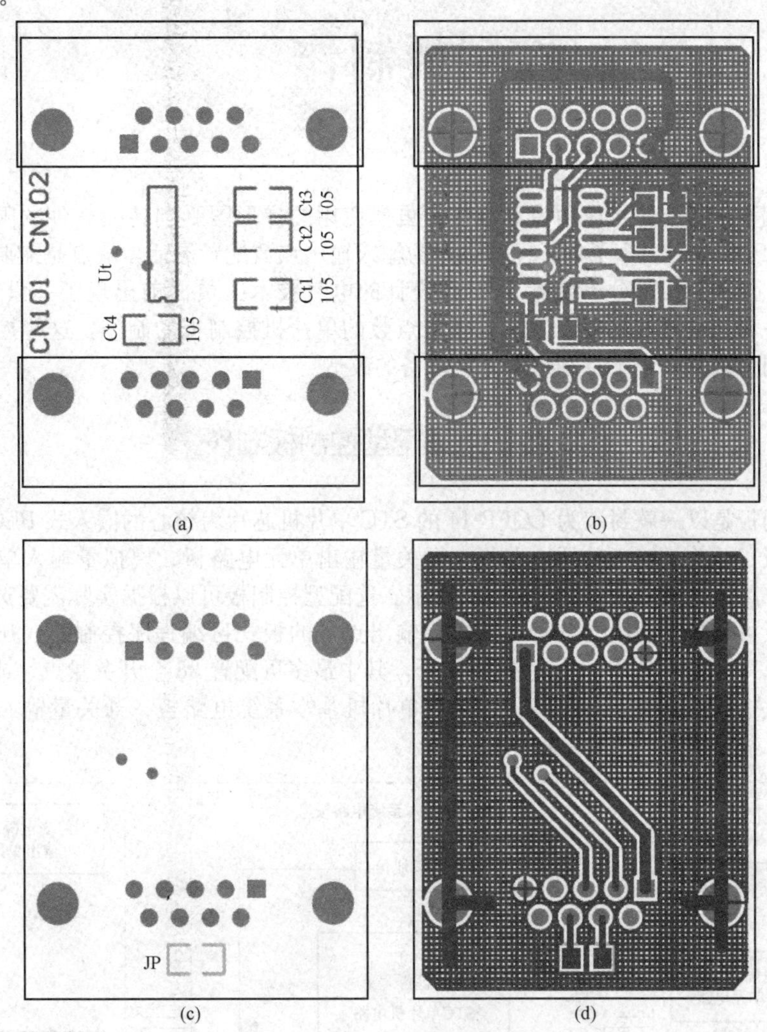

图 3-14　通信板

（a）顶面元件布置；（b）顶面线路布置；（c）底面元件布置；（d）底面线路布置

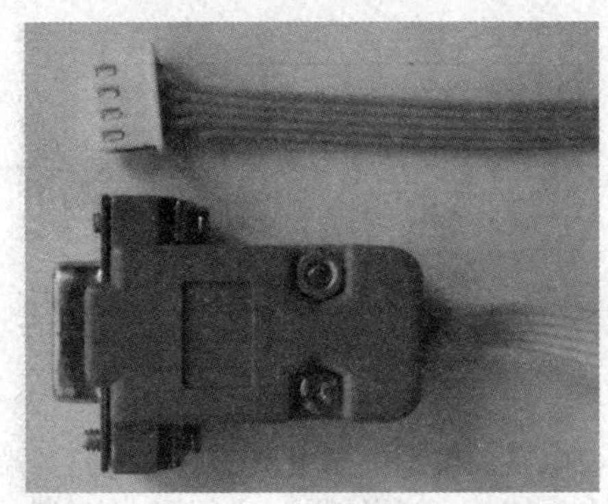

图 3-15　排线连接器

第4章 控制板制作

用梯形图编程进行单片机应用设计制作，虽然使用的梯形图受到转换软件的限制，只能是三菱 FX_{1N}或 FX_{2N}PLC 中的一个子集，但其优点为输入输出点数配置灵活，缺点是需要根据控制系统来定制控制板，该缺点使部分不熟悉 PCB 板设计的电气技术人员面前出现了一只“拦路虎”，为此，本章介绍一套选配型控制板以及几款固定点数的单片机控制板的制作，这些控制板能够满足一些少点数控制系统的要求，特别适用于老设备的改造。

4.1 选配型控制板制作

选配型控制板是以一款封装为 LQFP-44 的 STC 单片机芯片为核心的嵌入式 PLC，包含单片机基本系统电路板、开关量输入单元电路板、开关量输出单元电路板、模拟量输入单元电路板和模拟量输出单元电路板，其组成框图如图 4-1 所示。选配型控制板可以根据实际需要选配，输入电路板和输出电路板可以灵活地组成各种不同输入输出点数的板式可编程序控制器，开关量点数和模拟量输入点数以 4 为基本单位、总点数为 38 个，其中最多可配置 38 个开关量点、或 8 个模拟量输入点、或 2 个模拟量输出点。下面将分别介绍单片机基本系统电路板、开关量输入输出单元电路板、模拟量输入输出单元电路板的制作。

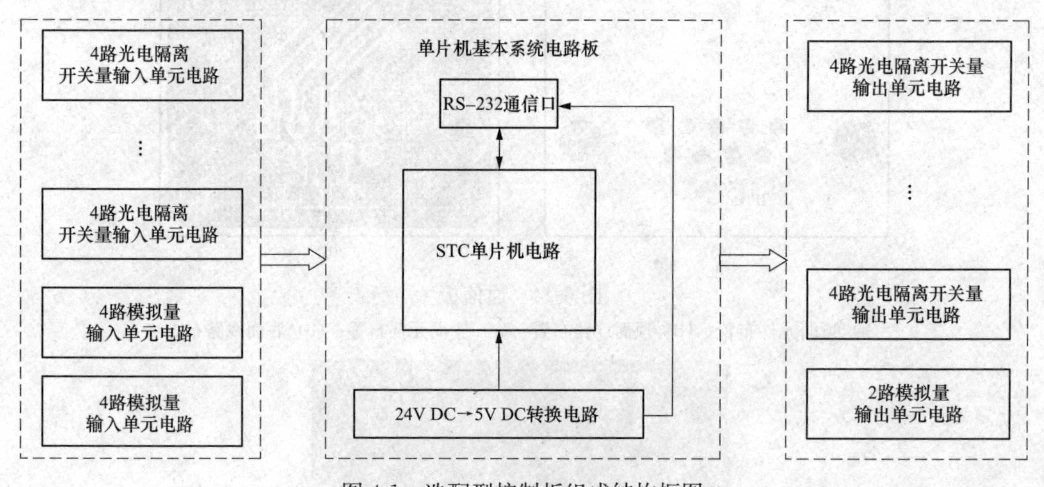

图 4-1 选配型控制板组成结构框图

4.1.1 MCU及电源板

1. 电路原理

把单片机、时钟电路、复位电路、供电电源电路、通信电路，端口状态指示电路整合在同一块电路板上，称之为单片机基本系统板（MCU 板）。LQFP-44 封装的 STC12C5A60S2 单片机共有引脚 44 条，除去供电电源端、通信连接端、外接晶体振荡源外最多有 38 条 I/O 引脚，分别是

P0.0～P0.7、P1.0～P1.7、P2.0～P2.7、P3.2～P3.7 和 P4.0～P4.7（复位端）。若留用外部复位电路，则 I/O 引脚剩余为 37 条。MCU 板以 4 条引脚为一个单元的有 8 个接口，即 CNI01～CNI09；把剩余的一个引脚 P4.4 和复位引脚作为接口 CNI07 的备用接口，即 CNI07A；MCU 板上共计 38 条输入输出引脚，灵活配置的是 9 个 4 位输入输出单元口。按后面介绍的输入输出板就可以拼装组成 0～9 个输入单元（4～36 个输入端）或 0～9 个输出单元（4～36 个输出单元）。该板设置了与输入输出电路相接的通用接口电路，MCU 板的电路原理如图 4-2 所示。

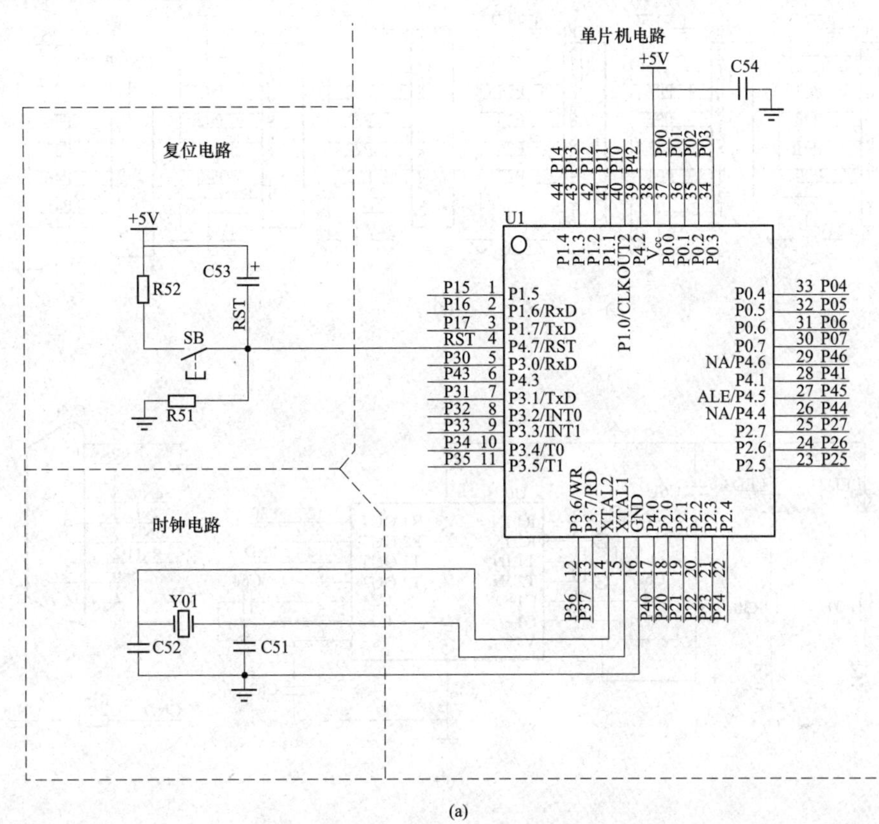

(a)

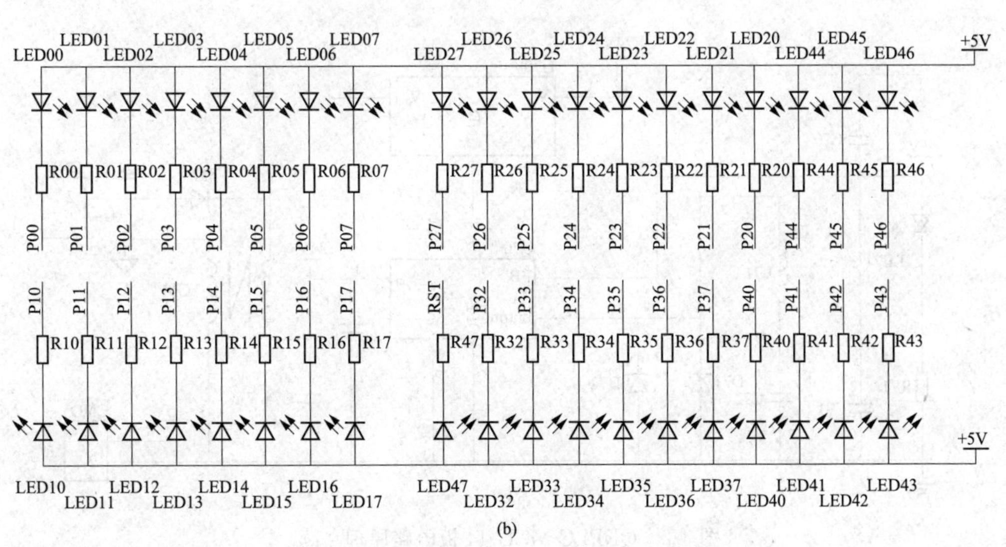

(b)

图 4-2 QRPLC-MCU-44 板电路原理

（a）单片机基本电路；（b）引脚状态指示电路

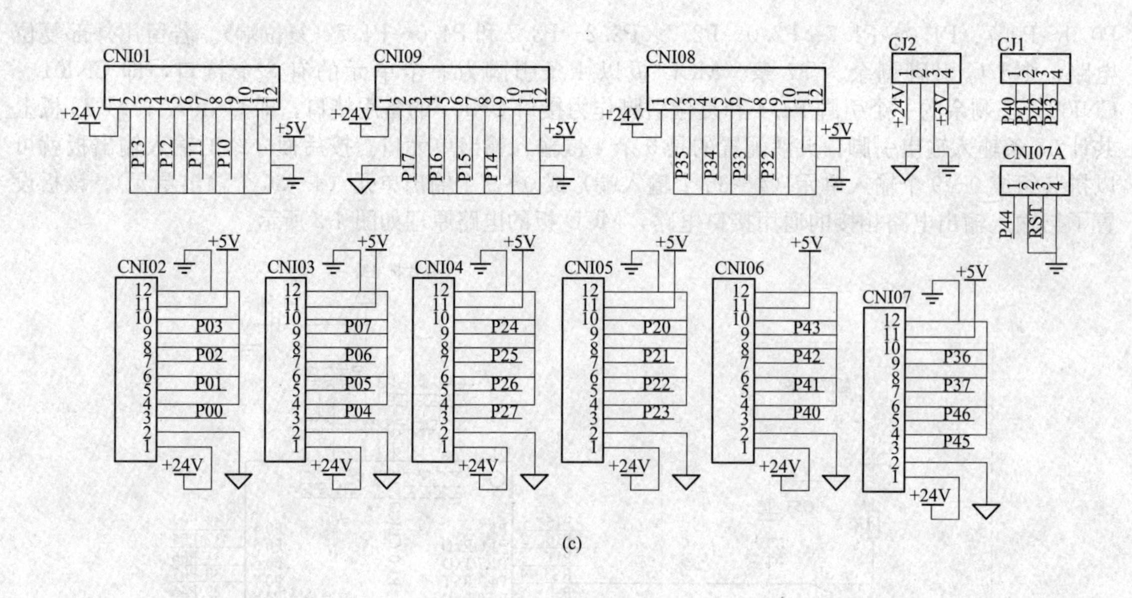

(c)

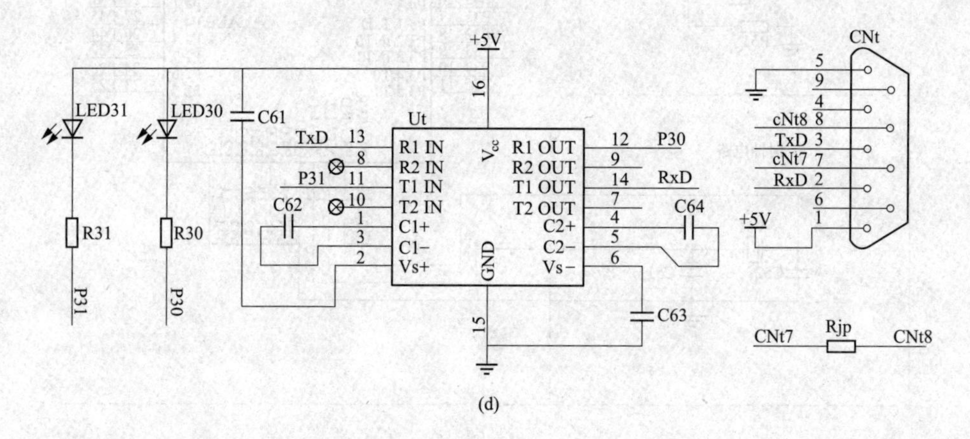

(d)

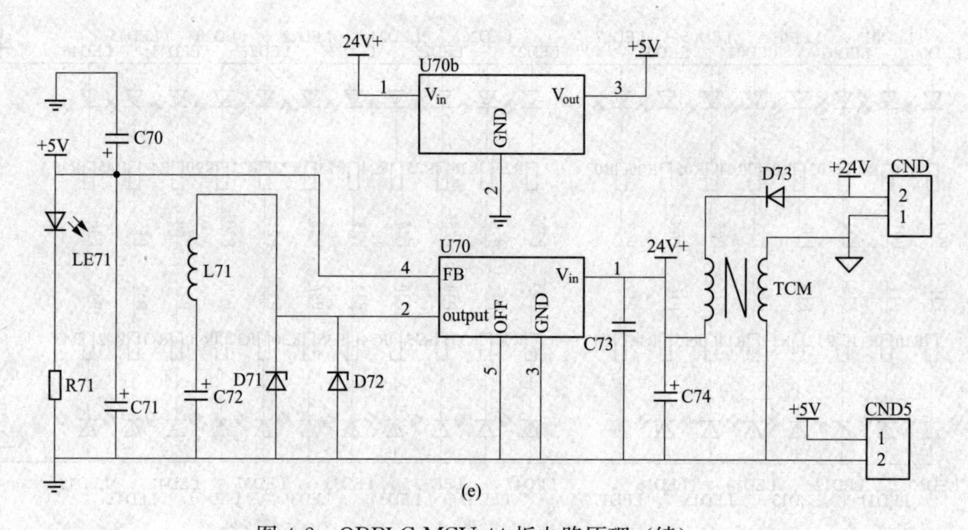

(e)

图 4-2 QRPLC-MCU-44 板电路原理（续）

(c) 输入输出接口；(d) 通信电路；(e) 供电电源电路

2. 电路板布局

图 4-2 所示 MCU 的印刷电路板采用双层布置设计，命名为 QRPLC-MCU-44，板子尺寸为 3925mil×3900mil（99.7mm×99.1mm）。QRPLC-MCU-44 板上元器件布置如图 4-3 所示，板上线路布置如图 4-4 所示。

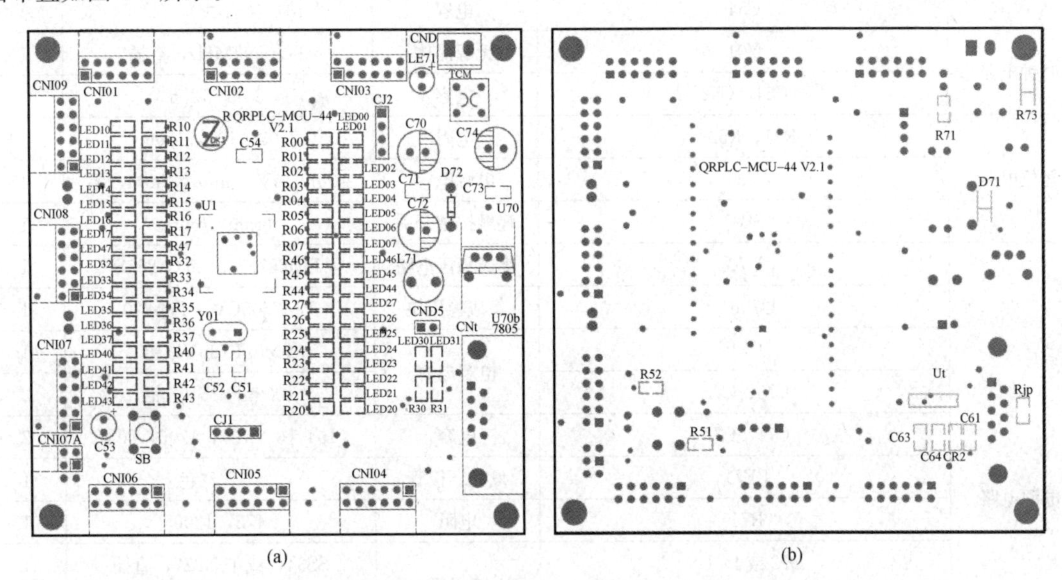

图 4-3　QRPLC-MCU-44 板上元器件布置

（a）顶层；（b）底层

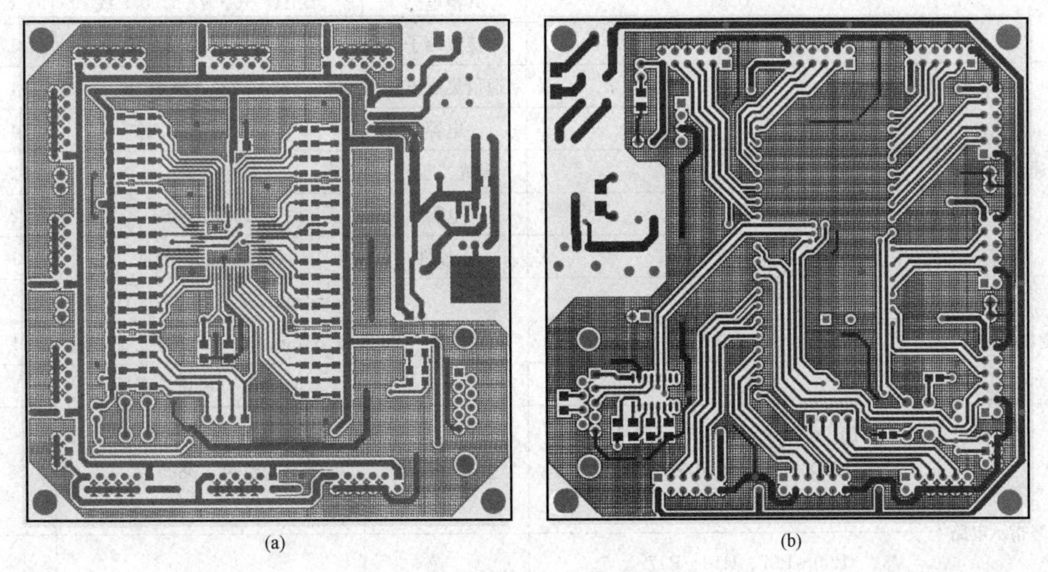

图 4-4　QRPLC-MCU-44 板上线路布置

（a）顶层；（b）底层

3. 元器件选择

QRPLC-MCU-44 板选用材料清单见表 4-1。在选用单片机时，除了考虑转换软件是否支持外，还要考虑是否需要通信、在线监控等因素。选用电阻、电容时，除了应考虑容量、封装外，还须注意其耐压、制造材料和生产厂家等。

表 4-1　　QRPLC-MCU-44 板选用材料清单

电路	代　号	名　称	型 号 规 格	数量
单片机电路	U1	单片机	LQFP-44，如 STC12C5A60S2	1
	C54	电容	104（0.1μF），1206	1
时钟电路	Y01	无源晶体	11.0592MHz，直插	1
	C51、C52	电容	30P，1206	2
复位电路	R51、R52①	电阻	103、101，1206	各 1
	C53①	电解电容	10μF/10V，6mm×7mm，铝	1
	SB①	轻触按键开关	6mm×6mm	1
电源电路	U70	集成稳压电路	LM2576S-5，TO-263S	1
	U70b*	集成稳压块	LM7805CV，TO-220	1
	C74	电解电容	1000μF/35V，铝	1
	C70、C72		1000μF/16V，铝	2
	C71、C73	电容	104（0.1μF），1206，50V	2
	LE71	发光二极管	ϕ3，红色	1
	R71	电阻	472，1206	1
	D72 或 D71*	二极管	SS34，或 1N5822，直插	1
	D73		M7，SMM7	1
	L71	电感	100μH，10×8	1
	TCM	共模电感	1mH，10×6×5，0.5 线	1
	CND	接线端子	EX-2EDG-3.81 2P	1
通信电路	Ut	通信集成电路	MAX232，SOP-16	1
	C61、C62、C63、C64	电容	1μF/50V，1206	4
	LED30、LED31	发光二极管	红色，0805	2
	R30、R31	电阻	202，0805	2
	CNt	接插件	DB9 或 DR9 母头	1
接口接插件	CNI01～CNI09	接插件	2.54mm、2×6P、弯或直母座	9
	CNI07A		2.54mm、2×2P、弯或直母座	1
	CJ1、CJ2		2.54mm、1×4P、直母座	2
状态指示电路	LED00～07、LED10～17②、LED20～27、LED32～37、LED40～47	发光二极管	红色，0805	38
	R00～R07、R10～R17②、R20～R27、R32～R37、R44～R47	电阻	472，0805	38
电路板	QRPLC-MCU-44	MCU 板	99.7mm×99.1mm	1

*　备选件。

① P4.7 用作 IO 引脚时该元件不接。

② 有模拟量时，该引脚的状态指示电路不接。

4. 焊接和调试

焊接前应对元器件进行一次测量，确保元器件合格。将每个元器件按照其代号所在位置放置并进行焊接，先焊接低矮的元器件，如贴片电阻、电容和发光二极管等，再焊接直插型比较高的元件，如电解电容，最后焊接接插件，用到模拟量引脚的指示电路不焊。建议先焊接电源部分的元器件和接插件，完成先后给板子通电，测量 5V 电源（可以是 C54 两端电压）是否正常，若正常再焊接其他部分元器件，最后焊单片机 U1 以防止电源不正常而烧坏单片机。焊接完成后的 MCU 板实物如图 4-5 所示，板上每个通用接口对应单片机引脚见表 4-2，该表在设置转换软件参数时会用到。

图 4-5 QRPLC-MCU-44 板实物图

为了防止焊接过程中出现错焊、漏焊和虚焊等问题，需要对完成全部元器件焊接的板子进行调试。调试除需要 24V 直流电源外，还需要一块万用表。调试过程中务必注意万用表黑表笔接地时不能触碰插件两头最外侧的引脚，否则会使电源输出端短路；更不能将 24V 电源正极与接口上内侧 4 个引脚中的任何一个相碰，避免烧坏单片机。

表 4-2 QRPLC-MCU-44 板载接口的单片机引脚

接口号	1	2	3	4	5	6	7	8	9	10	11	12
CNI01	24V+	24V−	P1.3	地	P1.2	地	P1.1	地	1.0	地	5V+	地
CNI02	24V+	24V−	P0.0	地	P0.1	地	P0.2	地	P0.3	地	5V+	地
CNI03	24V+	24V−	P0.4	地	P0.5	地	P0.6	地	P0.7	地	5V+	地
CNI04	24V+	24V−	P2.7	地	P2.6	地	P2.5	地	P2.4	地	5V+	地
CNI05	24V+	24V−	P2.3	地	P2.2	地	P2.1	地	P2.0	地	5V+	地
CNI06	24V+	24V−	P4.0	地	P4.1	地	P4.2	地	P4.3	地	5V+	地
CNI07	24V+	24V−	P4.5	地	P4.6	地	P3.7	地	P3.6	地	5V+	地
CNI08	24V+	24V−	P3.5	地	P3.4	地	P3.3	地	P3.2	地	5V+	地
CNI09	24V+	24V−	P1.7	地	P1.6	地	P1.5	地	P1.4	地	5V+	地
CNI05A	P4.4	地	RST	地	—	—	—	—	—	—	—	—

给板子通电后 MCU 板上指示灯 LE71 应点亮。接着用万用表电压挡（10V）测量 U1［16］与 U1［38］脚、Ut［15］与 Ut［16］脚间的电压，测量时黑表笔接 Ut［15］或 U1［16］脚、红表笔接 Ut［16］或 U1［38］脚，测得的电压应为 5V。再用万用表的红表笔接 U1 的［4］脚，按下 SB 按钮万用表应指示 5V，松开则变为 0V，P4.7 用作 I/O 引脚时不用测。然后将万用表调整到直流电流挡（25mA），进行测量时黑表笔接地，红表笔分别去触碰通用接口插件 CNI01～CNI09 上中间靠内的各引脚，同时观察对应的端口指示灯应点亮。若存在问题，则须拔下 24V 插头断开电源，重点检查 MCU 板上相关的焊接部位，直到检查出错误再上电检测正确为此。焊上 MCU 后，有条件的还可以用示波器观察晶振引脚的波形，应有频率为 11.0592MHz 的正弦波形。检查都正

常后就可关断电源待用，若需要的话可用调试程序进行调试，调试详见附录 A。

需要注意的是，当复位脚 RST（P4.7）用于输入或输出功能在进行烧录时，除了在烧录软件界面的“硬件选项”标签页内“复位脚用作 I/O 口”前的复选框内打“√”外，还应在“低电压检测”选择“4.1V”，以及将复选项“上电复位使用较长延时”前的“√”去掉、或“上电复位使用较长时间时等待系统振荡器稳定的时钟数”宜选小一点，如 16384。

4.1.2 开关量输入电路板

开关量输入电路板有直流电源和交流电源供电两种。

1. 直流电源开关量输入电路板

4 路直流电源输入的开关量输入电路板如图 4-6 所示，命名为 QRPLC-4DI。该板的输入回路电源是直流，图 4-6 中“CNI1”是与外电路连接的输入侧端子，其中［5］脚为信号公共端，接直流电源 24V 负极；［4］~［1］脚分别为通道 1~4 的信号输入端，将其分别定义为 X0~X3。图中输出端连接件为 CJO1，是与 QRPLC-MCU-44 板连接的一个通用接口。该连接器中［1］、［2］脚为直流 5V 电源的正极和负极，［4］、［6］、［8］和［10］脚为信号输出“地”，［3］、［5］、［7］和［9］脚为信号输出端，［11］和［12］脚分别为直流 24V 的正极和负极。连接器上的［3］和［4］、［5］和［6］、［7］和［8］、［9］和［10］脚分别对应于信号输入的 1~4 个通道，这些信号端子将分别与 QRPLC-MCU-44 板上的 I/O 端口相连，将信号送入单片机。

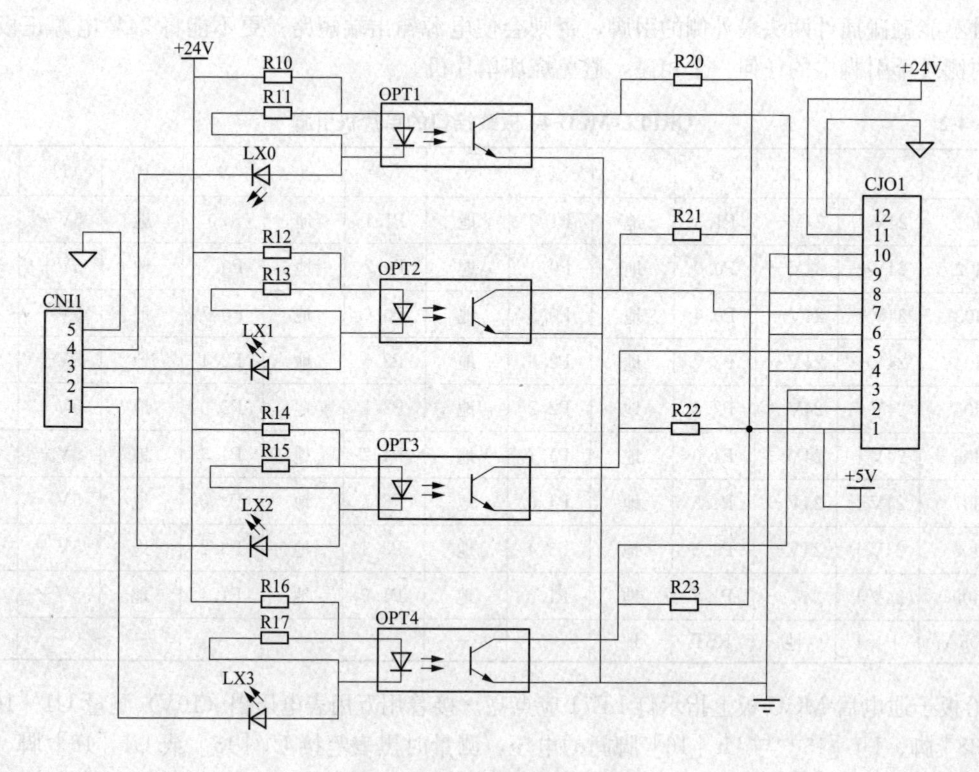

图 4-6　QRPLC-4DI 板电路

采用双层布线设计的开关量输入板的印刷电路板如图 4-7 所示，板子尺寸为 1000mil×2250mil（25.4mm×57.15mm），板上所用元器件见表 4-3，元器件在板上的布置如图 4-8 所示。焊接完成后的 4 路输入板实物如图 4-9 所示，图中板上端子 CNI1 采用 2EDG3.81-5P，板上各接口定义见表 4-4。

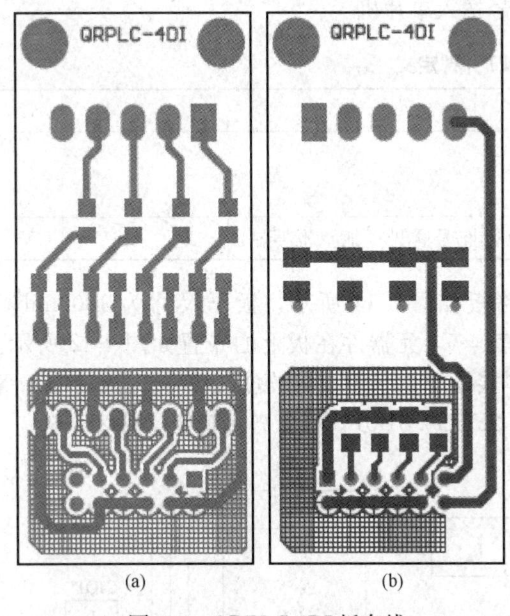

(a)　　(b)

图 4-7　QRPLC-4DI 板布线

（a）顶层线路；（b）底层线路

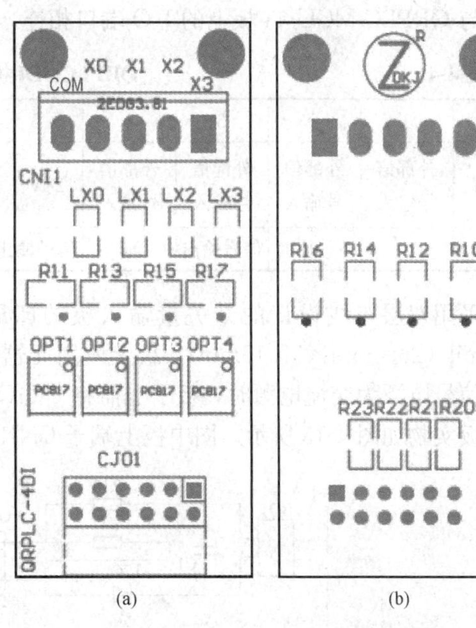

(a)　　(b)

图 4-8　QRPLC-4DI 板元器件布置

（a）顶层；（b）底层

表 4-3　　QRPLC-4DI 板材料清单

电路	代　号	名　称	型号规格	数量
QRPLC-4DI	CNI1	输入端子	2EDG3.81，5P	1
	CJO1	输出接插件	2.54mm、2×6P、弯针	1
	R10、R12、R14、R16	电阻器	332（3.3kΩ），1210	4
	R11、R13、R15、R17	电阻器	561（560Ω），1206	4
	R20、R21、R22、R23	电阻器	103（10kΩ），1206	4
	LX0、LX1、LX2、LX3	发光二极管	红色，1206	4
	OPT1、OPT2、OPT3、OPT4	光电耦合器	PC817，SOP4	4

2. 交流电源开关量输入电路板

4 路交流电源输入的开关量输入电路板如图 4-10 所示，该板的输入回路电源为交流电源，但也可用直流电源，命名为 QRPLC-4JI。图 4-10 中“CNI1”同样是与外电路连接的输入侧端子，其中［5］脚为信号公共端，可接外部交流电源 24V 的一端；［4］～［1］脚分别为通道 1～4 的信号输入端，将其分别定义为 X0～X3。图 4-10 中输出端连接件为“CJO1”，是与 QRPLC-MCU-44 板连接的一个通用接口。该连接器中［1］、［2］脚为直流 5V 电源的正极和负极，［4］、［6］、［8］和［10］脚为信号输出“地”，［3］、［5］、［7］和［9］脚为信号输出端，［11］脚和［12］脚交流电源时在电路板上短接。连接器上的［3］和［4］、［5］和［6］、［7］和［8］、［9］和［10］脚分别对应于信号输入的 1～4 个通道，这些信号端子将

(a)

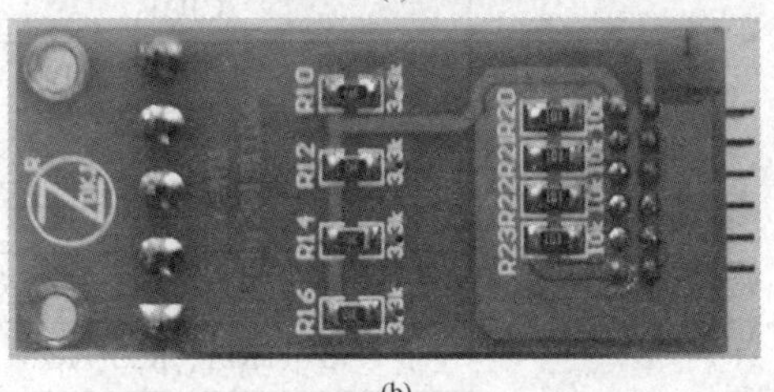

(b)

图 4-9　开关量输入电路板实物图

（a）板顶面；（b）板底面

分别与 QRPLC-MCU-44 板上的 I/O 端口相连，将信号送入单片机。

表 4-4　　　　QRPLC-4DI 板载接口引脚定义

接口号	1	2	3	4	5	6	7	8	9	10	11	12
CNI1	外部信号输入	外部信号输入	外部信号输入	外部信号输入	24V−	无						
CJO1	5V+	地	信号输出	地	信号输出	地	信号输出	地	信号输出	地	24V+	24V−

采用双层布线设计的开关量输入板的印刷电路板如图 4-11 所示，板子尺寸为 1000mil×2250mil（25.4mm×57.15mm）。板上所用元器件见表 4-5，元器件在板上的布置如图 4-12 所示。输入信号电源为交流电源时，板子上需将“CJO1”焊接处的 24-1 和 24-2 短接。焊接完成后的 4 路输入板实物如图 4-13 所示，图中板上端子 CNI1 采用 2EDG3.81-5P。板上各接口定义见表 4-6。

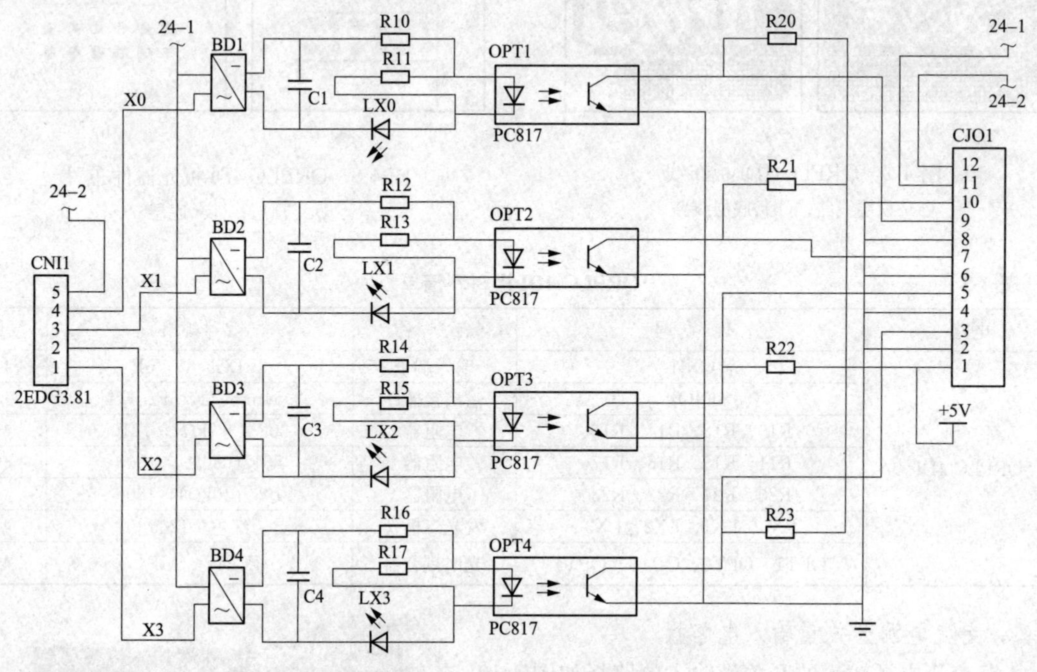

图 4-10　QRPLC-4JI 输入板电路

表 4-5　　　　QRPLC-4JI 板材料清单

电路	代　　号	名　　称	型号规格	数量
开关量输入板 QRPLC-4JI	CNI1	输入端子	2EDG3.81，5P	1
	CJO1	输出接插件	2.54mm、2×5P、弯针	1
	BD1、BD2、BD3、BD4	桥式整流器	MB6S、0.5A、1000V	4
	C1、C2、C3、C4	电容器	105、0805	4
	R10、R12、R14、R16	电阻器	302（3kΩ），1210	4
	R11、R13、R15、R17	电阻器	561（560Ω），1206	4
	R20、R21、R22、R23	电阻器	103（10kΩ），1206	4
	LX0、LX1、LX2、LX3	发光二极管	红色，1206	4
	OPT1、OPT2、OPT3、OPT4	光电耦合器	PC817，SOP4	4

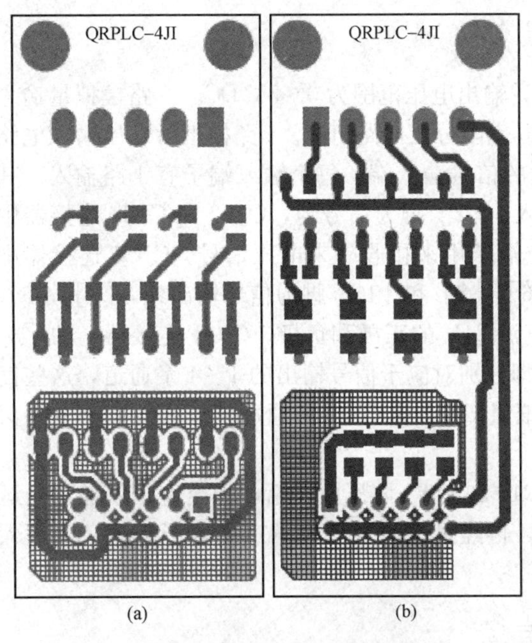

图 4-11 QRPLC-4JI 输入板布线

（a）顶层线路；（b）底层线路

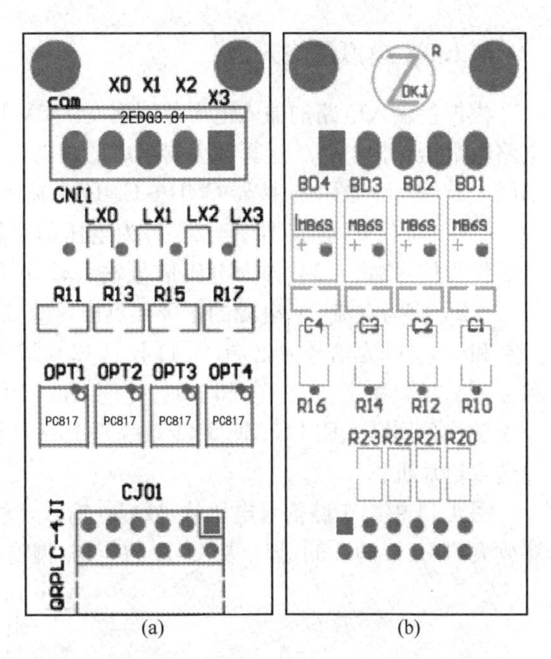

图 4-12 QRPLC-4JI 板元器件布置

（a）顶层；（b）底层

图 4-13 QRPLC-4JI 板实物图

（a）板顶面；（b）板底面

表 4-6　　QRPLC-4JI 板载接口引脚定义

接口号	1	2	3	4	5	6	7	8	9	10	11	12
CNI1	外部信号输入	外部信号输入	外部信号输入	外部信号输入	24V－	无						
CJO1	5V＋	地	信号输出	地	信号输出	地	信号输出	地	信号输出	地	短接	

4.1.3 模拟量输入板

模拟量输入电路的输入电压范围为 0～10V DC，输出电压范围为 0～5V DC。一路模拟量输入电路由限压保护电路、运算放大器组成的跟随电路和电阻分压电路组成。4 路模拟量电压输入电路如图 4-14 所示，图中连接器 CNI1～CNI4 为输入板的信号输入端，每个输入端子有 1 路输入。其中，CNI1 和 CNI3 连接器中［1］脚为电压信号输入、［2］脚为信号地，CNI2 和 CNI4 连接器中［1］脚为信号地、［2］脚为电压信号输入，这 4 个端子用来接收外来电压信号。CJO1 连接器中［1］、［2］脚为直流 5V 电源的正极和负极，［4］、［6］、［8］和［10］脚为信号输出地，［3］、［5］、［7］和［9］脚为信号输出端，［11］、［12］脚为直流 24V 的正极和负极。CJO1 连接器上的［3］和［4］、［5］和［6］、［7］和［8］、［9］和［10］脚分别对应于信号输出的 1～4 个通道，这些信号端子将分别与 QRPLC-MCU-44 系统板上具有模拟量 CNI1 或 CNI0 的通用接口相连，把电压信号送入单片机。

图 4-14 中第 1 路信号电压从 ADCI0 输入，经 R10 和 DW1 限压电路后，加至电压跟随器的运算放大器 U1A 的［3］脚，从 U1A 的［1］脚输出，再经过电阻 R13 和 R14 分压后输出。当输入

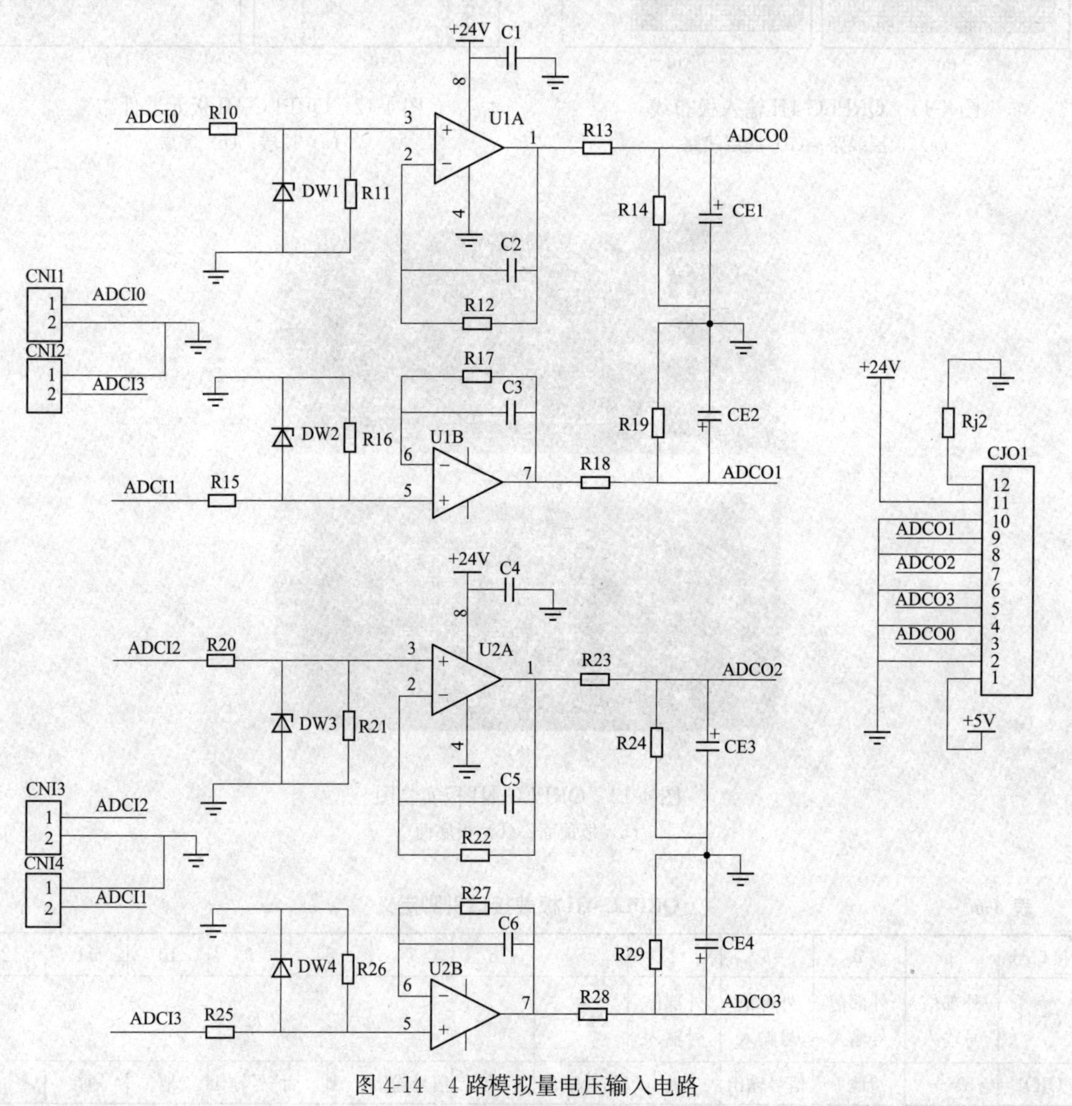

图 4-14 4 路模拟量电压输入电路

信号为 10V DC，分压电阻取 5.1kΩ 时，输出信号为 3.38V DC，适用于 3.3V 供电的单片机。5V 供电的单片机宜取 10kΩ。

电压输入板的印刷电路板命名为 QRPLC-4AI。元器件在板上的布置如图 4-15 所示，板子尺寸为 1000mil×2250mil（25.4mm×57.15mm）。板上所用元器件见表 4-7，板上线路布置如图 4-16 所示。焊接完成后的 4 路模拟量电压输入板实物如图 4-17 所示。

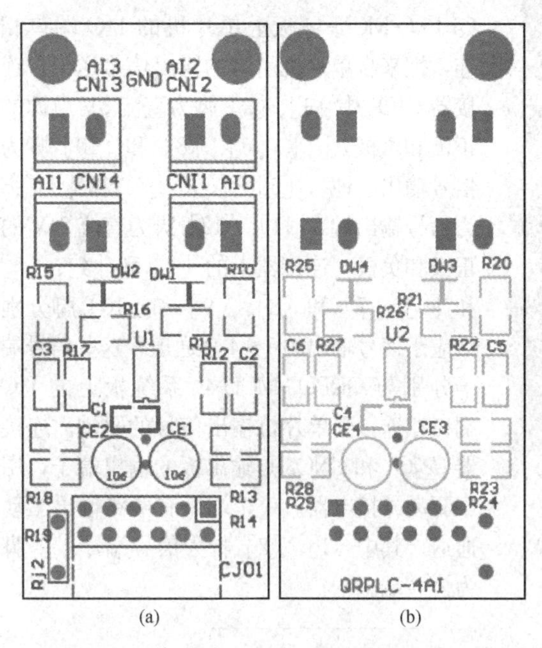

图 4-15　QRPLC-4AI 板元器件布置

（a）顶层线路；（b）底层线路

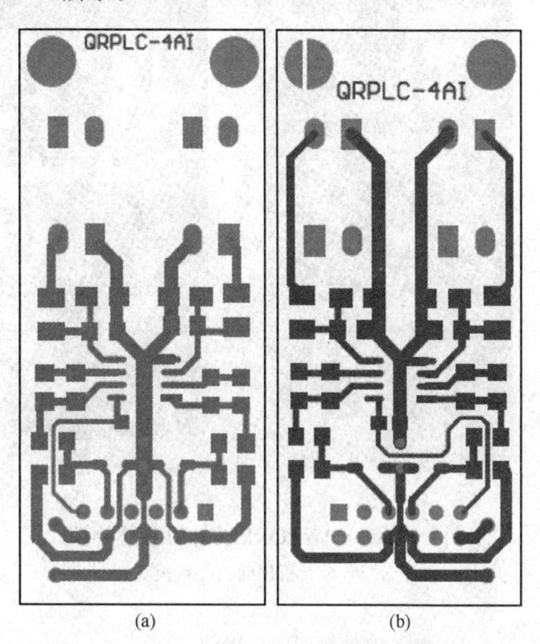

图 4-16　QRPLC-4AI 板线路布置

（a）顶层；（b）底层

表 4-7　　模拟量输入板材料清单

电路	代　号	名　称	型号规格	数量
电压输入板 QRPLC-4AI	CNI1、CNI2、CNI3、CNI4	输入端子	2EDG3.18-2P	4
	CJO1	输出接插件	2.54mm、2×6P、弯针	1
	R10、R15、R20、R25	电阻	101（100Ω），1206	4
	R11、R12、R16、R17、R21、R22、R26、R27	电阻	104（100kΩ），1206	8
	R13、R14、R18、R19、R23、R24、R28、R29	电阻	102（10kΩ、1%），1206	8
	C1、C2、C3、C4、C5、C6	电容器	104（0.1μF），1206	6
	CE1、CE2、CE3、CE4	电解电容	100μF/25V，直插	4
	DW1、DW2、DW3、DW4	稳压管	5.1V，1206	4
	U1、U2	运算放大器	LM358，SOP8	2

4.1.4　开关量输出板

开关量输出电路板分为晶体管输出型、继电器输出型和晶闸管输出型 3 种，与输入板一样每一块电路板都以 4 路相同电路为一单元。

(a)

(b)

图 4-17 QRPLC-4AI 板实物图

（a）板顶面；（b）板底面

1. 晶体管输出电路板

4 路晶体管输出板电路如图 4-18 所示，命名为 QRPLC-4DO-B，图中连接器 CJO1 为输出板的输入端，该连接器是与 QRPLC-MCU-44 板连接的一个通用接口，与 QRPLC-MCU-44 板上单片机的 I/O 端口相连，把来自单片机引脚的输出信号送出。连接器 CJO1 中［1］、［2］脚为直流 5V 电源的正极和负极，［4］、［6］、［8］和［10］脚为信号输出“地”，［3］、［5］、［7］和［9］脚为信号输出端，［11］、［12］脚为直流 24V 的正极和负极。连接器上的［3］和［4］、［5］和［6］、［7］和［8］、［9］和［10］脚分别对应于信号输出的 1～4 个通道，这些信号端子分别与 QRPLC-MCU-44 系统板上的 I/O 端口相连，受单片机输出信号的驱动。连接器 CNO1 和 CNO2 是输出板的输出端子，用于驱动外接电器。一个端子有两路输出驱动通道，其中［1］、［2］脚为信号端，［3］脚为公共端。

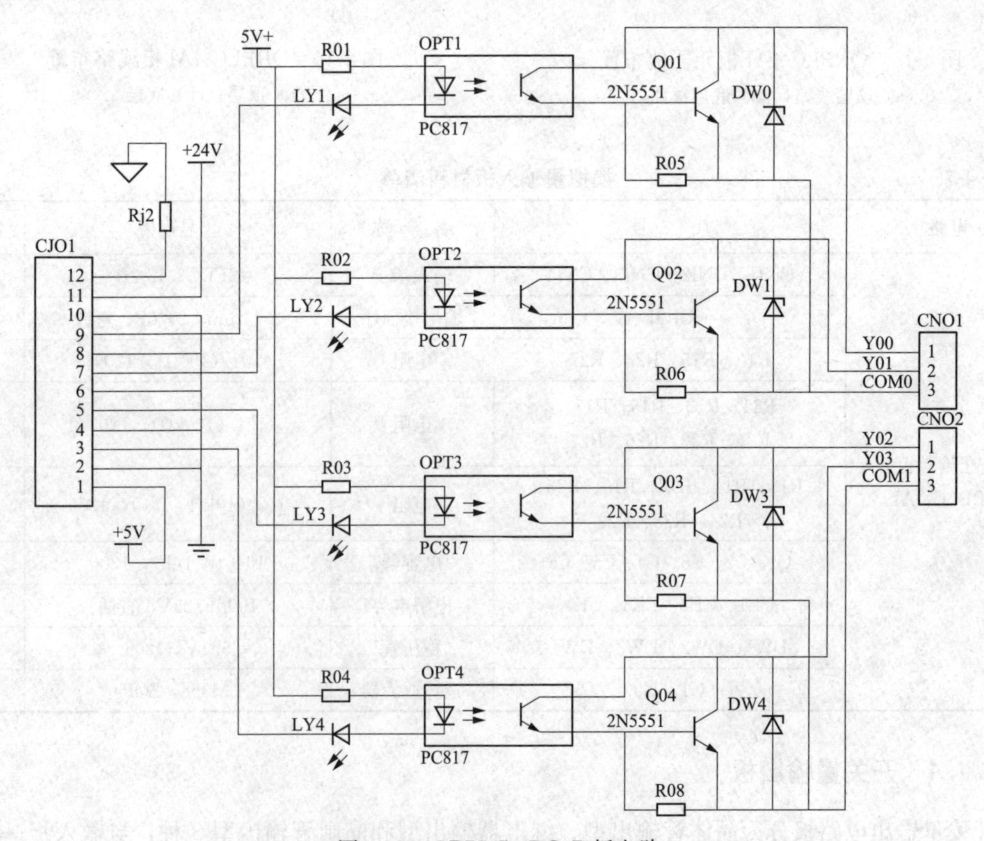

图 4-18 QRPLC-4DO-B 板电路

晶体管输出板的印刷电路板如图4-19所示，也采用双层布线设计有4路输出，板子尺寸为1000mil×2250mil（25.4mm×57.15mm）。板上所用元器件见表4-8，元器件在板上的布置如图4-20所示，焊接完成后的4路输出板实物如图4-21所示，板上各接口引脚定义见表4-9。

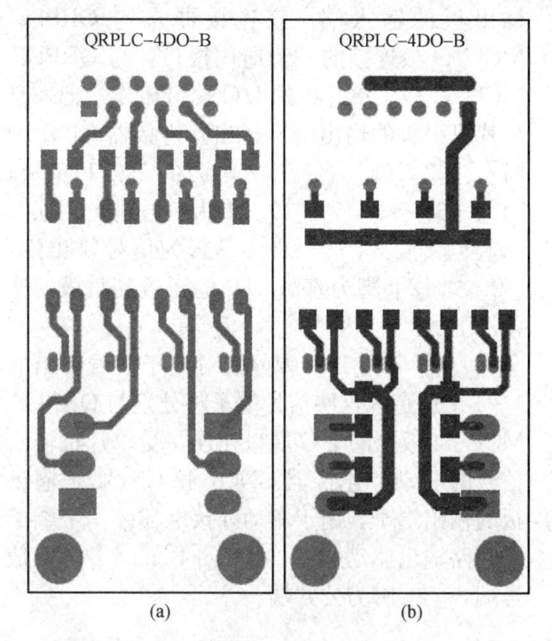

图4-19 QRPLC-4DO-B板布线
（a）顶层线路；（b）底层线路

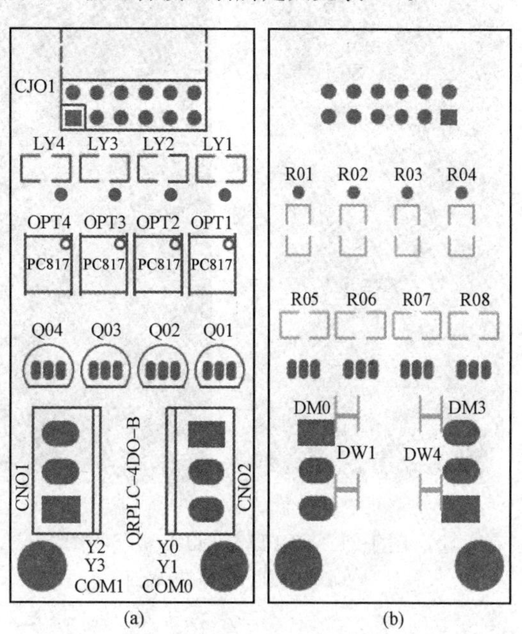

图4-20 QRPLC-4DO-B板元器件布置
（a）顶层；（b）底层

表4-8　　晶体管输出板材料清单

电路	代　号	名　称	型号规格	数量
晶体管输出板 QRPLC-4DO-B	CNO1、CNO2	输出端子	2EDG3.18-3P	2
	CJO1	输出接插件	2.54mm、2×6P、弯针	1
	R01、R02、R03、R04	电阻	471（470Ω），1206	4
	R05、R06、R07、R08	电阻	102（1kΩ），1206	4
	Q01、Q02、Q03、Q04	晶体三极管	2N5551，直插	4
	LY0、LY1、LY2、LY3	发光二极管	红色，1206	4
	DW1、DW2、DW3、DW4	稳压管	33V，1206	4
	OPT1、OPT2、OPT3、OPT4	光电耦合器	PC817，SOP4	4

表4-9　　板载接口引脚定义

接口号	1	2	3	4	5	6	7	8	9	10	11	12
CNO1	公共端	晶体管输出	晶体管输出	无								
CNO2	晶体管输出	晶体管输出	公共端	无								
CNJO1	5V+	地	信号输出	地	信号输出	地	信号输出	地	信号输出	地	24V+	24V−

图 4-21　QRPLC-4DO-B 板实物图
（a）板顶面；（b）板底面

2. 晶闸管输出电路板

4 路晶闸管输出板的电路如图 4-22 所示，命名为 QRPLC-4DO-T，图中连接器 CJO1 为输出板的输入端，该连接器是与 QRPLC-MCU-44 板连接的一个通用接口，与 QRPLC-MCU-44 板上单片机的 I/O 端口相连，把来自单片机引脚的输出信号送出。连接器 CJO1 中［1］、［2］脚为直流 5V 电源的正极和负极，［4］、［6］、［8］和［10］脚为信号输出“地”，［3］、［5］、［7］和［9］脚为信号输出端，［11］、［12］脚为直流 24V 的正极和负极。连接器上的［3］和［4］、［5］和［6］、［7］和［8］、［9］和［10］脚分别对应于信号输出的 1～4 个通道，这些信号端子将分别与 QRPLC-MCU-44 板上的 I/O 端口相连，受单片机输出信号的驱动。连接器 CNO1 和 CNO2 是输出板的输出端子，用于驱动外接电器。一个端子有两路输出驱动通道，其中［1］、［2］脚为信号端，［3］脚为公共端。

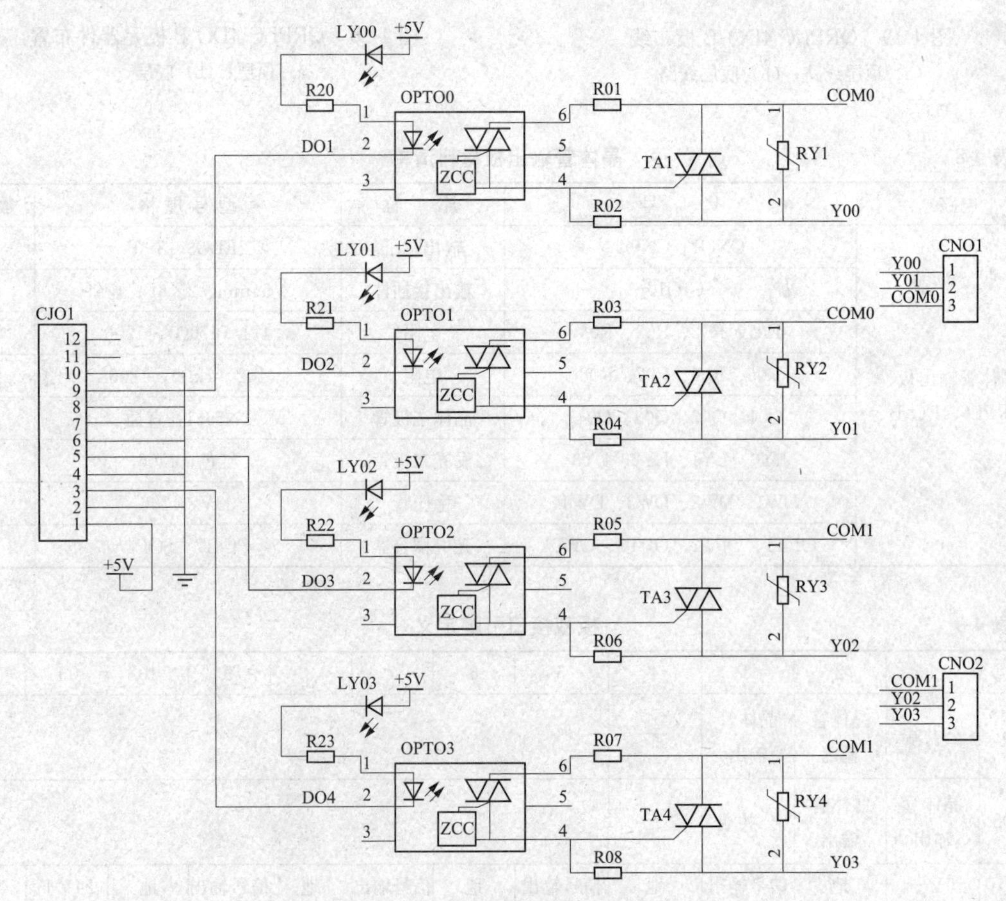

图 4-22　QRPLC-4DO-T 板电路

QRPLC-4DO-T 晶闸管输出板的印刷电路板如图 4-23 所示，也采用双层布线设计有 4 路输出，板子尺寸为 1000mil×2850mil（25.4mm×72.39mm）。板上所用元器件见表 4-10，元器件在板上的布置如图 4-24 所示，焊接完成后的 QRPLC-4DO-T 板实物如图 4-25 所示，板上各接口引脚定义见表 4-11。

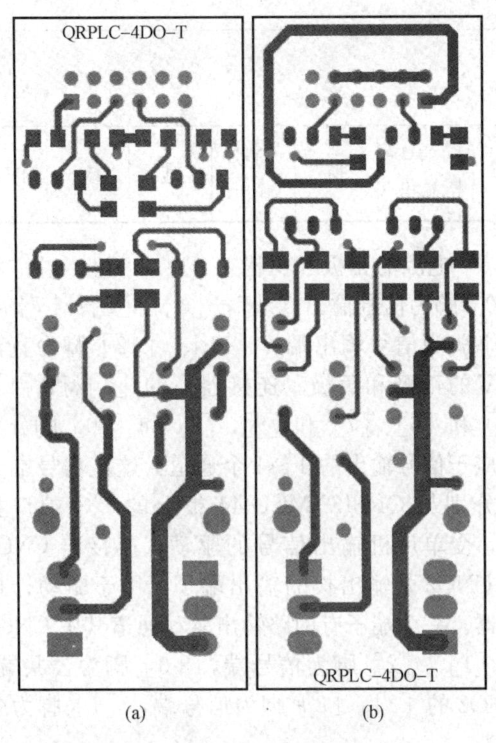

(a) (b)

图 4-23 QRPLC-4DO-T 板布线
(a) 顶层线路；(b) 底层线路

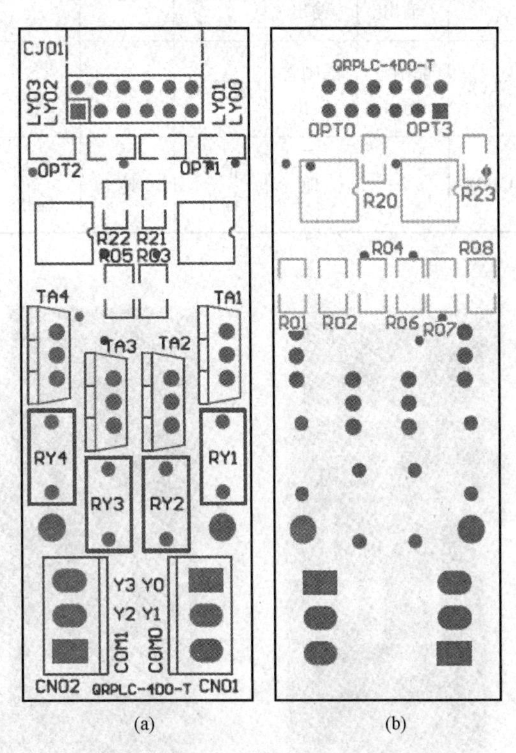

(a) (b)

图 4-24 QRPLC-4DO-T 板元器件布置
(a) 顶层；(b) 底层

表 4-10 QRPLC-4DO-T 板材料清单

电路	代号	名　称	型 号 规 格	数量
晶闸管输出板 QRPLC-4TO	CNO1、CNO2	输出端子	2EDG3.18-3P	2
	CJO1	输出接插件	2.54mm、2×6P、弯针	1
	R20、R21、R22、R23	电阻	331（300Ω），1206	4
	R01、R02、R03、R04	电阻	331（330Ω），1210	4
	R05、R06、R07、R08	电阻	331（330Ω），1210	4
	TA1、TA2、TA3、TA4	晶闸管	BT137-800E，TO-220	4
	LY0、LY1、LY2、LY3	发光二极管	红色，1206	4
	RY1、RY2、RY3、RY4	压敏电阻	10D471K（适用 220V AC）	4
	OPT0、OPT1、OPT2、OPT3	光电耦合器	MOC3063，SOP4	4

3. 继电器输出电路板

4 路继电器输出板的电路如图 4-26 所示，命名为 QRPLC-4DO-R，图中连接器 CJO1 为输出板的输入端，该连接器是与 QRPLC-MCU-44 板连接的一个通用接口，其与 QRPLC-MCU-44 板上单片机的 I/O 端口相连，把来自单片机引脚的输出信号送出。连接器 CJO1 中［1］、［2］脚为直

表 4-11　　　　QRPLC-4DO-T 板载接口引脚定义

接口号	1	2	3	4	5	6	7	8	9	10	11	12
CNO1	晶闸管输出	晶闸管输出	公共端	无								
CNO2	晶闸管输出	晶闸管输出	公共端	无								
CJO1	5V+	地	信号输出	地	信号输出	地	信号输出	地	信号输出	地	24V+	24V−

(a)

(b)

图 4-25　QRPLC-4DO-T 板实物图

(a) 板顶面；(b) 板底面

流 5V 电源的正极和负极，[4]、[6]、[8] 和 [10] 脚为信号输出“地”，[3]、[5]、[7] 和 [9] 脚为信号输出端，[11]、[12] 脚为直流 24V 的正极和负极。连接器上的 [3] 和 [4]、[5] 和 [6]、[7] 和 [8]、[9] 和 [10] 脚分别对应于信号输出的 1～4 个通道，这些信号端子将分别与 QRPLC-MCU-44 板上的 I/O 端口相连，受单片机输出信号的驱动。连接器 CNO1 和 CNO2 是输出板的输出端子，用于驱动外接电器。一个端子有两路输出驱动通道其中 CNO1 的 [1]、[2] 脚为信号端，[3] 脚为公共端，CNO2 的 [2]、[3] 脚为信号端，[1] 脚为公共端。

QRPLC-4DO-R 板的印刷电路板如图 4-27 所示，也采用双层布线设计有 4 路输出，板子尺寸为 1000mil×2850mil（25.4mm×72.39mm）。板上所用元器件见表 4-12，元器件在板上的布置如图 4-28 所示，焊接完成后的 4 路输出板实物如图 4-29 所示，板上各接口引脚定义见表 4-13。

表 4-12　　　　QRPLC-4DO-R 板材料清单

电路	代　号	名　称	型号规格	数量
继电器输出板 QRPLC-4DO-R	CNO1、CNO2	输出端子	2EDG3.18-3P	2
	CJO1	输出接插件	2.54mm、2×6P、弯针	1
	R01、R02、R03、R04		471 (470Ω)，1206	4
	R05、R06、R07、R08	电阻	472 (4.7kΩ)，1206	4
	D01、D02、D03、D04	二极管	1N4148，1206	4
	RL1、RL2、RL3、RL4	继电器	HF46F，24-HS1	4
	LY0、LY1、LY2、LY3	发光二极管	红色，1206	4
	OPT0、OPT1、OPT2、OPT3	光电耦合器	EL357N，SOP4	4

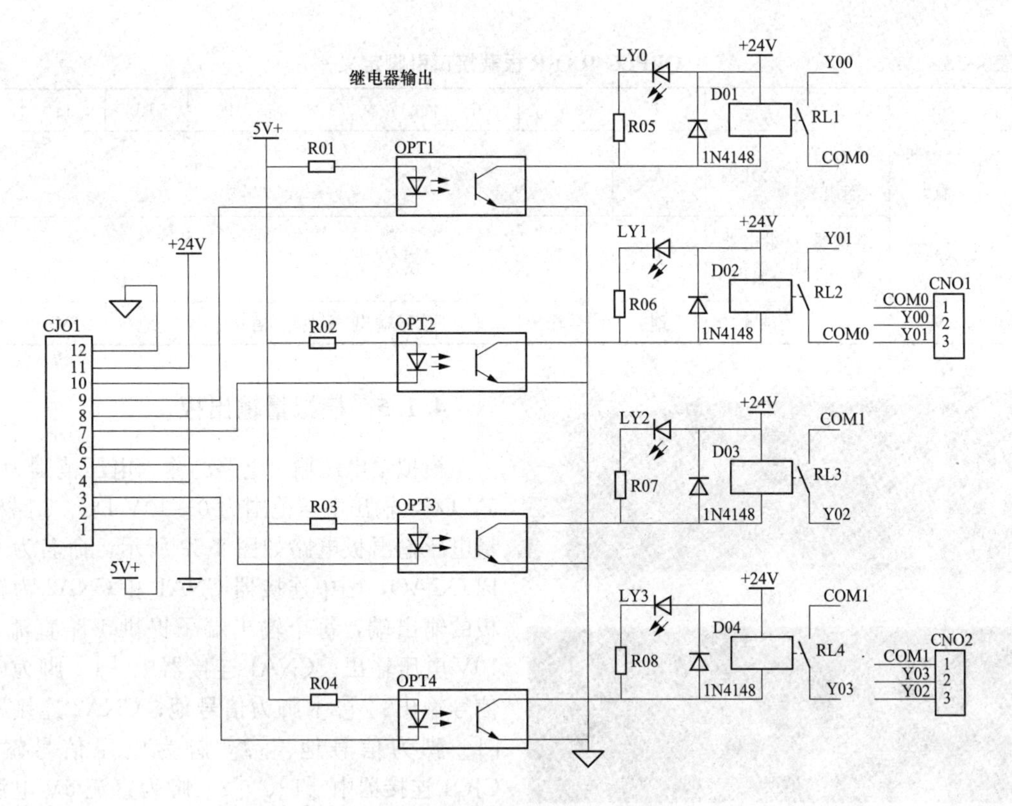

图 4-26 QRPLC-4DO-R 板电路

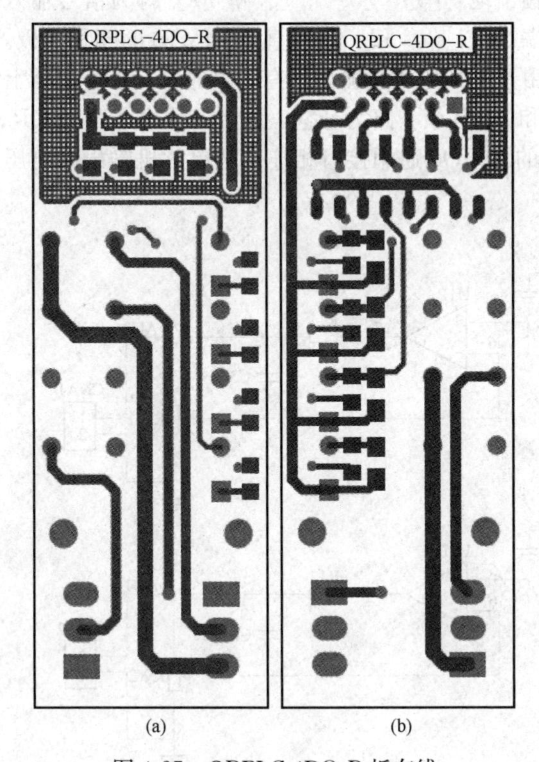

图 4-27 QRPLC-4DO-R 板布线
（a）顶层线路；（b）底层线路

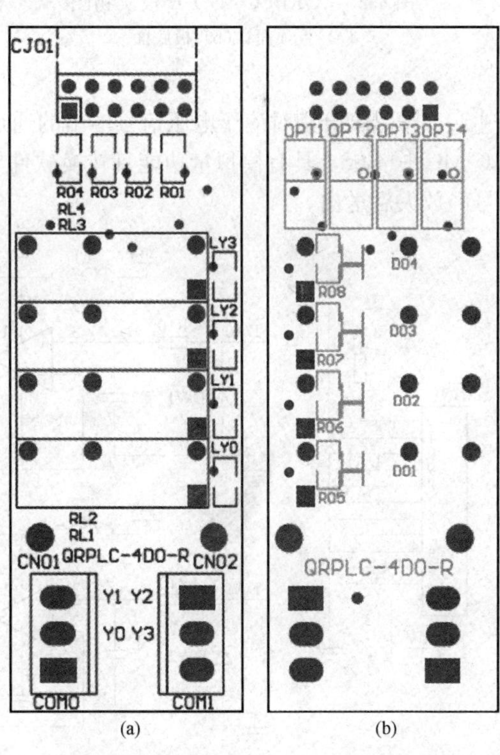

图 4-28 QRPLC-4DO-R 板元器件布置
（a）顶层；（b）底层

表 4-13　　QRPLC-4DO-R 板载接口引脚定义

接口号	1	2	3	4	5	6	7	8	9	10	11	12
CNO1	继电器输出	继电器输出	公共端	无								
CNO2	公共端	继电器输出	继电器输出	无								
CNJO1	5V＋	地	信号输出	地	信号输出	地	信号输出	地	信号输出	地	24V＋	24V－

(a)

(b)

图 4-29　QRPLC-4DO-R 板实物图

(a) 板顶面；(b) 板底面

4.1.5　模拟量输出板

模拟量电压输出电路的输入电压范围为 0～5V DC，输出电压范围为 0～10V DC。2 路模拟量电压输出板电路如图 4-30 所示，命名为 QRPLC-2AO，图中连接器 CNA1 和 CNA2 为输出板的输出端，每个输出端子提供 1 路直流 0～10V 电压输出。CNA1 连接器中［1］脚为电压信号输出、［2］脚为信号地；CNA2 连接器中［1］脚为信号地、［2］脚为电压信号输出。CJO1 连接器中［1］、［2］脚为直流 5V 电源的正极和负极，［4］、［6］、［8］和［10］脚为信号输出地，［3］、［5］、［7］和［9］脚为信号输入端，［11］、［12］脚为直流 24V 的正极和负极。由于模拟电压量输出只有 2 个通道，该连接器上的［7］、［9］脚分别对应于电压信号输出的通道 1 和 2，其余 2 路为悬空。这些信号端子可与 QRPLC-MCU-44 板上具有模拟量功能且转换软件要求的 CNIO6 通用接口相连，把单片机输出的电压信号经放大后送出。

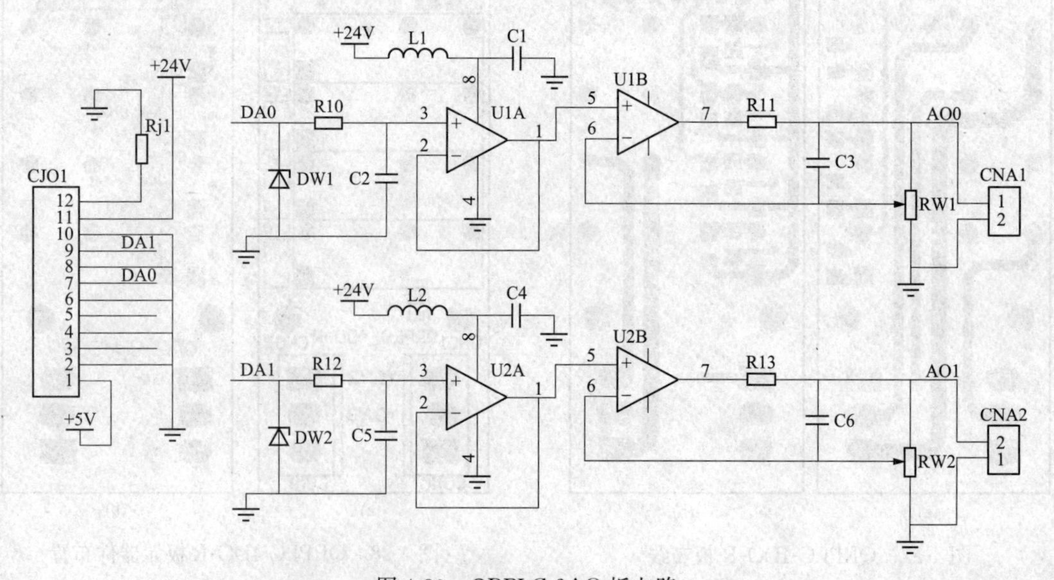

图 4-30　QRPLC-2AO 板电路

QRPLC-2AO电压输出板的印刷电路板如图4-31所示，元器件在板上的布置如图4-32所示，板上所用元器件见表4-14，焊接完成后的4路模拟量电压输入板实物如图4-33所示。

表4-14　　QRPLC-2AO板材料清单

电路	代　号	名　称	型号规格	数量
电压输出板 QRPLC-2AO	CNA1、CNA2	输出端子	2EDG3.18-2P	2
	CJO1	输入接插件	2.54mm、2×6P、弯针	1
	R10、R12	电阻	1003（100kΩ），1%，1206	2
	R11、R13	电阻	1000（100Ω），1%，1206	2
	C1～C6	电容	104，1206	6
	RW1、RW2	电位器	103（10kΩ），3296顶调	2
	L1、L2	电感器	100μH，直插	2
	DW1、DW2	稳压管	5.1V，1206	2
	U1、U2	运算放大器	LM358，SOP8	2

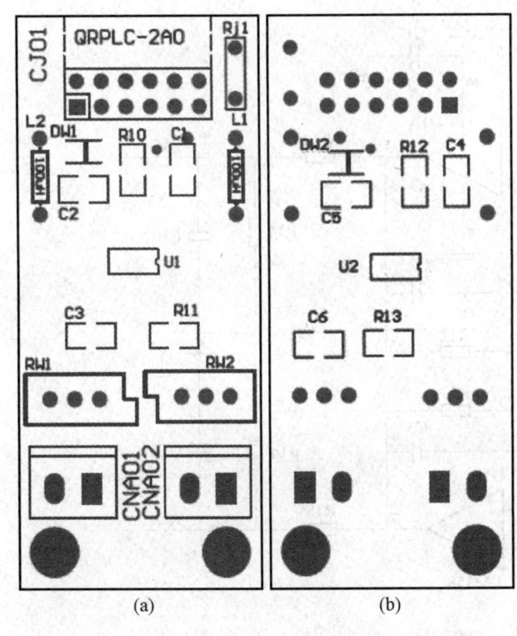

图4-31　QRPLC-2AO元器件布置
(a) 顶层；(b) 底层

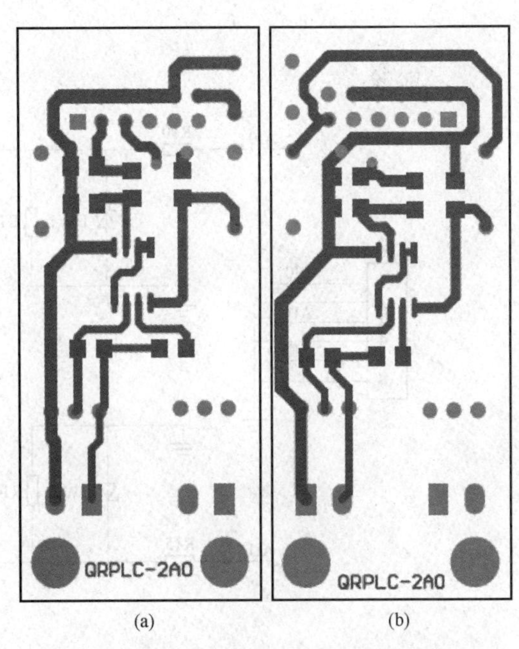

图4-32　QRPLC-2AO线路布置
(a) 顶层线路；(b) 底层线路

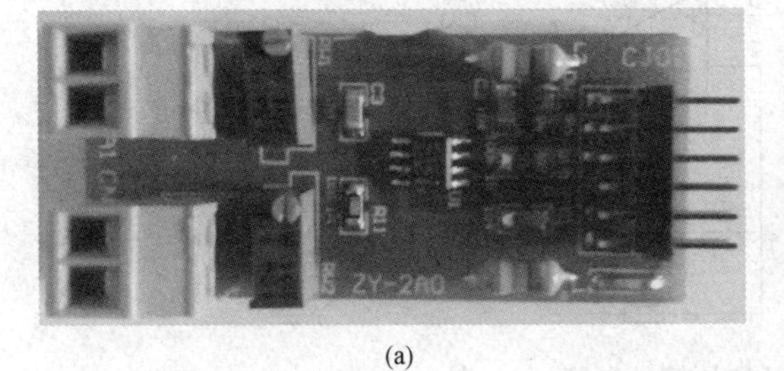
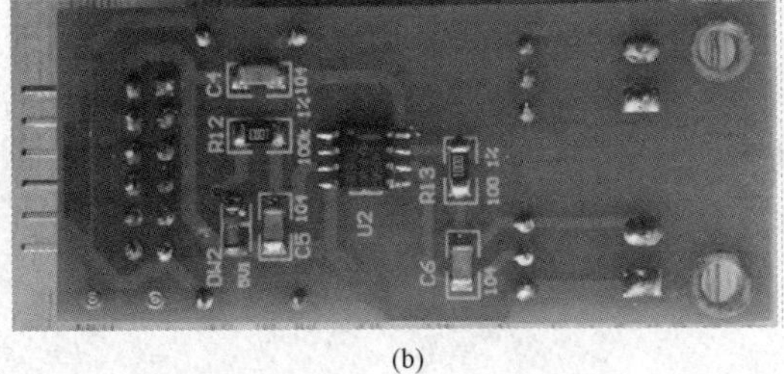

图4-33　QRPLC-2AO板实物图
(a) 板顶面；(b) 板底面

4.1.6 模拟电压量输入输出板

模拟电压量输入和输出电路板以3路相同输入电路和1路输出为一单元，命名为QRPLC-3AI1AO，可与QRPLC-MCU-44板上具有模拟量功能且转换软件要求的CNIO1通用接口相连。

1. 电压输入电路

模拟量电压输入电路的输入电压范围为0～10V DC，输出电压范围为0～10V DC。3路模拟量电压输入电路如图4-34所示。电压输入电路由限压保护电路、运算放大器组成的跟随电路和电阻分压电路组成。图4-34中连接器CNAI为电路板的信号输入端，CNAI连接器中［1］、［3］和［5］脚为电压信号输入，［2］、［4］和［6］脚为信号地。1路信号电压从AI0输入经R10和DW1限压电路后，加至电压跟随器的运算放大器U1A的［3］脚，从U1A的［1］脚输出，再经过电阻R13和R14分压后经接插件CJIO的［3］脚送出。当输入信号为10V DC时，单片机供电电压5V时，分压电阻宜取10kΩ；单片机供电电压3.3V，分压电阻取5.1kΩ时输出信号为3.38V DC。

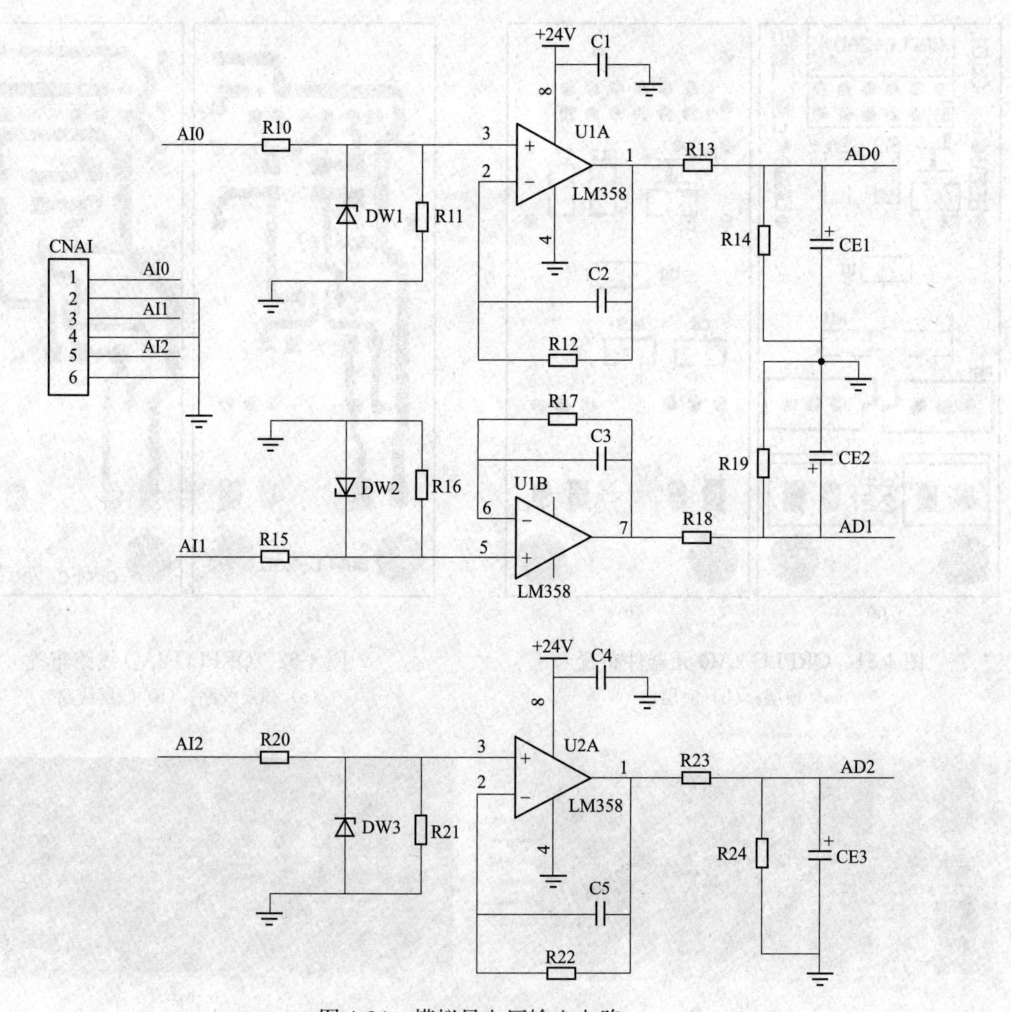

图4-34 模拟量电压输入电路

2. 电压输出电路

电压输出电路由限压保护电路、运算放大器组成的跟随电路和同相放大器组成，如图 4-35 所示。图 4-35 中接插件 CJIO 负责与 MCU 板上的 CNI8 连接，对应的单片机脚是 P1.0～P1.3。P1.0、P1.1 和 P1.2 为模拟量输入、P1.3 为模拟量输出。从 MCU 板输出的模拟信号 DA0 送入运算放大器 U3A 构成的电压跟随器的［3］脚，由 U3A 的［1］脚输出送入同相放大器 U3B，放大后的信号再从［7］脚输出到端子 CNAO。接插件 CJIO 连接器中［1］、［2］脚为直流 5V 电源的正极和负极，［3］、［5］、［7］和［9］脚为电压输入信号，［4］、［6］、［8］和［10］脚为信号地，［11］、［12］脚为直流 24V 的正极和负极。

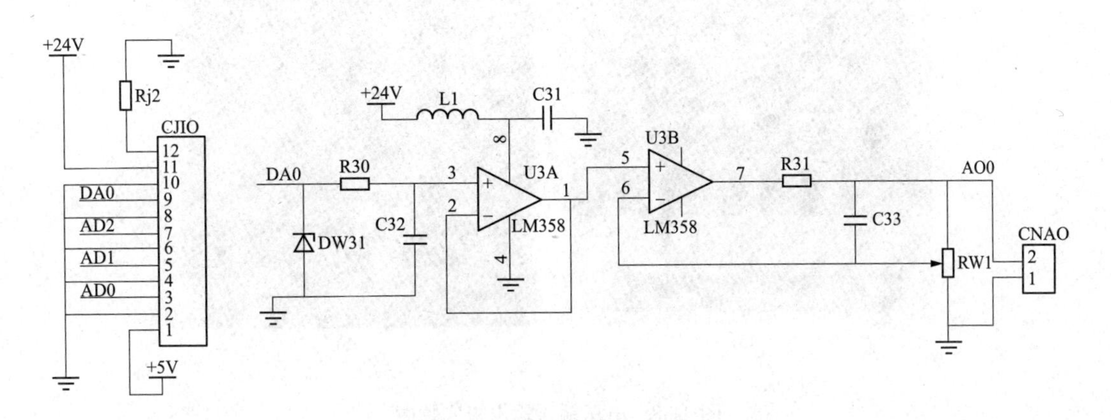

图 4-35 模拟量电压输出电路

3. 元器件选择

电压输入输出板的印刷电路板如图 4-36 所示，板子尺寸为 35.5mm×57mm。板上所用元器件见表 4-15，元器件在板上的布置如图 4-37 所示，焊接完成后的模拟量电压输入输出板实物如图 4-38 所示。

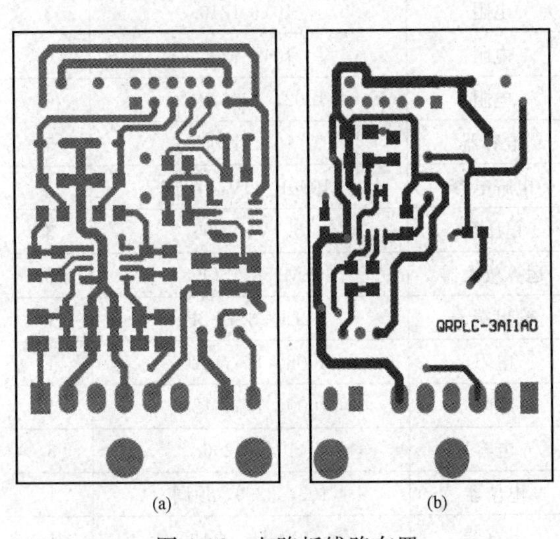

图 4-36 电路板线路布置

(a) 顶层；(b) 底层

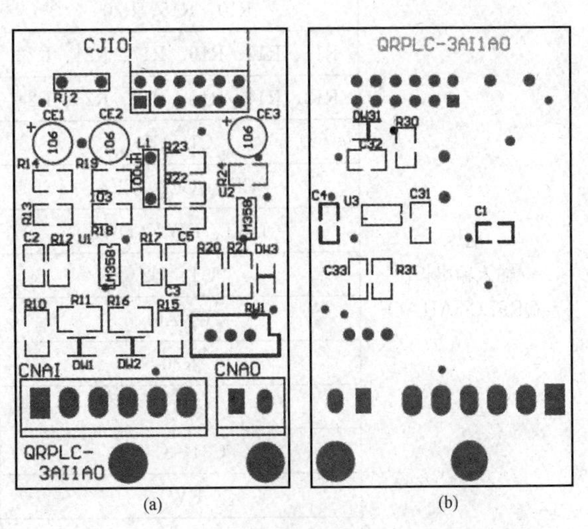

图 4-37 电路板元器件布置

(a) 顶层；(b) 底层

(a)

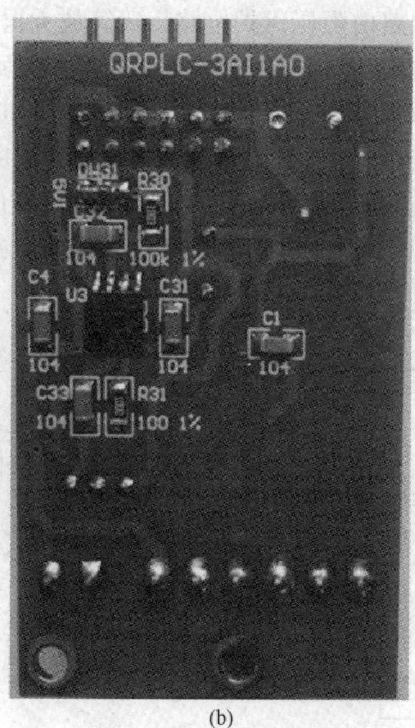

(b)

图 4-38 电压输入输出板实物图

(a) 顶面；(b) 底面

表 4-15 电压输入输出板材料清单

电路	代 号	名 称	型号规格	数量
电压 输入输出板 QRPLC-3AI1AO	CNAI	输入端子	2EDG3.18-6P，直针	1
	CJO1	输出接插件	2.54mm、2×6P、弯针	1
	R10、R15、R20	电阻	101，1210	3
	R11、R12、R16、R17、R21、R22	电阻	104，1206	6
	R13、R14、R18、R19、R23、R24	电阻	1002，1206，1%	6
	C1～C5	电容器	104，1206	5
	CE1、CE2、CE3	电解电容	100μF/25V，直插	3
	DW1、DW2、DW3	稳压管	5.1V，1206	3
	U1、U2	运算放大器	LM358，SOP8	2
	CNAO	输出端子	2EDG3.18-2P	1
	R30	电阻	1003，1%，1206	1
	R31	电阻	1000，1%，1206	1
	C31～C33	电容	104，1206	3
	RW1	电位器	103，3296，顶调	1
	L1	电感器	100μH，直插	1
	DW31	稳压管	5.1V，1206	1
	U3	运算放大器	LM358，SOP8	1

4.1.7 模拟量使用要点

模拟量在使用时应注意两款转换软件的不同要求。

(1) FX_{2N}型转换软件。即“梯形图转单片机 HEX 正式 V1.43Bate12.exe”转换软件，使用模拟量功能时只能选用 STC12C5A××S2 (AD)、STC12C54××AD 或 STC12C56××AD 系列单片机。AD 转换口在单片机的 P1 口上，选用只需在转换软件界面上的 P1.0～P1.7 设置为 ADC0～ADC7。在设置界面上可选择 AD 转换速度，在满足精度要求的情况下建议选择更快的速度。在设置界面上选择 AD 转换的结果有 10 位和 8 位两种，有 8 次平均采样滤波。只有设置了 ADC0～ADC7 的项，才能在 S0 为 ON 时，采集通道 ADC0 的数据传送到寄存器 D0；其余各路的采集条件与数据存放位置见表 4-16。

表 4-16 AD 通道采集条件及数据寄存器（FX_{2N}型）

通道号	单片机引脚	采集条件	数据寄存器
ADC0	P1.0	S0 ON	D0
ADC1	P1.1	S1 ON	D1
ADC2	P1.2	S2 ON	D2
ADC3	P1.3	S3 ON	D3
ADC4	P1.4	S4 ON	D4
ADC5	P1.5	S5 ON	D5
ADC6	P1.6	S6 ON	D6
ADC7	P1.7	S7 ON	D7

当选择 8 位转换结果时，寄存器 Dn 与输入电压 V_{in}的关系见式 (4-1)。

$$Dn=\frac{256}{5}\times V_{in} \tag{4-1}$$

当选择 10 位转换结果时，寄存器 Dn 与输入电压 V_{in}的关系见式 (4-2)。

$$Dn=\frac{1024}{5}\times V_{in} \tag{4-2}$$

当需要较高精度时可采用基准模式，就是把单片机引脚 P1.0～P1.7 中的某一路连接一个基准电压，如采用 TL431 电压 2.5V，那么其余每一路采集到的数据都是通过与该基准值比较得到的。当在“参数设置”界面上“AD 参数”区域内“基准”值使用默认值 250 时（P1.0 外接基准电压 2.5V)，若 ADC1 通道 P1.1 引脚的电压是 5V，那么数据寄存器 D1 的值是 500。

需要有模拟电压输出的单片机选用 12C5A××的 DA 转换口，可在 P1.3 和 P1.4 或 P4.2 和 P4.3 设置为 DAC0 和 DAC1；选用 12C54××AD、12C56××AD 的 DA 转换口，可在 P3.7、P3.5、P2.0 和 P2.4 设置为 DAC0、DAC1、DAC2 和 DAC3。只有设置了 DAC0～DAC3，数据寄存器 D8～D11 中的数据才能对应输出到 DAC0～DAC3。

当 $Dn=0$ 时，输出 $V_{DACi}=0V$；$Dn=255$ 时，输出 $V_{DACi}=5V$。DAC0～DAC3 通道的输出电压与数据寄存器 Dn ($n=8\sim11$) 内值的关系为

$$V_{DACi}=\frac{5}{255}\times Dn \tag{4-3}$$

(2) FX_{1N}型转换软件。即“PMW-HEX-V3.0.exe”转换软件，各路模拟量输入的采集条件与数据存放位置见表 4-17，转换位数是固定 10 位不能选择。模拟量输出的寄存器是 D11 (0～255) 对应 DAC0、D12 (0～255) 对应 DAC1、D15 (0～255) 对应 DAC2、D16 (0～255) 对应 DAC3，每路输出的电压范围是 0～5V。

表 4-17　　AD通道采集条件及数据寄存器（FX_{1N}型）

通道号	单片机引脚	采集条件	数据寄存器
ADC0	P1.0	M68 ON	D0
ADC1	P1.1	M69 ON	D1
ADC2	P1.2	M70 ON	D2
ADC3	P1.3	M71 ON	D3
ADC4	P1.4	M72 ON	D4
ADC5	P1.5	M73 ON	D5
ADC6	P1.6	M75 ON	D6
ADC7	P1.7	M75 ON	D7

4.2 固定点数控制板

固定点数的控制板有12、14、30和32点主板，以及22点扩展板、开关量模拟量扩展板。

4.2.1　6点输入、6点晶闸管输出板

6点直流输入、6点晶闸管输出控制板的名称为QRPLC-0606MT。该控制板的结构框图如图4-39所示，控制板供电电源电压为直流24V或交流160～240V。若控制板电源最大工作电流小于60mA，可采用板载的交流电源供电，此时板子为热底板（带交流电），使用操作时应注意安全。必须注意的是与电脑连接时务必使用直流24V电源供电。输出触头容量为1A/250V AC。

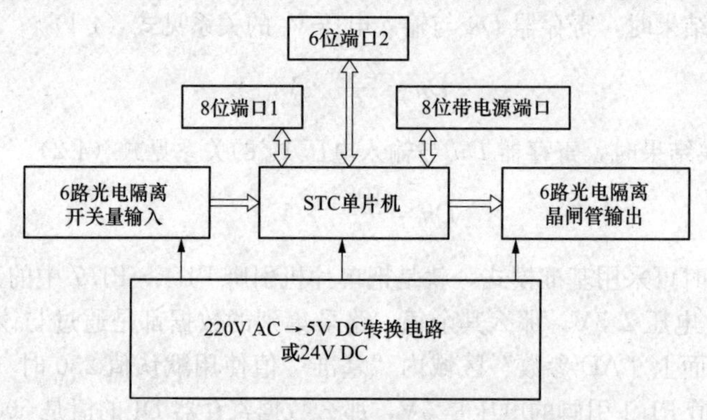

图4-39　QRPLC-0606MT结构框图

1. 电路原理图

6路直流电源开关量输入、6路晶闸管输出的12点单片机控制电路板如图4-40所示，该板的输入回路电源是直流，图中CNI是与外电路连接的输入侧端子，其中［1］脚为信号公共端，接直流电源24V负极；［7］～［2］脚分别为通道1～6的信号输入端，将其分别定义为X0～X5。图4-40中输出端子为3组，分别是CNO1、CNO2、CNO3，这3个端子中［3］脚均为输出公共端，［1］、［2］脚为信号输出，信号输出端将其分别定义为Y00～Y05。CN1为通信口用于应用程序下载。另外板载扩展口CN2、CN3和CN4以及其余各端口对应的单片机引脚见表4-18。

2. 印制电路板

QRPLC-0606MT采用双层布置的印刷电路板如图4-41所示，电路板尺寸为3675mil×3450mil（93mm×87mm）。

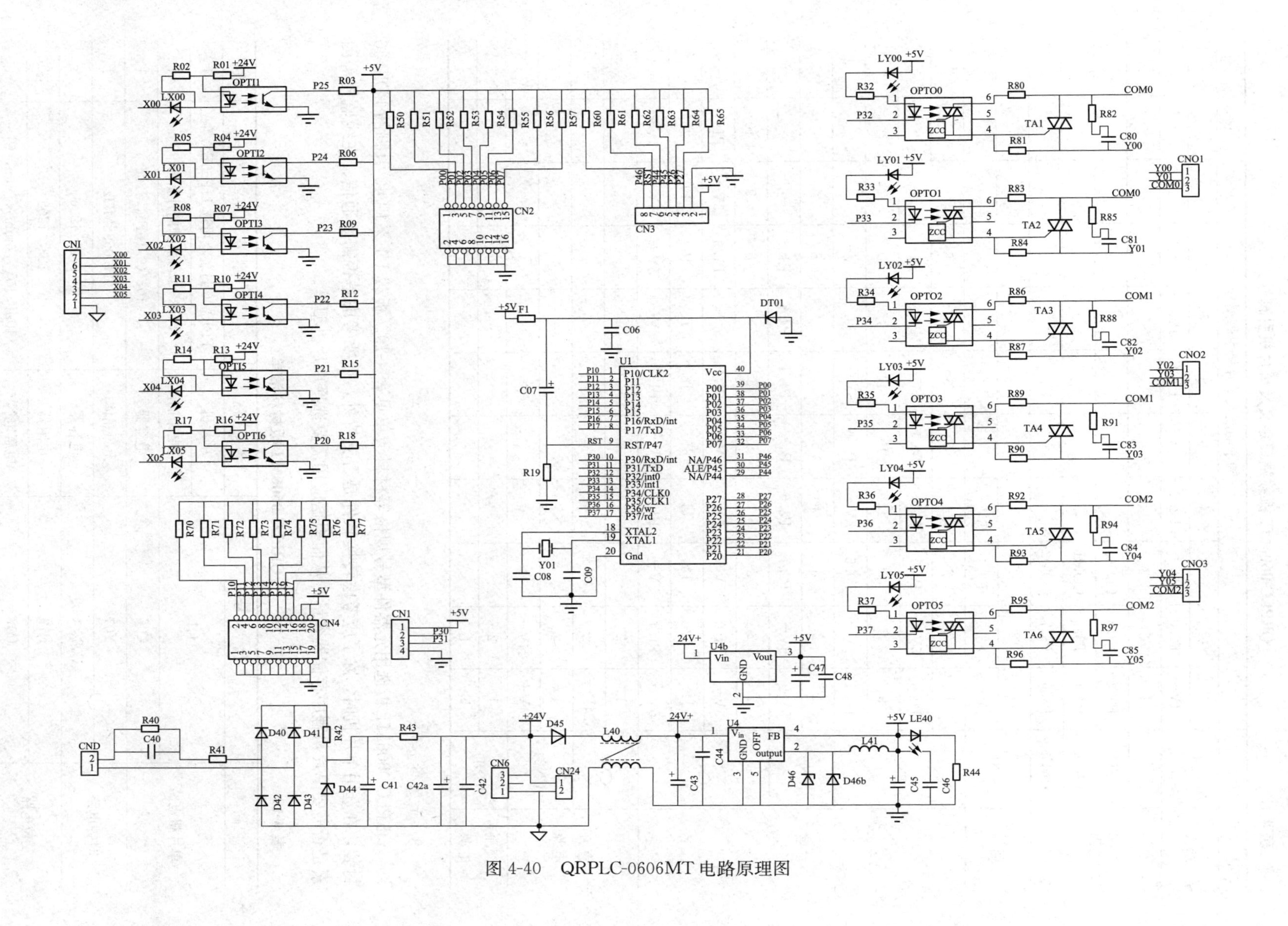

图 4-40　QRPLC-0606MT 电路原理图

表 4-18　　　　QRPLC-0606MT 板载端口定义及单片机引脚号

端口类型	端口号	端子功能及单片机引脚编号										
输入	CNI	1	2	3	4	5	6	7				
		24V−	P2.0	P2.1	P2.2	P2.3	P2.4	P2.5				
输出		1	2	3								
	CNO1	P3.2	P3.3	COM0								
	CNO2	P3.4	P3.5	COM1								
	CNO3	P3.6	P3.7	COM2								
通信	CN1	1	2	3	4							
		5V+	P3.0	P3.1	5V−							
扩展	CN2	1	2	3	4	5	6	7	8			
		P0.0	5V−	P0.1	5V−	P0.2	5V−	P0.3	5V−			
		9	10	11	12	13	14	15	16			
		P0.4	5V−	P0.5	5V−	P0.6	5V−	P0.7	5V−			
	CN3	1	2	3	4	5	6	7	8			
		5V+	5V−	P2.7	P2.6	P4.5	P4.4	P4.7	P4.6			
	CN4	1	2	3	4	5	6	7	8	9	10	
		5V−	P1.0	5V−	P1.1	5V−	P1.2	5V−	P1.3	5V−	P1.4	—
		11	12	13	14	15	16	17	18	19	20	
		5V−	P1.4	5V−	P1.6	5V−	P1.7	5V−	5V+	5V−	5V+	
直流电源	CN6	1	2	3								
		24V−	—	24V+								
	CN24	1	2									
		24V+	24V−									
交流电源	CND	1	2									
		N	L									

3. 元器件选择

QRPLC-0606MT 板选用元器件型号规格等材料清单见表 4-19。板载 U1 采用 40 引脚的 PDIP-40 封装，在选用单片机时，除了应考虑转换软件是否支持外，还要考虑是否需要通信、在线监控等因素是否需要单片机程序存储器容量，从而根据应用需要选择单片机型号。

表 4-19　　　　QRPLC-0606MT 板材料清单

电路	代　号	名　称	型号规格	数量
单片机电路	U1	单片机	PDIP-40 封装，可选 11F60EX 等	1
		集成电路插座	PDIP-40，引脚向外折弯 90°	1
	C06	电容器	104（0.1μF），1206	1
时钟电路	Y01	无源晶体	11.0592MHz	1
	C08、C09	电容器	27P，1206	2
复位电路	R19	电阻器	103，1206	各 1
	C07	电解电容	10μF/10V，6mm×7mm，铝	1

续表

电路	代　号	名　称	型号规格	数量
电源电路	U4	集成稳压电路	LM2576S-5，TO-263-5	1
	U4b*	集成稳压电路	7805CV，TO-220	1
	C43	电解电容	1000μF/35V，10mm×8mm、铝	3
	C45、C47		1000μF/16V，10mm×8mm、铝	2
	C42、C44、C46、C48	电容器	104（0.1μF），1206	4
	LE40	发光二极管	ϕ3，红色	1
	D46或D46b	二极管	1N5822，直插或贴片	1
	D45	二极管	1N4007（M7），贴片	1
	R44	电阻	122，1206	1
	L40	共模电感	1mH，10×6×5，0.5线	1
	L41	电感	100mH，立式8mm×10mm	1
	CN24	端子	2EDG3.81，2P	1
	CN6	排座	3P，2.54mm间距	1
	R40 *	电阻	1/2W，510kΩ，直插	1
	C40 *	电容	CBB22、155/630V，直插	1
	D40、D41、D42、D43*	二极管	1N4007，直插	4
	D44*	稳压二极管	1N4742	1
	C41、C42a *	电解电容	1000μF/35V，10mm×8mm、铝	2
	R42 *	电阻	1/2W，200Ω，直插	1
	R41、R43*	电阻	1/2W，30Ω，直插	2
	CND*	接线端子	2EDG-2.54 2P	1
输入电路	OPTI1～OPTI6	光电耦合器	EL817，SOP4	6
	LX00～LX05	发光二极管	红色，1206	6
	R01、R04、R07、R10、R13、R16	电阻	432，1210	6
	R02、R05、R08、R11、R14、R17	电阻	561，1206	6
	R03、R06、R09、R12、R15、R18	电阻	103，0805	6
	CNI	接线端子	2EDG3.81 7P	1
扩展口	CN2、CN3、CN4	排针或排座	2.54mm，2×8P、2×10P、2×4P	各1
	R50～R57*、R61～R65*、R70～R77*	电阻	103，0805	21
	CN1	排针	2.54mm、1×4P、直针	1
输出电路	LY00～LY05	发光二极管	红色，1206	6
	OPT00～OPT05	光电耦合器	MOC3063，SOP6	6
	TA1～TA6	双向晶闸管	BT137-800E，8A800V，直插	6
	R32～R37	电阻	331，1206	6
	R80、R81、R83、R84、R86、R87、R89、R90、R92、R93、R95、R96	电阻	331，1210	12
	R82、R85、R88、R91、R94、R97	电阻	1/2W RJ-51Ω	6
	C80～C85	电容	CBB22、104/630V	6
	CNO1～CNO3	接线端子	2EDG5.04，3P	3

* 选用件。

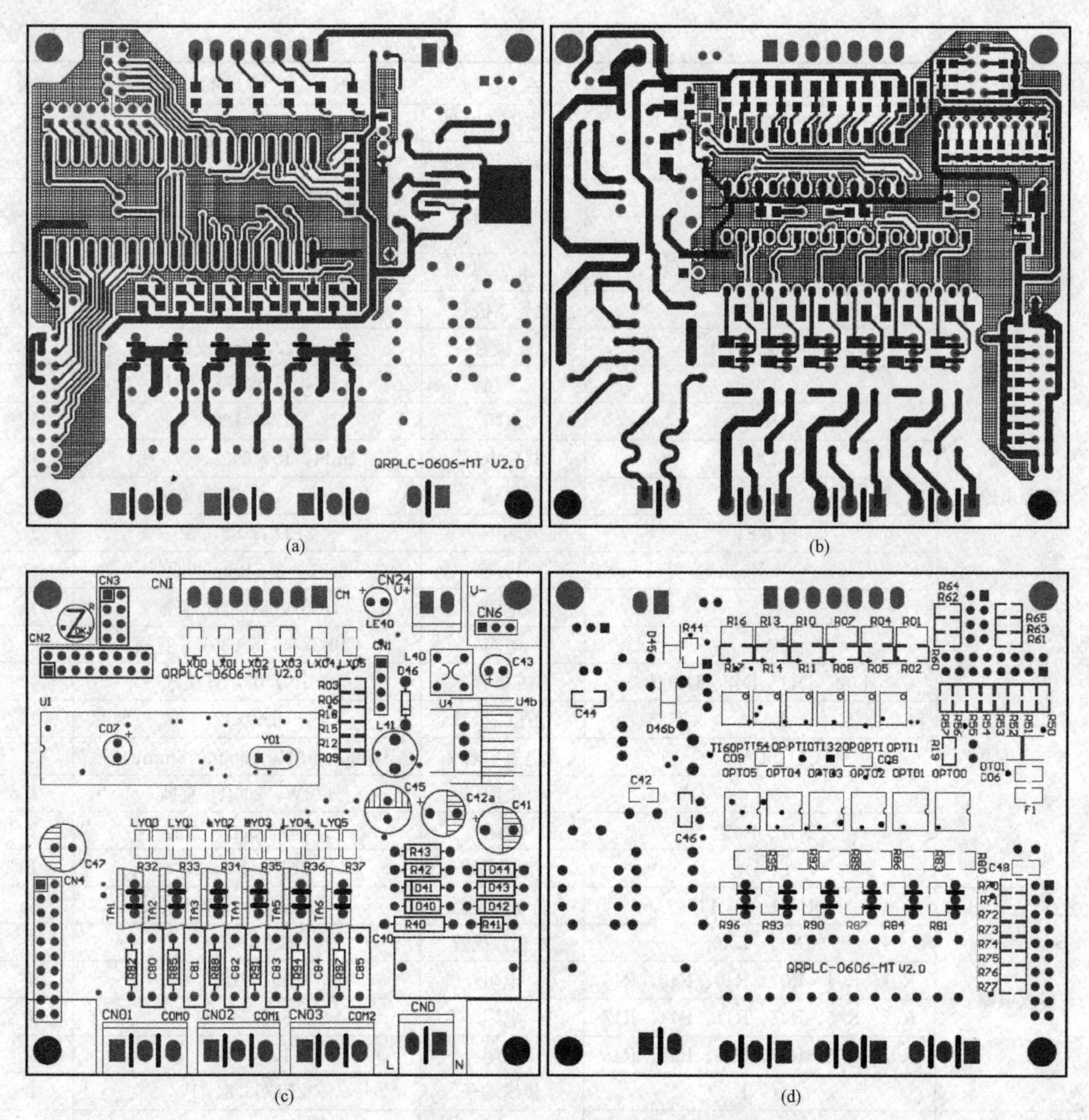

图 4-41　QRPLC-0606MT 板线路及元器件布置

(a) 顶层布线；(b) 底层布线；(c) 顶层元器件布置；(d) 底层元器件布置

4. 焊接和调试

将每个元器件按照其代号所在位置进行焊接，建议先焊接低矮的元器件，如贴片电阻、电容和发光二极管等，再焊接 IC 插座和电解电容之类比较高的元件，最后焊接接插件。焊接完成后的 QRPLC-0606MT 板实物如图 4-42 所示，图中晶闸管过电压保护 RC 改用了压敏电阻。若用到模拟电压量，板上电阻 R70～R77 不需要。

为了防止焊接过程中出现错焊、漏焊和虚焊等问题，需要对完成全部元器件焊接的板子进行调试。调试除需要 24V 直流电源外，还需要一块万用表。调试过程中不需要插上单片机芯片。再次警告：当使用交流 220V 电源供电时，因此时板子为热底板（带交流电），使用操作时须注意安全。必须注意的是与电脑连接时务必使用直流 24V 电源供电。

给板子通电后 QRPLC-0606MT 板上指示灯 LE40 应点亮。接着用万用表电压挡（10V）测量 U1 插座上［20］脚与 U1［40］脚间的电压，测量时黑表笔接 U1［20］脚、红表笔接 U1［40］脚，测得的电压应为 5V。输入通道调试是用一根导线一端接端子 CNI 的［1］脚、另一端分别接端子CNI上的其他每个引脚，并用万用表的直流电压挡（10V）测量U1插座上P2.5～P2.0引脚电压。当导线接通X00与COM（CNI的［1］脚）时，上方输入指示灯LX00应点亮，U1上［26］脚的电压从5V降为0V，其余脚以此类推。

输出通道调试是将万用表调整到直流电流挡（25mA），进行测量时黑表笔接地，红表笔分别去触碰U1插座上［12］～［17］脚的每个引脚，同时观察板上下方输出指示灯应点亮。若存在问题，则须拔下24V插头断开电源，重点检查板上相关的焊接部位，直到检测正确为止。在插上单片机时，有条件的还可以用示波器观察晶振引脚的波形，应有频率为11.0592MHz的正弦波形。检查都正常后就可关断电源待用。

图4-42　QRPLC-0606MT实物图

4.2.2　8点输入、2点晶体管和4点继电器输出板

8点直流输入、2点晶体管和4点继电器输出控制板的名称为QRPLC-0824MBR，该控制板的结构框图如图4-43所示。控制板供电电源电压为直流24V或交流160～240V。输出继电器的触点容量为5A/250V AC。若控制板电源最大工作电流小于60mA，可采用板载的交流电源供电，此时板子为热底板（带交流电），使用操作时应注意安全。必须注意的是与电脑连接时务必使用直流24V电源供电。输出触头容量为3A/250V AC，晶体输出容量为灌电流0.2A/30V DC。

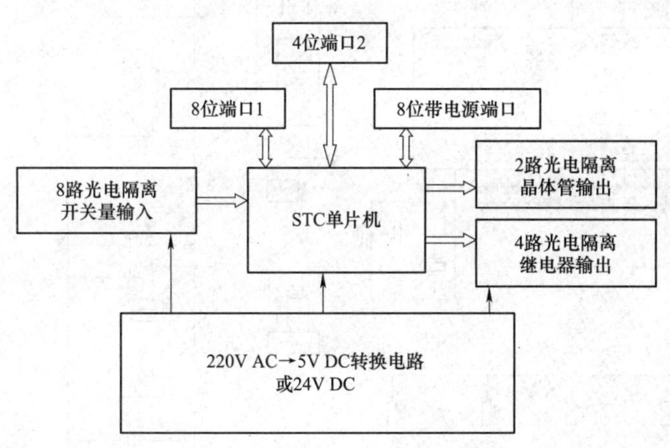

图4-43　QRPLC-0824MBR结构框图

1. 电路原理图

8路直流电源开关量输入、2路晶体管和4路继电器输出板的16点单片机控制电路原理如图4-44所示，该板的输入回路电源是直流，图中CNI是与外电路连接的输入侧端子，其中［1］脚为信号公共端，接直流电源24V负极；［9］～［2］脚分别为通道1～8的信号输入端，将其分别定义为X0～X7。图4-44中输出端子为3组，分别是晶体管输出CNO1、继电器输出CNO2和CNO3，这3个端子中［3］脚均为输出公共端，［1］、［2］脚为信号输出，将信号输出端分别定义为Y00～Y05。CN1为通信口用于应用程序下载。另外板载扩展口CN2、CN3和CN4，以及其余各端口对应的单片机引脚见表4-20。单片机U1采用40引脚的PDIP-40封装，可根据应用需要选择单片机型号。

2. 印制电路板

QRPLC-0824MBR采用双层布置的印刷电路板如图4-45所示，电路板尺寸为3675mil×3450mil（93mm×87mm）。

3. 元器件选择

QRPLC-0824MBR板选用元器件型号规格等材料清单见表4-21。板载U1采用40引脚的

PDIP-40 封装，在选用单片机时，除了考虑转换软件是否支持外，还要考虑是否需要通信、在线监控等因素是否需要单片机程序存储器容量，从而根据应用需要选择单片机型号。

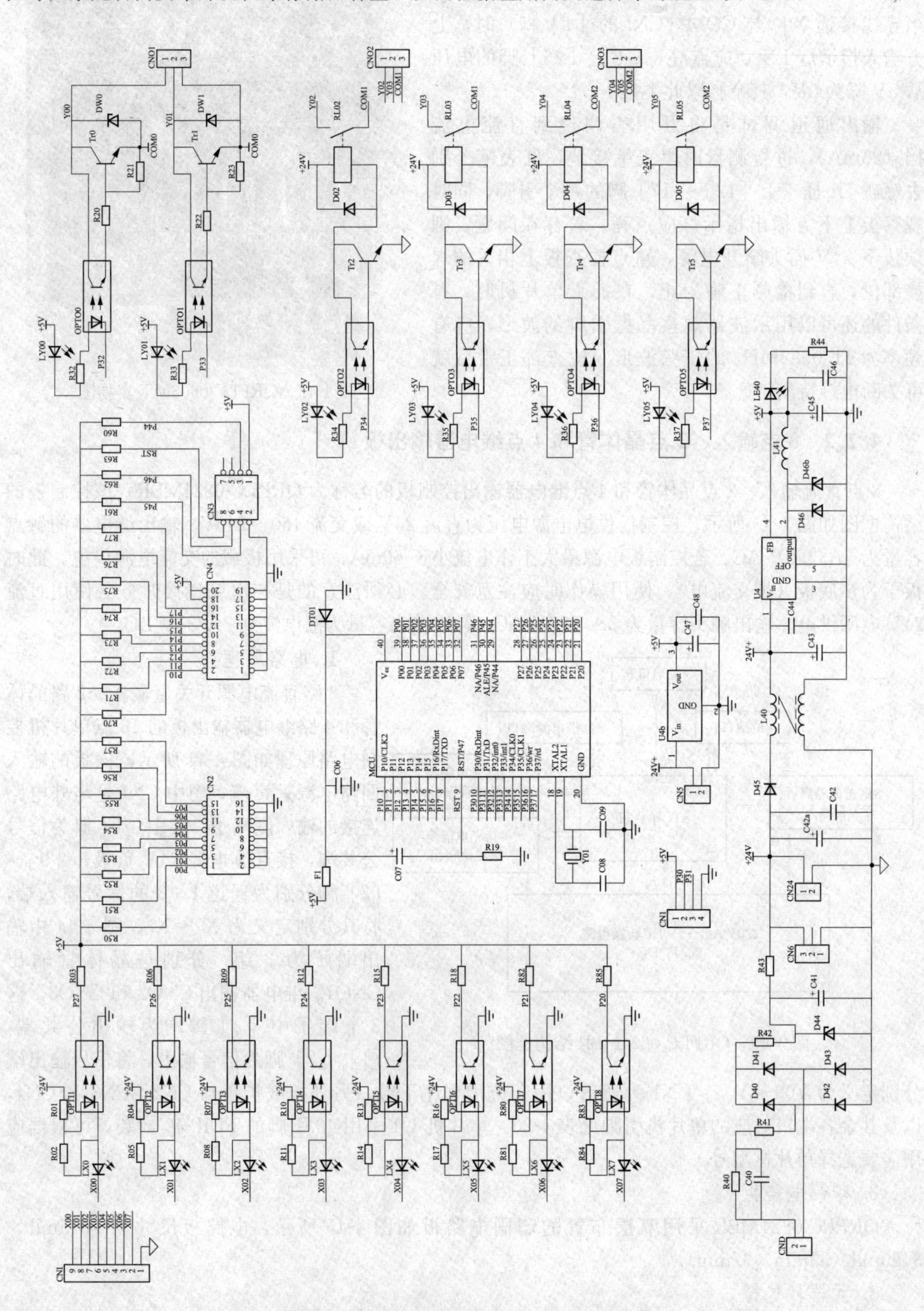

图 4-44　QRPLC-0824MBR 电路原理图

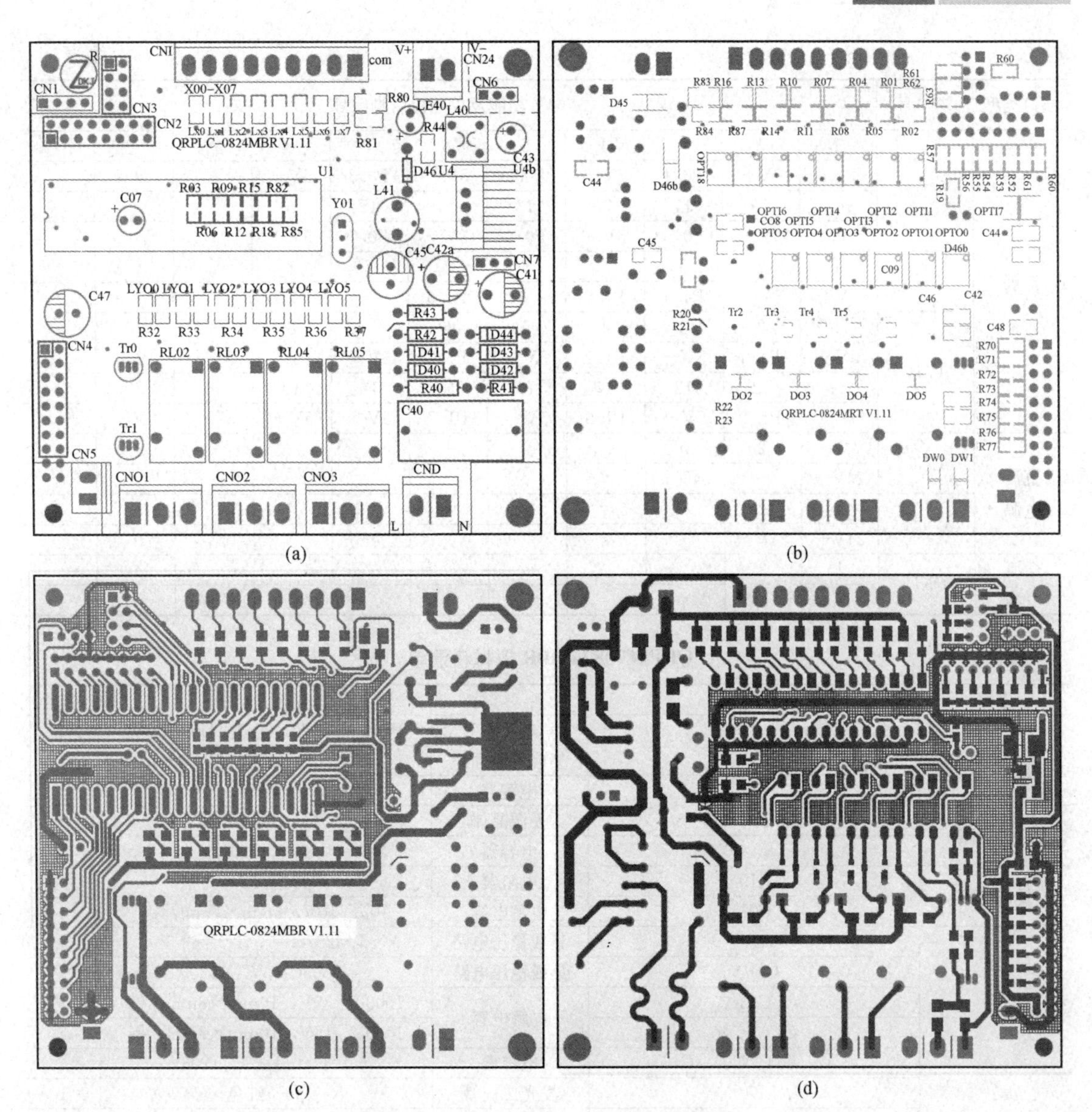

图 4-45　QRPLC-0824MBR 控制板布置

(a) 顶层元器件布置；(b) 底层元器件布置；(c) 顶层布线；(d) 底层布线

表 4-20　　　　　　　　　板载端口功能及单片机引脚号

端口类型	端口号	端子功能及单片机引脚编号										
输入	CNI	1	2	3	4	5	6	7	8	9		
		24V−	P2. 0	P2. 1	P2. 2	P2. 3	P2. 4	P2. 5	P2. 6	P2. 7		
输出		1	2	3								
	CNO1	P3. 2	P3. 3	COM0								
	CNO2	P3. 4	P3. 5	COM1								
	CNO3	P3. 5	P3. 6	COM2								
通信	CN1	1	2	3	4							
		5V+	P3. 0	P3. 1	5V−							

续表

端口类型	端口号	端子功能及单片机引脚编号										
扩展	CN2	1	2	3	4	5	6	7	8			
		P0.0	5V−	P0.1	5V−	P0.2	5V−	P0.3	5V−			
		9	10	11	12	13	14	15	16			
		P0.4	5V−	P0.5	5V−	P0.6	5V−	P0.7	5V−			
	CN3	1	2	3	4	5	6	7	8			
		5V+	5V−	P4.4	P3.5		P4.6		P4.7			
	CN4	1	2	3	4	5	6	7	8	9	10	
		5V−	P1.0	5V−	P1.1	5V−	P1.2	5V−	P1.3	5V−	P1.4	
		11	12	13	14	15	16	17	18	19	20	
		5V−	P1.4	5V−	P1.6	5V−	P1.7	5V−	5V+	5V−	5V+	
直流电源	CN6	1	2	3								
		24V−	—	24V+								
	CN24	1	2									
		24V+	24V−									
交流电源	CND	1	2									
		N	L									

表 4-21　QRPLC-0824MBR 板材料清单

电路	代　号	名　称	型号规格	数量
单片机电路	U1	单片机	PDIP-40 封装，可选 11F60EX 等	1
		集成电路插座	PDIP-40，引脚向外折弯 90°	1
	C06	电容器	104 (0.1μF)，1206	1
时钟电路	Y01	无源晶体	11.0592MHz	1
	C08、C09	电容器	27P，1206	2
复位电路	R19	电阻器	103，1206	各 1
	C07	电解电容	10μF/10V，6mm×7mm，铝	1
电源电路	U4	集成稳压电路	LM2576S-5，TO-263-5	1
	U4b*	集成稳压电路	7805CV，TO-220	1
	C43	电解电容	1000μF/35V，10mm×8mm，铝	3
	C45、C47		1000μF/16V，10mm×8mm，铝	2
	C42、C44、C46、C48	电容器	104 (0.1μF)，1206	4
	LE40	发光二极管	ϕ3，红色	1
	D46 或 D46b	二极管	1N5822，直插或贴片	1
	D45	二极管	1N4007 (M7)，贴片	1
	R44	电阻	122，1206	1
	L40	共模电感	1mH，10×6×5，0.5 线	1
	L41	电感	100mH，立式 8mm×10mm	1
	CN24	端子	2EDG3.81-2P	1
	CN6	排针或排座	3P，2.54mm 间距	1
	R40*	电阻	1/2W，510kΩ，直插	1
	C40*	电容	CBB22、155/630V，直插	1
	D40、D41、D42、D43*	二极管	1N4007，直插	4
	D44*	稳压二极管	1N4742	1
	C41、C42a*	电解电容	1000μF/35V，10mm×8mm，铝	2
	R42*	电阻	1/2W，200Ω，直插	1
	R41、R43*	电阻	1/2W，30Ω，直插	2
	CND*	接线端子	2EDG-2.54，2P	1
输入电路	OPTI1～OPTI7	光电耦合器	EL817，SOP4	8
	LX0～LX7	发光二极管	红色，1206	8

续表

电路	代　号	名　称	型号规格	数量
输入电路	R01、R04、R07、R10、R13、R16、R80、R83	电阻	302，1210	8
	R02、R05、R08、R11、R14、R17、R 81、R84	电阻	561，1206	8
	R03、R06、R09、R12、R15、R18、R82、R85	电阻	103，1206	8
	CNI	接线端子	2EDG3.81，9P	1
扩展	CN2、CN3、CN4	排针或排座	2.54mm，2×8P、2×10P、2×4P	各1
	R50～R57*、R60～R62*、R64*、R65*、R70～R77*	电阻	103，0805	21
	CN1	排针	2.54mm，1×4P，直针	1
输出电路	LY00～LY05	发光二极管	红色，1206	6
	OPT00～OPT05	光电耦合器	EL817，SOP4	6
	Tr0、Tr1	晶体管	2N5551，TO-92	6
	R32～R37	电阻	271，1206	6
	R20、R22	电阻	392，1206	2
	R21、R23	电阻	102，1206	2
	DW0、DW1	稳压光	30V，1206	2
	DO2～DO5	二极管	1N4148，1206	4
	RL02～RL05	继电器	JZC-32F，线圈电压24V DC	4
	CNO1～CNO3	接线端子	2EDG5.04，3P	3

* 选用件。

4．焊接和调试

将每个元器件按照图4-45（a）和（b）所示的位置进行焊接，建议先焊接低矮的元器件，如贴片电阻、电容和发光二极管等，再焊接IC插座和电解电容之类比较高的元件，最后焊接接插件。焊接完成后的QRPLC-0824MBR板实物如图4-46所示。若用到模拟电压量，板上电阻R70～R77不需要焊上。

图4-46　QRPLC-0824MBR实物

同样为了防止焊接过程中出现的错焊、漏焊和虚焊等问题，需要对完成全部元器件焊接的板子进行调试。调试除需要24V直流电源外，还需要一块万用表。调试过程中不需要插上单片机芯片。

给板子通电后，QRPLC-0824MBR板上指示灯LE40应点亮。接着用万用表电压挡（10V）测量U1插座上［20］脚与U1［40］脚间的电压，测量时黑表笔接U1［20］脚、红表笔接U1［40］脚，测得的电压应为5V。输入通道调试是用一根导线一端接端子CNI的［1］脚、另一端分别接端子CNI上的其他每个引脚，并用万用表的直流电压挡（10V）测量U1插座上P2.5～P2.0引脚电压。当导线接通X00与COM（CNI的［1］脚）时，上方输入指示灯LX0应点亮，U1上［28］脚的电压从5V降为0V，其余脚以此类推。

输出通道调试是将万用表调整到直流电流挡（25mA），进行测量时黑表笔接地，红表笔分别去触碰U1插座上［12］～［17］脚，同时观察板上下方输出指示灯应点亮。

继电器输出的继电器应吸合，晶体管输出的可外接继电器、所接继电器应吸合。若存在问题，则须拔下24V插头断开电源，重点检查板上相关的焊接部位，直到检查出错误并重新焊接，再次上电检测直至正确为止。在插上单片机时，有条件的还可以用示波器观察晶振引脚的波形，应有频率为11.0592MHz的正弦波形。检查都正常后就可关断电源待用。

4.2.3 开关量扩展板

开关量扩展板板载16点直流输入、2点晶体管和4点继电器输出，控制板的名称为QRPLC-1624EXBR。控制板供电电源电压为直流24V。该板是QRPLC-0606MT和QRPLC-0824MBR主控制板的扩展，板与板之间通过接插件堆叠连接，可增加16点输入及6点或8点输出，输出继电器的触点容量为3A/250V AC，晶体输出容量为灌电流0.2A/30V DC。

1. 电路原理图

QRPLC-1624EXBR控制电路板如图4-47所示。该板的输入回路电源是直流，图中CNI1是信号输入端子，其中［1］脚为信号公共端，接直流电源24V负极，［9］~［2］脚分别为通道1~8的信号输入端，将它们分别定义为X10~X17；CNI2也是信号输入端子，其中［1］脚为信号公共端，接直流电源24V负极，［9］~［2］脚分别为通道1~8的信号输入端，将其分别定义为X20~X27。图4-47中输出端子为3组，分别是继电器输出CNO4和CNO5、晶体管输出CNO6。CNO4和CNO5的［3］脚均为输出公共端，［1］、［2］脚为信号输出；CNO6的［1］脚为输出公共端信号，［2］、［3］脚为信号输出。输出端将其分别定义为Y10~Y15。

2. 印制电路板

QRPLC-1624EXBR采用双层布置的印刷电路板如图4-48所示，电路板尺寸为3675mil×3450mil（93mm×87mm）。各端口对应的单片机引脚见表4-22。

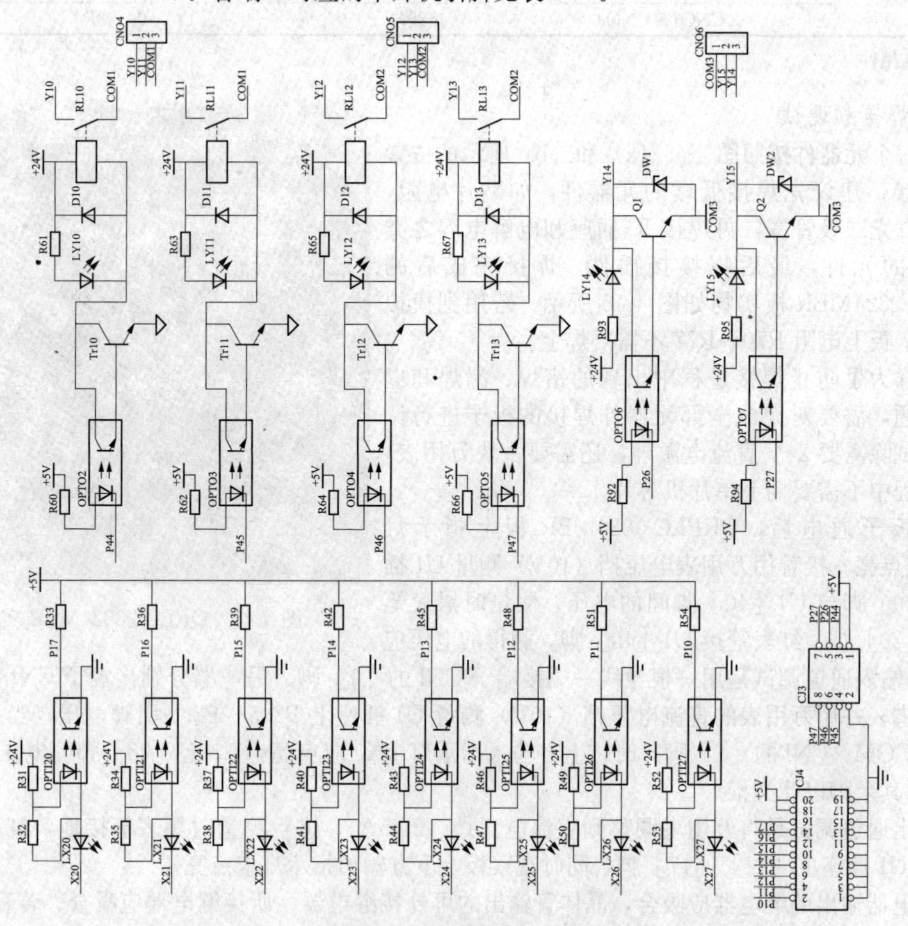

图4-47 QRPLC-1624EXBR电路原理图

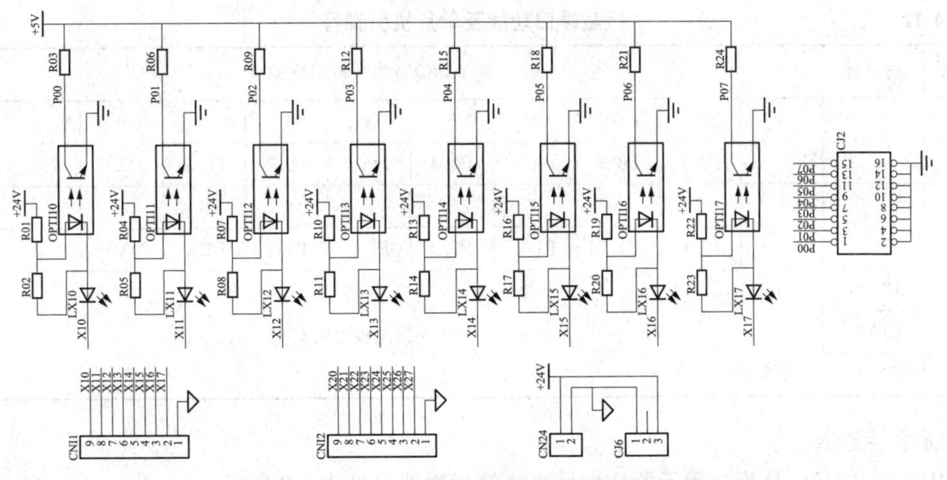

图 4-47 QRPLC-1624EXBR 电路原理图（续）

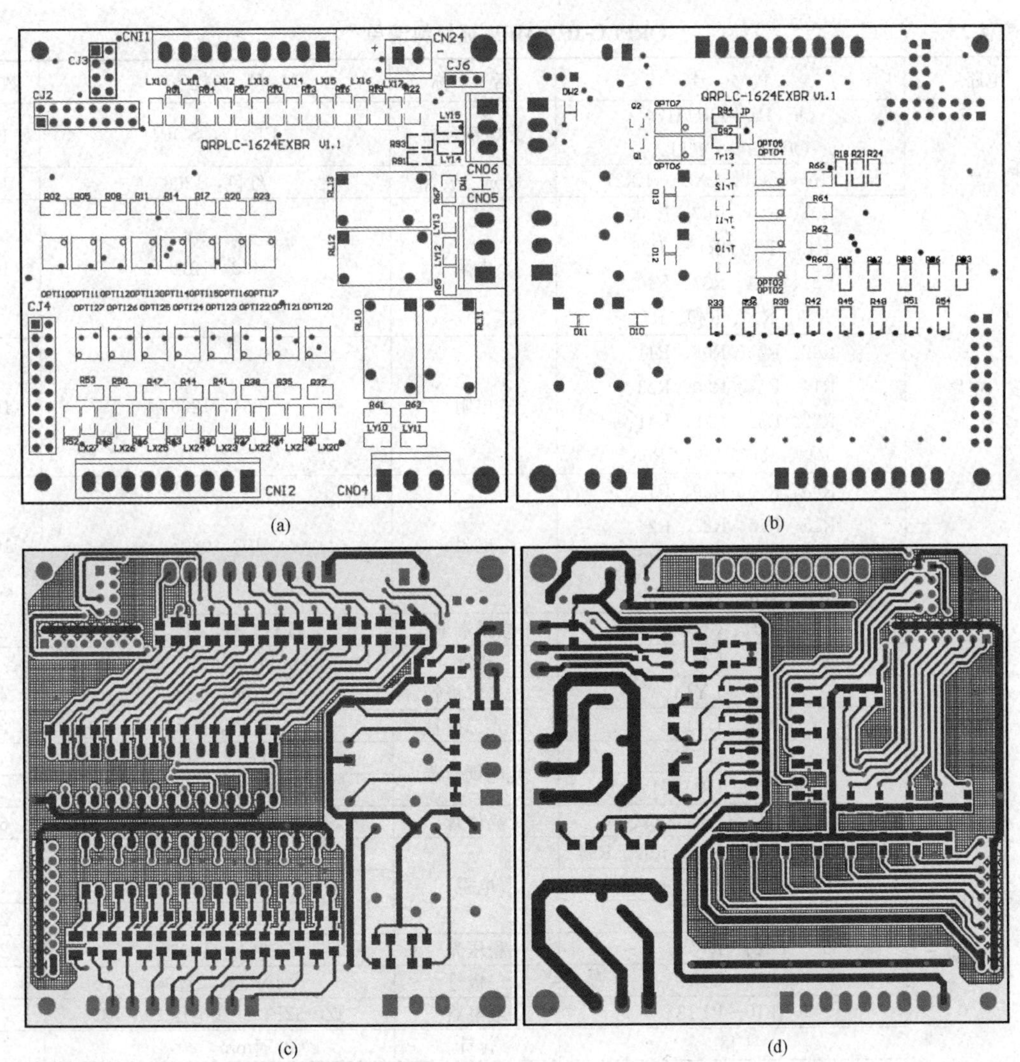

(a) (b) (c) (d)

图 4-48 QRPLC-160204EXBR 控制板布置

（a）顶层元器件布置；（b）底层元器件布置；（c）顶层布线；（d）底层布线

表 4-22　　板载端口功能及单片机引脚号

端口类型	端口号	端子功能及单片机引脚编号										
输入	CNI1	1	2	3	4	5	6	7	8	9		
		24V−	P0.7	P0.6	P0.5	P0.4	P0.3	P0.2	P0.1	P0.0		
	CNI2	1	2	3	4	5	6	7	8	9		
		P1.7	P1.6	P1.5	P1.4	P1.3	P1.2	P1.1	P1.0	24V−		
输出	CNO4	参照连接主板上的 CN3										
	CNO5											
	CNO6											

3. 元器件选择

QRPLC-1624EXBR 板选用元器件型号规格等材料清单见表 4-23。

表 4-23　　QRPLC-1624MBR 板材料清单

电路	代　号	名　称	型号规格	数量
输入电路	OPTI10～OPTI17，OPTI20～OPTI27	光电耦合器	EL817，SOP4	16
	LX10～LX17，LX20～LX27	发光二极管	红色，1206	16
	R01、R04、R07、R10、R13、R16、R19、R22 R31、R34、R37、R40、R43、R46、R49、R52	电阻	432，1210	16
	R02、R05、R08、R11、R14、R17、R20、R23、R32、R35、R38、R41、R44、R47、R50、R53	电阻	561，1206	16
	R03、R06、R09、R12、R15、R18、R21、R24、R33、R36、R39、R42、R45、R48、R52、R54	电阻	103，0805	16
	CNI1、CNI2	接线端子	2EDG3.81，9P、弯针	2
	CJ2、CJ4	排针	2.54mm，2×8P、2×10P	各 1
输出电路	LY10～LY13	发光二极管	红色，1206	4
	LY14、LY15	发光二极管	红色，0805	2
	OPT02～OPT05	光电耦合器	EL817，SOP4	4
	OPT090、OPT091		EL357N，SOP4	2
	Tr10～Tr13、Q1、Q2	晶体管	2N5551，MMBT5551	6
	R60、R62、R64、R66、R92、R94	电阻	271，1206	6
	R61、R63、R65、R67		103，1206	4
	R91、R93		103，0805	2
	DW0、DW1	稳压光	36V，1206	2
	D10～D13	二极管	1N4148，1206	4
	RL10～RL13	继电器	JZC-32F，线圈电压 24V DC	4
	CJ3	排针	2.54mm，2×4P	1
	CNO2、CNO3	接线端子	2EDG5.04，3P、弯针	2
	CNO4		2EDG3.81，3P、弯针	1

4. 焊接和调试

将每个元器件按照图 4-48（a）和（b）所示位置进行焊接，建议先焊接低矮的元器件，如贴片电阻、电容和发光二极管等，再焊接 IC 插座和电解电容之类比较高的元件，最后焊接接插件。焊接完成后的 QRPLC-1624EXBR 实物如图 4-49 所示。

图 4-49　QRPLC-160204EXBR 实物图

同样为了防止焊接过程中出现的错焊、漏焊和虚焊等问题，需要对完成全部元器件焊接的板子进行调试。调试除需要 24V 直流电源外，还需要一块万用表。调试过程中不需要插上单片机芯片。将扩展板 QRPLC-1624EXBR 叠插在主板 QRPLC-0606MT 和 QRPLC-0824MBR 上，给主板通电。

输入通道调试是用一根导线一端接扩展板端子 CNI 的［1］脚、另一端分别接端子 CNI 上的其他引脚，并用万用表的直流电压挡（10V）测量 CJ2 插座上［1］、［3］～［15］脚电压。当导线接通 X10 与 COM（CNI 的［1］脚）时，上方输入指示灯 LX10 应点亮，CJ2 插座上［1］脚的电压从 5V 降为 0V，其余脚及 CNI2 与 CJ4 以此类推。

输出通道调试是将万用表调整到直流电流挡（25mA），进行测量时黑表笔接地，红表笔分别去触碰 CJ3 插座上［3］～［7］脚（注意：CJ3 的［1］脚是＋5V 红表笔不能触碰，会造成 5V 电源短路），同时观察板上下方输出指示灯应点亮。继电器输出的继电器应吸合，晶体管输出的可外接继电器、所接继电器应吸合。若存在问题，则须断开 24V 电源，重点检查扩展板板上相关的焊接部位，直到检查出错误并重新焊接后再上电检测，直至检查正确为止。检查都正常后就可关断电源待用。

需要注意的是，当复位脚 RST（P4.7）用于输入或输出功能在进行烧录时，除了在烧录软件界面的“硬件选项”标签页内“复位脚用作 I/O 口”前的复选框内打“√”外，还应在“低电压检测”选择“4.1V”，及将复选项“上电复位使用较长延时”前复选项内的“√”去掉、或“上电复位使用较长时间时等待系统振荡器稳定的时钟数”宜选小一点，如 16384。

4.2.4　混合扩展板

混合扩展板板载 13 点直流输入、2 路模拟电压量输入、1 路模拟电压量输出、2 点晶体管和 4 点继电器输出，控制板的名称为 QRPLC-EXDA。控制板供电电源电压为直流 24V。该板是 QRPLC-0606MT 和 QRPLC-0824MBR 主控制板的扩展，板与板之间通过接插件堆叠连接。

1. 电路原理图

QRPLC-EXDA 扩展电路板如图 4-50 所示。该板的输入回路电源是直流，图中 CNI1 为 8 路、CNI2 为 5 路开关量信号输入端子，CNAI1 为 2 路模拟电压量输入端子，CNO2 和 CNO3 是 2 路继电器输出端子、CNO6 是 2 路晶体管输出端子，CNAO1 是 1 路模拟电压量输出端子。CNI1 的［1］脚为信号公共端，接直流电源 24V 负极，［9］～［2］脚分别为通道 1～8 的信号输入端，将其分别定义为 X10～X17；CNI2 的［6］脚为信号公共端，接直流电源 24V 负极，［5］～［1］脚分别为通道 1～5 的开关信号输入端，将其分别定义为 X20～X24。CNAI1 的

[1]、[3] 脚是模拟电压信号地；[2]、[4] 脚是模拟电压信号输入端，定义为 AI1 和 AI2。继电器输出 CNO2 和 CNO3 的 [3] 脚均为输出公共端，[1]、[2] 脚为信号输出；晶体管输出 CNO6 的 [1] 脚为输出公共端信号，[3]、[2] 脚为信号输出。输出端将其分别定义为 Y10～Y15。

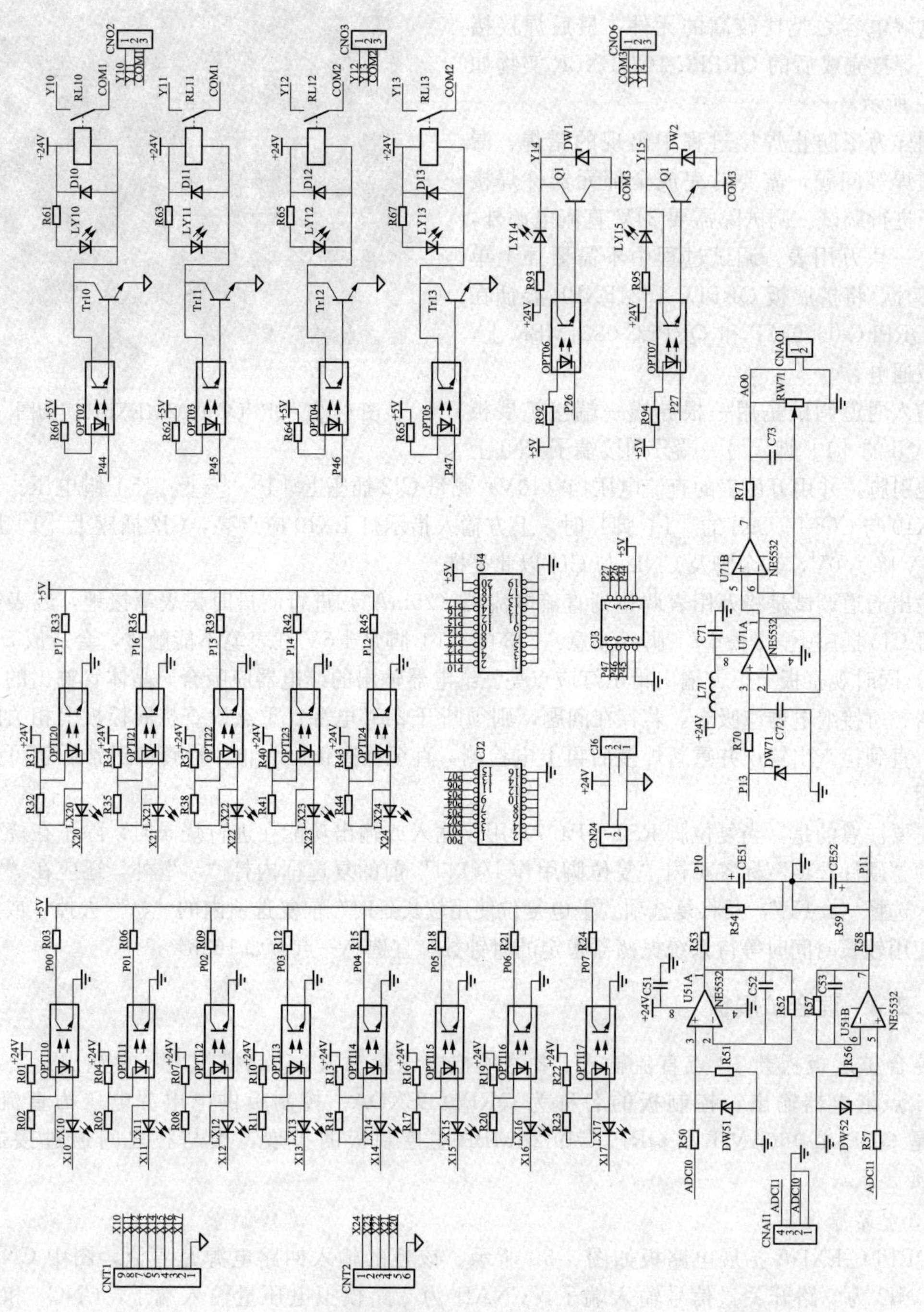

图 4-50　QRPLC-EXDA 电路原理图

2. 印制电路板

QRPLC-EXDA 采用双层布置的印刷电路板如图 4-51 所示，电路板尺寸为 3675mil × 3450mil (93mm×87mm)。各端口对应的单片机引脚见表 4-24。

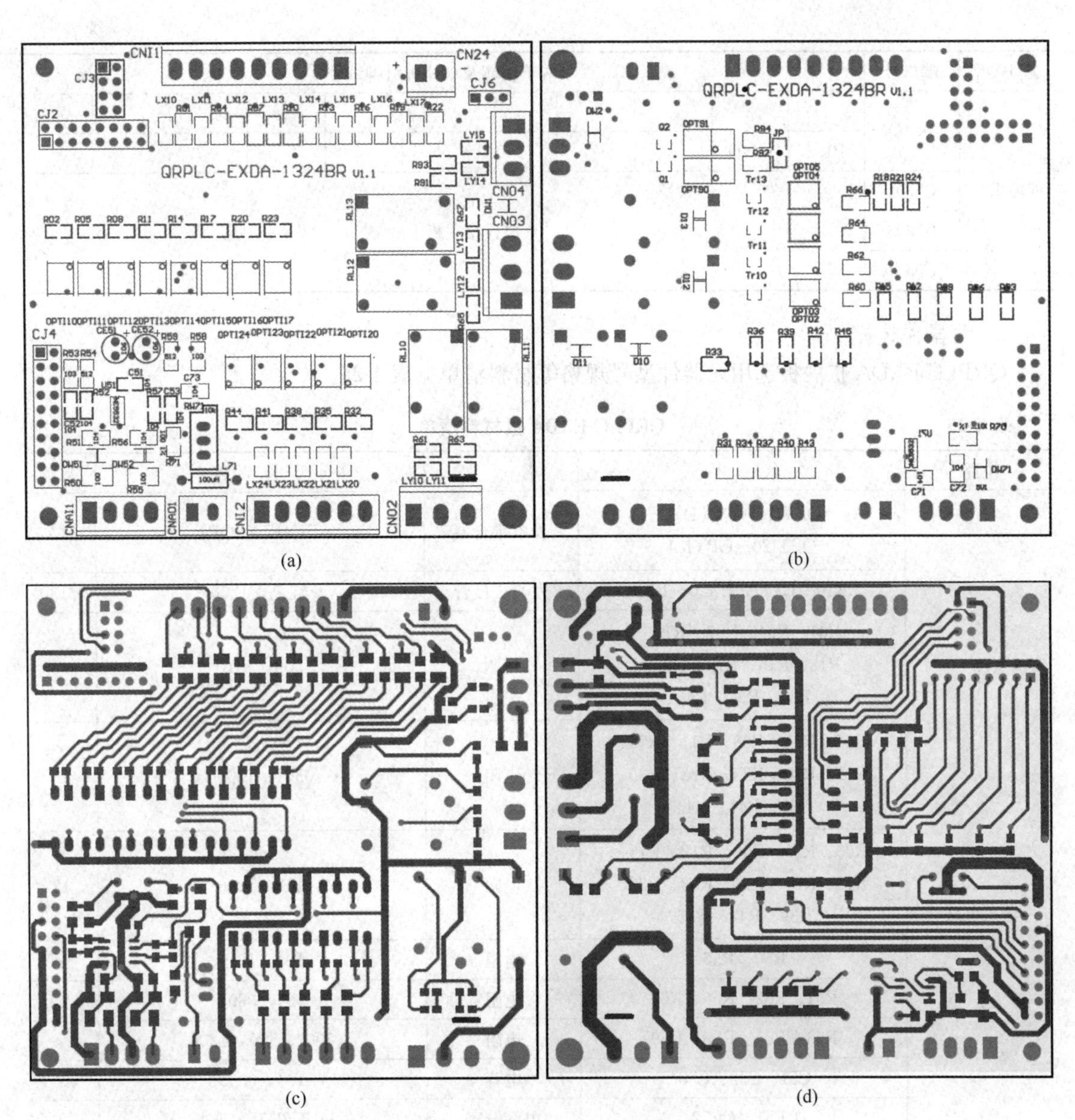

图 4-51　QRPLC-EXDA 扩展板布置

(a) 顶层元器件布置；(b) 底层元器件布置；(c) 顶层布线；(d) 底层布线

表 4-24　　板载端口功能及单片机引脚号

端口类型	端口号	端子功能及单片机引脚编号										
输入	CNI1	1	2	3	4	5	6	7	8	9		
		24V−	P0.7	P0.6	P0.5	P0.4	P0.3	P0.2	P0.1	P0.0		
	CNI2	1	2	3	4	5	6	7	8	9		
		P1.2	P1.4	P1.5	P1.6	P1.7	24V−					
	CNAI1	1	2	3	4							
		GND	P1.0	GND	P1.1							

续表

端口类型	端口号	端子功能及单片机引脚编号										
输出	CNAO1	1	2									
		P1.3	GND									
	CNO2	参照连接主板上的CN3										
	CNO3											
	CNO4											

3. 元器件选择

QRPLC-EXDA 扩展板选用元器件型号规格等材料清单见表 4-25。

表 4-25　QRPLC-EXDA 板材料清单

电路	代　号	名　称	型号规格	数量
输入电路	OPTI10～OPTI17，OPTI20～OPTI24	光电耦合器	EL817，SOP4	13
	LX10～LX17，LX20～LX24	发光二极管	红色，1206	13
	R01、R04、R07、R10、R13、R16、R19、R22、R31、R34、R37、R40、R43	电阻	302，1210	13
	R02、R05、R08、R11、R14、R17、R20、R23、R32、R35、R38、R41、R44	电阻	561，1206	13
	R03、R06、R09、R12、R15、R18、R21、R24、R33、R36、R39、R42、R45	电阻	103，1206	13
	R50、R55	电阻	101，1210	2
	R51、R52、R56、R57	电阻	104，0805	4
	R53、R54、R58、R59	电阻	1002，1%，1206	4
	C51、C52、C53	电容	104，0805	3
	CE51、CE52	电解电容	10μF/25V，直插	2
	DW51、DW52	稳压管	10V，1206	2
	U51	运算放大器	LM358，SOP-8	1
	CNI1、CNI2	接线端子	2EDG3.81，9P、6P、弯针	各1
	CNAI1	接线端子	2EDG3.81，4P、弯针	1
	CJ2、CJ4	排针	2.54mm，2×8P、2×10P，L20mm	各1
输出电路	LY10～LY15	发光二极管	红色，0805	6
	OPT02～OPT05	光电耦合器	EL817，SOP4	4
	OPT90、OPT91		EL357N，SOP4	2
	Tr0～Tr3、Q1、Q2	晶体管	2N5551，TO-92 MMBT5551	6
	R60、R62、R64、R66、R92、R94	电阻	821，1206	6
	R61、R63、R65、R67、R91、R93		103，0805	6

续表

电路	代　号	名　称	型号规格	数量
输出电路	DW0、DW1	稳压管	36V，1206	2
	D10～D13	二极管	1N4148，1206	4
	RL10～RL13	继电器	JZC-32F，线圈电压24V DC	4
	CJ3	排针	2.54mm，2×4P	1
	CNO1、CNO2	接线端子	2EDG5.04，3P、弯针	2
	CNO3	接线端子	2EDG3.81，3P、弯针	1
	DW71	稳压管	5.1V，1206	1
	R70	电阻	104，1206	1
	C71、C72、C73	电容	104，1206	3
	U71	运算放大器	LM358，SOP-8	1
	RW71	电位器	103，3296、侧调	1
	L71	电感	100μH，直插	1
	CNAO1	接线端子	2EDG3.81，2P、弯针	1

4. 焊接和调试

将每个元器件按照图4-51（a）和（b）所示位置进行焊接，建议先焊接低矮的元器件，如贴片电阻、电容和发光二极管等，再焊接IC插座和电解电容之类比较高的元件，最后焊接接插件。焊接完成后的QRPLC-EXDA实物如图4-52所示。

图4-52　QRPLC-EXDA实物图

同样为了防止焊接过程中出现的错焊、漏焊和虚焊等问题，需要对完成全部元器件焊接的板子进行调试。调试除需要24V直流电源外，还需要一块万用表和0～10V的电压信号发生器。开关量信号的输入和输出调试参见前节，模拟电压量调试见附录A。

需要注意的是，当复位脚RST（P4.7）用于输入或输出功能在进行烧录时，除了在烧录软件界面的“硬件选项”标签页内“复位脚用作I/O口”前的复选框内打“√”外，还应在“低电压检测”选择“4.1V”，以及将复选项“上电复位使用较长延时”前复选项内的“√”去掉或“上电复位使用较长时间时等待系统振荡器稳定的时钟数”选小一点，如16384。

4.2.5　16点输入、14点晶体管输出板

16点输入、14点晶体管输出板的名称为QRPLC-1614MB，该控制板板载16点直流输入、14点晶体管输出，控制板供电电源电压为直流24V。晶体输出容量为灌电流0.2A/30V DC。

1. 电路原理图

16点直流电源开关量输入、14点晶体管输出的30点嵌入式PLC控制电路板如图4-53所示，该板的输入回路电源是直流，图中CNI是与外电路连接的输入侧端子，其中［1］脚为直流电源24V正极；［2］脚为直流电源24V负极；［3］脚为信号公共端，通常需要与电源的正极连接；

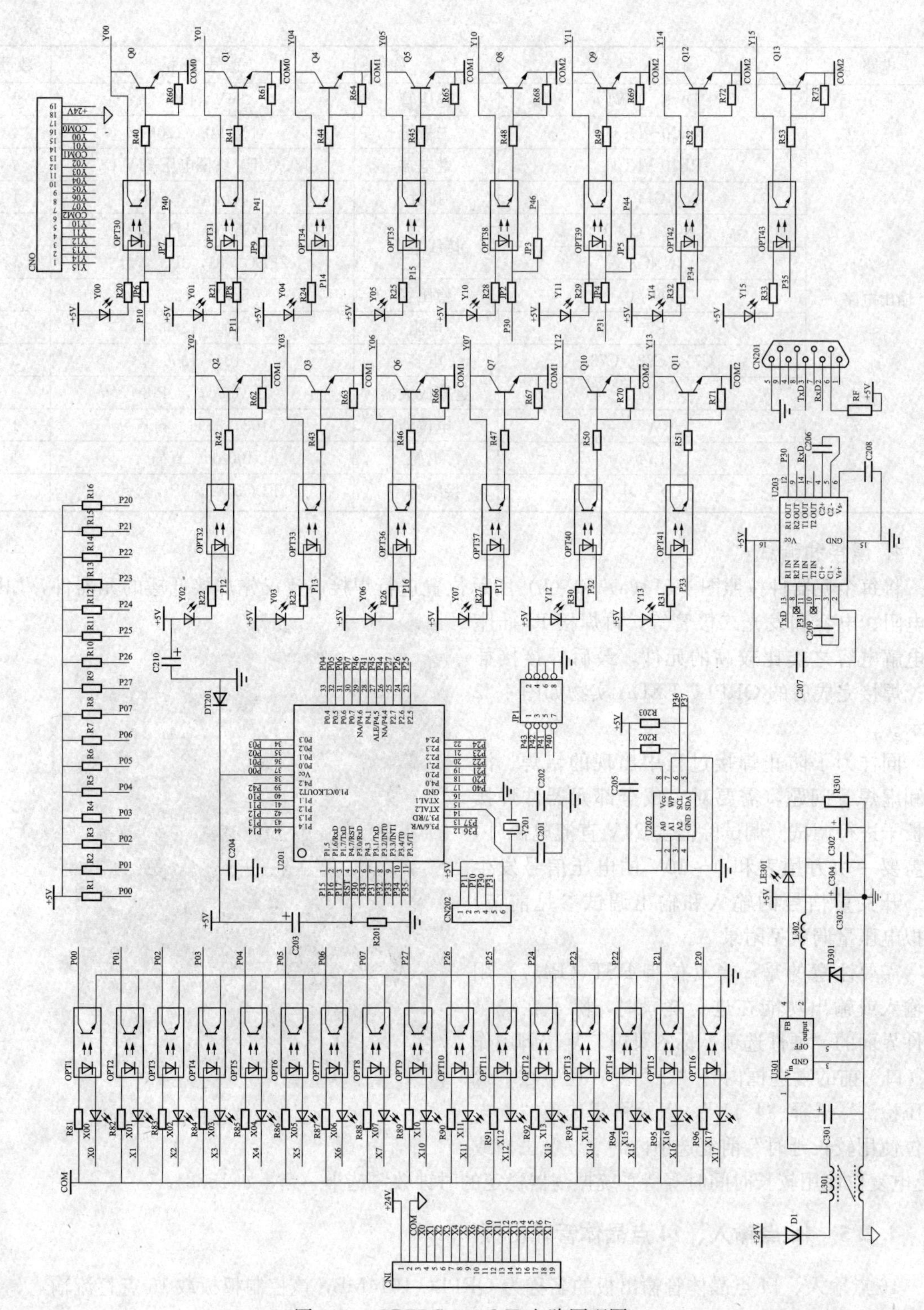

图 4-53　QRPLC-1614MB 电路原理图

[4]~[19] 脚分别为通道 1~16 的开关信号输入端，将其分别定义为 X0~X7、X10~X17。图 4-53 中输出端子 CNO 分 3 组；端子中 [1]~[7] 脚为同一组，[1]~[6] 脚均为信号输出端，[7] 脚是该组输出公共端；端子中 [8]~[14] 脚为同一组，[8]~[13] 脚均为信号输出端，[14] 脚是

该组输出公共端；端子中［15］~［17］脚为同一组，［15］、［16］脚为信号输出端，［17］脚是该组输出公共端。CN201为通信口，用于应用程序下载。另外板载扩展口JP1，以及其余各端口对应的单片机引脚见表4-26。

表4-26　　QRPLC-1614MB端口引脚分配

CNI	输入端子	X00	X01	X02	X03	X04	X05	X06	X07	
	单片机引脚	P0.0	P0.1	P0.2	P0.3	P0.4	P0.5	P0.6	P0.7	
	输入端子	X10	X11	X12	X13	X14	X15	X16	X17	
	单片机引脚	P2.7	P2.6	P2.5	P2.4	P2.3	P2.2	P2.1	P2.0	
CNO	输出端子	Y00	Y01	Y02	Y03	Y04	Y05	Y06	Y07	
	单片机引脚	P1.0	P1.1	P1.2	P1.3	P1.4	P1.5	P1.6	P1.7	
	输出端子	Y10	Y11	Y12	Y13	Y14	Y15			
	单片机引脚	P4.6	P4.4	P3.2	P3.3	P3.4	P3.5			
JP1	针脚序号	1	2	3	4	5	6	7	8	
	单片机引脚	P4.3	GND	P4.2	GND	P4.1	GND	P4.0	GND	

2. 印制电路板

QRPLC-1614MB采用双层布置的印刷电路板如图4-54所示，电路板尺寸为122.6mm×87.6mm。

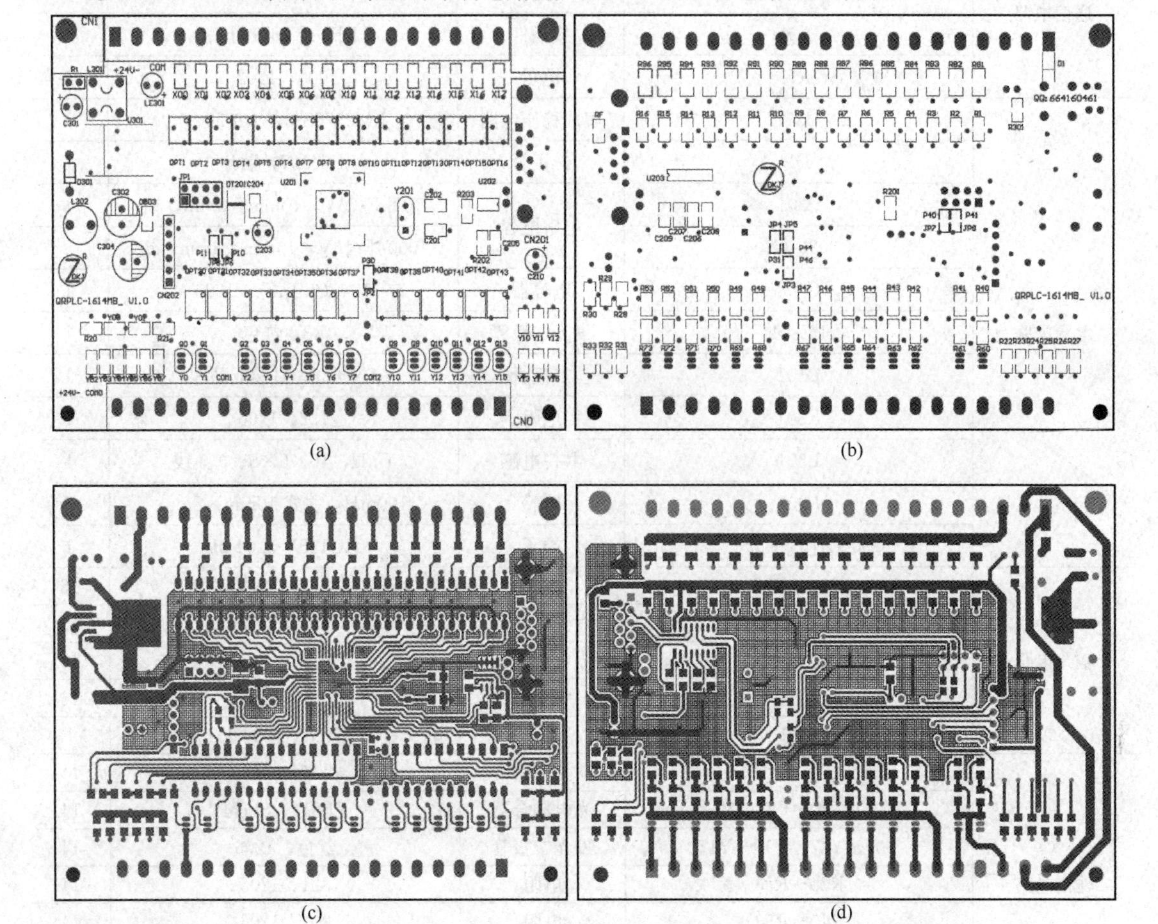

(a)　(b)　(c)　(d)

图4-54　QRPLC-1614MB板布置

(a) 顶层元器件布置；(b) 底层元器件布置；(c) 顶层布线；(d) 底层布线

3. 元器件选择

QRPLC-1614MB 板选用元器件型号规格等材料清单见表 4-27。单片机 U201 采用 44 引脚的 LQFP-44 封装，在选用单片机时，除了应考虑转换软件是否支持外，还要考虑是否需要通信以及在线监控等因素需要的单片机程序存储器容量，从而根据应用需要选择单片机型号。

表 4-27　　QRPLC-1614MB 板材料清单

电路	代　号	名　称	型号规格	数量
单片机电路	U201	单片机	LQFP-44 封装，可选 11F60XE 等	1
	C204	电容器	104 (0.1μF)，1206	1
	C210	电解电容	220μF/16V，6mm×7mm，铝	1
	JP1	排针	2.54mm，2×4P	1
时钟电路	Y201	无源晶体	11.0592MHz	1
	C201、C202	电容器	27P，1206	2
复位电路	R201	电阻器	103，1206	1
	C203	电解电容	10μF/10V，6mm×7mm，铝	1
通信电路	U203	集成电路	MAX232，SOP-16	1
	C206、C207、C208、C209	电容	1μF/50V，1206	4
	CN201	接插件	DB9 或 DR9 母头	1
	RF	电阻	000，1202	1
电源电路	U301	集成稳压电路	LM2576S-5，TO-263-5	1
	D1	二极管	1N4007，贴片	1
	C301	电解电容	100μF/35V，10mm×8mm，铝	1
	C302、C304		1000μF/16V，10mm×8mm，铝	2
	C303	电容器	104 (0.1μF)，1206	1
	LE301	发光二极管	ϕ3，红色	1
	D301	二极管	1N5822，直插或贴片	1
	R301	电阻	122，1206	1
	L301	共模电感	1mH、10×6×5、0.5 线	1
	L302	电感	100mH，立式 10mm×8mm	1
	CNI [1]~[2]	端子	HG128V-5.04-2P	1
输入电路	R81~R96	电阻	472、1210	16
	X00~X07、X10~X17	发光二极管	红色，1206	16
	OPT1~OPT16	光电耦合器	EL817，SOP4	16
	R1~R16	电阻	103，1206	16
	CNI	端子	HG128V-5.04-17P	1
输出电路	Q0~Q13	三极管	2N5551	14
	OPT30~OPT43	光电耦合器	EL817，SOP4	14
	Y00~Y07、Y10~Y17	发光二极管	红色，1206	14
	R20~R33	电阻	821，1206	14
	R40~R53	电阻	392，1206	14
	R60~R73	电阻	102，1206	14
	CNO	端子	HG128V-5.04-19P	1

4. 焊接和调试

焊接前应对元器件进行一次测量，确保元器件合格。将每个元器件按照图 4-54（a）和（b）所示位置放置进行焊接，先焊接低矮的元器件，如贴片电阻、电容和发光二极管等，再焊接电解电容之类直插型比较高的元件，最后焊接接插件。建议先焊接电源部分的元器件和接插件，完成后给板子通电测量 5V 电源（可以是 C204 两端电压）是否正常，若正常再焊接其他部分元器件，以防止电源不正常而烧坏单片机。焊接完成后的QRPLC-1614MB实物如图 4-55 所示。

图 4-55 QRPLC-1614MB 控制板实物图

同样为了防止焊接过程中出现的错焊、漏焊和虚焊等问题，需要对完成全部元器件焊接的板子进行调试。调试除需要 24V 直流电源外，还需要一块万用表，开关量信号的输入和输出调试参见前节。

4.2.6 18 点输入、2 点晶体管和 10 点继电器输出板

18 点输入、2 点晶体管和 10 点继电器输出板的名称为 QRPLC-18210MBR，该控制板板载 18 点直流输入、2 点晶体管输出和 10 点继电器输出，控制板供电电源电压为直流 24V。晶体管输出触头容量为 0.2A/30V DC，继电器输出触头容量为 1A/250V。

1. 电路原理图

QRPLC-18210MBR 板式 PLC 电路原理如图 4-56 所示，该板的输入回路电源是直流，图中 CNI 是与外电路连接的输入侧端子，其中［1］脚为直流电源 24V 正极；［2］～［19］脚分别为通道 1～18 的开关信号输入端，将其分别定义为 X0～X7、X10～X17、X20、X21。图 4-56 中输出端子 CNO 分 4 组；端子中［1］～［5］脚为同一组，［2］～［5］脚均为信号输出端，［1］脚是该组输出公共端；端子中［7］～［11］脚为同一组，［8］～［11］脚均为信号输出端，［7］脚是该组输出公共端；端子中［13］～［15］脚为同一组，［14］和［15］脚为信号输出端，［13］脚是该组输出公共端；端子中［17］～［19］脚为同一组，［18］和［19］脚为信号输出端，［17］脚是该组输出公共端。CNI01 为通信口用于应用程序下载。各端口对应的单片机引脚见表 4-28。

2. 印制电路板

QRPLC-18210MBR 采用双层布置的印刷电路板如图 4-57 所示，电路板尺寸为 122.6mm×87.6mm。

3. 元器件选择

QRPLC-18210MBR 板选用元器件型号规格等材料清单见表 4-29。单片机 U201 采用 44 引脚的 LQFP-44 封装，在选用单片机时，除了应考虑转换软件是否支持外，还要考虑是否需要通信以及在线监控等因素需要的单片机程序存储器容量，从而根据应用需要选择单片机型号。

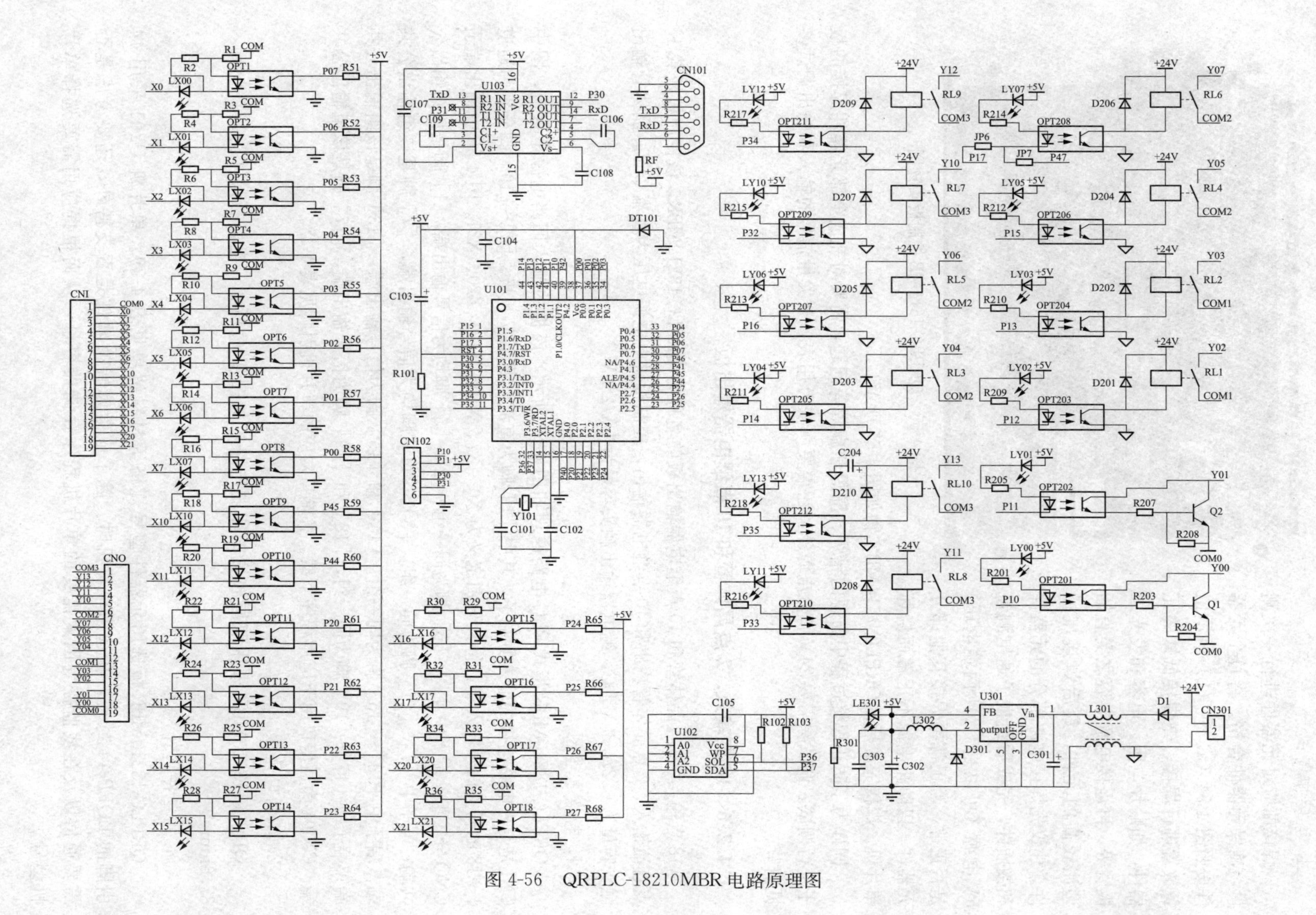

图 4-56 QRPLC-18210MBR 电路原理图

表 4-28　　QRPLC-18210MBR 端口引脚分配

CNI	输入端子	X00	X01	X02	X03	X04	X05	X06	X07
	单片机引脚	P0.7	P0.6	P0.5	P0.4	P0.3	P0.2	P0.1	P0.0
	输入端子	X10	X11	X12	X13	X14	X15	X16	X17
	单片机引脚	P4.5	P4.4	P2.0	P2.1	P2.2	P2.3	P2.4	P2.5
	输入端子	X20	X21						
	单片机引脚	P2.6	P2.7						
CNO	输出端子	Y00	Y01	Y02	Y03	Y04	Y05	Y06	Y07
	单片机引脚	P1.0	P1.1	P1.2	P1.3	P1.4	P1.5	P1.6	P1.7
	输出端子	Y10	Y11	Y12	Y13				
	单片机引脚	P3.2	P3.3	P3.4	P3.5				

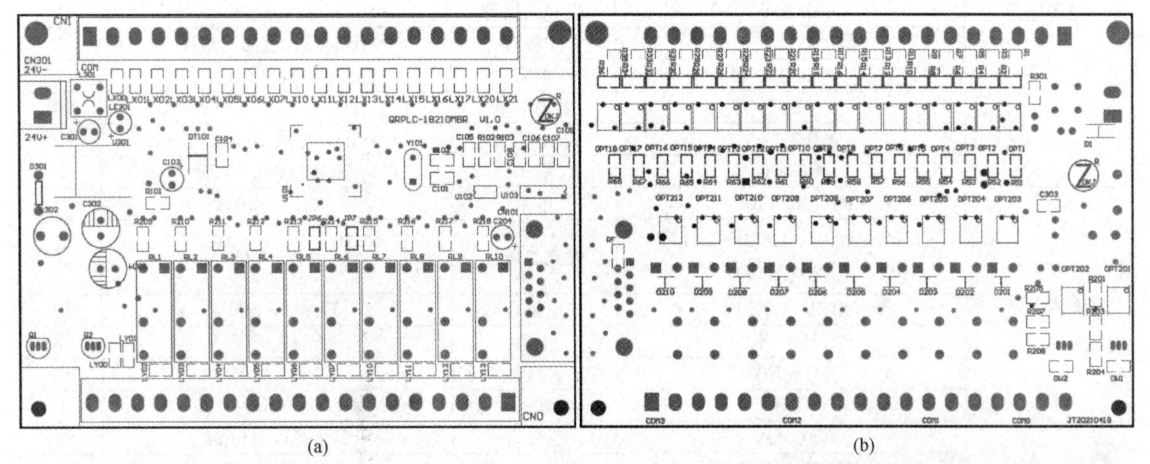

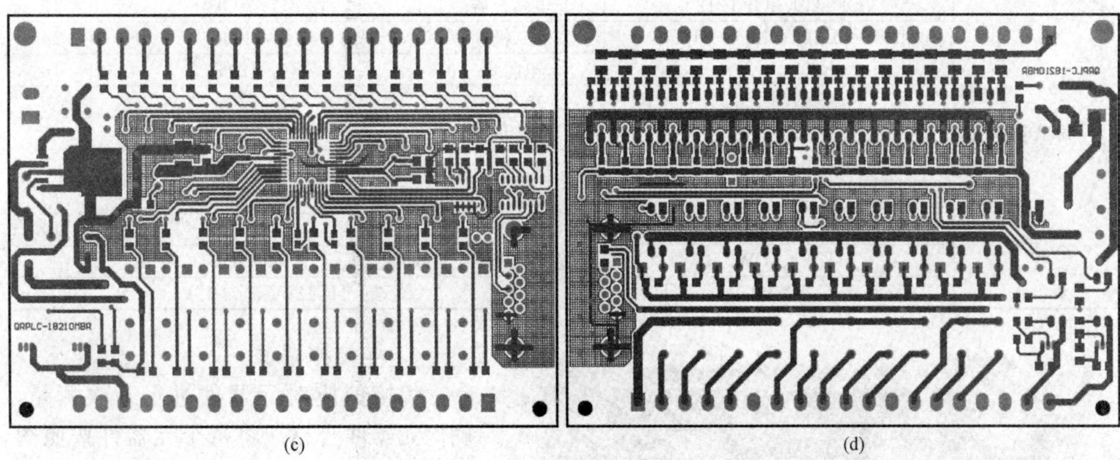

图 4-57　电路板布置

(a) 顶层元器件布置；(b) 底层元器件布置；(c) 顶层线路布置；(d) 底层线路布置

表 4-29　　QRPLC-18210MBR 板材料清单

电路	代　号	名　称	型号规格	数量
单片机电路	U101	单片机	LQFP-44 封装，可选 11F60XE 等	1
	C104	电容器	104 (0.1μF)，1206	1
时钟电路	Y101	无源晶体	11.0592MHz	1
	C101、C102	电容器	27P，1206	2
复位电路	R101	电阻器	103，1206	1
	C103	电解电容	10μF/10V，6mm×7mm，铝	1

续表

电路	代　　号	名　　称	型号规格	数量
通信电路	U103	集成电路	MAX232，SOP-16	1
	C106、C107、C108、C109	电容	1μF/50V，1206	4
	CN101	接插件	DB9 或 DR9 母头	1
	RF	电阻	000，1202	
电源电路	U301	集成稳压电路	LM2576S-5，TO-263-5	1
	D1	二极管	1N4007，贴片	1
	C301	电解电容	100μF/35V，10mm×8mm，铝	1
	C302、C304		1000μF/16V，10mm×8mm，铝	2
	C303	电容器	104（0.1μF），1206	1
	LE301	发光二极管	ϕ3，红色	1
	D301	二极管	1N5822，直插或贴片	1
	R301	电阻	122，1206	1
	L301	共模电感	1mH、10×6×5、0.5 线	1
	L302	电感	100mH，立式 10mm×8mm	1
	CN301	端子	HG128V-5.04-2P	1
输入电路	R1、R3～R35	电阻	472、1210	18
	LX00～LX07、LX10～LX17、LX20、LX21	发光二极管	红色，1206	18
	OPT1～OPT18	光电耦合器	EL817，SOP4	18
	R2、R4～R36	电阻	561，0805	18
	R51～R68	电阻	103，0805	18
	CNI	端子	HG128V-5.04-19P	1
输出电路	Q0、Q2	三极管	2N5551，TO-92	2
	OPT201～OPT212	光电耦合器	EL817，SOP4	12
	LY00～LY07、LY10～LY13	发光二极管	红色，1206	14
	R209～R218	电阻	471，1206	10
	R201、R205	电阻	821，1206	2
	R203、R207	电阻	392，1206	2
	R204、R208	电阻	102，1206	2
	RL1～RL10	继电器	HF46F，线圈电压 24V DC	10
	D201～D210	二极管	1N4148，1206	10
	DW1、DW2	稳压二极管	36V，1206	2
	CNO	端子	HG128V-5.04-19P	1

图 4-58　QRPLC-18210MBR 实物图

4. 焊接和调试

焊接前应对元器件进行一次测量，确保元器件合格。将每个元器件按照图 4-57（a）和（b）所示的位置放置进行焊接，先焊接低矮的元器件，如贴片电阻、电容和发光二极管等，再焊接电解电容之类直插型比较高的元件，最后焊接接插件。建议先焊接电源部分的元器件和接插件，完成后给板子通电测量 5V 电源（可以是 C104 两端电压）是否正常，若正常再焊接其他部分元器件，以防止电源不正常而烧坏单片机。焊接完成后的 QRPLC-18210MBR 实物如图 4-58 所示。

同样为了防止焊接过程中出现的错焊、漏焊和虚焊等问题，需要对完成全部元器件焊接的板子进行调试。调试除需要 24V 直流电源外，还需要一块万用表，开关量信号的输入和输出调试参见前节。

第5章

软 件 使 用

本章介绍两款三菱梯形图编程软件——FXGPWIN 和 GX Developer，两款梯形图转单片机可执行代码的转换软件——FX_{1N}型（即 PMW-HEX-V3. 0. exe）和 FX_{2N}型（即正式 V1. 43Bate12. exe），以及代码烧录软件 stc-isp-15xx-v6. 69. exe 的使用方法和具体操作。

5.1 编程软件使用

梯形图程序设计语言是用图形符号来描述程序的一种程序设计语言，是一种通过对符号简化，演变而形成的形象、直观、实用的编程语言，其来源于继电器—接触器逻辑控制系统的电路原理图。梯形图程序设计语言采用因果关系来描述事件发生的条件和结果，每一个梯级代表一个或多个因果关系，描述事件发生的条件表示在左面，事件发生的结果表示在最右面。

三菱可编程序控制器 FX 系列可以使用的编程软件有 FXGPWIN、GX Developer 和 GX-works2 等，生成的应用程序或工程分别是 4 个文件、1 个子目录和 3 个文件、单个文件。

5. 1. 1 FXGPWIN-C V3. 3

三菱 PLC 编程软件 FXGPWIN 有复制版 V3. 00 和安装版 V3. 30 两种版本，两种版本的使用操作方法相同。复制版顾名思义就是只要把该文件夹拷贝到硬盘上即可使用，而安装版只能将该软件安装到硬盘上才可使用。这两种版本的编程软件都是应用于 FX 系列 PLC 的中文编程软件，均可在 Windows 9x、Windows 2000 或 Windows XP 操作系统上运行。在 SW0PC-FXGPWIN-C 环境中，可以通过梯形图符号、指令语言或 SFC 符号来创建程序，还可以在程序中加入中文、英文注释，该软件还能够监控 PLC 运行时的动作状态和数据变化情况，而且还具有程序和监控结果的打印功能。总之，SW0PC-FXGPWIN-C 编程软件为用户提供了程序录入、编辑和监视手段，是一款功能较强的基于电脑的 PLC 编程软件。复制版软件的文件如图 5-1 所示，将其拷贝到电脑即可使用。

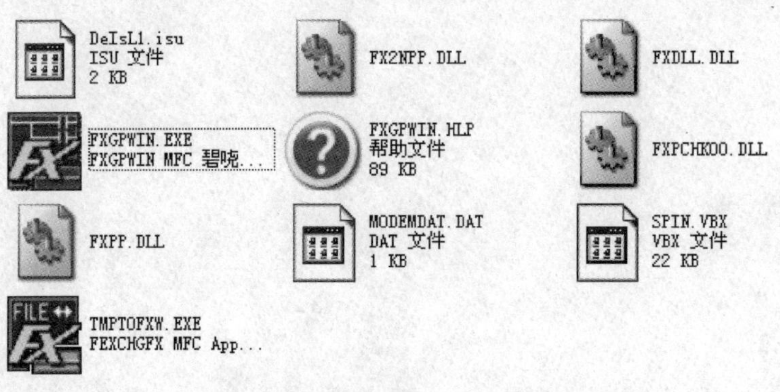

图 5-1　复制版 FXGPWIN-C 软件文件

1. 软件的初始界面

双击“FXGPWIN. EXE”图标，即可启动编程软件。桌面出现启动界面，如图5-2（a）所示；数秒钟后中间的软件标志消失完成启动，初始界面如图5-2（b）所示。

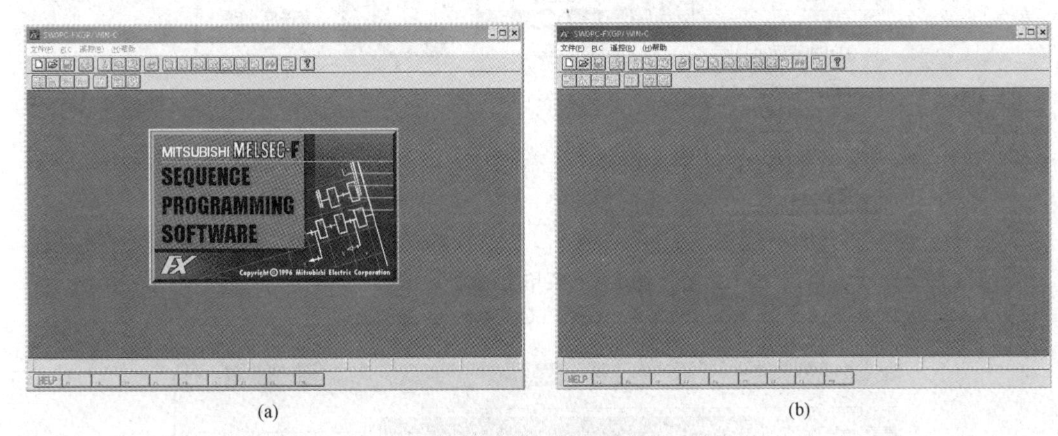

(a)　　(b)

图5-2　启动界面

（a）启动界面；（b）初始界面

初始界面从上到下依次是标题栏、下拉菜单栏、工具栏、工作空间、状态栏、功能键栏和指令库等，如图5-3所示。“文件”“PLC”“遥控”三个菜单的命令如图5-4所示。工具栏上只有“新文件”和“打开”两个按钮是黑色可用的，其他都是灰色暂不起作用的。若要退出“FXGP_WIN-C”系统，只要单击“文件”菜单［见图5-4（a）］，选“退出”即可。

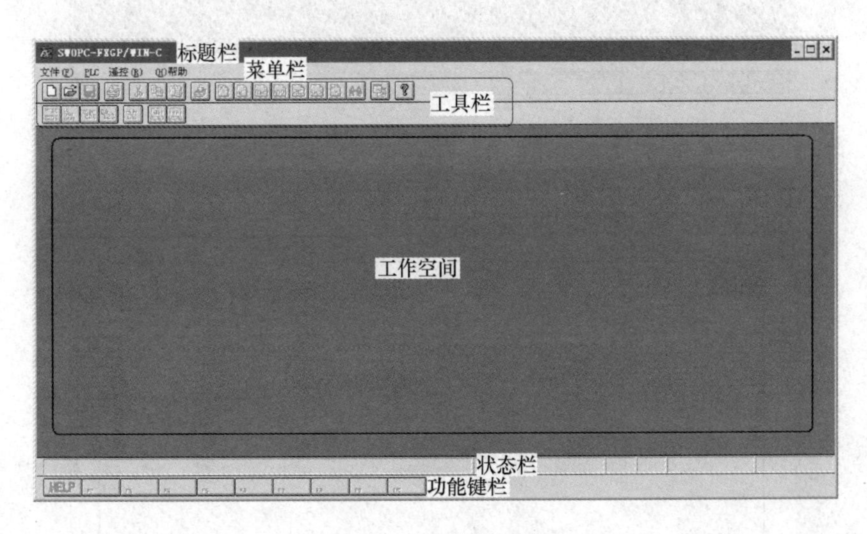

图5-3　初始界面说明

2. 软件的基本操作

（1）新文件创建。首次使用该软件编辑应用程序时，在初始界面上单击“新文件”按钮，或单击下拉菜单“文件”选“新文件”命令。桌面出现“PLC类型设置”，根据转换软件指定使用的PLC型号进行选择，即“FX1N”或“FX2N/FX2NC”，如图5-5所示。选好后单击“确认”按钮，界面如图5-6（a）所示，图中工具栏上各快捷功能如图5-6（b）所示，浮于界面上的梯形图指令库说明如图5-6（c）所示。

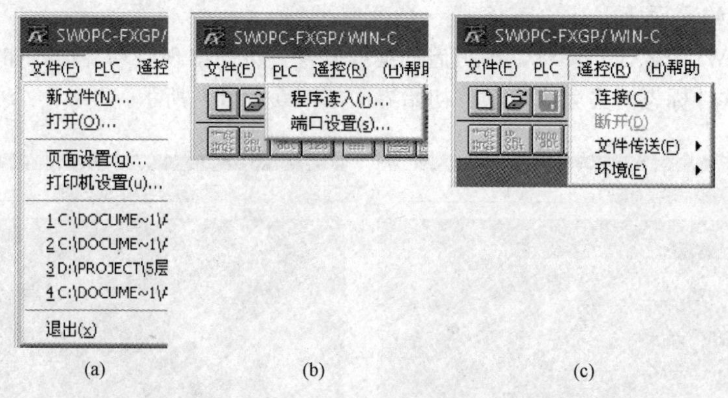

(a)　(b)　(c)

图 5-4　菜单上的命令

（a）文件菜单；（b）PLC 菜单；（c）遥控菜单

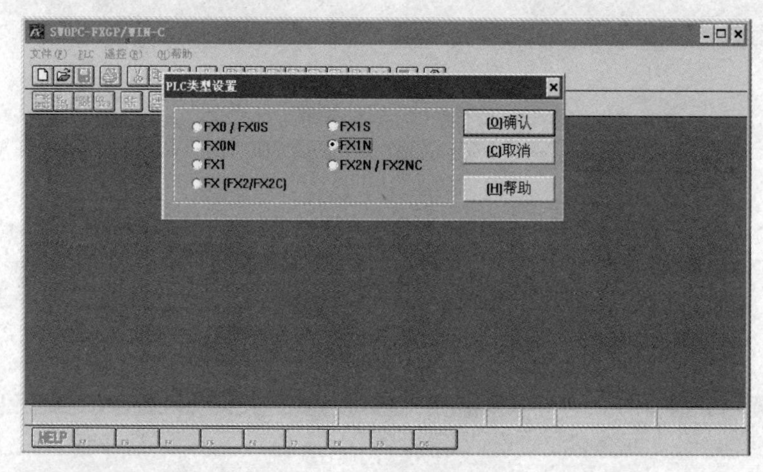

图 5-5　PLC 类型设置

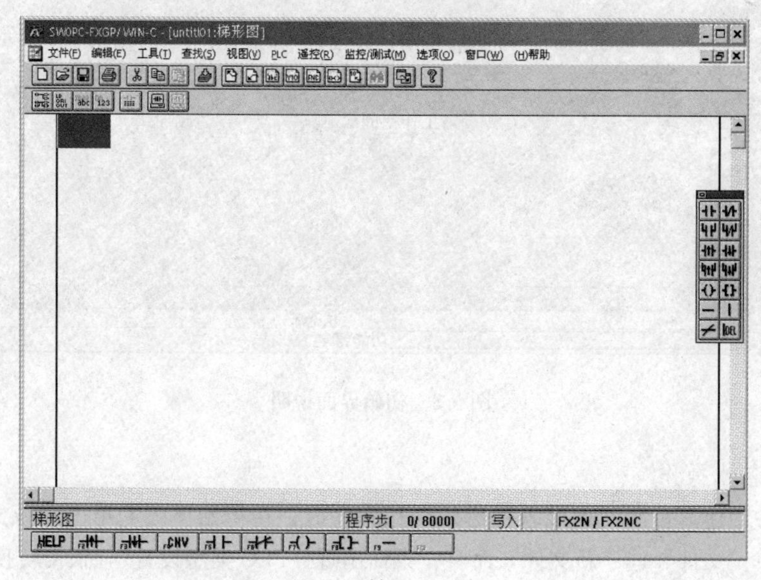

(a)

图 5-6　工作界面

（a）编程软件窗口

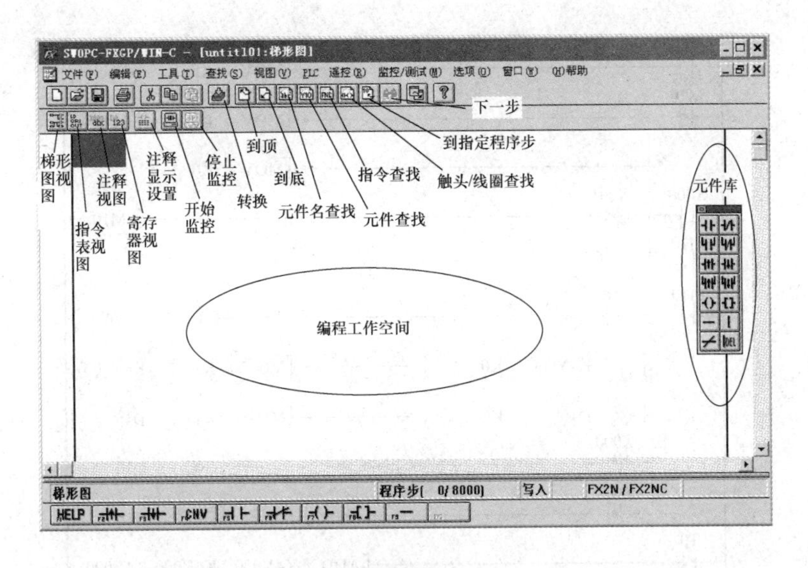

(b)

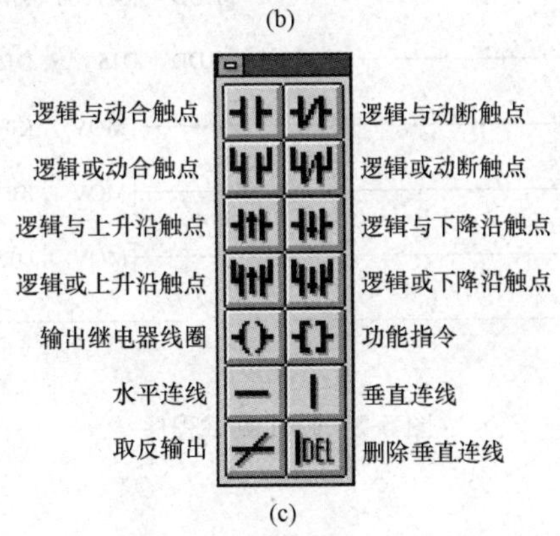

(c)

图5-6 工作界面（续）

(b) 工具栏快捷按钮说明；(c) 梯形图指令库说明

(2) 梯形图录入。下面介绍梯形图录入的步骤，以图5-7所示的用于检测基本系统板的程序为例来进行演示，该程序共有16行（7个梯级）。

在图5-6 (a) 所示界面上，按功能键“F5”或单击梯形图指令库中的[⊣⊢]，在弹出的对话框中输入“M8002”，再单击“确定”按钮；接着按功能键“F8”或单击梯形图指令库中的[{}]，在弹出的对话框中输入“MOV K5 D10”，再单击“确定”按钮，这样第一行梯形图录入完毕，如图5-8 (a)所示。接着按功能键“F6”或单击梯形图指令库中的[⊣/⊢]，在弹出的对话框中输入“M10”，再单击“确定”按钮，按功能键“F8”或单击梯形图指令库中的[{}]，在弹出的对话框中输入“MOV K0 K4Y00”，再单击“确定”按钮，第二行梯形图录入完毕；移动鼠标到第二行“M10”后区域点击，将光标移至第二行第二列，如图5-8 (b) 所示，单击梯形图指令库中的[|]，再按功能键“F8”或单击梯形图指令库中的[{}]，在弹出的对话框中输入“MOV K5 D15”，再单击“确定”按钮，这样第三行梯形图输入完毕，如图5-8 (c) 所示。用类似的方法将余下的各行依次录入，录入完毕后如图5-9所示。

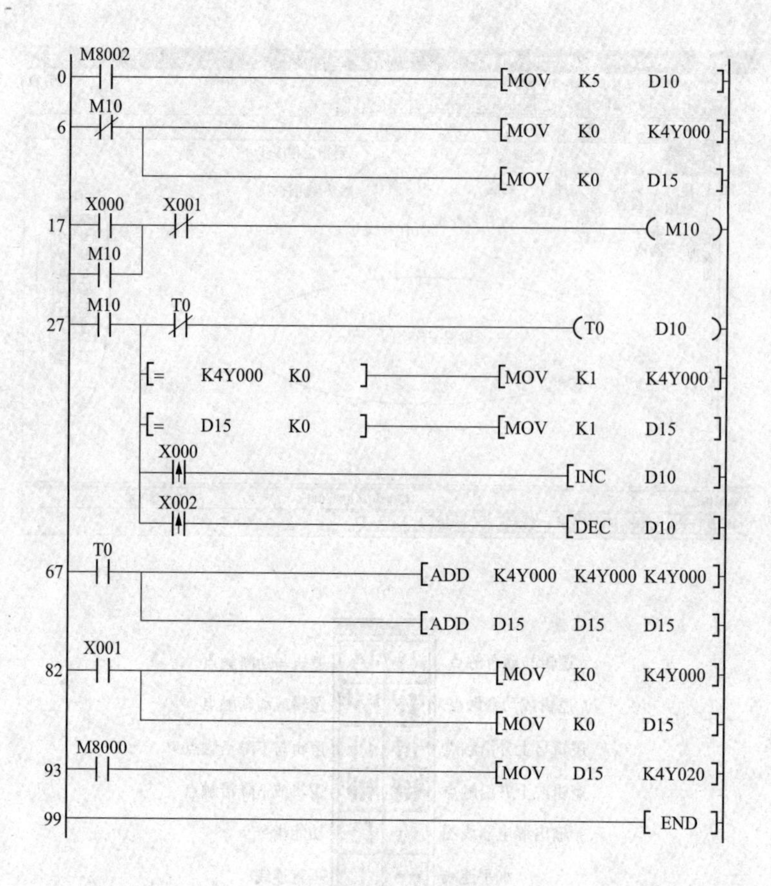

图 5-7　硬件测试程序

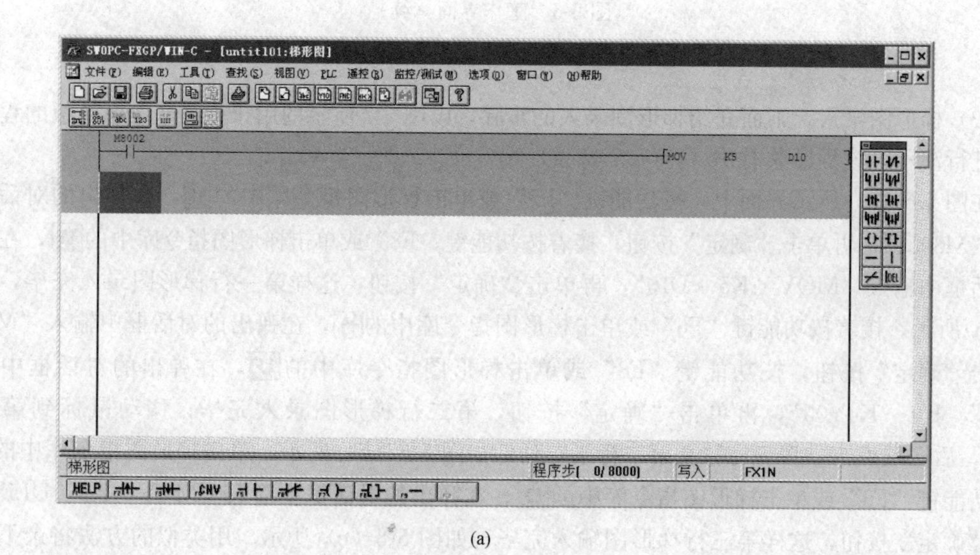

(a)

图 5-8　录入程序

（a）第一行命令

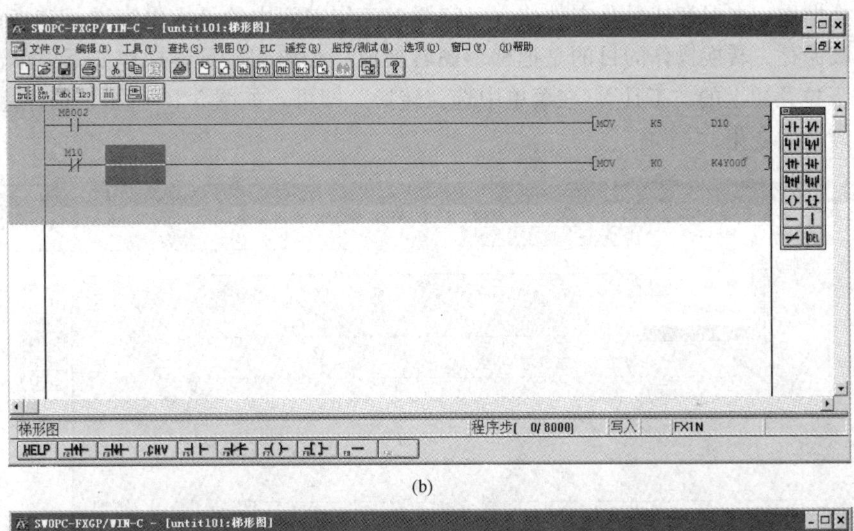

(b)

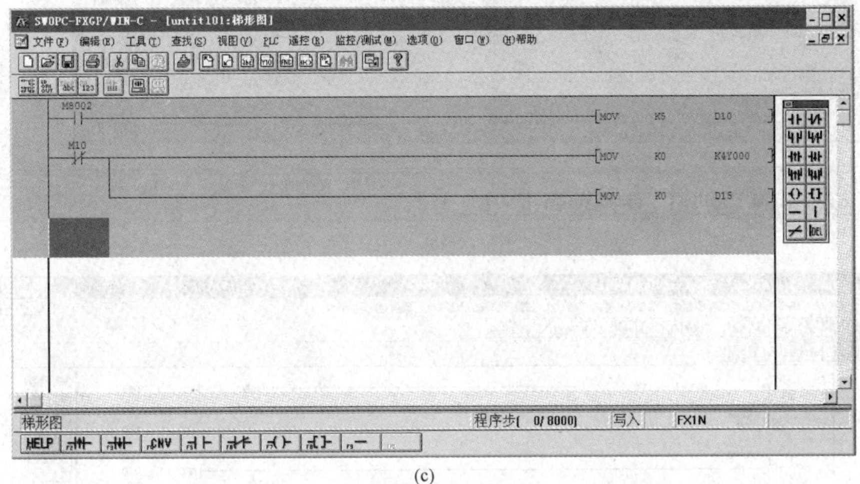

(c)

图 5-8 录入程序（续）

（b）第二行录入完毕后移动光标；（c）第三行录入完毕后移动光标

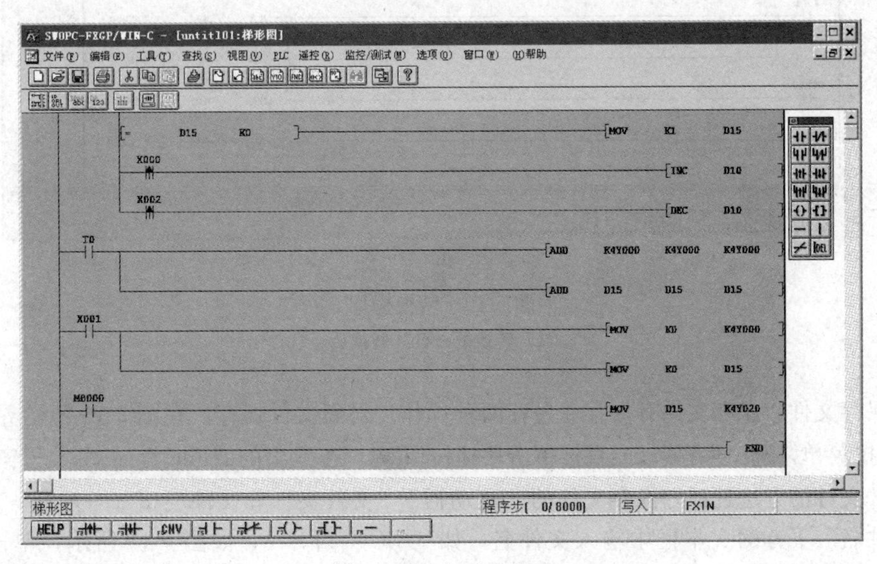

图 5-9 程序录入完毕

（3）转换操作。在保存或另存文件前，一定要对工作空间中的录入内容进行转换。否则新录入内容将不被保存。转换操作的目的是把梯形图转换成指令语句，具体操作如下：单击快捷按钮，或单击下拉菜单上的“工具”，在菜单中选“转换”即可，如图5-10所示，请注意转换前后，窗口中背景颜色的变化。

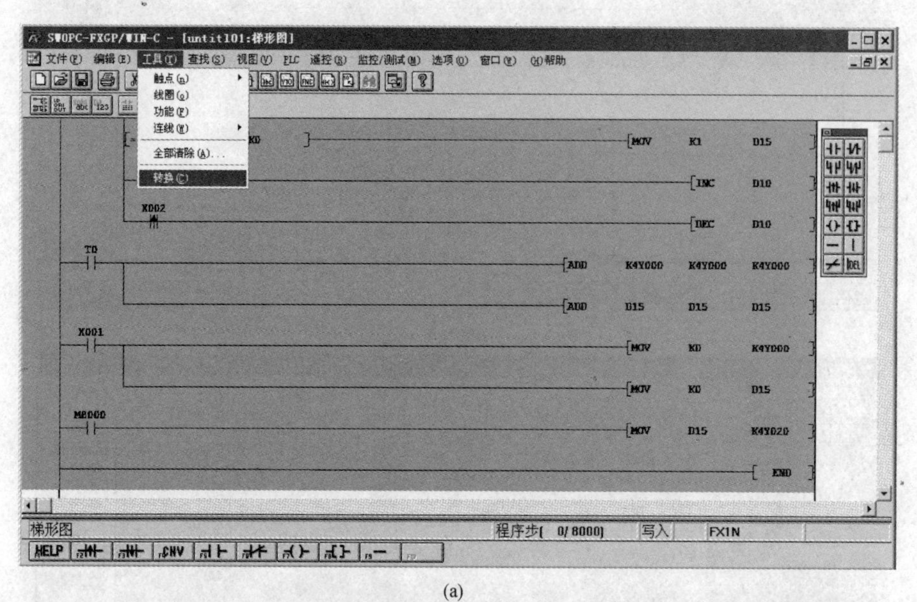

(a)

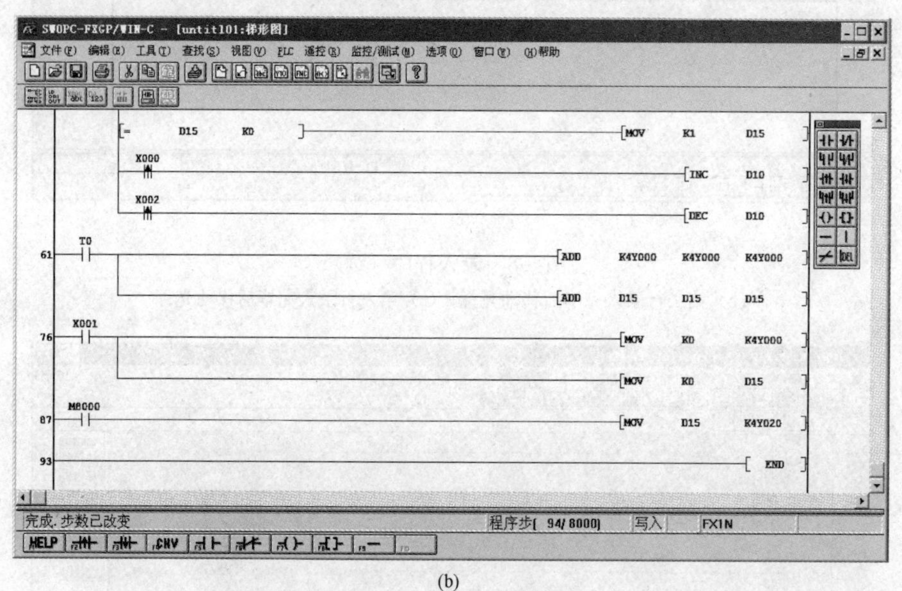

(b)

图5-10　转换操作

（a）转换前；（b）转换后

（4）保存文件。保存文件有保存和另存两种操作。对新文件保存，在图5-10所示界面中单击“文件”下拉菜单，选“保存”；或直接单击快捷按钮。在弹出的“File Save As”子窗口中，按照类似打开文件的方法选择好保存文件的“驱动器”“文件夹”和文件类型（一般是 *．PMW），并在“文件名”下方的文本框中输入文件名，如“MCU-TEST”，如图5-11所示，单击“确定”按钮（文件名只能是8位字母或数字的组合，若用汉字则最多只能4个），然后输入文件题头名，最后单击“确定”，文件就被保存了。若是在原程序中做了修改，需要改用另外的文件名，则在图5-10所示界面中单击“文件”下拉菜单中选“另存为”。

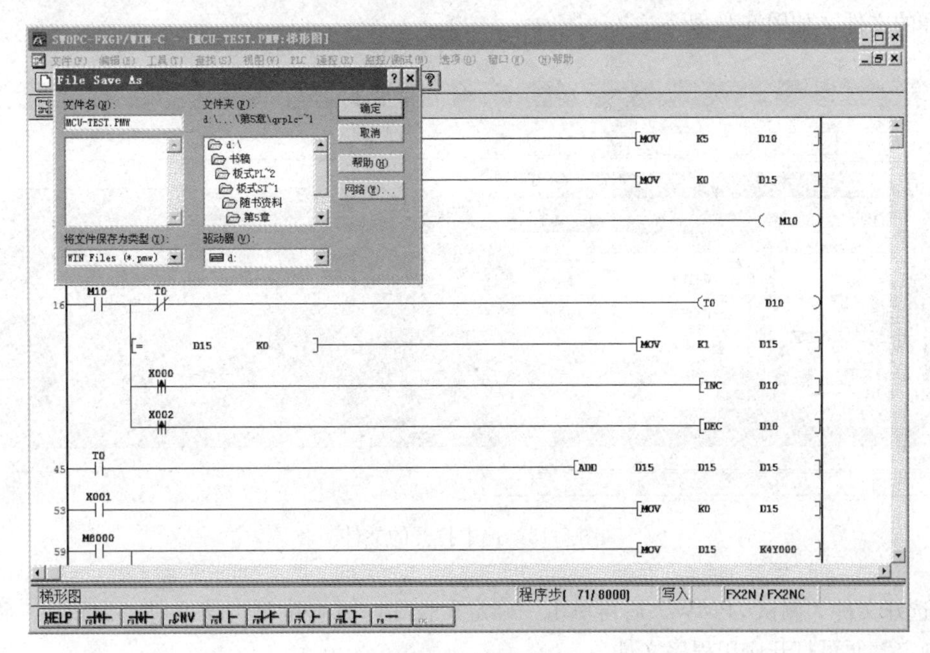

图5-11　保存文件

（5）打开文件。后缀为“.PMW”的三菱PLC的应用程序在初始界面上就可以打开，具体操作如下：

1）单击“打开”按钮，或单击下拉菜单“文件”选“打开”命令。桌面上就会弹出“File Open（文件打开）”子窗口，如图5-12所示。“文件打开”指的目录是软件文件存放所在的目录。

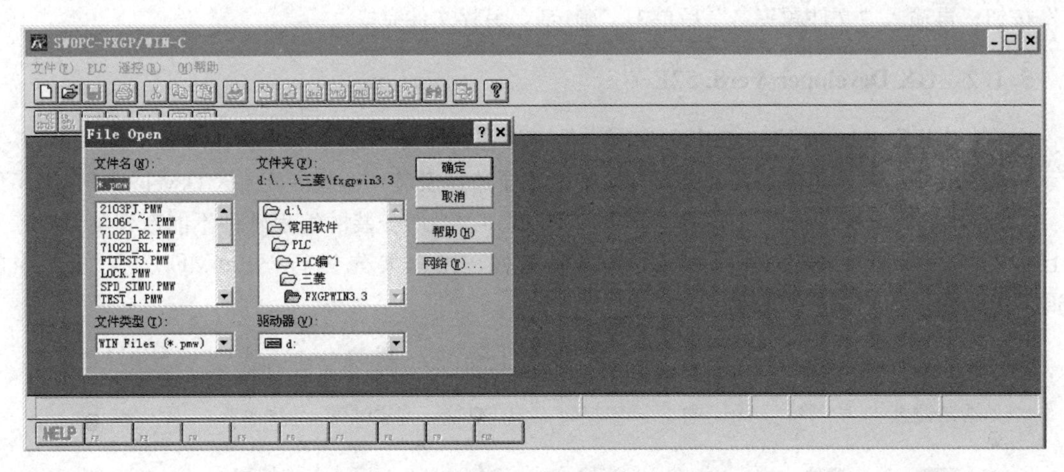

图5-12　打开文件

2）在“File Open（文件打开）”子窗口中，单击“驱动器”下文本框中的倒三角箭头，选择应用程序文件存放的驱动器，如“d:”。

3）在“文件夹”下的导航栏中逐级点开文件夹，选择存放文件的文件夹，如“D:\PMW-51HEX”。

4）单击“文件类型”下文本框中的倒三角箭头，选择应用程序的文件类型“*.pmw”。此时

选中文件夹中的 *.pmw 文件全部显示在“文件类型”上方的窗口内，有时需要点框中上下箭头或滚动条来查找，单击需要打开的文件如“测试.PMW”，此时在“文件名”下方的文本框内就会出现被选择的文件，如图 5-13 所示。

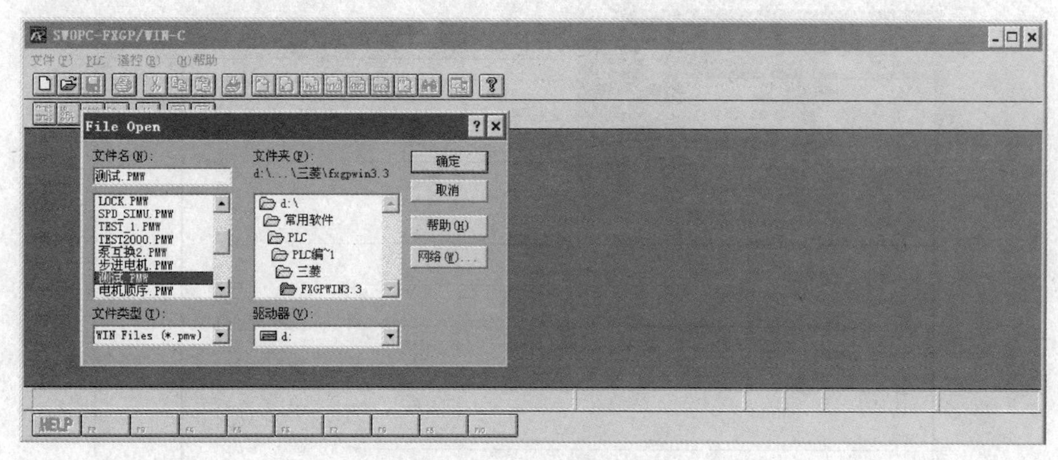

图 5-13　选中打开的文件

5）选好文件“测试.PMW”后再单击“确定”按钮，或直接双击该文件“测试.PMW”。再单击“确定”便可打开应用程序文件。

对打开的原有文件，如果没有做修改，就可以按上面新文件的保存方法操作。若做了修改，那么就应该将修改后的应用程序文件另存，备份原程序。文件另存方法：在图 5-10 的界面中单击“文件”下拉菜单，选择“另存为”。在弹出的“File Save As”子窗口中对原文件名进行重命名。再单击“确定”按钮。重命名文件习惯上在原文件名后面加数字或字母，也可以是当天的日期。若文件名已经存在，界面会出现提示，在提示界面单击“否”后对文件再命名，之后再单击“确定”按钮；再输入“文件题头名”后单击“确定”，另存文件完毕。

5.1.2　GX Developer Ver8.52E

中文版 GX Developer Ver8.52E 的安装文件存放在文件夹“GX Developer Ver8”中，如图 5-14 所示。在安装中需要注意的是在安装部件选择时不要选择安装“监视专用 GX Developer”，即不能在“监视专用 GX Developer”前的单选框内打“√”；否则所安装的编程软件不能新建项目。若原来已经安装了以前版本的 GX Developer 编程软件，则需要先运行“EnvMEL”文件夹中的“SETUP.EXE”文件后再安装。

图 5-14　GX Developer Ver8.52E 安装文件

1. 软件的初始界面

在计算机上安装好中文版 GX Developer Ver8.52E 编程软件后，单击“开始”→“程序”→“MELSOFT 应用程序”→“GX Developer”，即可进入初始编程环境，如图 5-15 所示。图 5-15 中除了“创建工程”“打开工程”“工程数据列表”“PLC 读取”4 个按钮可见外，其余按钮均是灰色不可用的。

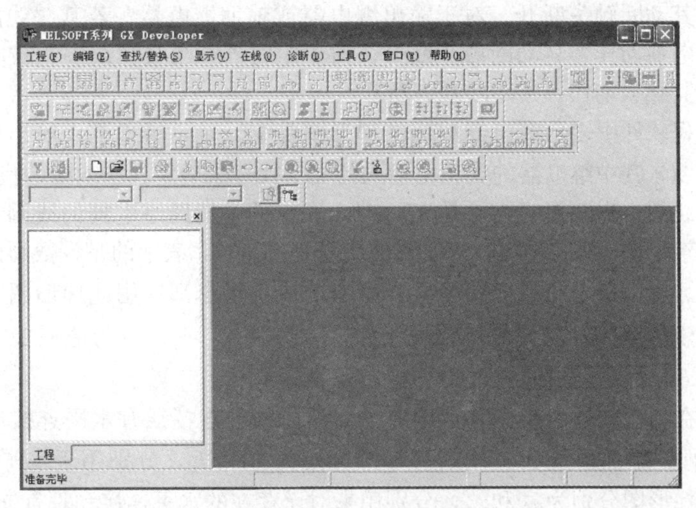

图 5-15 初始编程环境

图 5-15 所示的界面中，最上面的是标题栏，其次是下拉菜单栏、工具栏，中间两个窗口分别为工程数据列表窗口（左侧）和程序编辑窗口（右侧），最下面的是状态栏。

2. 元件的图形符号

在编程软件中，各种元件都有相应的图形符号，编程软件的版本不同但其图形符号相同，只是使用的快捷键会有所不同。下面介绍图 5-15 中工具栏第 3 行的几种元件，如图 5-16 所示，这些图形快捷键在新建工程或打开已有工程颜色才会变深，即进入可使用状态。

F5 sF5 F6 sF6 F7 F8 F9 sF9 cF9 cF10 sF7 sF8 aF7 aF8 saF5 saF6 saF7 saF8 aF5 caF5 caF10 F10 aF9

图 5-16 元件图形符号

(1) 触头。在编程软件中表示触头的梯形图按其状态分为动合和动断 2 种形式；按其在图中的连接形式分为串联和并联 2 种。同一元件的触头可以多次重复使用。

1) 动合触头。动合触头的梯形图有串联动合和并联动合（快捷键分别是功能键“F5”和“Shift＋F5”，下同）2 种。凡是 PLC 内部具有动合触头的元件都可以使用这两个图形来表示。当触头的代号是 X_{nnn} 时，表示的是输入继电器的动合触头，其中 nnn 是该类元件的序号；当触头的代号是 Y_{nnn} 时，表示的是输出继电器的动合触头；当触头的代号是 M_{nnn} 时，表示的是辅助继电器的动合触头；当触头的代号是 T_{nnn} 时，表示的是定时继电器的动合触头；当触头的代号是 C_{nnn} 时，表示的是计数器的动合触头。

在通常情况下动合触头是断开的，俗称常开触头。对于输入继电器，若输入端子上连接的外部触头闭合时，输入继电器动作，其动合触头闭合。对于输出继电器或辅助继电器，若其“线圈”被驱动，则输出继电器或辅助继电器动作，其动合触头闭合。对于定时器，当其“线圈”被驱动定时器开始计时并到达设定值时其触头动作，其动合触头闭合。

2) 动断触头。动断触点的梯形图也有串联动断和并联动断2 种。凡是 PLC 内部具有动断触头的元件都可以使用这 2 个图形来表示。当触头的代号是 X_{nnn} 时，表示的是输入继电器的动断触头；当触头的代号是Y_{nnn}时，表示的是输出继电器的动断触头；当触头的代号是M_{nnn}时，表示的是辅助继电器的动断触头；当触头的代号是T_{nnn}时，表示的是定时继电器的动断触头；当触头的代号是C_{nnn}时，表示的是计数器的动断触头。

在通常情况下动断触头是闭合的。对于输入继电器，若输入端子上连接的外部触头闭合时，输入继电器动作，其动断触头断开。对于输出继电器或辅助继电器，若其“线圈”被驱动，则输出继电器或辅助继电器动作，其动断触头断开。对于定时器，当其“线圈”被驱动定时器开始计时并到达设定值时其触头动作，其动断触头断开。

（2）线圈。编程软件中表示继电器线圈的梯形图是 F7，辅助继电器、输出继电器、定时器的线圈都使用此梯形图，其中继电器的类型由输入的文字代号来确定。当线圈的代号是Y_{nnn}时，表示的是输出继电器的线圈；当线圈的代号是M_{nnn}时，表示的是辅助继电器的线圈；当线圈的代号是T_{nnn}时，表示的是定时继电器的线圈；当线圈的代号是C_{nnn}时，表示的是计数器的线圈。

（3）应用指令。应用指令的梯形图为 F8，所有的应用指令都使用此梯形图，应用指令的具体功能由梯形图符号中的运算符或代号所体现。如，[>= T201 K25]为应用指令中的触点比较指令；[MOV K5 D10]为应用指令中的传送指令。

（4）连接线。在编程软件中绘制梯形图时，元件之间的连接线有水平连接线（横线）和垂直连接线（竖线）2种。添加横线和竖线的梯形图分别为 F9 和 sF9，分别用于水平连接和垂直连接。删除横线和竖线的梯形图分别为 cF9 和 cF10，分别用来对已存在的水平连接和垂直连接进行删除。

（5）取脉冲沿。取元件动作的脉冲沿梯形图有上升沿和下降沿2种。每种取法在图中的连接又有串联和并联2种方式，故共有4个梯形图。其梯形图符号分别为取上升沿串联 sF7、取下升沿串联 sF8、取上升沿并联 aF7 和取下降沿并联 aF8。

（6）运算结果取反。运算结果取反的梯形图符号是 caF10。用于对前面运行的结果进行取反后输出。

（7）运算结果取沿。梯形图符号 aF5 和 caF5，分别是对运算所得结果的脉冲进行上升沿化和下降沿化，即取运算结果的上升沿或下降沿。

3. 软件的基本操作

GX Developer编程软件的基本操作有创建新工程、打开工程、梯形图录入、转换操作、保存工程、读入其他格式文件、写入其他格式文件、退出编程软件。

（1）创建新工程。

1）在图5-15界面上，单击快捷按钮，桌面弹出如图5-17所示的“创建新工程”对话框。

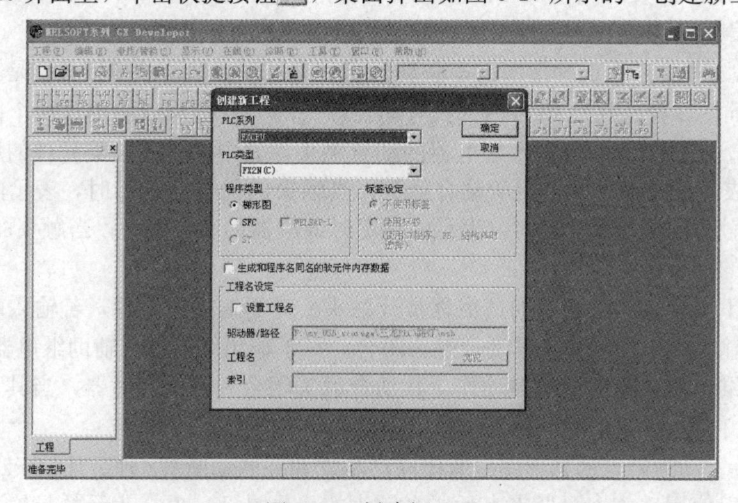

图5-17　创建新工程

2）在“创建新工程”对话框中，用单击“PLC系列”下面文本框右侧的倒三角按钮，在弹出的下拉菜单中选择新工程所用的PLC的系列，这里选“FXCPU”系列，如图5-18所示。

3）单击“PLC类型”下面文本框右侧的倒三角按钮，在弹出的下拉菜单中选择新工程所用的PLC的类型，这里选“FX2N（C）”型，如图5-19所示。

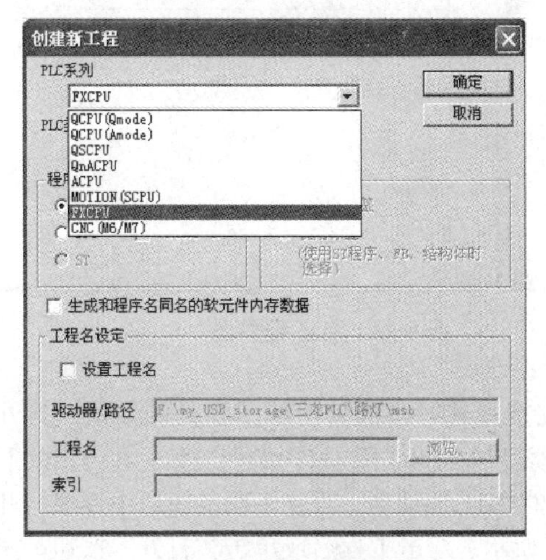

图5-18 选择PLC系列

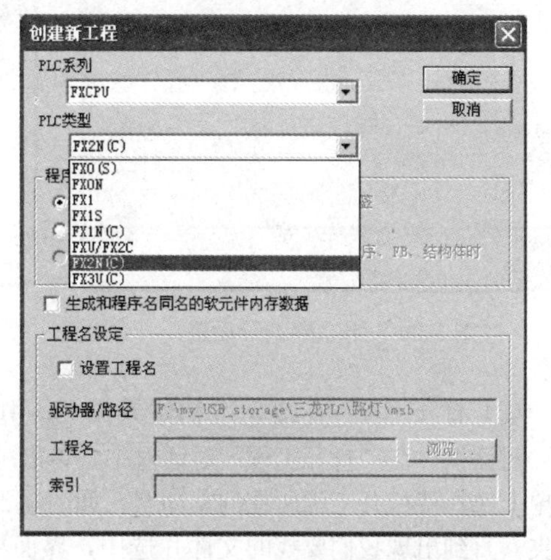

图5-19 选择PLC类型

4）在“程序类型”中选择“梯形图”，即在“程序类型”下面的选项中点击“梯形图”前面的单选项。

5）工程名设定。若要设置工程名，则选择“工程名设定”下方的“设置工程名”，然后在“驱动器/路径”右边的文本框内输入路径，在“工程名”右侧的文本框内输入工程名，如“ZY-CPU板硬件测试”，如图5-20所示。单击“确定”按钮后若工程名不存在，则会提示“指定的工程不存在，新建工程吗?”，如图5-21所示，再单击“是”按钮即可。设置工程名和路径的另一种方法：直接单击图5-20中右下方的“浏览”按钮，弹出如图5-22所示的对话框，然后在相应的文本框内输入工程名和路径。再单击“新建文件”按钮。完成“新建工程”后的界面如图5-23所示。

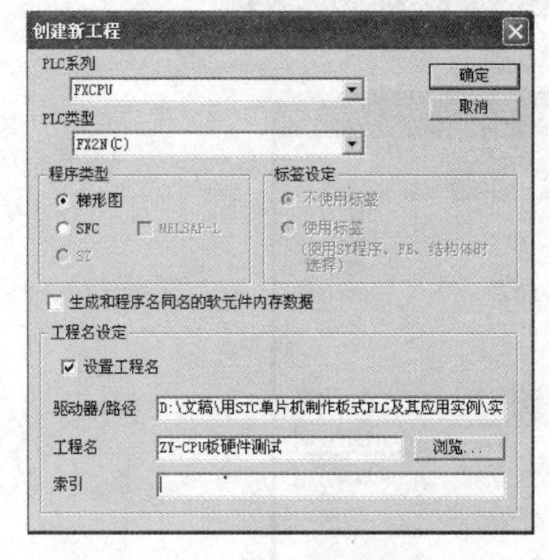

图5-20 设置路径和工程名

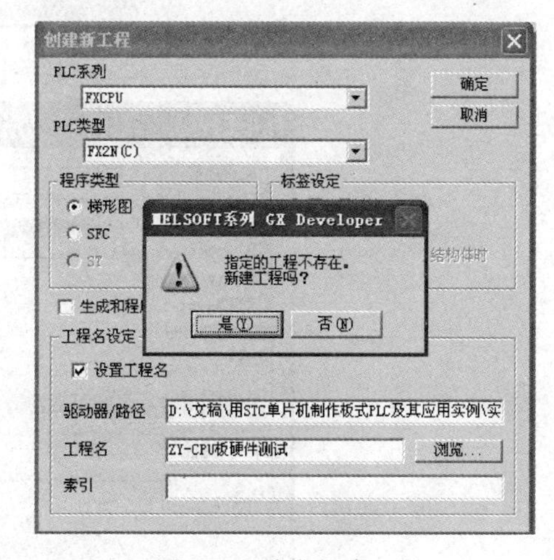

图5-21 确定新建工程

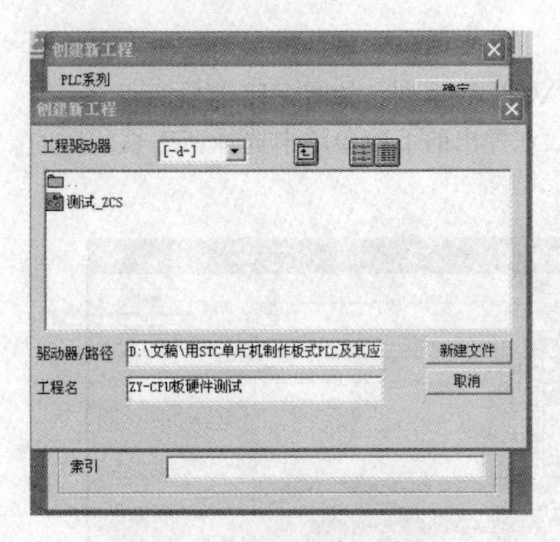

图 5-22　用“浏览”设置

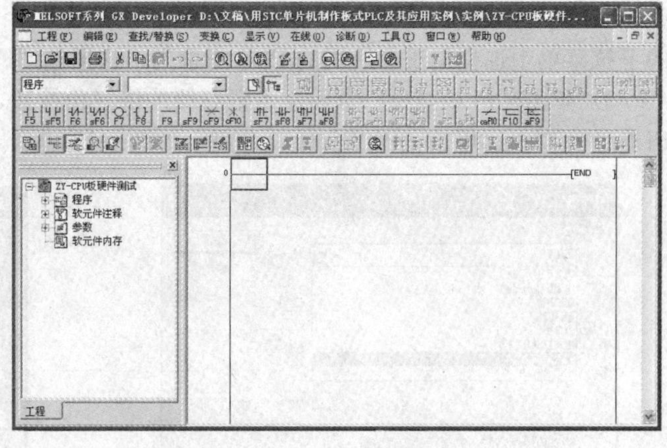

图 5-23　新工程界面

(2) 打开工程。在图 5-15 初始界面上，用单击快捷按钮，桌面弹出如图 5-24 所示的“打开工程”对话框。在“打开工程”对话框中，单击“工程驱动器”右边的下拉框内的倒三角，在弹出的下拉菜单上选择待打开工程所在的驱动器，如图 5-25 所示中的“d”驱动器。再在下面的窗口中逐级打开文件夹，直到出现我们要找的文件并选中，界面如图 5-26 所示。双击工程名或单击“打开”按钮，完成打开工程，此时界面如图 5-27 所示。

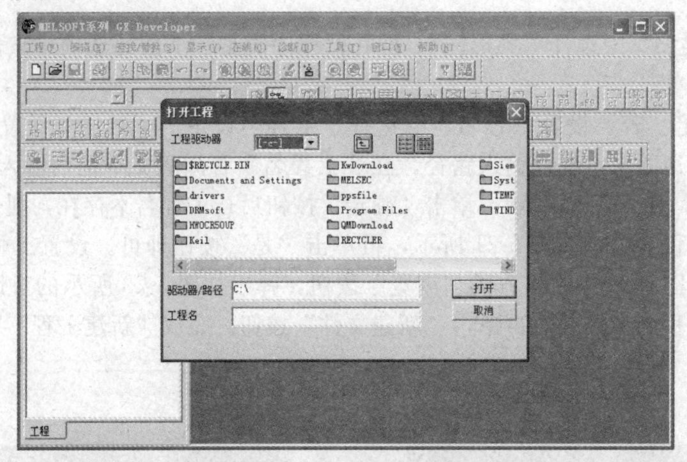

图 5-24　选择驱动器

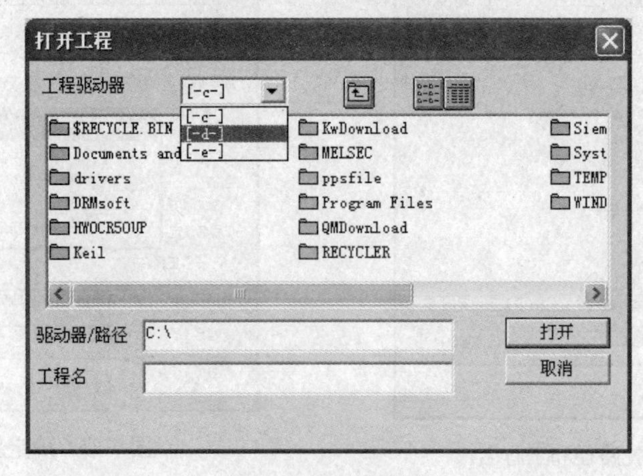

图 5-25　选中驱动器

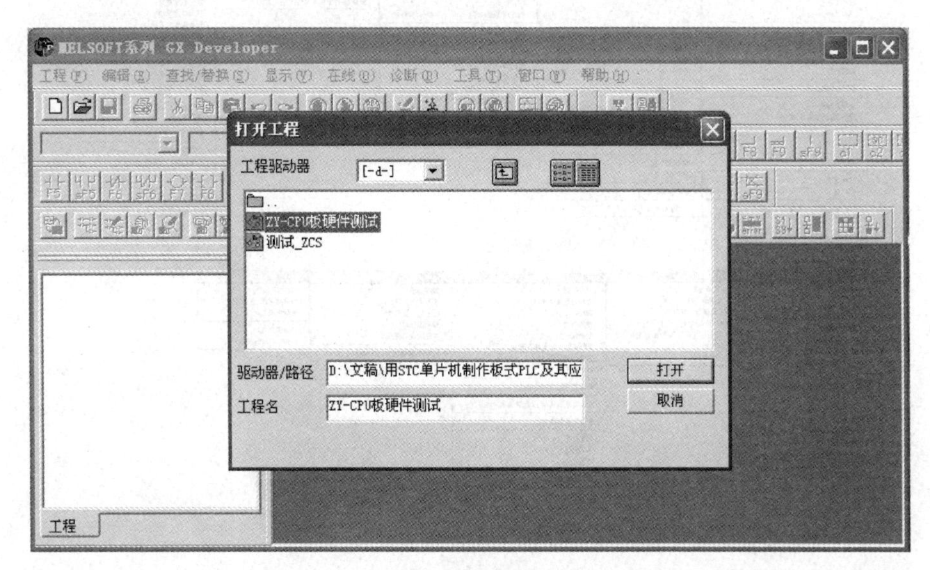

图 5-26 选中工程

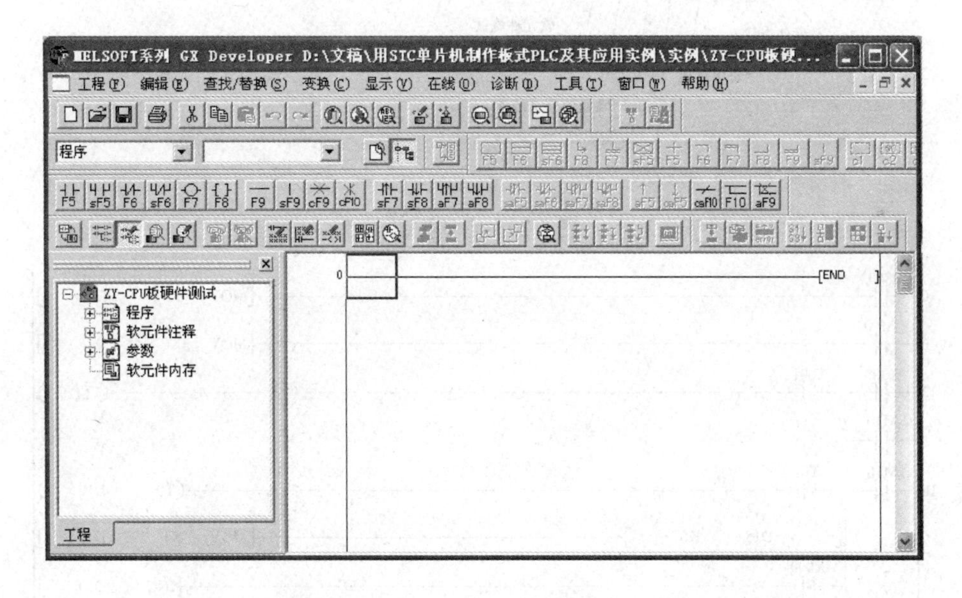

图 5-27 打开程序

图 5-27 所示的界面，最上面的是标题栏，显示软件的名称、已打开工程的存放位置、窗口最小化、最大化/还原、关闭。其次是下拉菜单栏，共有十个菜单，具体每个菜单的命令如图 5-28 所示。

下拉菜单下面是工具栏，工具栏中除了 Windows 通用的工具外，还有 GX Developer 的专用工具。图 5-29 所示的是编程软件中常用的快捷按钮，绘图用的工具在使用时再做详细介绍。

（3）梯形图录入。如图 5-30 所示的梯形图是一个流水灯程序，用来测试 MCU 板硬件电路，下面以图 5-30 为例来进行录入操作。

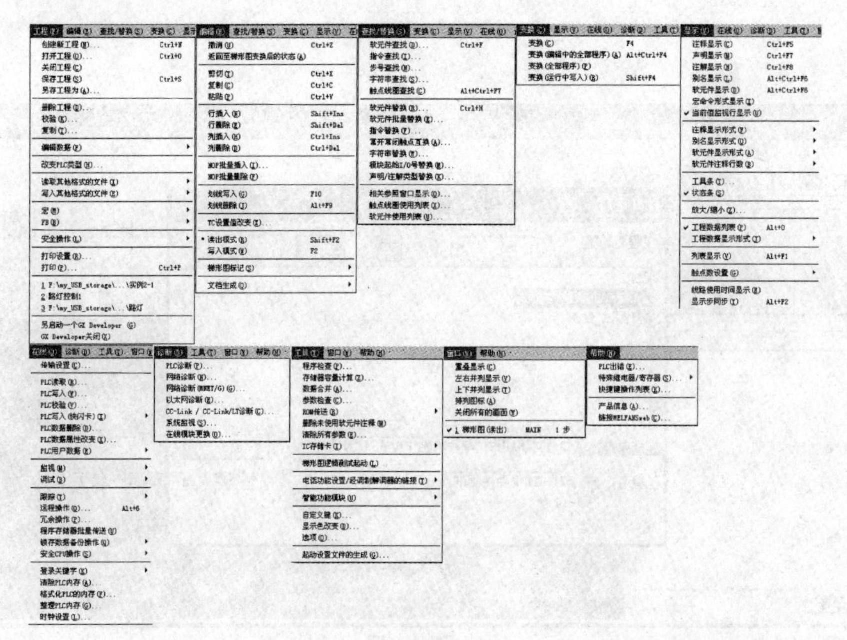

图 5-28　下拉菜单命令

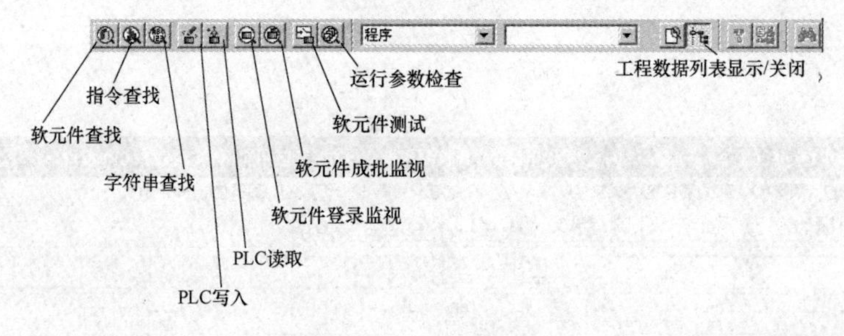

图 5-29　工具按钮

```
 0  ─┤ M8002 ├──────────────────────────────[MOV  K5   D10  ]
 6  ─┤/ M10 ├───────────────────────────────[MOV  K0   D15  ]
12  ─┬┤ X000 ├──┤/ X001 ├───────────────────( M10 )
     └┤ M10 ├─┘
16  ─┤ M10 ├──┬─┤/ T0 ├─────────────────────(T0        D10  )
              ├─[=  D15  K0 ]───────────────[MOV  K1   D15  ]
              ├─┤↑ X000 ├───────────────────[INC       D10  ]
              └─┤↑ X002 ├───────────────────[DEC       D10  ]
45  ─┤ T0 ├─────────────────────────[ADD  D15  D15  D15  ]
53  ─┤ X001 ├───────────────────────────────[MOV  K0   D15  ]
59  ─┤ M8000 ├──┬───────────────────────────[MOV  D15  K4Y000]
                └───────────────────────────[MOV  D15  K4Y020]
70  ────────────────────────────────────────[ END ]
```

图 5-30　MCU 板测试梯形图

1）录入动合触点 M8002。单击工具栏上的快捷按钮，进入“写入模式”，注意标题栏上的提示，图 5-31 中蓝框是光标所处的当前位置。单击工具栏上的快捷按钮，或直接按键盘上的功能键 F5，在弹出的对话框中输入“m8002”，如图 5-31 所示，再单击“确定”按钮。

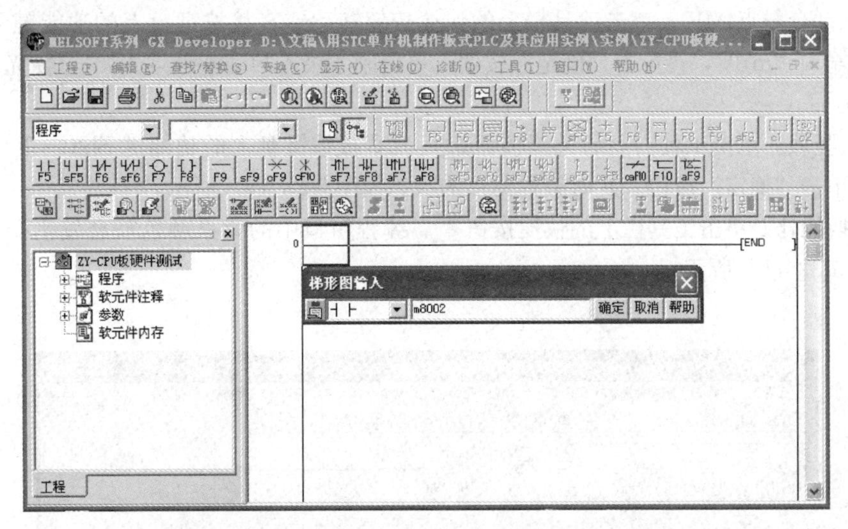

图 5-31　录入输入点代号

2）录入传送指令。接着单击工具栏上的快捷按钮，或直接按键盘上的功能键 F8，在弹出的对话框中输入“mov　k5　d10”，如图 5-32 所示，再单击“确定”按钮。

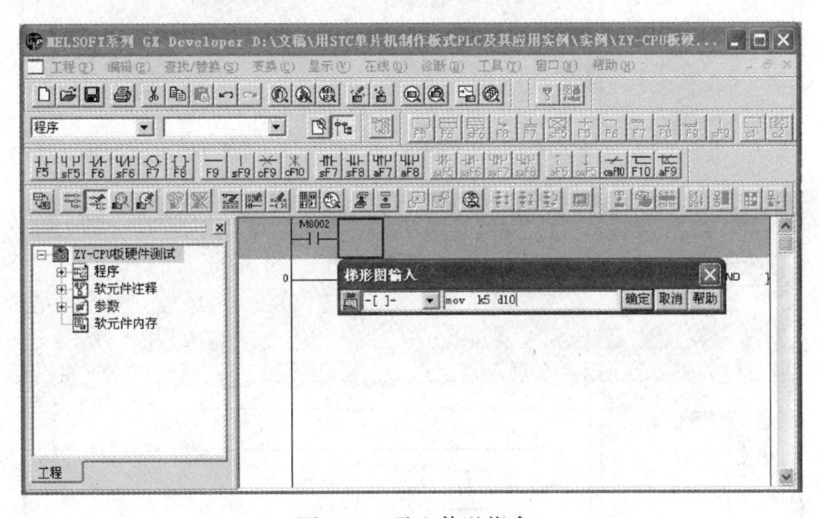

图 5-32　录入传送指令

3）录入动断触点 M10。单击工具栏上的快捷按钮，或直接按键盘上的功能键 F6，在弹出的对话框中输入“m10”，再单击“确定”按钮。

4）录入传送指令。接着单击工具栏上的快捷按钮，或直接按键盘上的功能键 F8，在弹出的对话框中输入“mov　k0　d15”，再单击“确定”按钮。

5）录入动合触点 X000。单击工具栏上的快捷按钮，或直接按键盘上的功能键 F5，在弹出的对话框中输入“x0”，再单击“确定”按钮。

6）录入动断触点 X001。单击工具栏上的快捷按钮，或直接按键盘上的功能键 F6，在弹出的对话框中输入“x1”，再单击“确定”按钮。

7）录入输出点 M10。单击工具栏上的快捷按钮，或直接按键盘上的功能键 F7，在弹出的对话框中输入“m10”，再单击“确定”按钮。

8）录入动合触点 M10。单击工具栏上的快捷按钮，或直接按键盘上的功能键 F5，在弹出的对话框中输入“m10”，再单击“确定”按钮。单击刚才录入的动断触点 X001，使光标移到动断触点 X001 前面。

9）录入竖线。单击工具栏上的快捷按钮，或直接按键盘上的功能键 Shift＋F9，在弹出的对话框中再单击“确定”按钮。此时编程窗口的状态如图 5-33（a）所示。

10）转换操作。单击工具栏上的快捷按钮，编程窗口中的背景颜色就会发生变化。转换后的窗口如图 5-33（b）所示。

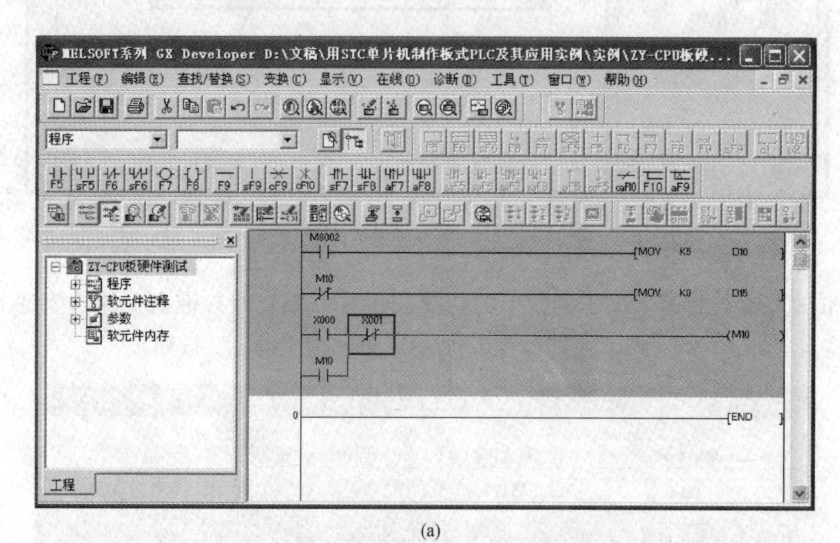

(a)

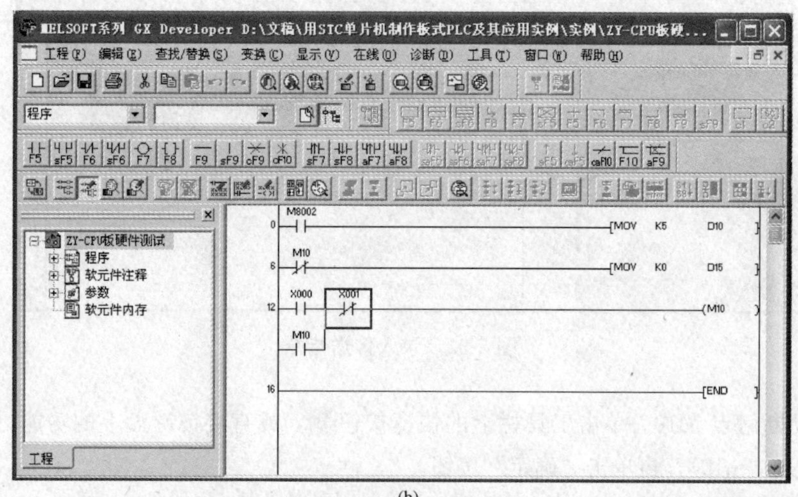

(b)

图 5-33 转换操作

（a）转换前；（b）转换后

接着将图 5-30 中余下的梯形图全部录入，并进行转换操作，转换后完整的梯形图如图 5-34 所示。

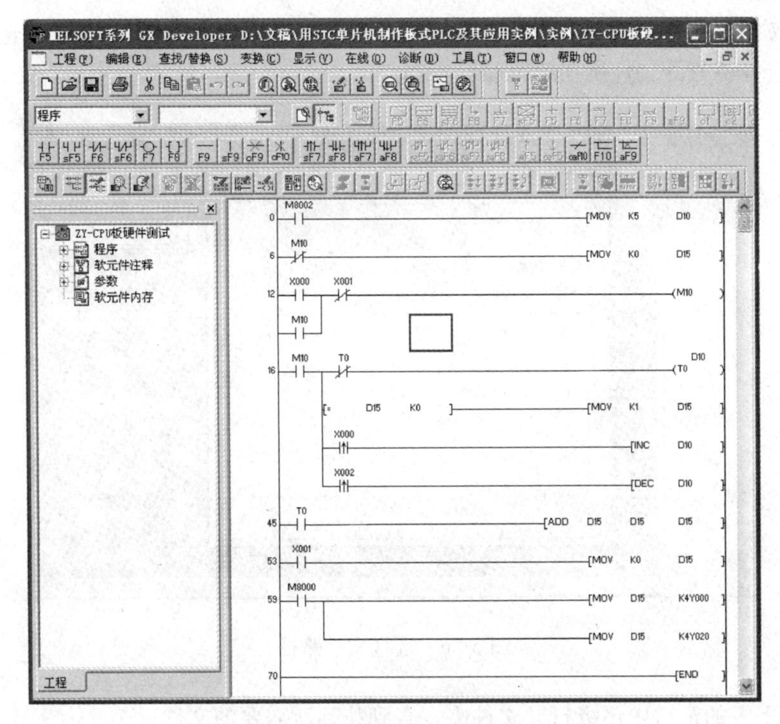

图 5-34 录入的完整梯形图

(4) 保存工程。工程的保存有 2 种操作，其方法与 Windows 中的操作相同。直接保存的话单击快捷键▣即可。

(5) 读取其他格式文件。GX Developer 编程软件还可以读取其他 4 种格式的程序文件，即 GPPQ、GPPA、FXGP（WIN）和 FXGP（DOS）；也可以把 GX Developer 文件写入为上述 4 种格式的文件。以方便程序的移植。读入其他格式文件的操作步骤如下：

1) 单击下拉菜单“工程”，选命令“读取其他格式的文件”，如图 5-35 所示。此处示例选“FXGP（WIN）”格式文件。

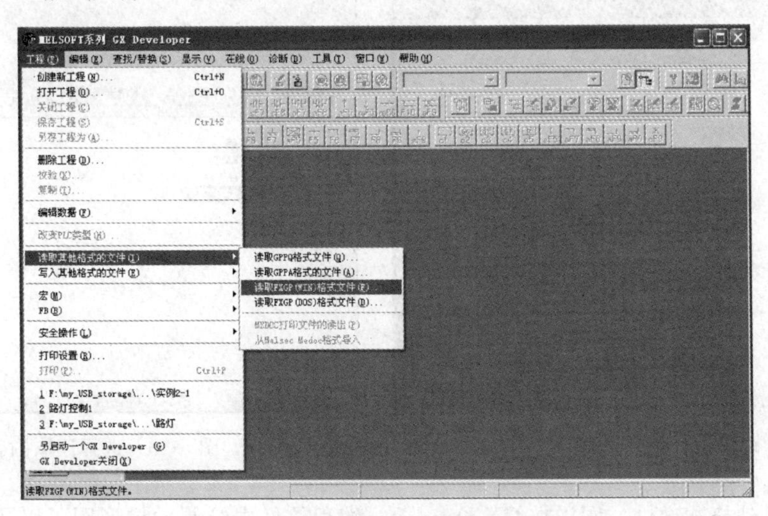

图 5-35 读取 FXGP（WIN）格式文件

2) 在弹出的“读取 FXGP（WIN）格式文件”对话框内（见图 5-36），在“驱动器/路径”中单击“浏览”按钮，在弹出的“打开系统名，机器名”对话框内（见图5-37），“选择驱动器”右侧的选择框内选择待打开文件所在的驱动器，如“d”。

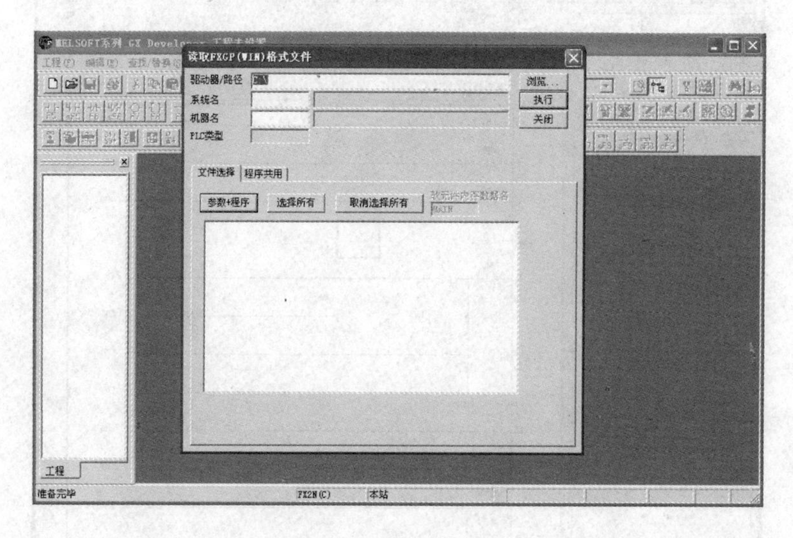

图5-36 选择文件路径

3）然后在下方的窗口中逐级打开文件夹，直到找到所需要的文件。

4）单击该文件后再单击“确认”按钮，读取该程序文件。选中“文件选择”标签页，在该页中，单击“PLC参数”“程序（MAIN）”“软元件内存数据”前面的方框，框内出现“√”则表示已选中。如图5-38所示。然后单击“执行”按钮，再单击已完成中的“确定”按钮。最后单击“读取FXGP（WIN）格式文件”对话框内的“关闭”按钮。读取后的软件界面如图5-39所示。

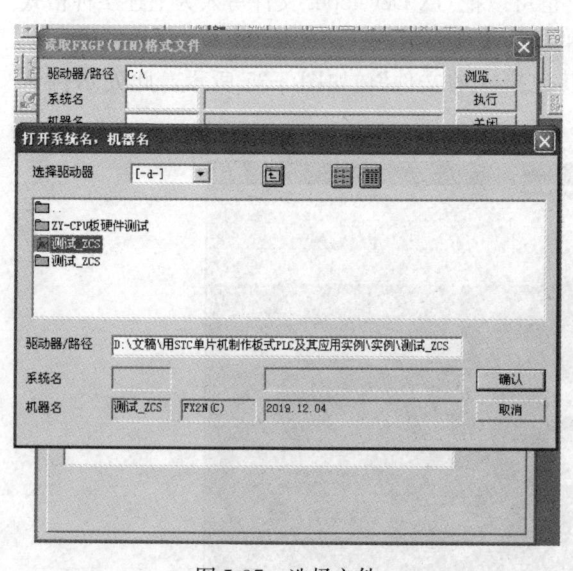

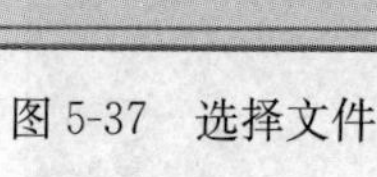

图5-37 选择文件

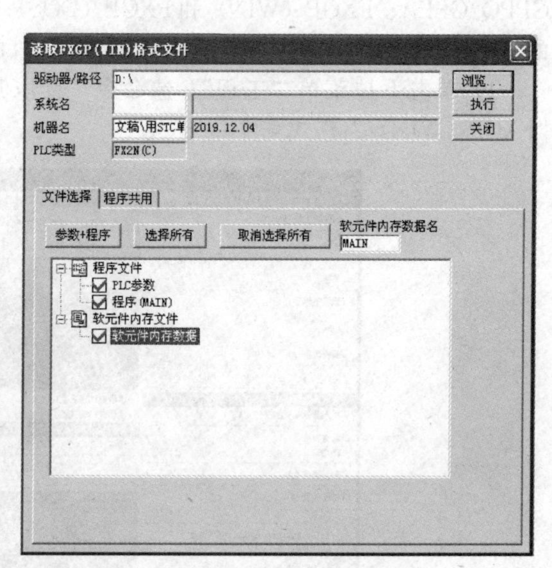

图5-38 选择读取内容

（6）写入其他格式文件。同样在GX Developer编程软件中绘制的梯形图可以写为其他4种格式的程序文件。下面以将图5-34所示的录入的完整梯形图写为FXGP（WIN）格式文件为例来进行说明，其操作方法如下：

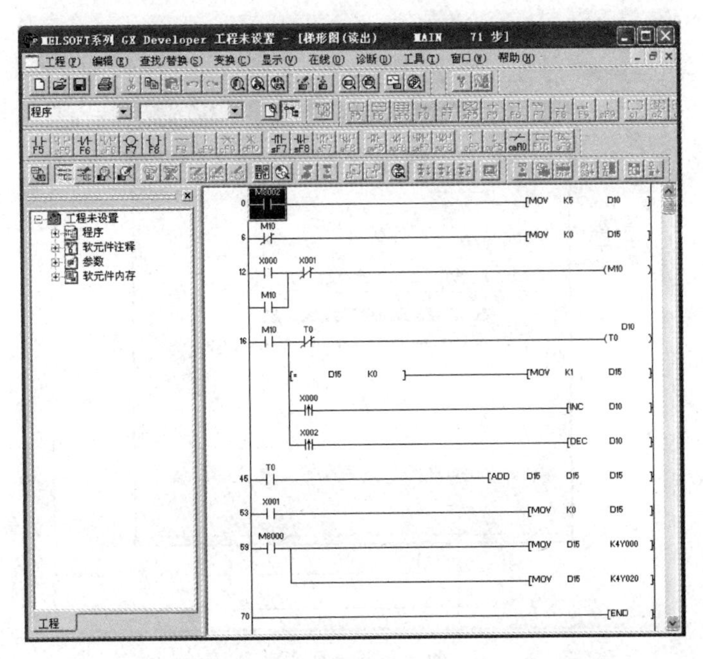

图 5-39　读入 FXGP（WIN）格式文件后软件界面

1）单击下拉菜单“工程”，选命令“写入其他格式的文件”下的“写入 FXGP（WIN）格式文件”，如图 5-40 所示。

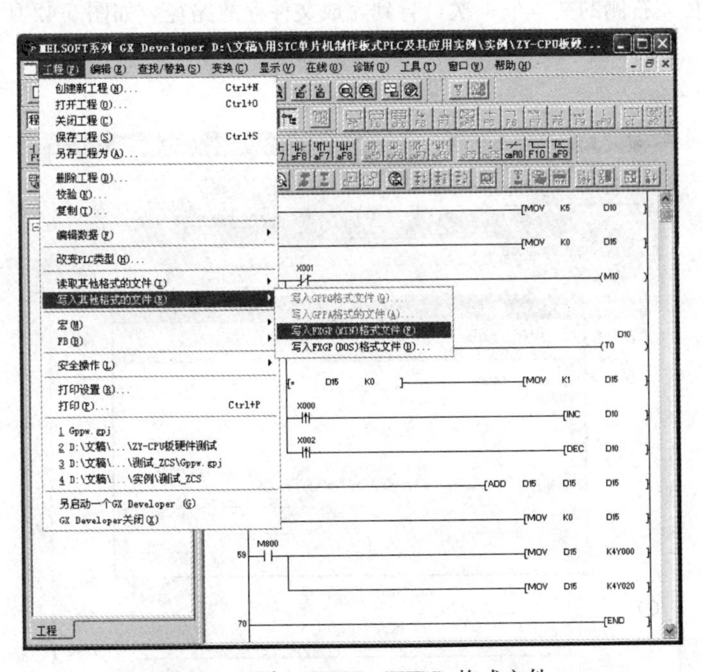

图 5-40　写入 FXGP（WIN）格式文件

2）在图 5-40“写入 FXGP（WIN）格式文件”对话框中，选中“文件选择”标签页。单击页内“PLC 参数＋ ……”“软元件注释……”前面的方框，框内出现“√”表示已选中，如图 5-41 所示。

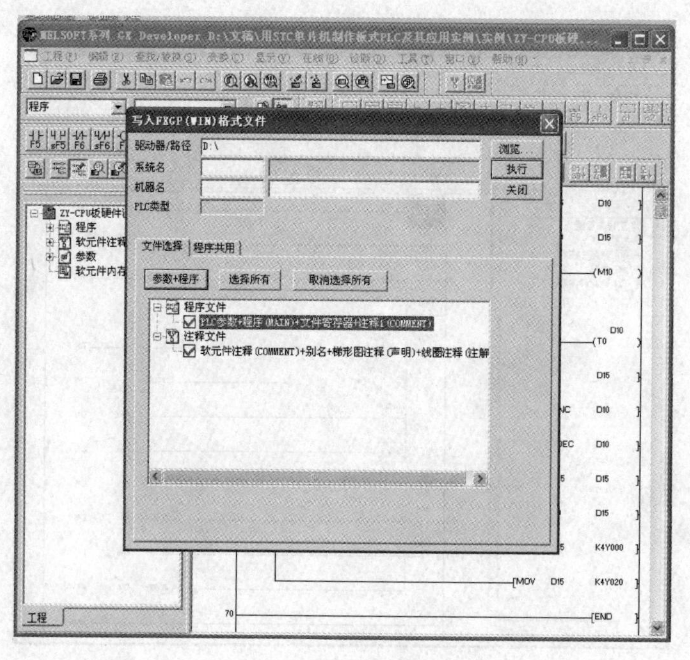

图 5-41　文件选择

3）在图 5-41 所示的“写入 FXGP（WIN）格式文件”对话框中，单击“驱动器/路径”右侧的文本框，再单击“浏览”按钮。在弹出的“打开系统名，机器名”对话框中，每选择一次路径，单击“驱动器/路径”右侧的文本框一次，直到完成文件存放路径，如图 5-42 所示。最后单击“确认”按钮。

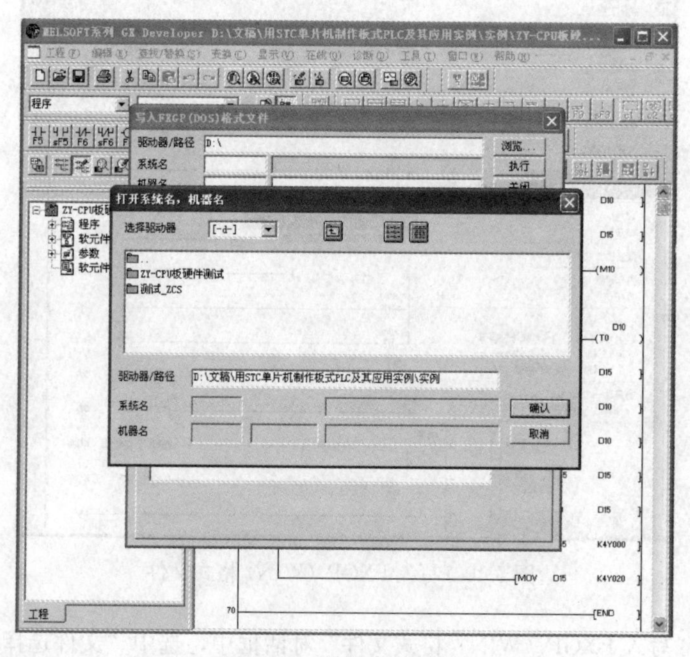

图 5-42　选择存放路径

4）在“系统名”右侧的文本框内输入文件夹名，如“test”，注意文件名不能为中文；在“机器名”右侧的文本框内输入程序文件的文件名，如“ZY-CPU”，如图5-43所示。

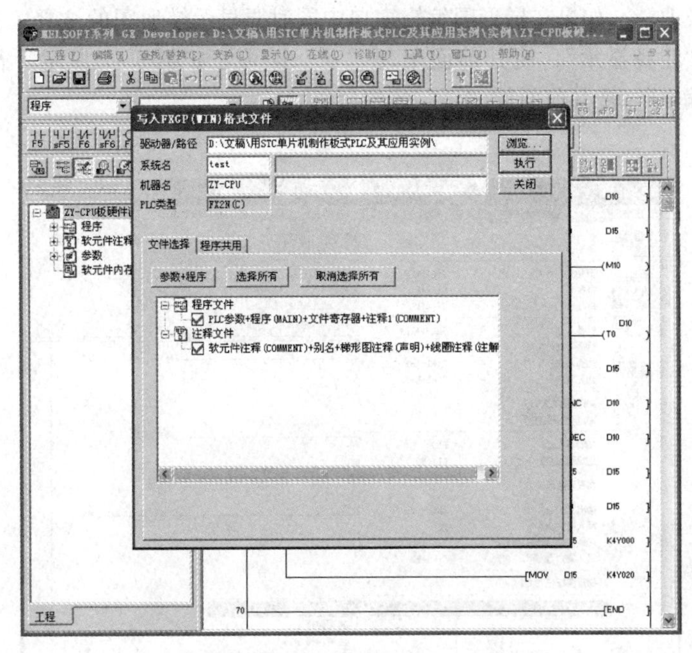

图5-43　设置文件名和程序名

5）在图5-43中，单击“执行”按钮。在弹出的对话框中，再单击“确定”按钮。

6）最后单击“关闭”按钮，完成写入操作。此时打开“D:\文稿\用STC单片机制作板式PLC及其应用实例”下的目录“test”就可以看到被导出的程序“ZY-CPU.PMW”，如图5-44所示，该文件将由转换软件将“.PMW”程序转换成单片机的可执行代码“.HEX”文件。

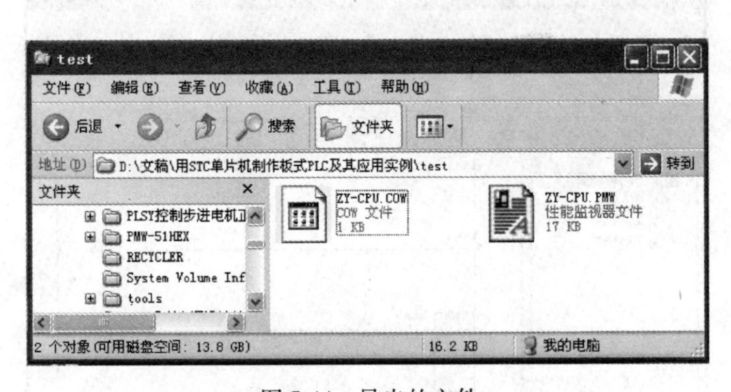

图5-44　导出的文件

（7）注释编辑和显示。在编制比较复杂的梯形图时需要给相应的软元件做注释，以方便梯形图程序的阅读和理解，其操作方法如下：

1）注释编辑。单击下拉菜单“编辑”，在“文档生成”项中选择“注释编辑”，使其前面出现“√”，如图5-45所示。在梯形图编辑窗口内用鼠标双击要添加注释的软元件，便可在弹出的对话框内的文本框中输入注释内容，如图5-46所示，最后单击“确定”按钮即完成一个元件的注释编辑。

2）取消注释编辑。若要退出“注释编辑”状态，按照图 5-45 的方法，把“注释编辑”前的“√”去掉即可。

3）注释显示及取消。如果在梯形图编辑窗口中同时要显示梯形图的注释，只需要单击下拉菜单“显示”，选择“注释显示”，使其前面出现“√”即可，如图 5-47 所示。若要退出“注释显示”，单击“注释编辑”，把其前面的“√”去掉即可。

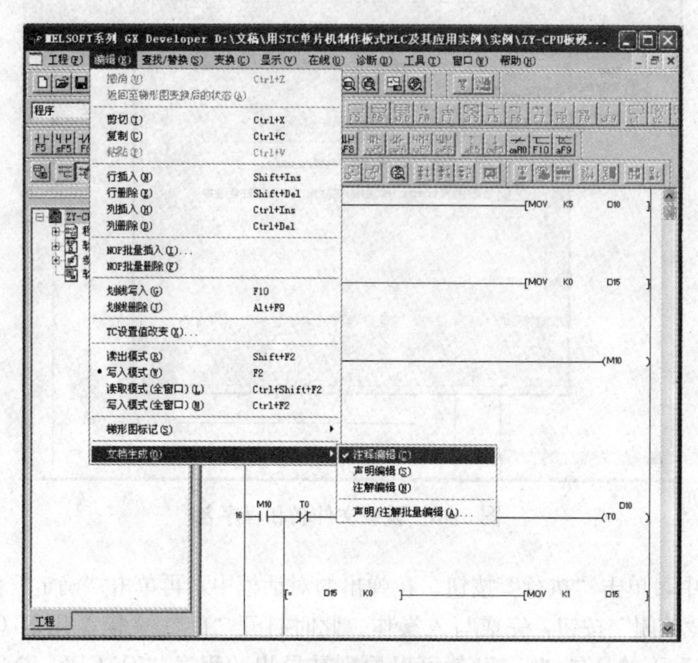

图 5-45　进入注释编辑操作

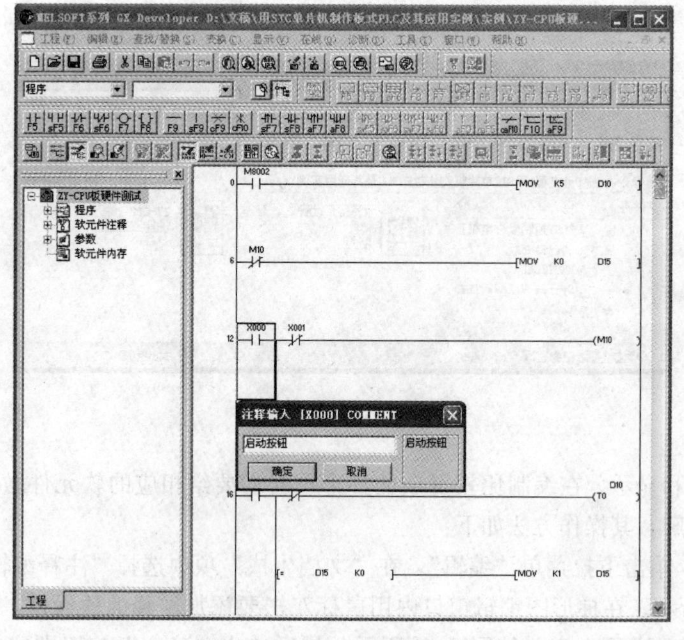

图 5-46　注释编辑

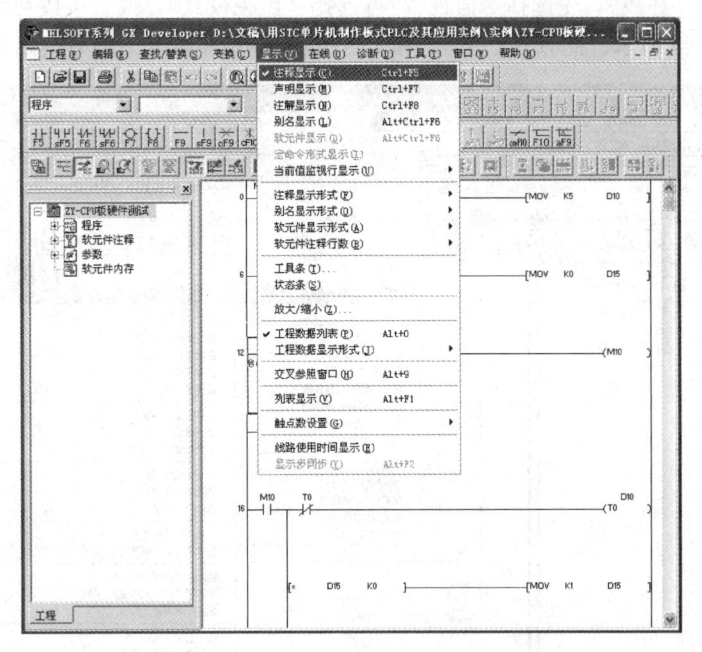

图 5-47 注释显示操作

（8）梯形图监视。用通信电缆将已下载测试程序“测试 _ ZCS. PMW”，且将测试程序转换成单片机可执行代码（转换方法见 5.2）的 QRPLC-MCU-44 板与电脑连接好，给 QRPLC-MCU-44 板通电并打开工程后，单击“在线”，选择“传输设置”，在“传输设置”界面单击“串行”图标，在“串口详细设置”对话框内选择正确的“COM 端口”和“传送速度”，如图 5-48 所示。单击“确认”按钮，关闭“串口详细设置”页面。再单击“通信测试”按钮，连接成功时会出现“连接成功了”的提示，单击“确定”和“确认”按钮，完成设置。

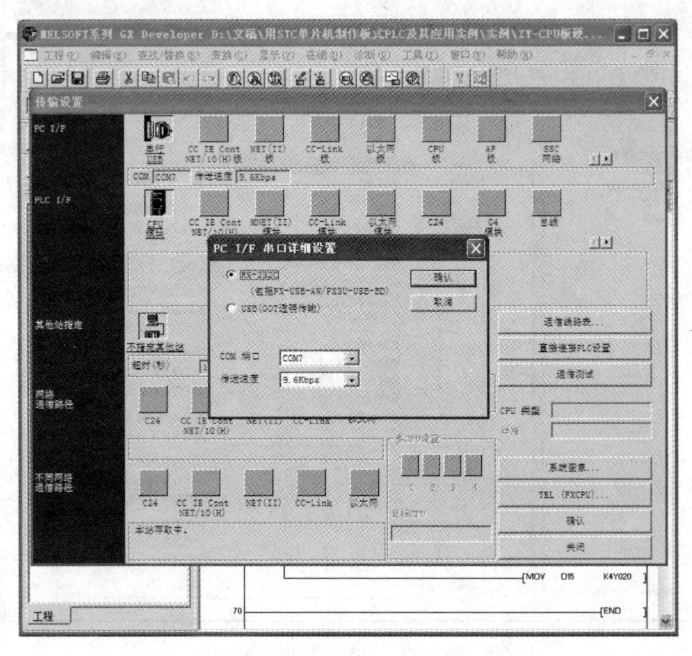

图 5-48 串口设置

单击下拉菜单“在线”，先选择“监视”，再选择“监视模式”，或直接按功能键 F3，即可进入监视状态，如图 5-49 所示。此时板上 P3.0 和 P3.1 的引脚指示发光二极管会闪烁。

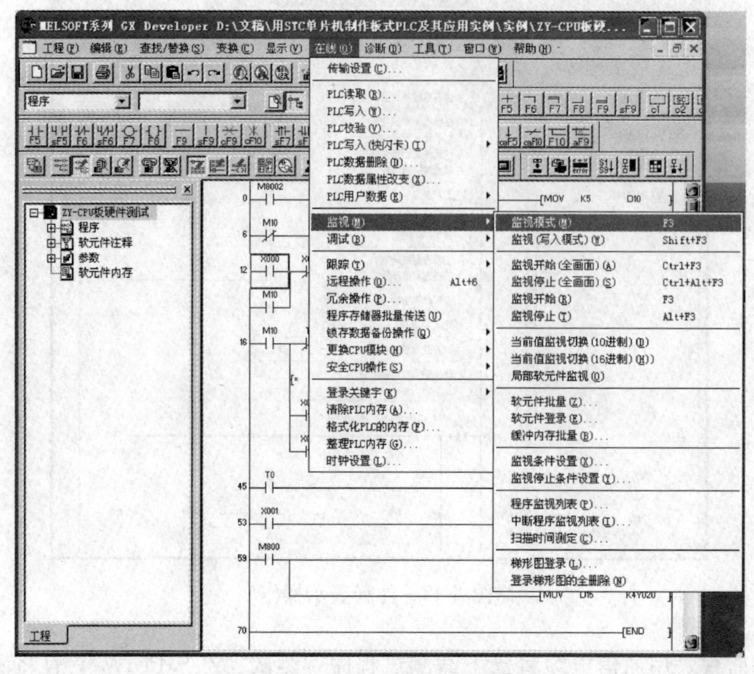

图 5-49　进入监视状态操作

若要退出“监视状态”，则单击下拉菜单“在线”，先选择“监视”，再选择“监视停止”即可，如图 5-50 所示。或直接按 Alt 和 F3 键，也能退出监视状态。

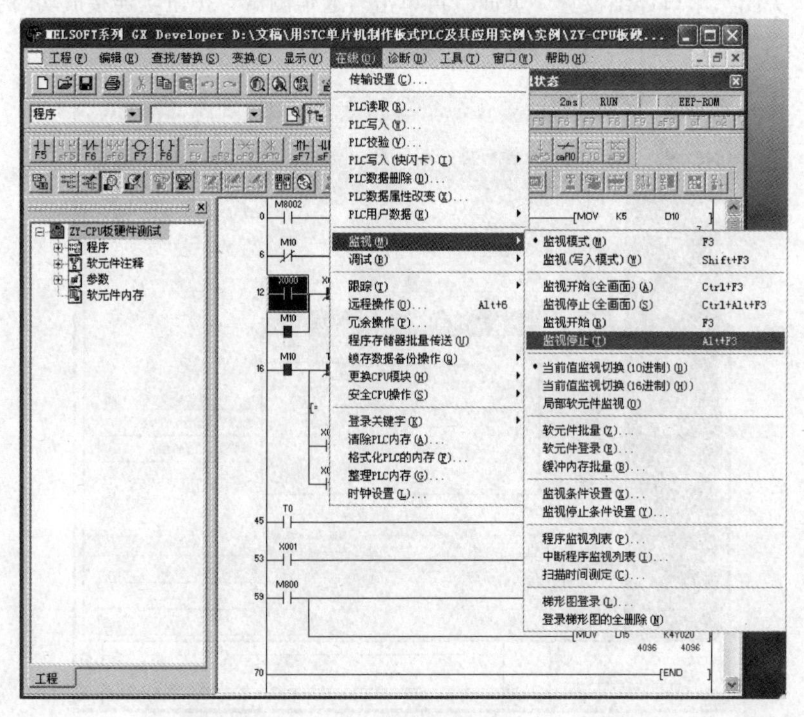

图 5-50　停止监视操作

退出监视状态后，若要修改梯形图，不能在编辑窗口内进行梯形图编辑操作，需要单击下拉菜单“编辑”选择“写入模式”才可进行编辑，如图5-51所示。或直接按功能键F2，使界面进入写入状态，便可修改梯形图。

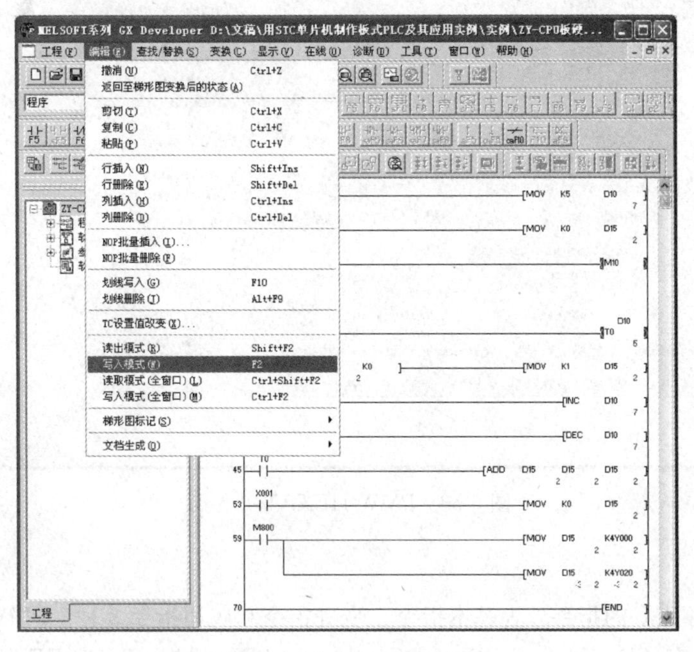

图5-51 进入写入模式操作

(9) 关闭工程。单击“工程”菜单，选择“关闭工程”命令。在弹出的“是否退出工程”对话框中，选择“是”，完成关闭工程操作。

(10) 退出编程软件。单击“工程”菜单，选“GX Developer关闭”命令，或点击标题栏右上角的“关闭”按钮。

5.2 转换软件

梯形图转单片机可执行代码的转换软件有FX_{1N}型、FX_{2N}型2种。FX_{1N}型即PMW-HEX-V3.0，为共享软件；FX_{2N}型即梯形图转单片机HEX正式V1.43Bate12，该软件需要付费购买。

5.2.1 FX_{1N}型转换软件

共享版FX_{1N}型梯形图转单片机HEX转换软件为PMW-HEX-V3.0。该软件只有两个文件，在安装时还需要两个压缩文件“DotNetFX40.rar”和“DotNetFX40Client.rar”，如图5-52所示。安装完成后会在桌面上生成一个图标，双击该图标便可进入软件界面，如图5-53所示。

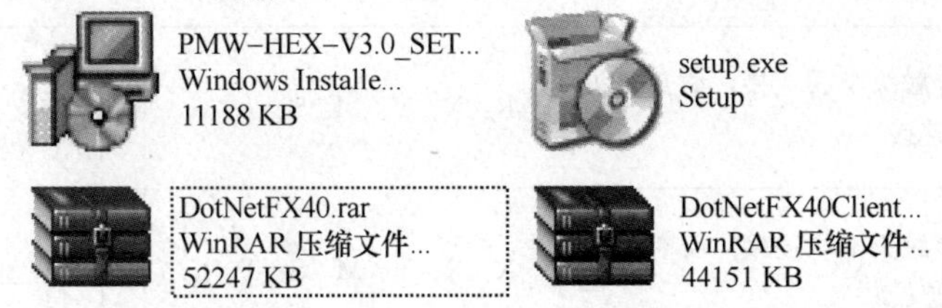

图5-52 PMW-HEX-V3.0安装文件

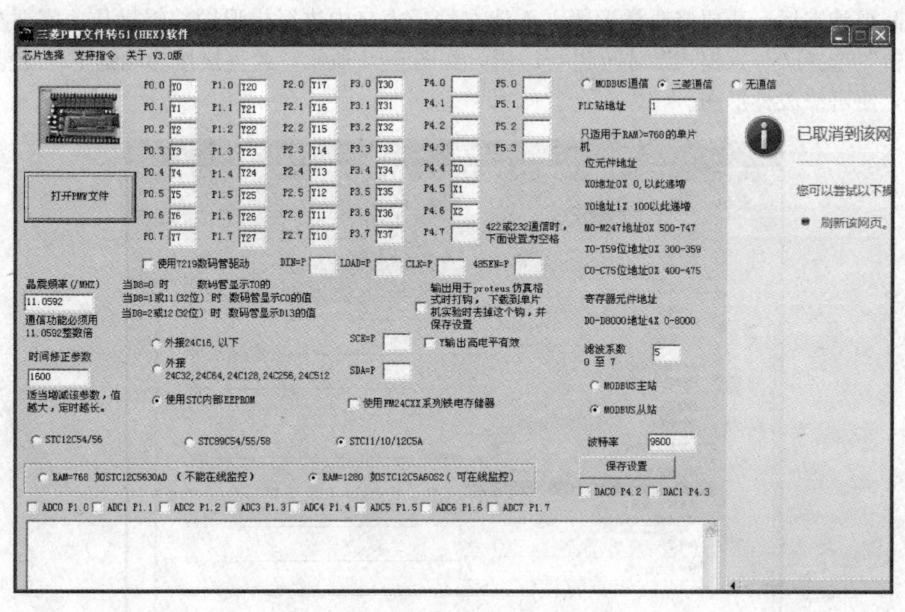

图 5-53 PMW-HEX-V3.0 界面

1. 支持指令

三菱 FX_{1N} 系列 PLC 的指令分为基本指令、步进指令和应用指令 3 种。PMW-HEX-V3.0 软件支持的基本指令有 LD、LDI、LDP、LDF、AND、ADI、ANDP、ANDF、OR、ORI、ORP、ORF、ANB、ORB、SET、RST、MC、MCR、MPS、MRD、MPP、INV、STL、RET、OUT、PLS、PLF、NOP、END。基本指令助记符、功能及其梯形图表示方法见表 5-1。

表 5-1 转换软件支持的基本指令

指令助记符	功能	内部资源类型	梯形图表示
LD	加载动合触点	R：X、Y、M、S、T、C	R
LDI	加载动断触点	R：X、Y、M、S、T、C	R
LDP	取脉冲上升沿，上升沿检出运算开始	R：X、Y、M、S、T、C	R
LDF	取脉冲下降沿，下降沿检出运算开始	R：X、Y、M、S、T、C	R
AND	动合触头串联连接，动合触头“与”连接	R：X、Y、M、S、T、C	R
ANI	动断触头串联连接，动断触头“与”连接	R：X、Y、M、S、T、C	R

续表

指令助记符	功　能	内部资源类型	梯形图表示
ANDP	上升沿检出串联连接，“与”脉冲上升沿	R：X、Y、M、S、T、C	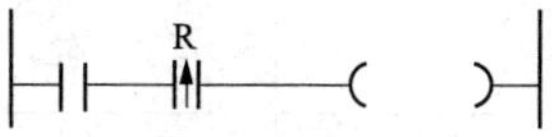
ANDF	下降沿检出串联连接，“与”脉冲下降沿	R：X、Y、M、S、T、C	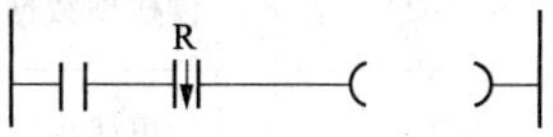
OR	动合触头并联连接，动合触头“或”连接	R：X、Y、M、S、T、C	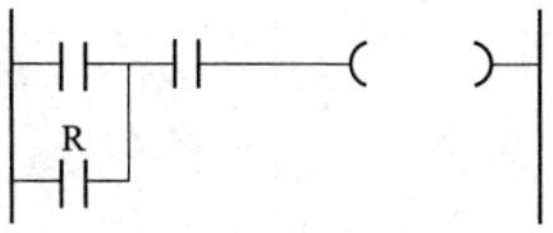
ORI	动断触头并联连接，动断触头“或”连接	R：X、Y、M、S、T、C	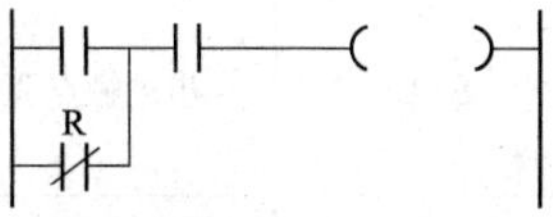
ORP	上升沿检出并联连接，“或”脉冲上升沿	R：X、Y、M、S、T、C	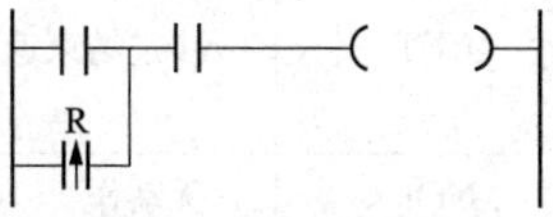
ORF	下降沿检出并联连接，“或”脉冲下降沿	R：X、Y、M、S、T、C	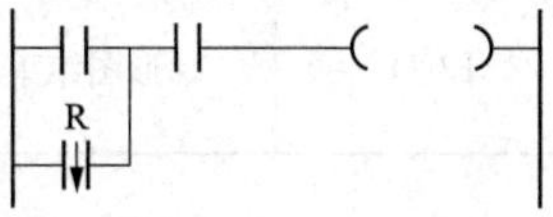
ANB	并联回路块的串联连接，块“与”	—	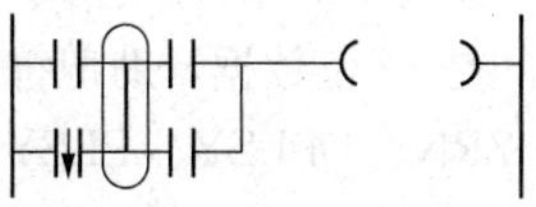
ORB	串联回路块的并联连接，块“或”	—	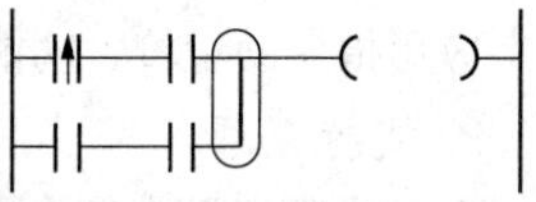
OUT	驱动线圈，输出	R：Y、M、S、T、C	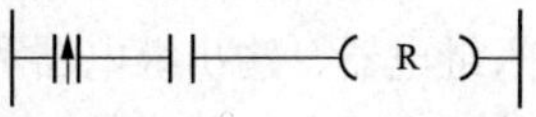
SET	置位，寄存器置1	R：Y、M、S	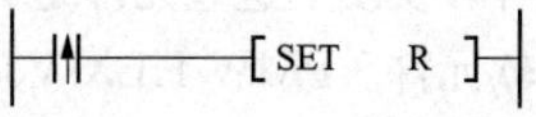
RST	复位，寄存器清零	R：Y、M、S、T、C、D、V、Z	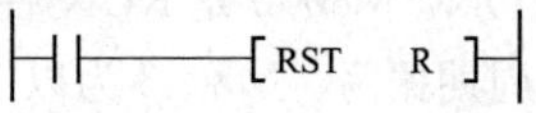
PLS	线圈上升沿	R：Y、M	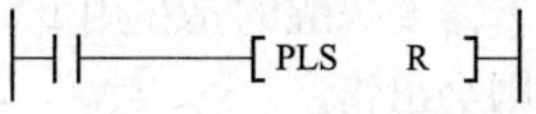
PLF	线圈下降沿	R：Y、M	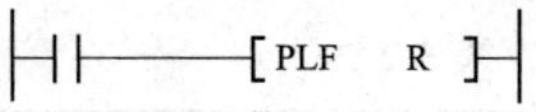
MC	公共串联点的连接线圈指令，主控	R：Y、M（特殊M除外）	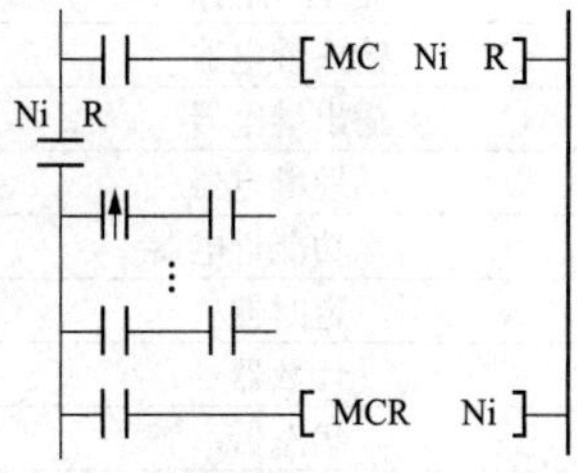
MCR	公共串联点的消除指令，主控复位	—	

续表

指令助记符	功　能	内部资源类型	梯形图表示
MPS	运算存储，压栈	—	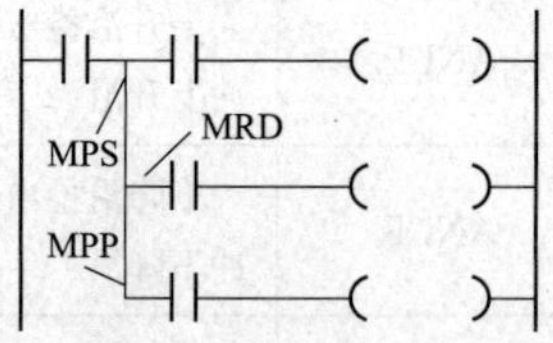 MPS MRD MPP
MRD	读栈顶数据		
MPP	取出栈顶数据		
INV	取反	—	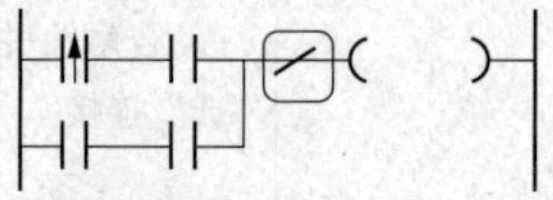
STL	步进触点驱动	S	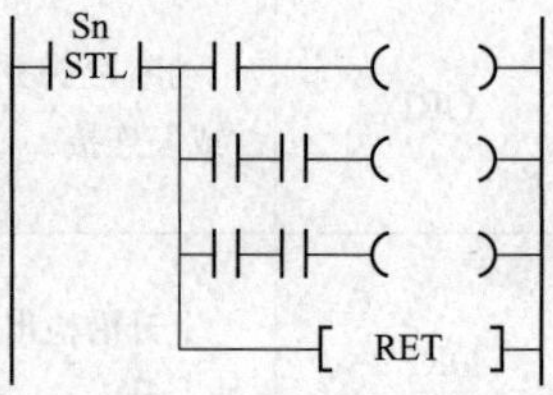 Sn STL
RET	步进结束返回	—	RET
NOP	无动作	—	—
END	梯形图结束，返回	—	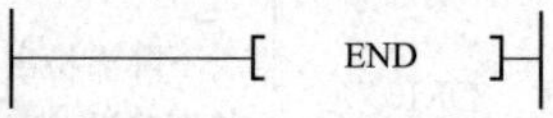 END

三菱 PLC 的应用指令可以处理 16 位或 32 位数据，在指令助记符前加字母 D，表示该指令处理的是 32 位数据，助记符前没有字母 D 一般为 16 位数据处理指令。该转换软件支持的应用指令有 ZRN、DPLSY、PLSY、DPLSR、PLSR、ALT、MOV、ZRST、INC、DEC、ADD、SUB、MUL、DIV、DADD、DSUB、DMUL、DDIV、LD=、LD>、AND=、AND>、OR=、OR>。

应用指令助记符、功能及其梯形图详见附录 B.1 说明。

2. 支持资源

PLC 内部资源有继电器、定时器、计数器、状态器、数据寄存器等元件，其中继电器还分为输入继电器、输出继电器和辅助继电器。由于 PLC 内部根本不存在常见的继电器、定时器，计数器等，实质上这些元件是 PLC 内部存储器中的某一位或一个字（16 位），是一种虚拟元件，常称为软元件。PMW-HEX-V3.0 软件支持资源见表 5-2，表中特殊功能继电器的功能：M8000 为 RUN 中 ON、M8002 是 RUN 后一个扫描周期 ON、M8011 为以 10ms 为周期振荡、M8012 为以 100ms 为周期振荡、M8013 为以 1s 为周期振荡、M8014 为以 1min 为周期振荡。

需要提醒的是在用 FXGPWIN 软件编制应用程序中，只能使用转换软件所支持的指令和资源，否则会出错。

表 5-2　FX1N 型转化软件支持资源

元件名称	数　量	范　围
输入继电器	44	X0～X43（8 进制）
输出继电器	44	Y0～Y43（8 进制）
辅助继电器	248	M0～M247
特殊功能继电器	6	M8000、M8002、M8011～M8014
定时器	60	T0～T59，时基：0.1s
计数器	16	C0～C15
状态器	80	S0～S79
数据寄存器	80	D0～D79

3. 界面说明

FX_{1N}型转换软件 PMW-HEX-V3.0 的主界面各区域如图 5-54 所示，下面简要介绍各区域的功能。

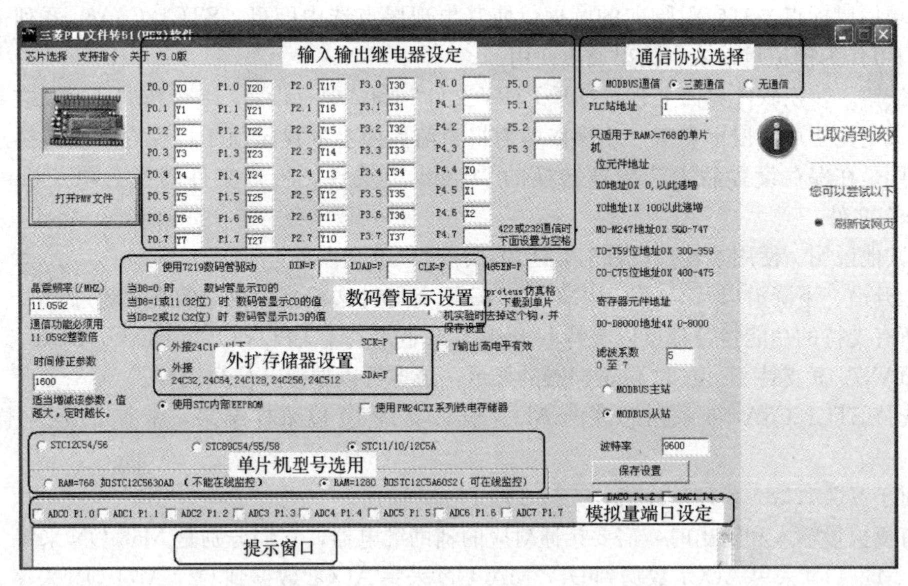

图 5-54 转换软件界面说明

（1）输入输出继电器设定。该区域用于设定单片机应用系统每一个输入或输出通道的端口号，即输入继电器 X0～X43，或输出继电器 Y0～Y43。将一个通道的端口号与单片机的一个引脚建立对应关系，可以任意设定，但不能出现重复。例如把单片机的 P0.0 引脚设定为输入继电器 X0，只要用鼠标点击“P0.0”右边的框内，并输入“X0”即可；把单片机的 P0.1 引脚设定为输出继电器 Y0，只要用鼠标点击“P0.1”右边的框内，并输入“Y0”即可。

（2）通信协议选择。该转换软件有“MODBUS 通信”和“三菱通信”2 种通信协议可选，选用某种协议，只需用鼠标点击该协议前的圆框，出现黑点即表明已选中。选中“三菱通信”可使用编程软件进行监控。选中“无通信”，转换后生成的单片机可执行代码的存储容量会节省一些。

（3）晶振频率选择。晶振频率可根据应用系统的需要来设定，若需要通信功能，则必须用“11.0592”的整数倍。建议一般使用 11.0592MHz 的晶振。

（4）数码管显示设置。用数码管显示器作应用系统的一个输出通道时，就要对该区域的驱动引脚进行设定。数码管作显示输出时，转换软件只支持 8 位 7 段串行输入的“MAX7219”芯片，故对驱动串行输入的数据输入端、加载数据输入端、时钟端进行设定。具体操作为用鼠标点击“使用 MAX72129 数码管驱动”前的小方框，使其出现黑点选中即可；再分别点击“DIN＝P”“LOAD＝P”“CLK＝P”后边的方框，逐个输入单片机驱动“MAX7219”芯片的使用的引脚，如 4.4、4.5、4.6。

（5）外扩存储器设置。当需要在单片机基本系统上扩展存储器时，就要对该区域进行设定。分别用鼠标点击“SCK＝P”“SDA＝P”后边的方框，逐个输入单片机驱动外接存储器芯片的使用的引脚，如 3.6、3.7。需要注意的是，转换软件支持的存储器芯片有限，只能是 24C14、24C32、24C64、24C128、24C256、24C512。

（6）单片机型号选用。转换软件支持的单片机分三类系列，分别是 STC12C54/56、STC89C54/55/58、STC11/10/12C5A。一般选择 RAM 为 768B 以上、FLASH 30KB 以上的 STC51

单片机。需要有模拟量采集和输出时，应选择 STC12C5A/56 系列单片机。设置时根据选用单片机的型号，用鼠标点击对应单片机前的圆框，使其出现黑点选中即可。

（7）模拟量端口设定。需要采集和输出模拟量时，要设定采集和输出通道的引脚，即在模拟量设定区域用鼠标点击对应引脚前的圆框，使其出现黑点选中即可。STC12C5A60 系列单片机只有 P1 端口可作为模拟量输入、输出通道使用。

（8）按钮。转换软件界面上有“打开 PMW 文件”和“保存设置”2 个按钮。后者在界面设置区域全部设定完毕后用鼠标点击，此操作即为将当前界面上的设定值予以保存，供转换过程中使用；前者则是在保存设置后去选中被转换的“.pmw”文件，将该文件转换为单片机可执行的“fx1n.hex”文件。

（9）其他说明。使用本转换软件时，还需要注意以下几点：

1）上升沿、下降沿以及 ALTP、INCP、DECP 等脉冲边沿指令的总数不要超过 40。

2）所有支持的功能指令都可以支持 D 开头的 32 位指令，如 DMOV、DINC、DDEC。

3）MAX7219 支持 16 位/32 位寄存器的显示，最多可以选择 8 位数码管。

4）支持 STC12C5A/56 系列芯片的 AD 采样，支持 10 位采样结果，带有 20 次采样平均值滤波。

5）对于 STC12C56 系列单片机，支持 2 路 PWM 输出。

6）有模拟量输入和输出时，需要接通对应的辅助继电器，它们分别是 M68 ON 采集 ADC0 数据到 D0，M69 ON 采集 ADC1 数据到 D1，M70 ON 采集 ADC2 数据到 D2，M71 ON 采集 ADC3 数据到 D3，M72 ON 采集 ADC4 数据到 D4，M73 ON 采集 ADC5 数据到 D5，M74 ON 采集 ADC6 数据到 D6，M75 ON 采集 ADC7 数据到 D7；D11（0～255）对应 DAC0 0～5V 输出，D12（0～255）对应 DAC1 0～5V 输出，D15（0～255）对应 DAC2 0～5V 输出，D16（0～255）对应 DAC3 0～5V 输出。

7）PLSY 只能对 Y0 或 Y1 发脉冲。Y0 发脉冲时，M66 ON 为结束标志；Y1 发脉冲时，M67 ON 为结束标志。

8）两路脉冲可以同步发送，脉冲最高频率是 10kHz，建议使用 2kHz 以下的发送频率，可以保证频率精度。

5.2.2 FX_{2N}型转换软件

FX_{2N}型梯形图转单片机 HEX 软件是一个压缩包，解压后在梯形图转 51 单片机 HEX 软件 V1.43Bate12.exe 目录下，有 4 个文件夹和 14 个文件，如图 5-55 所示。该软件文件夹不应放在桌面上，宜放在驱动器的根目录或子目录，双击该目录中的“梯形图转单片机 HEX 正式 V1.43Bate12.exe”的图标即可运行该软件，其初始界面如图 5-56 所示。

转换软件初始界面清晰容易理解，有“功能操作区”“通信设置区”“设置操作区”，以及“支持指令”“打开 PMW 文件”和“关于软件”等按钮。“通信设置区”用于设定板式 PLC 与上位机进行通信的协议，若需要编程软件进行监控时，应点击“FX2N 通讯协议”前的单选框，使其出现“√”表明已选中该功能。

1. 支持元件

点击功能操作区的按键“支持元件”，即可在界面的右窗口内显示该转换软件所支持的三菱 PLC 中的元件，如图 5-57 所示。图中显示：输入继电器范围：X0～X37；输出继电器范围：Y0～Y37；辅助继电器范围：M0～M399；状态继电器范围：S0～S79；时基 100ms 定时器范围：T0～T83；时基 10ms 定时器范围：T84～T87；16 位计数器范围：C0～C55；32 位计数器：C235；变址寄存器：Z0、Z1；数据寄存器：D0～D119；内部掉电保存寄存器：D500～D509；CJ 指令使用

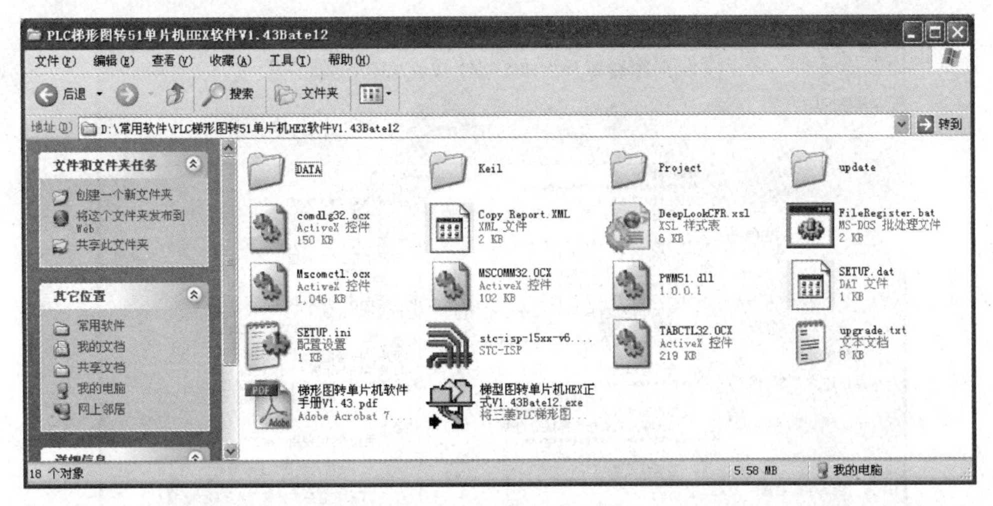

图 5-55 转换软件文件

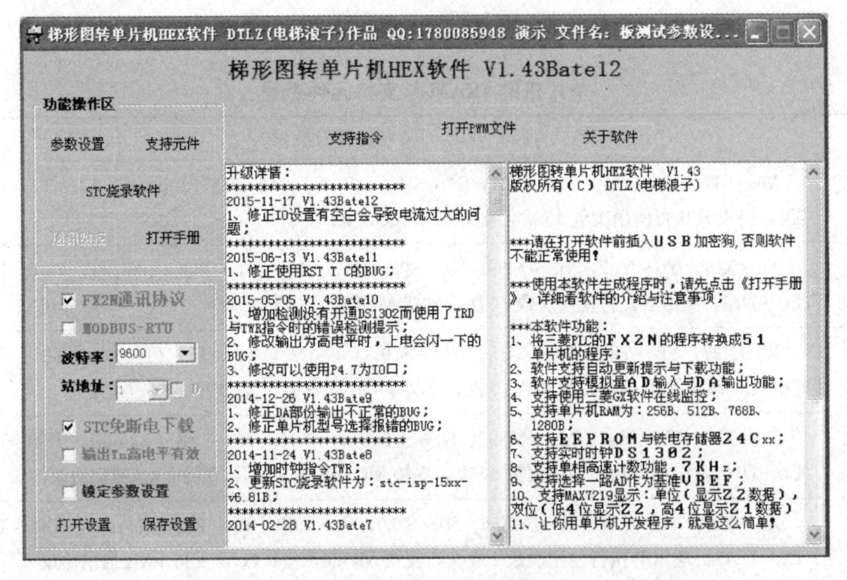

图 5-56 转换软件初始界面

的指针:P0～P63;CALL 指令使用的指针:P64～P127;特殊继电器:M8000(RUN 中 ON)、M8002(RUN 后一个扫描周期 ON)、M8012(以 100ms 为周期振荡)、M8013(以 1s 为周期振荡)、M8014(以 1min 为周期振荡)和 M8235(驱动 M8×××时,单相高速计数器 C×××为减计数模式;不驱动时为增计数模式;×××为 235～245)。

需要注意的是转换软件所支持的元件数量与选用单片机的 SRAM 有关,表 5-3 列出了单片机不同 SRAM 所支持的元件及数量。元件 Z0～Z3、D500～D509、D500～D1127 有写入约 10 万次数寿命,不应在程序中对其进行频繁写入操作。定时器精度受扫描周期影响,在线监控时会明显降低。

2. 支持指令

点击按键"支持指令",即可在界面的右窗口内显示该转换软件所支持的三菱 PLC 的指令,如图 5-58 所示。图中显示基本指令有 LD、LDI、LDP、LDF、OR、ORI、ORP、ORF、ORB、AND、

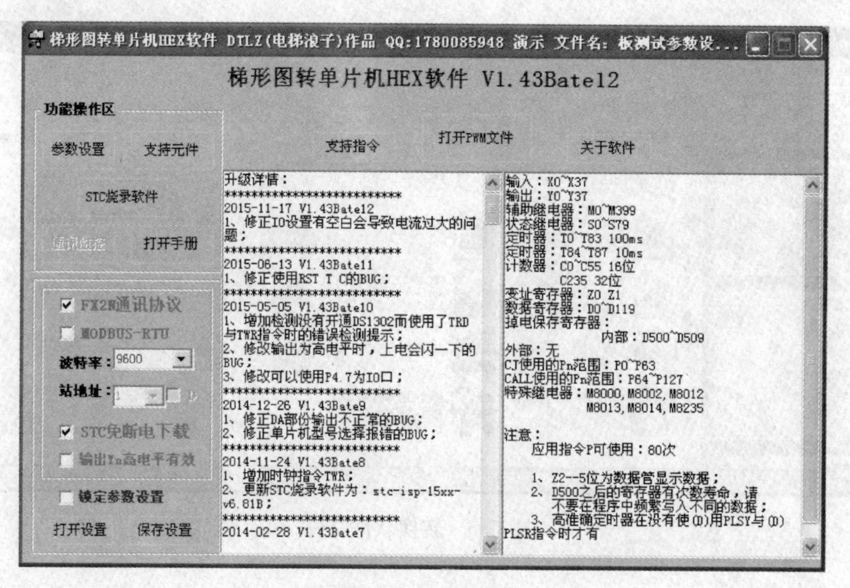

图 5-57　支持元件

表 5-3　　单片机的 SRAM 与支持元件数量

SRAM 容量	支持元件及数量
256B	X0～X17，Y0～Y17，M0～M31，S0～S15，C0～C7，T0～T3（100ms），T4～T7（10ms），D0～D7，应用 P 执行使用次数 16 次，支持 MODBUS-RTU
512B	X0～X27，Y0～Y27，M0～M39，S0～S23，C0～C15，T0～T19（100ms），T20～T23（10ms），D0～D15，应用 P 执行使用次数 32 次，支持 MODBUS-RTU
768B	X0～X27，Y0～Y27，M0～M159，S0～S79，C0～C23，T0～T19（100ms），T20～T23（10ms），D0～D59，应用 P 执行使用次数 40 次，支持 MODBUS-RTU，支持 FX_{2N}通信协议
1280B	X0～X37，Y0～Y37，M0～M399，S0～S79，C0～C55，T0～T83（100ms），T84～T87（10ms），D0～D119，应用 P 执行使用次数 80 次，支持 MODBUS-RTU，支持 FX_{2N}通信协议
2048B	X0～X37，Y0～Y37，M0～M559，S0～S239，C0～C87，T0～T83（100ms），T84～T87（10ms），D0～D249，应用 P 执行使用次数 160 次，支持 MODBUS-RTU，支持 FX_{2N}通信协议

ANI、ANDP、ANDF、ANB、MPS、MRD、MPP、NOP、PLS、PLF、OUT、INV、END、SET、RST。因篇幅有限，部分基本指令助记符、功能及其梯形图表示方法见表 5-1。

16 位功能指令有 MOV、MOVP、INC、INCP、DEC、DECP、ZRST、CMP、LD＞、LD＞＝、LD＜、LD＜＝、LD＝、LD＜＞、ALT、ALTP、OR＞、OR＞＝、OR＜、OR＜＝、OR＝、OR＜＞、BCD、WDT、AND＞、AND＞＝、AND＜、AND＜＝、AND＝、AND＜＞、CDDADD、SUB、MUL、DIV、WAND、WOR、WXOR、CALL、DECO、DECOP、ENCO、ENCOP、CJ、FEND、SRET、CML、CMLP、SUM、ZCP、PLSY、TRD、TWR、BMOV、BMOVP、PLSR、ROR、RORP、ROL、ROLP。32 位功能指令有 DCML、DCMLP、DMOV、DMOVP、DINC、DINCP、DDEC、DDECP、DADD、DSUB、DMUL、DDIV、DAND、DOR、DXOR、DCMP、DSUM、DZCP、DPLSY、LDD＝、LDD＜＝、LDD＜、LDD＞、LDD＜＞、LDD＞＝、ANDD＝、ANDD＜＝、ANDD＜、ANDD＞、ANDD＜＞、ANDD＞＝、ORD＝、ORD＜＝、ORD＜、ORD＞、ORD＜＞、ORD＞＝、DPLSR、DROL、DROR。这些应用指令助

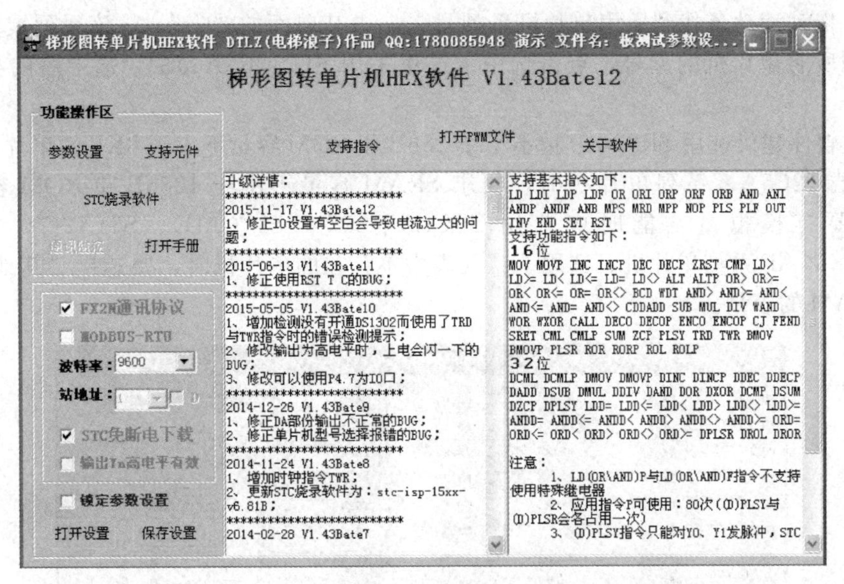

图 5-58 显示支持指令界面

记符、功能及其梯形图详见附录 B。

对于沿触发指令 LDP、LDF、ORP、ORF、ANDP、ANDF，只能在软元件的线圈驱动之后该软元件的沿触发指令才有效，即正确的写法是…OUT M10…LDP M10…。

3. 参数设置

点击按键“参数设置”，软件弹出参数设置界面如图 5-59 所示。界面上可分为系统参数和端口参数两大部分。系统参数分别有单片机、滤波系数、晶振频率、功能选择和 AD 参数；端口参数分别设置单片机每一个引脚对应的输入或输出继电器。

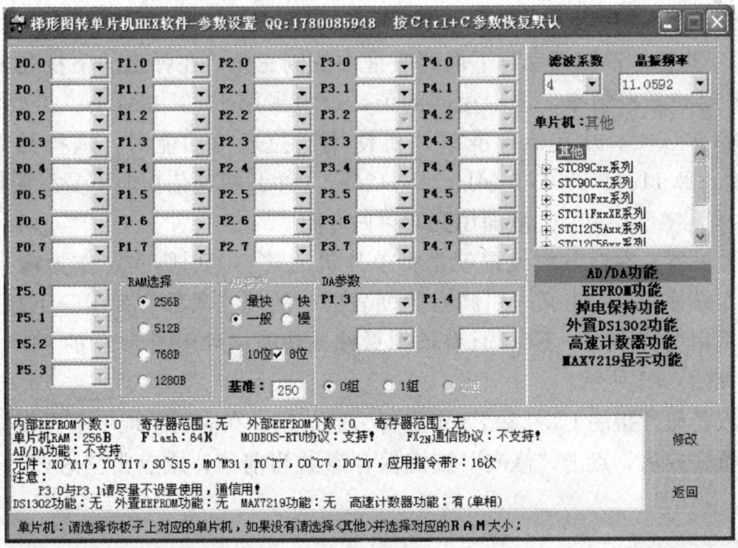

图 5-59 参数设置界面

（1）系统参数设置。

1）单片机。设置选用的单片机型号，根据 CPU 板上所用的单片机，在“单片机”下面的列表框内，拖动滚动条找到所用单片机系列号，点击其前面的“+”，将该系列展开，再拖动滚动条找到所有单片机的型号，点击选中。这里采用 STC12C5A60S2，选中后的界面如图 5-60 所示。

该转换软件建议选用 SRAM 容量不小于 256B 和 ROM 容量不小于 8KB 的单片机。若选用 STC11F×或 12C5A×系列单片机时，要求 SRAM 容量不小于 1280B 和 ROM 容量不小于 16KB。需要有模拟量功能时应选用 STC12C5A××S2（AD）、STC12C54××AD 或 STC12C56××AD 系列单片机。选用下拉列表中不存在的单片机时，要选择“其他”，并选择对应的 SRAM 的容量。

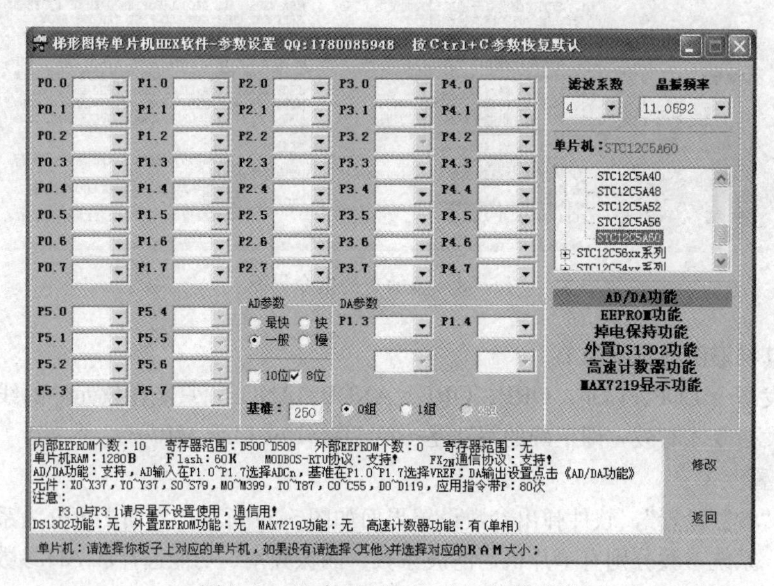

图 5-60　选中 STC12C5A60S2 单片机

2）滤波系数。滤波系数建议选择 2～4。

3）晶振频率。点击“晶振频率”下面列表框中的倒三角，在弹出的下拉列表中拖动滚动条，根据 CPU 板上采用的晶振频率，选中相同的值，这里采用 11.0592MHz。需要注意的是，选用 STC89C××、STC90C××或其他标准单片机使用监控通信功能时，选择晶振的频率必须为 11.0592、18.432、22.1184、33.1776MHz。STC 的 1T 单片机通信功能不受晶振频率限制。

4）“功能选择”“AD 参数”在后面用到时再做介绍。

（2）端口参数设置。端口参数设置就是将单片机的某一个引脚确定作为输入或输出继电器、模拟量输入或输出端使用。点击某一引脚右侧列表框中的倒三角都会弹出一下拉列表，再选中对应的元件即可。其中引脚 P1.0～P1.7 具有模拟量输入功能。对于图 5-30 的 MCU 板测试梯形图，其端口参数设置如图 5-61 所示。

转换软件建议将单片机的 P3.0 和 P3.1 引脚为通信用，在应用系统中不再作其他用途。

全部参数设置完成后，点击“修改”按键保存参数当前值，或点击“返回”按键，退出“参数设置”界面。

4. 设置的保存和打开

由于各种板式 PLC 设置的参数会有所不同，因此需将所设定的参数值作为一个文件保存在电脑上，以便今后使用。点击左下方的“保存设置”按键，在弹出的对话框中确定存放文件的目录和文件名，如将 MCU 板测试梯形图的设置参数保存的文件名设为“ZY-CPU”，如图 5-62 所示，再单击“保存”按钮。

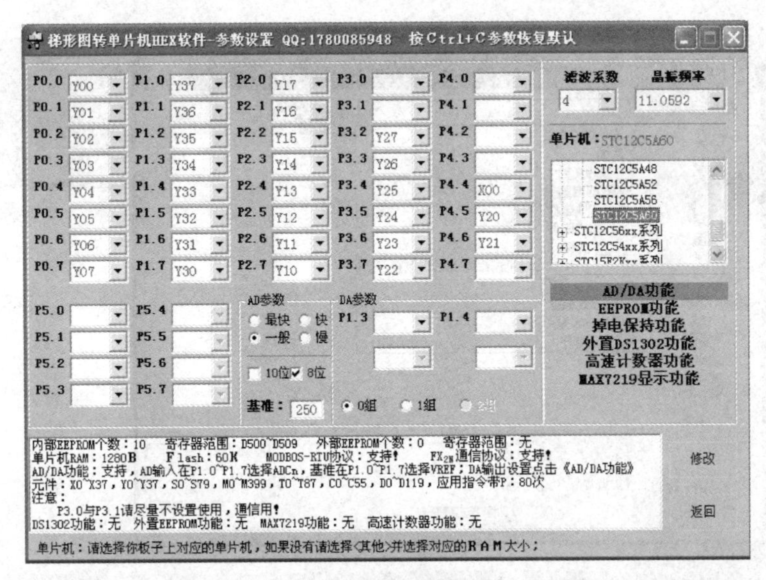

图 5-61 MCU 板测试梯形图的端口参数

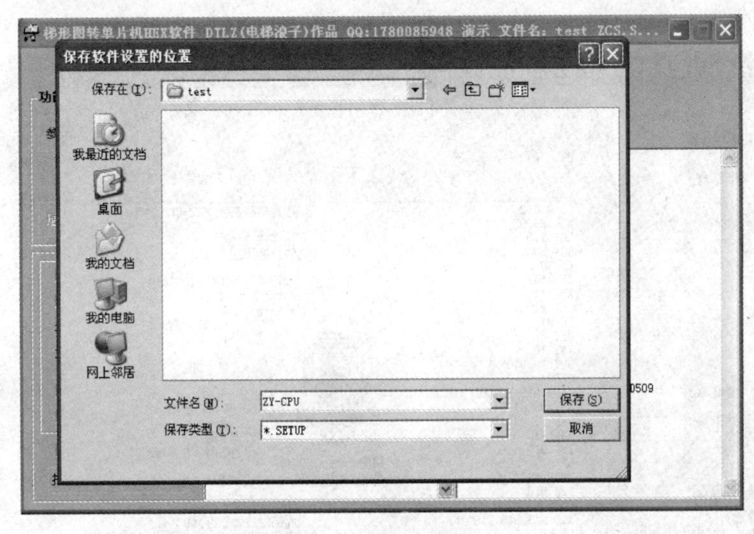

图 5-62 设置参数保存

若需要使用 MCU 板测试梯形图的设置参数文件，只要点击“打开设置”按键，在存放的目录中找到参数设置文件“ZY-CPU. SETUP”后，点击“打开”按钮即可。

5. 转换操作

完成设置返回后，在类似图 5-58 的界面上点击“打开 PMW 文件”按键，在对话框中找到 GX Developer 编程软件导出的“. PMW”文件存放的目录，并点击选中，如图 5-63 所示。再点击“打开”按钮，或直接双击“. PMW”文件后，软件随机进入转换状态，如图 5-64 所示，转换完成状态如图 5-65 所示，最后点击“确定”按钮结束转换操作。转换生成的单片机可执行代码文件存放在转换软件所在目录下“Project”目录中的“ZY-CPU”目录下，代码文件名为“12-17-2019 14-44-00 烧录文件 . HEX”。

转换完成后，可点击右上方“×”按钮关闭软件，再在弹出的对话框内点击“是”按钮即可。

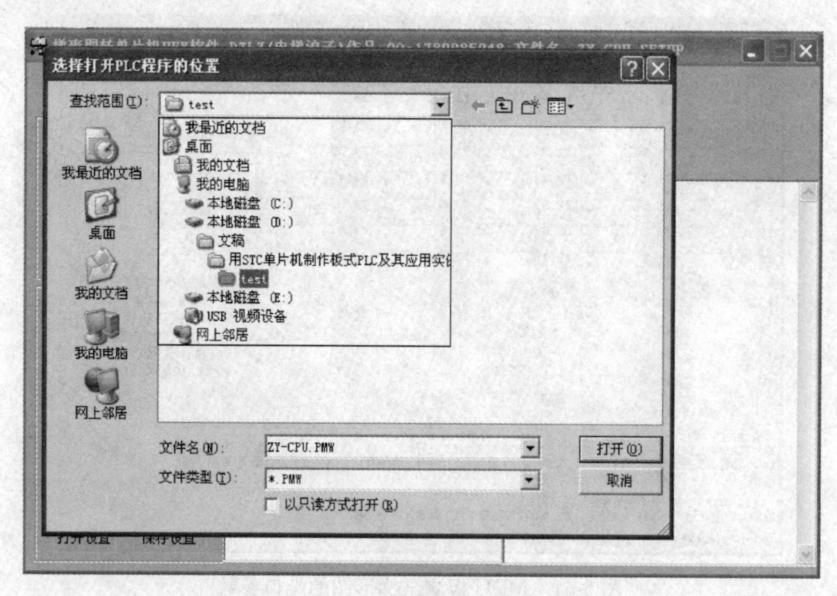

图 5-63　选中待转换的 . PMW 文件

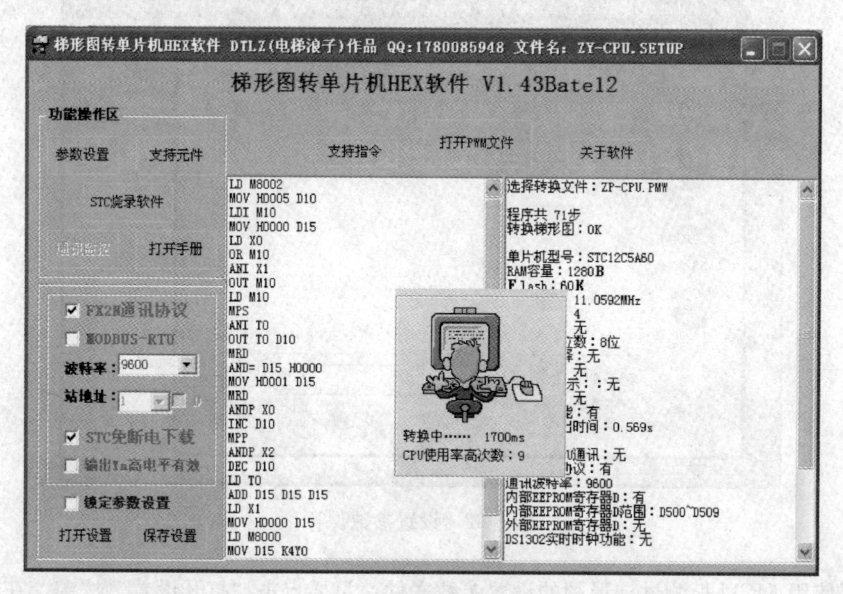

图 5-64　转换过程状态

5.3　烧 录 软 件

STC 单片机的烧录软件有多种版本，本书使用的为 stc-isp-15xx-v6. 69. exe，若需要更新的版本可去 STC 单片机网站上下载。

双击“stc-isp-15xx-v6. 69. exe”的图标即可运行软件，其初始运行界面如图 5-66 所示。该界面虽然看上去比较复杂，但此处仅用到确定单片机型号、串口号、打开程序文件、下载/编程 4 项。

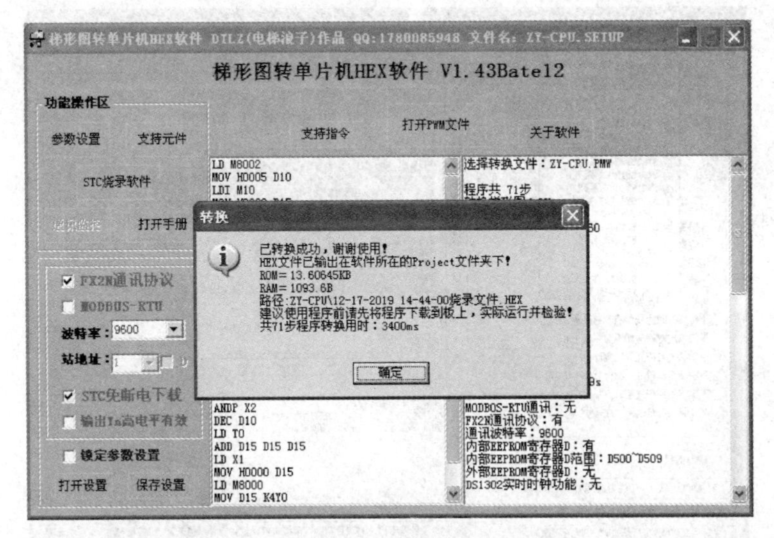

图 5-65 转换完成状态

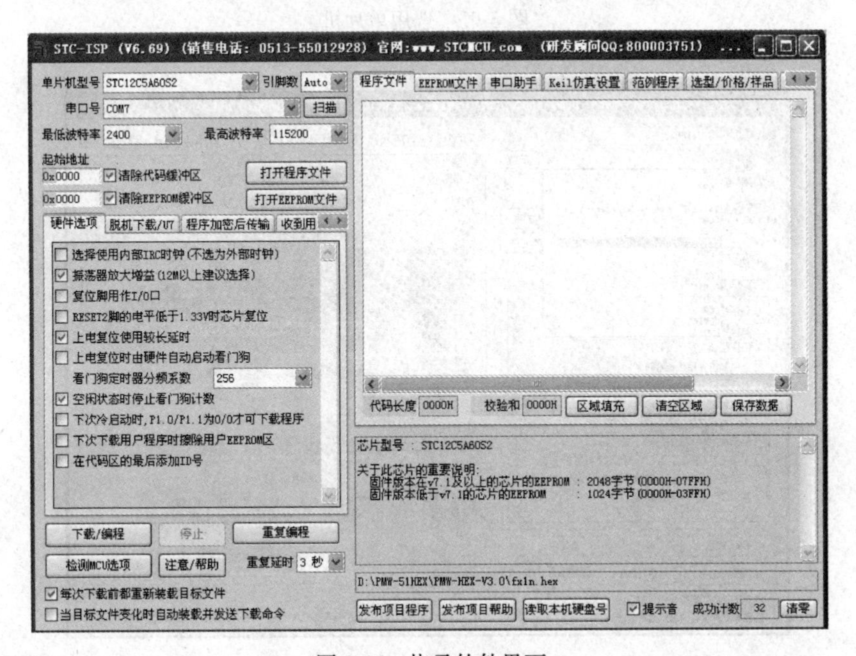

图 5-66 烧录软件界面

5.3.1 选择单片机型号

用鼠标点击“单片机型号”右边框内的箭头，便可出现下拉列表，如图 5-67 所示，根据单片机控制板上所用的单片机型号，找到相同系列，点击前面的“十”展开，再点击与板上一致的型号即可。必要时可拖动滚动条查找。如 STC11F60EX 或 STC12C5A60S2 等。

5.3.2 确定串口号

当使用 USB-RS232 电缆时，只要一插上电缆该转换软件就会自动搜索到所用的端口。若需要操作者选择端口时，用鼠标点击“串口号”右边框内的箭头便可出现下拉列表，如图 5-68 所示，点击所用的串口号即可。

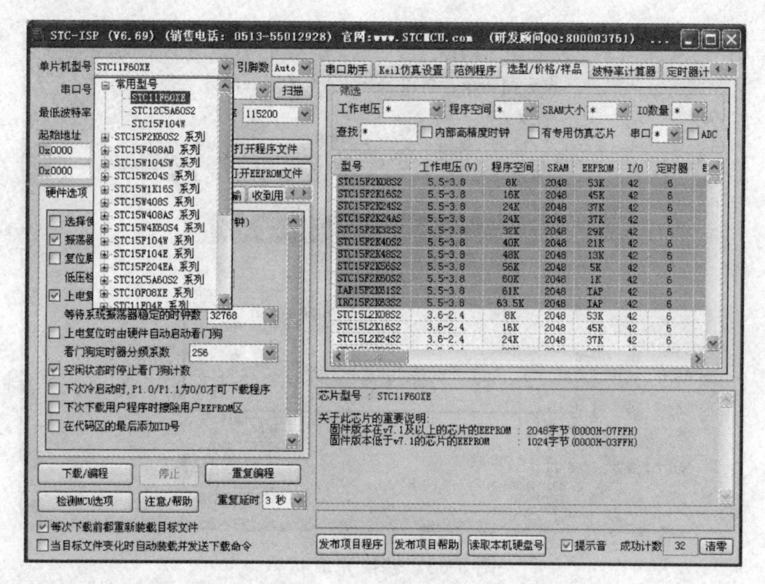

图 5-67　选用单片机

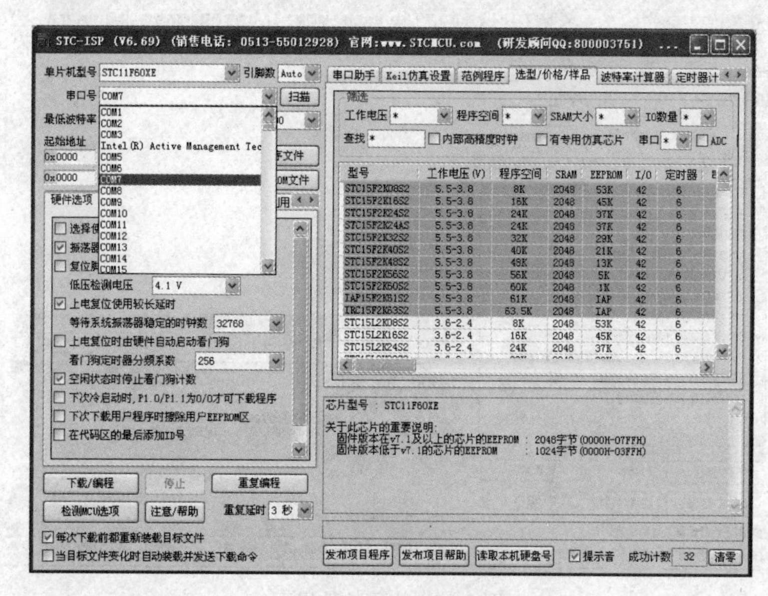

图 5-68　选择通信口

5.3.3　打开程序文件

可用鼠标点击“打开程序代码文件”按钮，在弹出的对话框中选择转换软件存放的目录，不同转换软件生成的目标代码文件存放的文件夹不同，如图 5-69 所示。如使用 PMW-HEX-V3.0 转换后生成的，点击“PMW-HEX-V3.0”目录下的文件“fx1n.hex”，再点击“打开”按钮；或直接双击生成的文件“fx1n.hex”。若使用的是梯形图转单片机 HEX 正式 V1.43Bate12，则转换软件默认的目标代码存放目录是在该转换软件目录下的“Project”，点击转换后生成的文件“12-17-2019 14-44-00 烧录文件.HEX”，再点击“打开”按钮；或直接双击生成的文件“12-17-2019 14-44-00 烧录文件.HEX”。

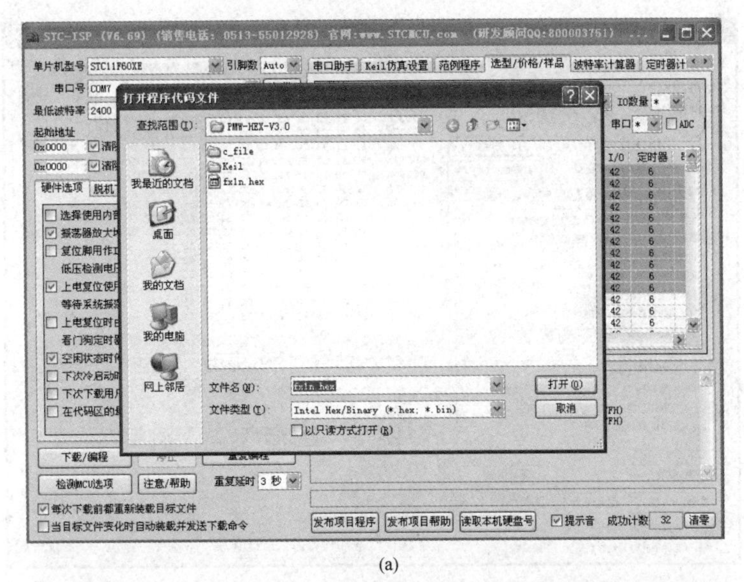

(a)

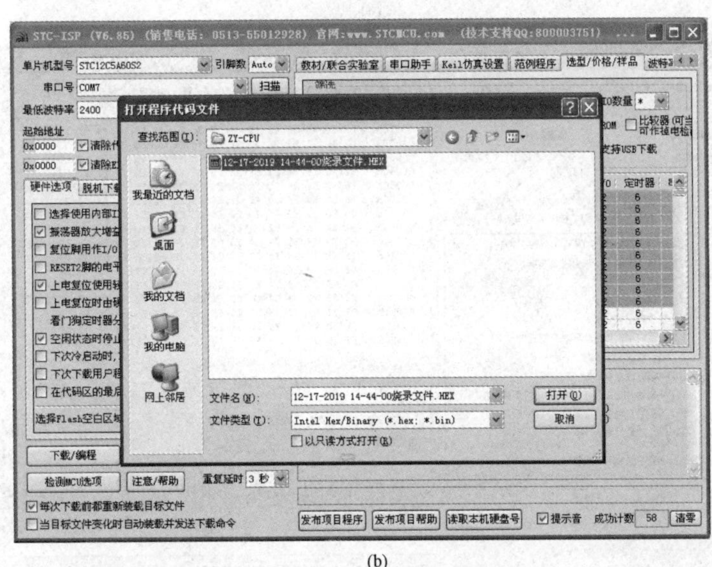

(b)

图 5-69　选中下载文件界面

(a) 使用 PMW-HEX-V3.0 转换；(b) 使用梯形图转单片机 HEX 正式 V1.43Bate12

选中并点击“打开”按钮后的界面如图 5-70 所示，图中对话框内右侧“程序文件”标签页内显示的就是待下载目标文件的十六进制代码。

5.3.4 烧写代码

用 USB 转串口电缆将控制板与电脑连接好，并将 24V 直流电源线接至控制板的电源端子上暂不通电。在烧录软件界面上点击“下载/编程”按钮后，随即给 MCU 板通电使其进入烧写状态。当界面中右下面提示窗口出现如图 5-71 所示的“操作成功”的提示时，表明烧录完成。

需要注意的是，当复位脚 RST（P4.7）用于输入或输出功能在进行烧录时，除了在烧录软件界面的“硬件选项”标签页内“复位脚用作 I/O 口”前的复选框内打“√”外，还应在“低电压检测”选择“4.1V”，并将复选项“上电复位使用较长延时”前的“√”去掉或者将“上电复位使

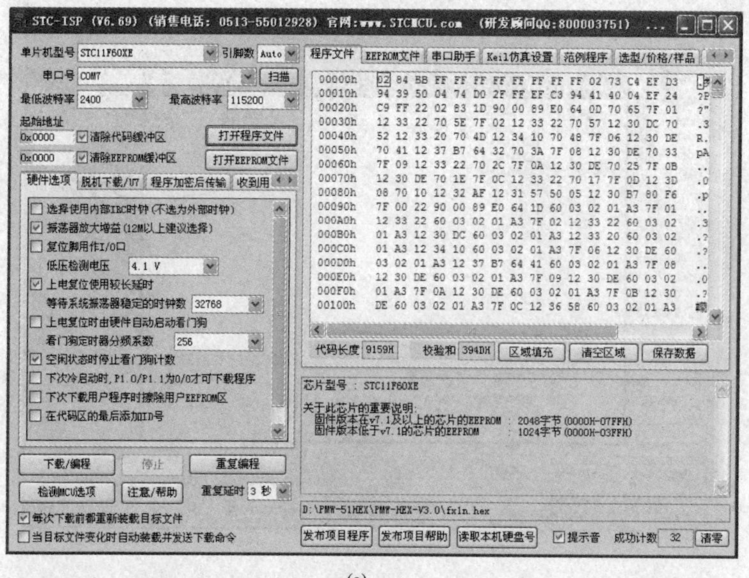

(a)

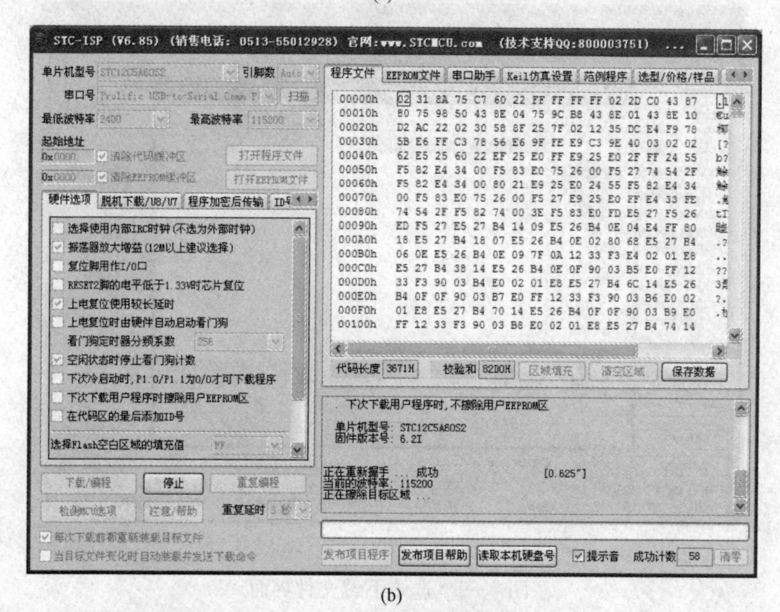

(b)

图 5-70 程序文件界面

(a) fx1n. hex 烧写；(b) 12-17-2019 14-44-00 烧写文件

图 5-71 提示烧录完成

用较长时间时等待系统振荡器稳定的时钟数”选小一点，如 16384。每次烧录都需要这样设置。

第6章

梯形图编制方法和步骤

程序设计就是用计算机所能接受的语言把解决问题的步骤描述出来，也就是把计算机指令或语句组成一个有序的集合。应用程序的编写需要程序设计语言的支持，可编程控制器中有多种程序设计语言，如梯形图语言、助记符（指令表）语言、功能表图语言、功能模块图语言及结构化语句描述语言等。梯形图语言和助记符（指令表）语言是基本程序设计语言，通常由一系列指令组成，用这些指令可以完成大多数简单的控制功能，例如代替继电器、计数器、计时器完成顺序控制和逻辑控制等，通过扩展或增强指令集也能执行其他的基本操作。由于梯形图语言和助记符（指令表）语言与传统的继电器—接触器控制电路类似，且具有图形结构、操作简单、易于掌握等特点，因此为广大电气工程设计和应用人员所喜爱。

6.1 程序结构

6.1.1 线性程序结构

线性程序结构就是指一个工程项目的全部控制任务都按照工程控制的顺序进行编写，在整个程序页内没有出现主程序结束“FEND”指令。在 PLC 运行过程中，CPU 会不断地扫描主程序，并按照预先组织排列好的指令次序逐一执行完成控制任务。

顺序控制设计方法通常采用线性程序结构。顺序控制就是按照生产工艺预先规定的顺序，在各个输入信号的作用下，根据内部状态和时间的顺序自动有序地进行操作。顺序控制设计方法：首先根据系统的生产工艺过程画出输入输出信号的时序图，然后按照时序图中输入输出的逻辑关系画出梯形图。

线性程序结构简单，分析起来一目了然，因此适用于编写一些规模较小、运行过程比较简单的控制任务，本书前面几章中讨论的实例都是按线性程序结构设计的。但对于一些控制规模较大、运行过程比较复杂的控制程序，特别对于分支较多的控制程序，线性程序结构就不适宜采用。

6.1.2 模块化程序结构

模块化程序结构是根据工程项目的特点，把一个复杂的控制过程分成若干个操作简单、规模较小、任务单一的功能块。这些功能块的控制任务分别由某个子程序或中断程序独立承担。所有的子程序和中断程序在主程序的统一管理和控制下有序地执行，共同完成工程项目的控制任务。

模块化程序结构通常是将一个复杂的控制过程按功能要求进行分割，一个功能形成一个模块。完成一个功能的具体操作任务都安排在同一个子程序或中断程序中，若某个功能的操作比较繁琐时，可以将该功能进一步地细化。由于具体任务的控制程序相对来说都比较简单，因此程序编制较容易。此外，模块化程序结构给程序的调试也带来了便利。程序调试时可以先按块进行调试，各分模块独立完成操作实现功能要求后，再进行整个控制项目的总调试。若控制过程由于工艺改进，需要修改某些参数或更新控制流程时，只需要修改出现变化的那些模块程序即可。由此可见，模块化结构有更大的灵活性，适用于比较复杂、规模较大的控制工程的程序设计。

把一个应用程序分成具有多个明确任务的程序模块，分别编制、调试，再把它们连接在一起形成一个完整的程序，这样的程序设计称为模块化程序设计，其优点有单个程序模块易于编写、调试、修改；不同模块可以分配不同的程序员来编写及调试，有利于加快工作进度；程序的易读性好；程序的修改可局部化；频繁使用的任务可以编制成模块供多个任务使用，节约存储空间。

模块化程序设计的步骤如下：①正确地描述整个程序需要完成什么样的工作；②把整个工作划分成多个任务，并画出层次图；③确切地定义每个任务必须做什么事，以及与其他任务之间如何进行通信，写出模块说明；④把每个任务写成梯形图程序模块，并进行调试；⑤把整个程序和其说明合在一起形成文件。

6.2 编制方法

编制 PLC 控制梯形图的方法有多种，常用经验法和顺序法两种典型方法。

6.2.1 经验法

经验法就是运用他人或自己的经验进行程序设计。根据工程项目的工艺要求、操作流程等选择与之相近的程序，然后针对不同之处按照当前的控制要求进行修改，通过边修改边调试，使之适合当前工程项目的要求。

经典控制电路转换法是经验法编程中最常用的一种方法，即将典型成熟的继电器—接触器控制电路，通过“元件代号替换”“符号图形替换”“动合/动断触头修改”“按编程规则整理”等若干步骤，将继电器—接触器控制电路转换成 PLC 控制的梯形图程序。

在程序设计方面，经验法不能形成一种风格，主要是因为程序设计的质量与设计者的经验以及引用电路、程序有很大关系。经验法适用于比较简单的梯形图设计，对初学者来说是一种易学易用、容易理解和掌握、立竿见影的方法。

6.2.2 顺序法

1. 逻辑流程图法

逻辑流程图法是用逻辑框图表示 PLC 程序的执行过程，用于反应输入与输出的关系。逻辑流程图法就是把系统的工艺流程用逻辑框图表示出来形成系统的逻辑流程图，这种方法编制的 PLC 控制程序具有逻辑思路清晰、输入与输出的因果关系及联锁条件明确的优点，可以使整个程序脉络清楚，便于分析控制程序、查找故障点，以及调试和修改程序。对一个复杂的程序，直接用语句表或梯形图编程可能觉得无从下手，则可以先画出逻辑流程图，再为逻辑流程图的各个部分用语句表或梯形图编制应用程序。

2. 时序流程图法

时序流程图法就是首先画出控制系统的时序图，即以时间先后作为各输入输出点的动作次序；再根据时序关系画出对应的控制任务的程序框图；最后把程序框图写成 PLC 程序。时序流程图法很适合于以时间为基准的控制系统的编程方法。

3. 步进顺控法

步进顺控法是在顺控指令的配合下设计复杂的控制程序。一般比较复杂的程序都可以分成若干个功能比较简单的程序段，一个程序段可以看成整个控制过程中的一步。从这个角度去看，一个复杂系统的控制过程是由这样若干步组成。系统控制的任务实际上可以认为在不同时刻或在不同进程中完成对每个步的控制。由于大多数种类的 PLC 都有专门的步进顺控指令，故在画完各个步进的状态图后，就可以利用步进顺控指令方便地编写出控制程序。

6.2.3 状态转换法

状态转换法是按照项目控制的要求，确定控制系统所必需的输入信号、输出信号和内部资源。然后对整个控制过程进行分析，列出输出信号随输入信号、内部信号的状态改变而产生的状态转换图，依照所得到的状态转换图来编制控制系统的应用程序。状态转换图应包括输入状态、输出状态、内部资源状态及转换条件。转换条件应该是输入状态、输出状态、内部资源状态，或其组合。

6.2.4 结构化程序设计法

随着 PLC 控制技术应用范围的扩大、控制任务复杂程度的加强，适用于编写规模较小、运行过程比较简单的控制程序的线性化编程方法，在面对一些控制规模较大、运行过程比较复杂的控制程序，特别是分支较多、需要多人合作开发的控制程序时，就显得力不从心了。在这种情况下，结构化程序设计方法应运而生。

根据控制工程的特点，可以把一个复杂的控制工程分成多个比较简单的、规模较小的控制任务，把这些控制任务再分配给一个个子程序；然后只需在子程序中编制完成具体任务的操作指令，并由主程序根据控制要求调用子程序的方式把整个程序统管起来即可。如果在编制某个子程序过程中觉得该任务的控制程序还不够清晰、仍比较复杂，那么还可以继续对该任务进行分割，进一步将其划分成几个简单任务，分别占用一个子程序块。

使用结构化程序设计方法能使编制的程序结构清晰、易于读懂、易于调试及修改，因此建议推广使用这种方法来进行程序设计。结构化程序设计的思想：程序的设计、编写和调试采用一种规定的组织方式进行，在这种程序中只用基本的逻辑结构，整个程序是各种基本结构的组合。每种结构都只有一个入口和一个出口。

6.3 编制规则与注意事项

梯形图的编制不同于单片机或微型计算机的程序设计，在使用梯形图或指令表编制控制系统的应用程序时需要遵守若干规则。

6.3.1 梯形图的结构规则

梯形图作为一种编程语言，绘制时有一定的规则。在编辑梯形图时，需要注意以下几点。

（1）梯形图的各种符号，要以左母线为起点，右母线为终点（可允许省略右母线），从左向右分行绘出。每一行起始的触点群构成该行梯形图的“执行条件”，与右母线连接的应是输出线圈、功能指令，不能是触点。一行写完，自上而下依次再写下一行。需要注意的是，触点不能接在线圈的右边，如图 6-1（a）所示；线圈也不能直接与左母线连接，必须通过触点连接，如图 6-1（b）所示。

（2）触点应画在水平线上，不能画在垂直分支线上。例如，在图 6-2 中左边的触点 X002 被画在垂直线上，便很难正确识别它与其他触点的关系，也难于判断通过触点 X002 对输出线圈的控制方向。因此，应根据信号单向自左至右、自上而下流动的原则和对输出线圈 Y000 的几种可能控制路径画成如图 6-2 箭头右边所示的形式，即将桥式梯形图改成双信号流向的梯形图。

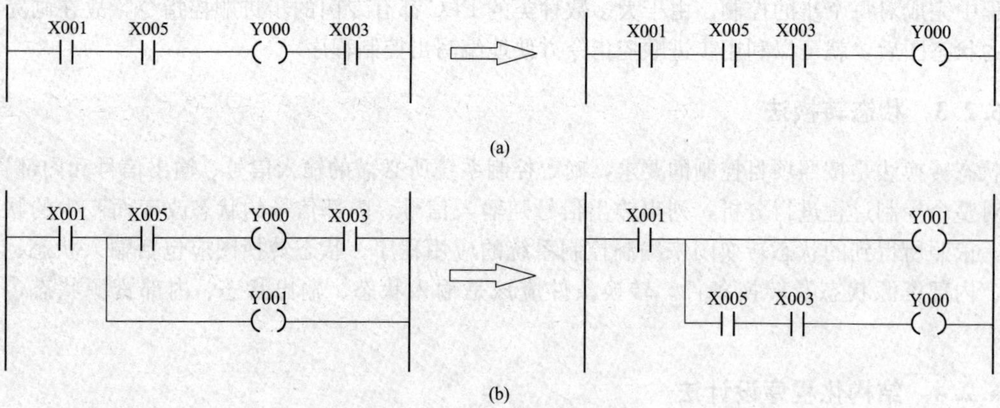

(a)

(b)

图 6-1　规则（1）说明

(a) 触点不能接在线圈的右边；(b) 单独线圈支路优先

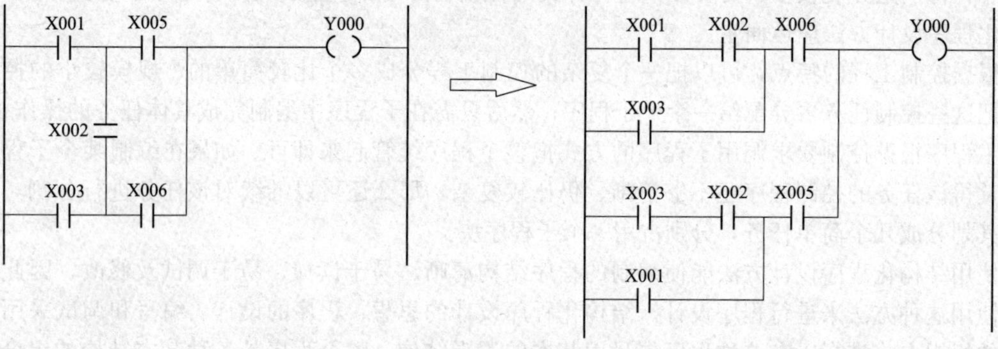

图 6-2　规则（2）说明

（3）不包含触点的分支应放在垂直方向，不可水平方向设置，以便于识别触点的组合和对输出线圈的控制路径，如图 6-3 所示。

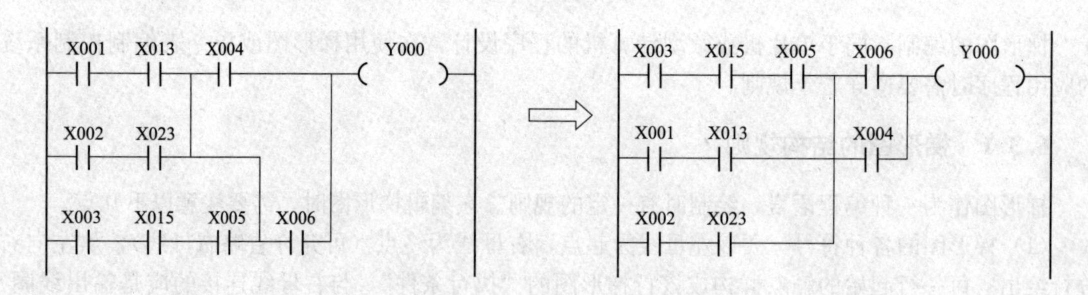

图 6-3　规则（3）说明

（4）如果有几个电路块并联时，应将触点最多的支路块放在最上面。若有几个支路块串联时，应将并联支路多的尽量靠近左母线，这样可以使编制的程序简洁明，指令语句减少，如图 6-4 所示。

（5）遇到不可编程的梯形图时，可根据信号流向对原梯形图重新编排，以便正确进行编程。图 6-5 中举了几个实例，将不可编程梯形图重新编排成了可编程的梯形图。

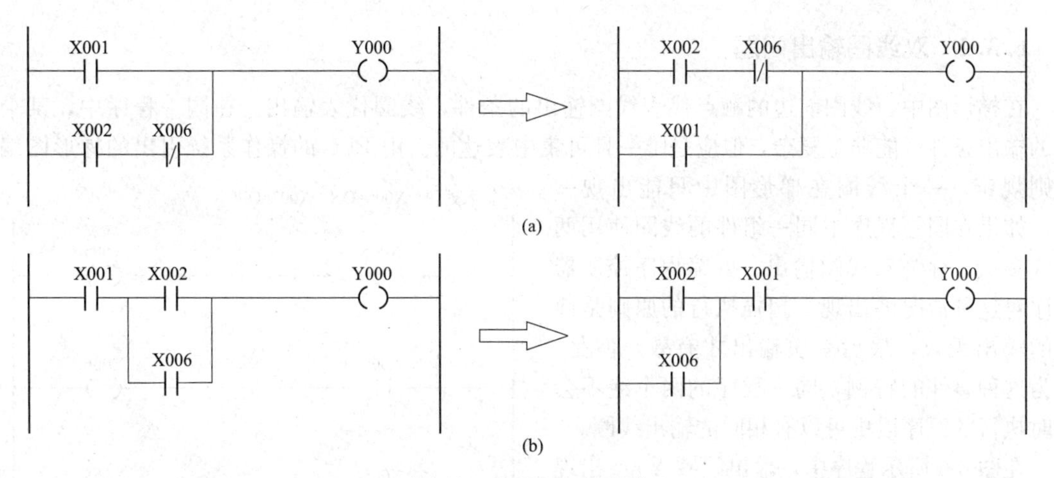

图 6-4 规则（4）说明

（a）串联触点多的电路块写在上面；（b）并联电路多的尽量靠近母线

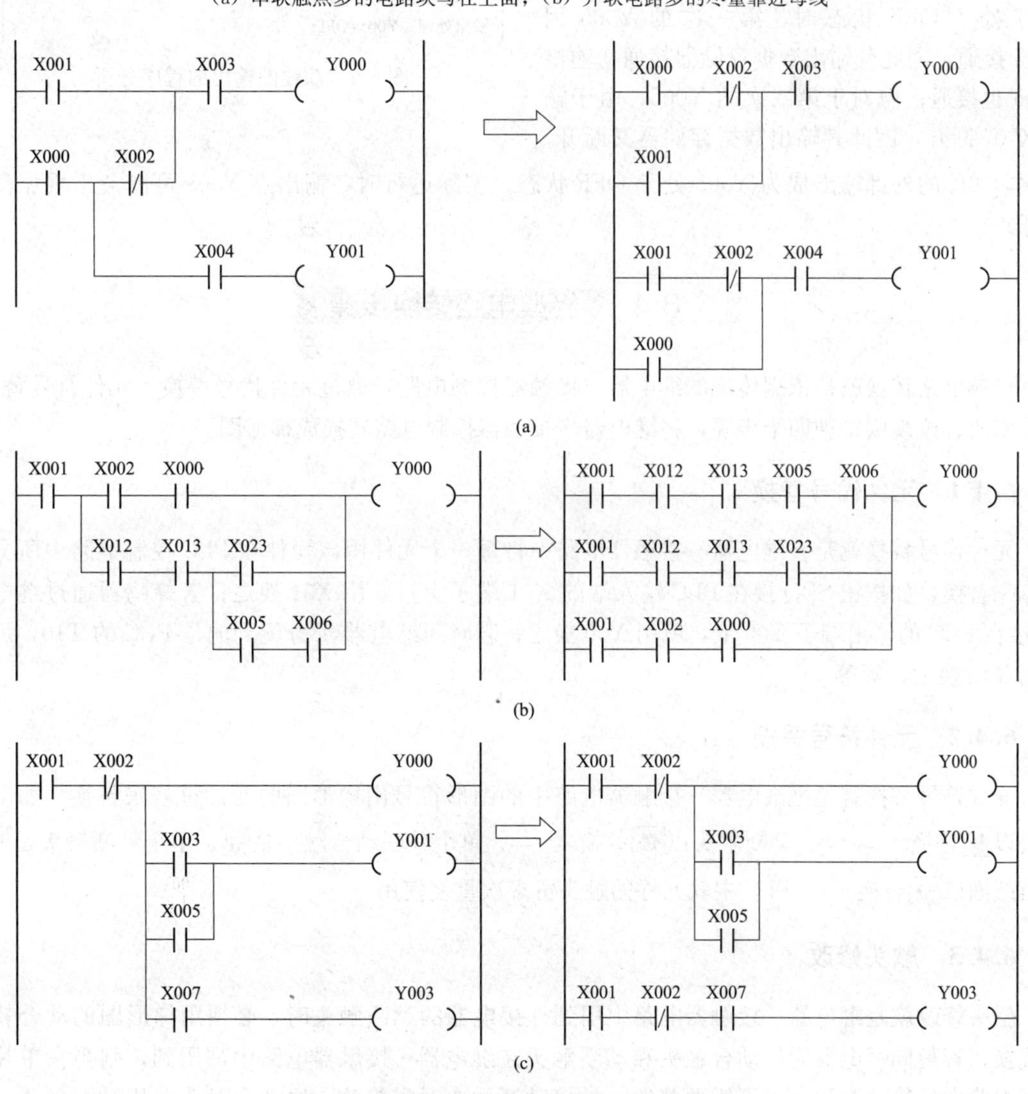

图 6-5 重组电路举例

（a）重组电路之一；（b）重组电路之二；（c）重组电路之三

6.3.2 双线圈输出问题

在梯形图中，线圈前边的触点代表线圈输出的条件，线圈代表输出。在同一程序中，某个线圈的输出条件可能非常复杂，但应是唯一且可集中表达的。由 PLC 的操作系统引出的梯形图编绘法则规定，一个线圈在梯形图中只能出现一次。如果在同一程序中同一组件的线圈使用两次或多次，称为双线圈输出。可编程序控制器程序对这种情况的出现，扫描执行的原则是前面的输出无效，最后一次输出才有效。但是，作为这种事件的特例，同一程序的两个绝不会同时执行的程序段中可以有相同的输出线圈。

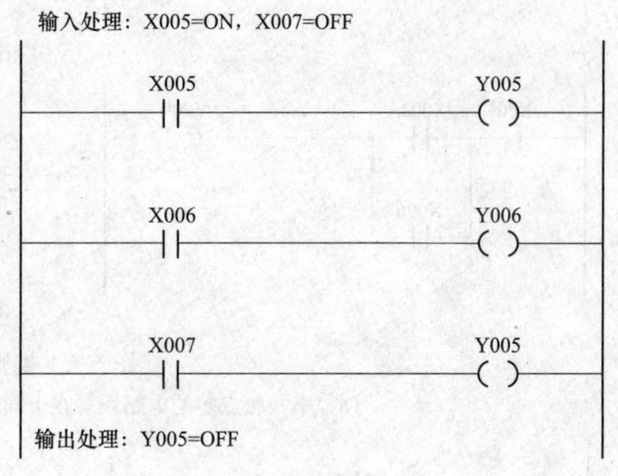

图 6-6 双线圈输出的程序分析

在图 6-6 所示程序中，输出线圈 Y005 出现了两次输出的情况。当 X005 处于 ON 状态、X007 处于 OFF 状态时，第一次的 Y005 因 X005 接通，因此其输出数据存储器接通，输出 Y005 也接通；但对于第二次的 Y005，由于输入 X007 断开，因此其输出数据存储器又断开，因此，实际的外部输出成为 Y005 处于 OFF 状态。实际运行时，输出点 Y005 可能会出现振荡而闪烁。

6.4 经典电路转换步骤

经典电路转换就是依据传统的继电器—接触器控制电路，通过元件代号替换、元件符号替换、触头修改、按规则整理四个步骤，将继电器—接触器控制电路转换成梯形图。

6.4.1 元件代号替换

元件代号替换就是在继电器—接触器电路中将每一个元件用该元件在 PLC 控制电路中所分配的点来替换，如按钮 SBQ 接在 PLC 输入端的 X01 端子上，就用 X01 换之；若蜂鸣器通过继电器 KJ 接在 PLC 的输出端子 Y00 上，就用 Y00 换之；若时间继电器 T 分配到的是 PLC 的 T10，那么就用 T10 换之；等等。

6.4.2 元件符号替换

元件符号替换就是把继电器—接触器电路中的图形符号用梯形图的元件符号来替换。如动合触头以替换、动断触头以替换、单个并联动合触头是、单个动断触头是、输出线圈以替换。PLC 中软元件的触头可多次重复使用。

6.4.3 触头修改

触头修改就是继电器—接触器电路中用到外接电器的动断触头时，必须用梯形图的动合软元件代换。若是同一电器元件动合触头和动断触头在继电器—接触器电路中都用到，则当在单片机控制电路中外接动合触头时不需要修改；外接动断触头时需修改，原动合触头改用动断触头、原动断触头用动合触头。

6.4.4 按规则整理

按规则整理就是按 6.3 的要求进行整理，主要需要注意以下几个方面内容：

（1）梯形图的每一行应以左母线为起点，右母线为终点（可允许省略右母线），从左向右同行分列绘出。

（2）每一行起始的触头是该行梯形图的“执行条件”，写完一行后自上而下依次再写下一行。

（3）软元件应画在水平线（即行）上，不能跨接在上下两行上，同一元件的同类触头可重复多次使用。

（4）有几个电路块并联时，应将软元件最多的支路块放在最上左面。有几个支路块串联时，应将并联支路多的靠近左母线。

（5）一个输出线圈与其左侧连接的软元件宜单独成一个网络，输出线圈左侧的软元件触头不能与其他网络的输出线圈共享。与右母线连接的应是输出线圈，不能是软元件触头。

（6）同一点多线圈输出合用一个梯形图元件。

6.5 状态转换法

状态转换法是按照项目控制的要求，首先对控制系统所必需的输入信号、输出信号和内部资源进行配置；其次对整个控制过程进行分析，列出输出信号、输入信号和内部资源在控制过程中各个存在的状态（包括稳态和暂态），以及状态与状态之间的关系（即条件），即状态转换图；然后以每个输出状态为目标整理出该状态存在的条件并进行优化；最后编写出梯形图。

6.5.1 PLC 的状态及表示

PLC 的状态应包括输入状态、输出状态、内部资源状态。

（1）输入状态。由 PLC 输入点集所组成，可以将 PLC 的全部输入点组成一个输入状态，存放在一个数据寄存器中；也可以将 PLC 的全部输入点分成若干组，各自组成一个输入子状态，存放在若干个数据寄存器中。同一个数据寄存器中的某一位只能与 PLC 的某一输入点对应，除非作为空缺。由于 PLC 内部数据寄存器可以是 16 位或 32 位，故一个数据寄存器可以作为不超过 32 个输入点的 PLC 输入状态寄存器，如三菱 FX_{1S}-30MR 微型可编程控制器的输入状态寄存器可用数据寄存器 D10。输入状态寄存器规定用圆角方框表示，框内标定该寄存器的当前值，如输入状态寄存器（D10：X07X06X05X04X03X02X01X00），当前值为（D10：00000011）。寄存器中内容某一位是 1 表示 ON，0 表示 OFF（下同）。

（2）输出状态。由 PLC 输出点集所组成，可以将 PLC 的全部输出点组成一个输出状态，存放在一个数据寄存器中；也可以将 PLC 的全部输出点分成若干组，各自组成一个输出子状态，存放在若干个数据寄存器中。同一个数据寄存器中的某一位只能与 PLC 的某一输出点对应，除非作为空缺。同样由于 PLC 内部数据寄存器可以是 16 位或 32 位，故一个数据寄存器可以作为不超过 32 个输出点的 PLC 输出状态寄存器，如三菱 FX_{1S}-30MR 微型可编程控制器的输出状态寄存器可用数据寄存器 D1。输出状态寄存器规定用椭圆框表示，框内标定该寄存器的当前值，如输出状态寄存器（D1: Y07Y06Y05Y04Y03Y02Y01Y00），当前值为（D1: 01000000）。

（3）内部资源状态。由 PLC 内部的某个资源组成，如辅助继电器、定时器、计数器、数据寄存器，其中某些资源可以位寻址，如辅助继电器。除可以位寻址的资源可以构成对应的 16 位数据寄存器外，PLC 其他内部资源对应的数据寄存器都是 16 位的，有的还可以是 32 位。这里将那些受输入状态和输出状态影响的，且其值的改变同时也会影响输出状态的那些内部资源对应的数据寄存器称为内部资源状态寄存器。内部资源状态寄存器规定用方角框表示，框内标定该寄存器的当前值，如定时状态寄存器 T10 ，当前值为 T10：0000011100100101 。

6.5.2 基本状态转换图

PLC控制系统中，其输出点是随输入点、内部资源点的状态改变而发生变化的，内部资源点的状态改变也会随输入点和输出点的变化而变化，也就是说输出状态寄存器的内容会随输入状态寄存器或内部资源状态寄存器内容的改变而改变，内部资源状态寄存器的内容会随输入状态寄存器或输出状态寄存器内容的改变而改变。会从当前状态转入下一个状态，即从现态转入次态。若将控制系统的输入状态、输出状态和内部资源状态列成一张表格，再将这些状态用对应的寄存器绘制出一张图，并标上状态之间转换的条件，这就是控制系统的状态转换图。状态转换图应包括输入状态、输出状态、内部资源状态及转换条件，转换条件应该是输入状态、输出状态或内部资源状态。下面来讨论几种基本的状态转换图，符号IP_n表示输入现态，IP_{n+1}表示输入次态；OP_n表示输出现态，OP_{n+1}表示输出次态；IT_n表示内部现态，IT_{n+1}表示内部次态。需要说明的是现态与次态是相对的。

1. 单现态次态状态转换

单现态次态状态转换是只能从一个状态在某些条件下转入唯一的一个次状态，其状态转换图如图6-7所示。图中转换的条件只列出了两个逻辑相与的条件，它们可能有多个，且可能是相或、相与、与或、或与等逻辑（下同）。

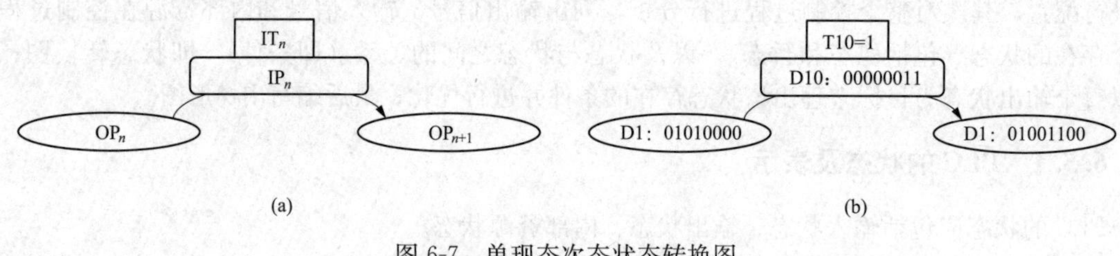

图6-7 单现态次态状态转换图
（a）通式；（b）举例

2. 单现态多次态状态转换

单现态多次态状态转换是某一个状态在某些条件下转入到一个次状态，而该状态在另一些条件下会转入到另一个次状态，其状态转换图如图6-8所示。

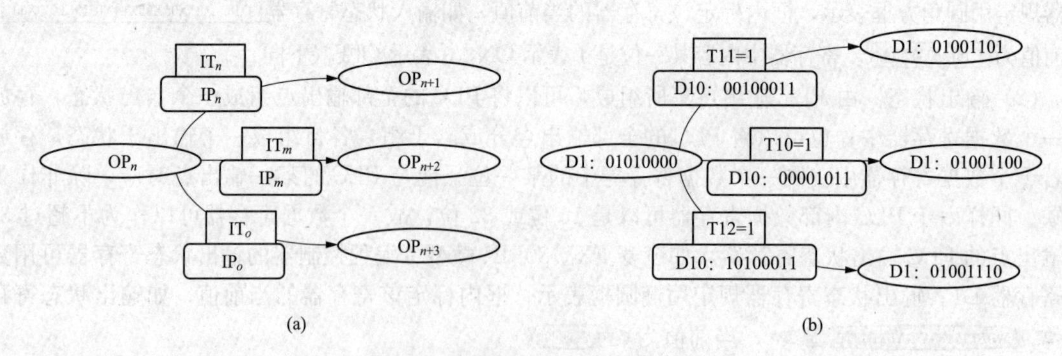

图6-8 单现态多次态状态转换图
（a）通式；（b）举例

3. 多状态单次态状态转换

多状态单次态状态转换与上面的单现态多次态状态转换正好相反，就是有多个状态在不同的条件下都会转入到同一个次状态，其状态转换图如图 6-9 所示。

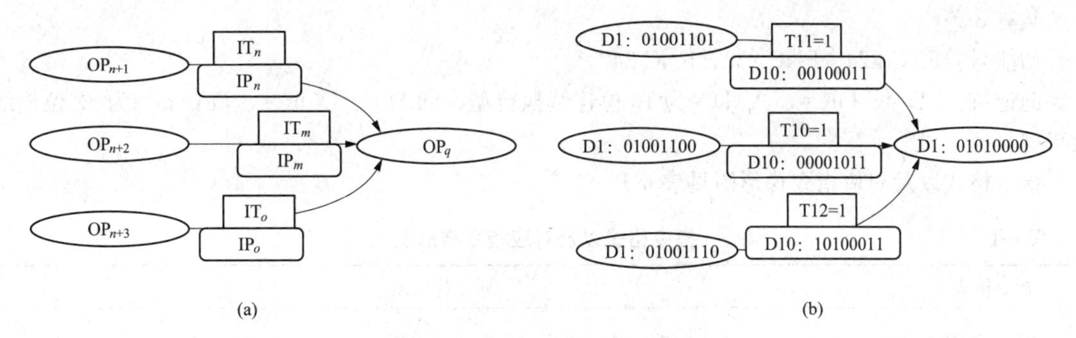

图 6-9　多现态单次态状态转换

（a）通式；（b）举例

4. 单现态次态循环状态转换

单现态次态循环状态转换就是在两种转换条件下，输出状态在两种状态之间切换，其状态转换图如图 6-10 所示。

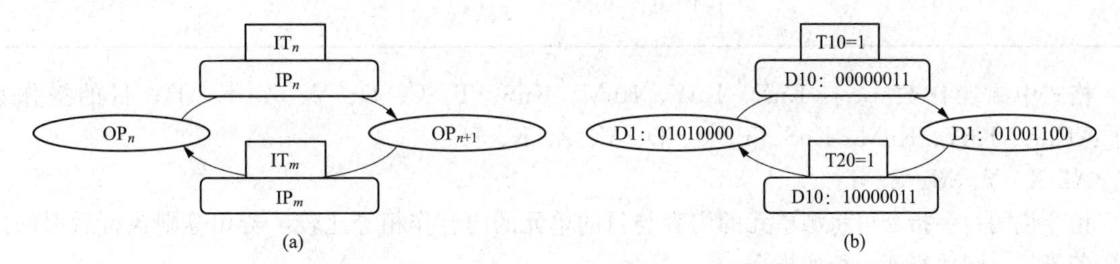

图 6-10　单现态次态循环状态转换图

（a）通式；（b）举例

6.5.3　基本状态转换图的梯形图设计

从状态转换图中可以看到，不管是稳态，还是暂态，其状态转换的结构均非常清晰。输入状态在状态转换图中只能作为转换的条件，不能作为被转换的状态；而输出状态和内部资料状态都可作为被转换的状态或转换条件。最终需要关注的是输出状态之间的变化，内部资源状态最终还是要作为影响输出状态变化的条件。由于状态转换图的结构比较清晰、简单，因此其对应的程序也不会复杂。这些基本状态转换图用到最多的 PLC 指令（梯形图）有数据传送指令和比较指令。

1. 指令介绍

(1) 数据传送指令。

功能号：FNC 12。

助记符：MOV。

指令格式：MOV　S　D。

指令梯形图：├┤A├───[MOV S D]┤。

指令格式中需要虚元件（操作数）S：K、H、KnX、KnY、KnM、KnS、T、C、D、V、Z；虚元件（操作数）D：K、H、KnY、KnM、KnS、T、C、D、V、Z。

动合触点 A：X、Y、M、S、T。

指令说明：该指令中有一个源操作数、一个目的操作数。将源操作数中的数据送入目的操作数中。MOV 指令可将一个源单元的内容传送至目的单元中。

(2) 比较指令。比较指令共有 18 条，功能号从 FNC 224 到 FNC 246。这里介绍相等比较指令，共有 3 条。

功能号：FNC 224、FNC 232、FNC 240。

助记符：LD=、OR=、AND=为 16 位连续执行型；DLD=、DOR=、DAND=为 32 位连续执行型。

指令格式以及对应指令梯形图见表 6-1。

表 6-1　　指令格式以及对应指令梯形图

指令格式	指令梯形图
LD=　S　D	[= [S]　[D]] ——(B)
AND=　S　D	A —┤├—[= [S]　[D]] ——(B)
OR=　S　D	A —┤├——(B) [= [S]　[D]] (并联)

格式中源操作数 [S]：KnX、KnY、KnM、KnS、T、C、D、V、Z、K、H；目的操作数 [D]：KnX、KnY、KnM、KnS、T、C、D、V、Z、K、H。

A：X、Y、M、S、T。

指令说明：=指令可将源单元的内容与目的单元的内容作相等比较，若相等则执行后面的指令；若不等，则执行下一行的指令。[2]

2. 基本状态转换图的梯形图

根据数据传送指令和比较指令的梯形图，以三菱 FX 型 PLC 为例，不难编写出图 6-7（b)、图 6-8（b)、图 6-9（b)、图 6-10（b）所示的状态转换图的梯形图程序，它们分别如图 6-11（a)、(b)、(c）和（d）所示。

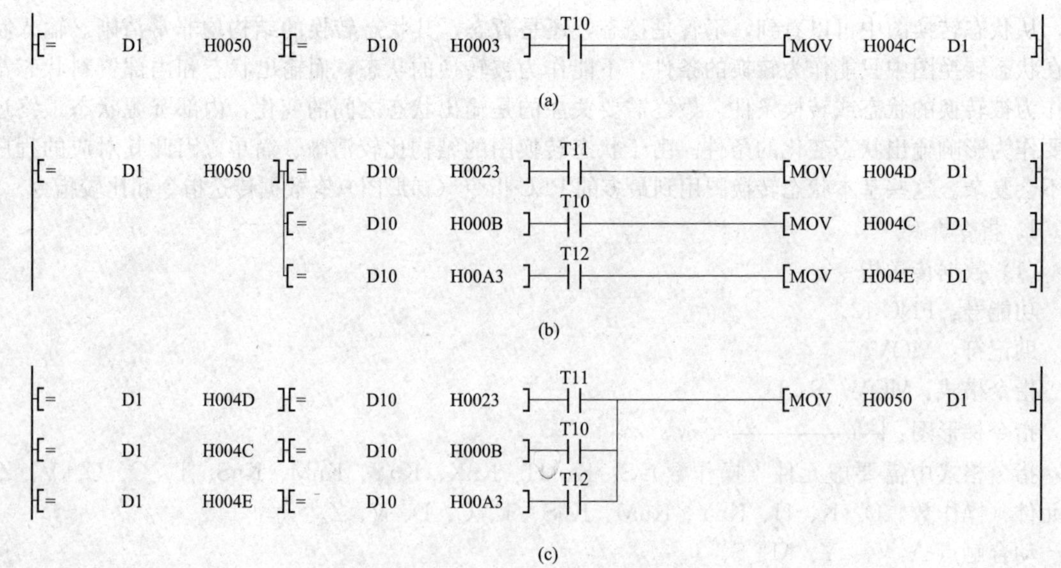

图 6-11　基本状态转换图的梯形

(a) 对应图 6-7（b)；(b) 对应图 6-8（b)；(c) 对应图 6-9（b)

[= D1 H0050][= D10 H0003]—T10—[MOV H004C D1]

[= D1 H004C][= D10 H0083]—T20—[MOV H0050 D1]

(d)

图 6-11 基本状态转换图的梯形（续）

（d）对应图 6-10（b）

6.5.4 设计举例

此处以图 6-12 所示的电动机星形—三角形降压单向起动 QRPLC 控制电路为例，详细地说明采用状态转换法编制梯形图的过程。分析电动机星形—三角形降压起动过程中 QRPLC 输出信号依赖其输入信号或内部资源信号的动作变换时，假设触头闭合为“1”，断开为“0”；继电器释放为“0”，吸合为“1”。电动机星形起动时间使用 PLC 内部的虚拟定时器 T1，时间为 6s；星形—三角形切换时间使用 PLC 内部的虚拟定时器 T2，时间为 1s。

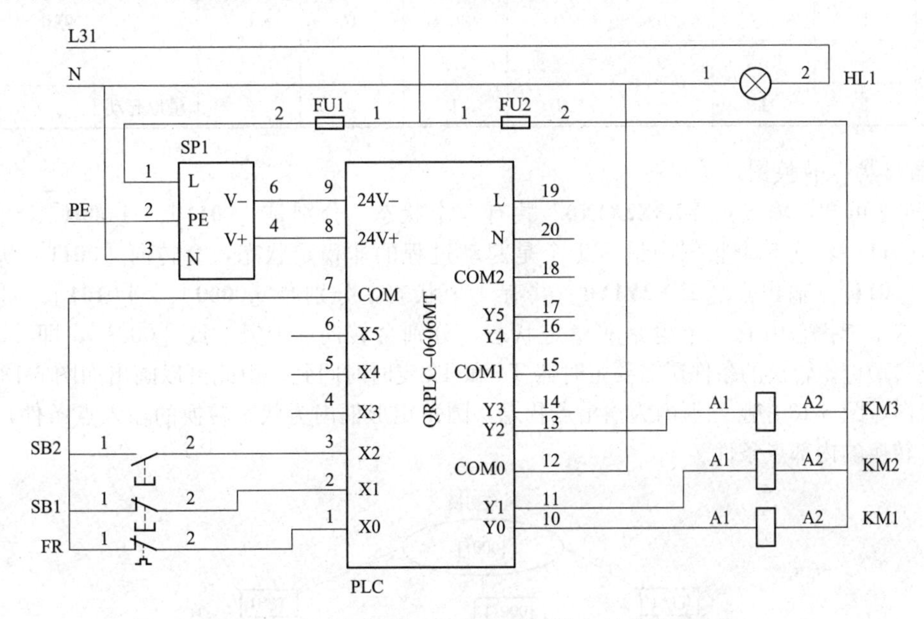

图 6-12 电动机星形—三角形降压单向起动控制电路

1. 起动过程各阶段状态

（1）停机状态。电动机处在停止状态时，输入信号按钮（SB1＝1，SB2＝0）没有被按下、热保护未动作（FR＝1）。输出信号接触器均在释放状态（KM1＝KM2＝KM3＝0）。

（2）起动操作状态。输出接触器均在释放状态（KM1＝KM2＝KM3＝0）；热保护未动作（FR＝1），即在停止状态。当起动按钮 SB2 被按下（SB2＝1），则接触器 KM1 吸合（KM1＝1），→接触器 KM3 吸合（KM3＝1），内部定时器 T1 得电进入计时状态（定时设置值 6s）。电动机进入星形接线起动状态。

（3）切换过程。内部定时器计时时间到动作，使接触器 KM3 释放（KM3＝0），虚拟定时器 T2 得电进入计时状态（定时设置值 1s）。计时时间到动作，使接触器 KM2 吸合（KM2＝1），虚拟定时器 T1 和 T2 失电释放。电动机进入三角形接线运行状态。

（4）三角形运行状态。输入信号按钮（SB1＝1，SB2＝0）没有被按下、热保护未动作（FR＝

1)。输出信号接触器KM1吸合（KM1＝1）、接触器KM2吸合（KM2＝1）。

（5）停止操作状态。在输出接触器KM1吸合（KM1＝1）、KM2吸合（KM2＝1），即电动机在运转状态。若按下按钮SB1（SB1＝0）、或热保护动作（FR＝0），则接触器KM1和KM2均释放（KM1＝KM2＝0）。电动机进入停机状态。

根据上面的分析，结合图6-12所示电路中每个电器所接PLC的输入点或输出点，可以建立一张状态对应关系表，见表6-2。表中“星形起动”“星角切换”状态为非稳定状态。

表6-2　　QRPLC输入输出状态

X00 (FR)	X01 (SB1)	X02 (SB2)	X03	Y00 (KM1)	Y01 (KM2)	Y02 (KM3)	Y03	状态
				0	0	0	0	停止
1	1	0	0	1	0	1	0	角形运转
				1	0	0	0	星角切换
1	0	0	0					
0	1	0	0	0	0	0	0	停止
0	0	0	0					
1	1	1	0	1	1	0	0	星形起动

2. 画出状态转换图

从表6-2可知，输入点［X3**X2X1X0**］共有5个状态，分别是［0**011**］、［0**001**］、［0**010**］、［0**000**］、［0**111**］，这5个状态中最后1个是起动过程的非稳定状态，会转向［0**011**］状态，即［0**111**］→［0**011**］。输出点［Y3**Y2Y1Y0**］共有4个状态，分别是［0**000**］、［0**101**］、［0**001**］、［0**011**］，这4个状态中有2个也是非稳定状态，分别会转向［0101］或［0001］，即［0011］→［0001］→［0101］；转换的条件还需要定时器T1和T2定时时间到。由此可以画出如图6-13所示的状态转换图，图6-13中椭圆框内为输出点状态，圆角矩形框内为状态转换的输入点条件，矩形框内为状态转换的内部点条件。

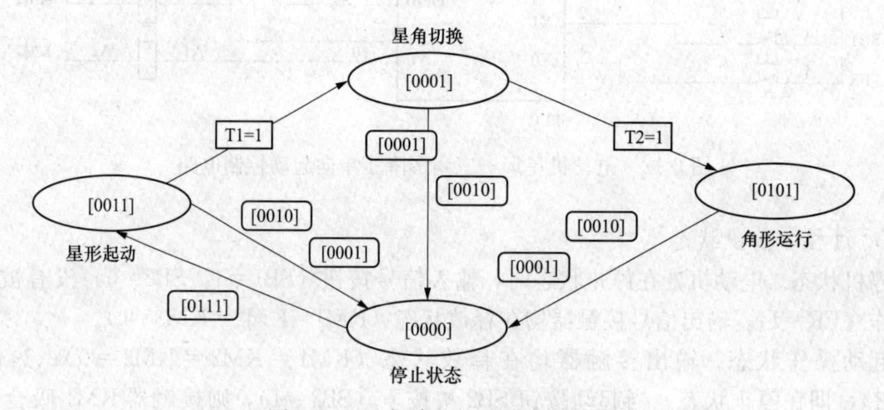

图6-13　星角单向起动状态转换图

3. 梯形图设计

据图6-13所示星角单向起动状态转换图，将分配到QRPLC的输入点X03～X00（仅使用X02～X00三个点）的状态存放在数据寄存器D1中，输出点Y03～Y00（仅使用Y03～Y00三个点）的状态信息存放在数据寄存器D2中。输入的状态作为输出状态的转换条件，并考虑输入或输出状态对内部虚拟元件的触发，从而改变输出或输入状态的影响。

这种编程方法主要用到数据传送指令和比较指令，根据状态转换图可以方便地编制出星角降压单向起动梯形图，如图 6-14 所示。

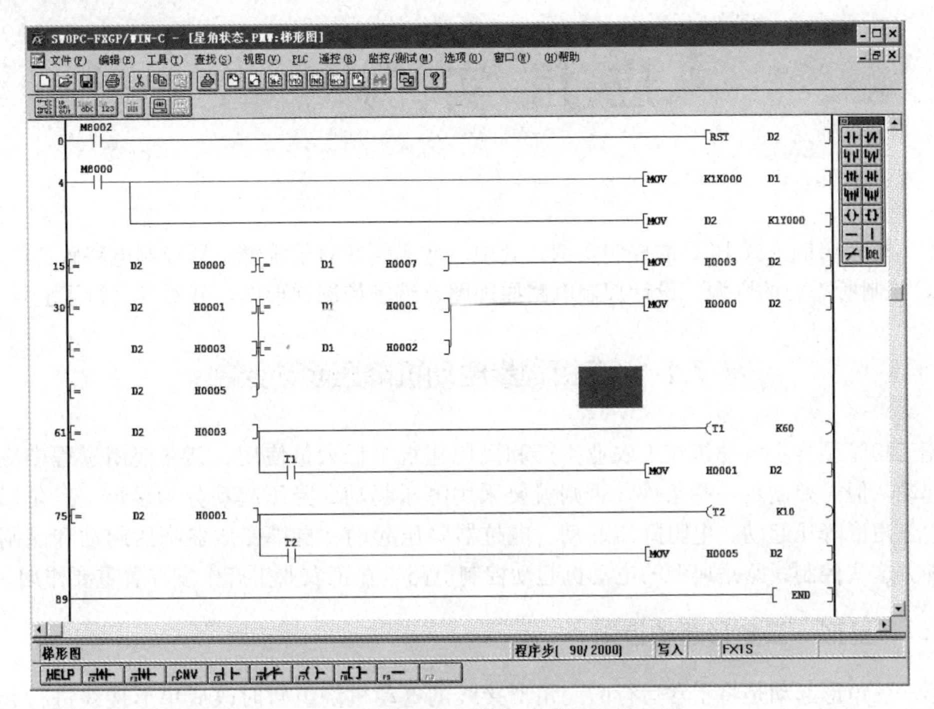

图 6-14　星角降压单向起动状态法梯形图

第7章

应 用 实 例

本章主要介绍嵌入式 PLC 的控制实例，其中一些实例在对传统继电器控制电路解读的基础上，确定 PLC 控制所需要的资源，设计控制电路原理图，编制控制梯形图，并对其进行了验证。

7.1 三相异步电动机降压起动控制

交流三相笼型异步电动机在工农业生产和民用建筑中仍大量使用，其在使用过程中应优先采用全压起动，但需要满足一些条件，否则就要采用降压起动。降压起动分为星形—三角形降压起动、延边三角形降压起动、电阻降压起动、电抗器降压起动、自耦变压器降压起动和晶闸管降压起动 6 种。这些控制线路是典型的电动机起动控制电路，在工农业生产中发挥着重要作用。

7.1.1 星形—三角形起动控制

星形—三角形起动是将正常运行的三角形接线的电动机绕组暂时改成星形接线进行起动，完成起动后再将绕组接线恢复为三角形接线。星形—三角形起动使施加在电动机绕组上的电压为额定电压的 $1/\sqrt{3}$，电动机的起动电流和转矩也都成为全压起动的 1/3，因此降压起动虽然使起动电流变小，但其起动转矩也相应地变小了，绕组温升升高，从而起动控制电路变得复杂。

1. 单向运转控制

(1) 继电器—接触器控制原理。笼形电动机星三角降压单向起动主电路如图 7-1 所示，其中 QF 为电源总空气开关，用于电动机的短路保护；FR 为热继电器，用于电动机的过载保护；接触器 KM1 用于供电控制，接触器 KM2 和 KM3 用于改变电动机定子绕组的接线形式，KM2 释放状态下 KM3 吸合电动机 M 的定子绕组为星形接法，KM3 释放状态下 KM2 吸合电动机 M 的定子绕组为三角形接法。因此该电路中接触器分为两组，一组负责供电控制、即接触器 KM1；另一组负责电动机绕组的接线形式，即接触器 KM2 和 KM3。必须注意的是负责切换接线形式的接触器 KM2 与 KM3 不能同时吸合。

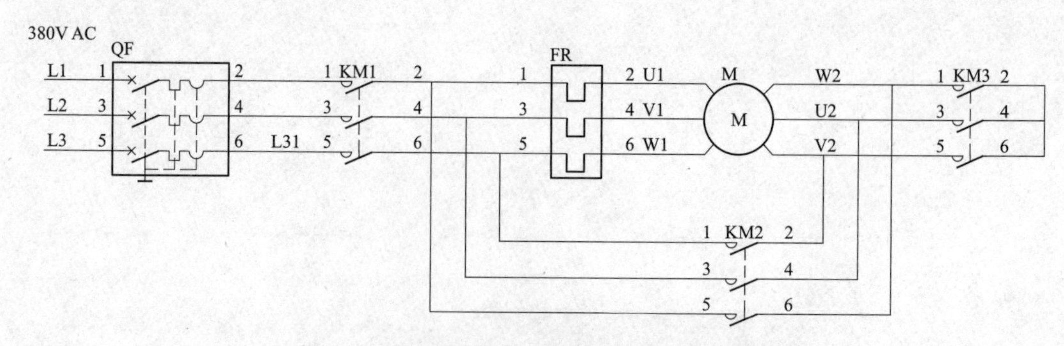

图 7-1 笼形电动机星三角降压单向起动主电路

按照两组接触器在电动机起动过程中动作的先后次序，继电器控制电路的形式有三种，一是供电接触器和绕组接线形式接触器同时动作，如图 7-2 所示；二是绕组接线形式接触器先动作、供电接触器后动作，如图 7-3 所示；三是供电接触器先动作、绕组接线形式接触器后动作。

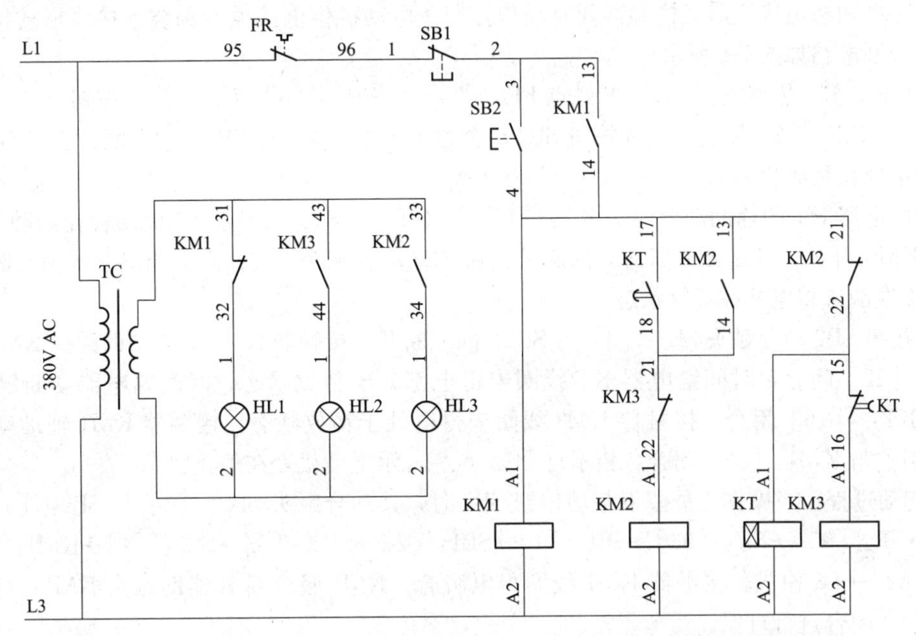

图 7-2　星三角降压单向起动供电和绕组接线形式接触器同时动作控制电路

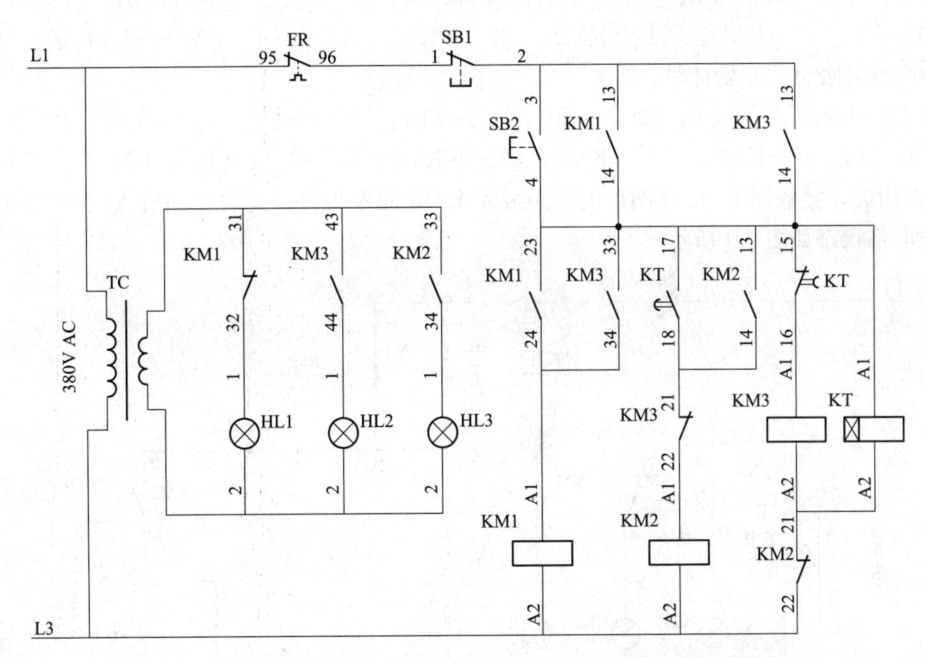

图 7-3　星三角降压单向起动绕组接线形式接触器先动作控制电路

图 7-2、图 7-3 控制电路中，指示灯 HL1、HL2 和 HL3 用于指示电动机的所处状态；变压器 TC 为指示灯提供隔离电源；FR 为热继电器动断触头，当电动机出现过载时，该触头断开；SB1 为停止电动机运转操作按钮，SB2 为起动电动机运转操作按钮；KT 为通电延时型时间继电器，时间继电器 KT 的设定值是电动机开始星形运转到进入三角形切换所需起动时间。需要注意的是星

形、三角形连接的接触器不能同时吸合，为了避免两接触器同时吸合，通常采用带机械联锁的接触器对，也可以采用接触器的辅助动断触头进行联锁，如图 7-2、图 7-3 中的 KM2：[21] 和 KM2：[22] 与 KM3：[21] 和 KM3：[22]。

(2) 供电和绕组接线形式接触器同时动作控制。电动机供电接触器和绕组接线形式接触器同时动作的控制电路如图 7-2 所示。

1) 停止状态。热继电器 FR 动断触点 FR：[95] 与 FR：[96] 闭合，停止按钮 SB1 动断触点 SB1：[1] 与 SB1：[2] 闭合，起动按钮 SB2 动合触头 SB2：[3] 与 SB2：[4] 断开。接触器 KM1 线圈未得电处在释放状态。

时间继电器 KT 的辅助动合触头 KT：[17] 与 KT：[18]、接触器 KM2 动合辅助触头 KM2：[13] 与 KM2：[14] 处于断开状态，因起动按钮 SB2 动合触头 SB2：[3] 与 SB2：[4] 断开，接触器 KM2 线圈未得电处在释放状态。

起动按钮 SB2 动合触头 SB2：[3] 与 SB2：[4] 断开，接触器 KM2 动断辅助触头 KM2：[21] 与 KM2：[22] 闭合，时间继电器 KT 线圈未得电都处于释放状态；时间继电器动断触头 KT：[15] 与 KT：[16] 闭合，接触器 KM3 线圈未得电处于释放状态。接触器 KM1 辅助动断触头 KM1：[31] 与 KM1：[32] 闭合，指示灯 HL1 点亮标示电动机处在停止状态。

2) 起动过程。当操作人员按下起动按钮 SB2 时，其动合触头 SB2：[3] 与 SB2：[4] 闭合，回路 L1→FR：[95]→FR：[96]→SB1：[1]→SB1：[2]→SB2：[3]→SB2：[4]→KM1：[A1]→KM1：[A2]→L3 构成，接触器 KM1 线圈得电吸合。KM1 吸合后其辅助触头 KM1：[13] 与 KM1：[14] 闭合进行自保。

回路 L1→FR：[95]→FR：[96] →SB1：[1]→SB1：[2]→SB2：[3]（KM1：[13]）→SB2：[4]（KM1：[14]）→KM2：[21]→KM2：[22] →KT：[A1]→KT：[A2] →L3 构成，时间继电器 KT 线圈得电吸合、开始计时。

回路 L1→FR：[95]→FR：[96] →SB1：[1]→SB1：[2]→SB2：[3]（KM1：[13]）→SB2：[4]（KM1：[14]）→KM2：[21]→KM2：[22]→KT：[15]→KT：[16]→KM3：[A1]→KM3：[A2]→L3 构成，接触器 KM3 线圈得电、接触器 KM3 动作吸合。此时电动机 M 定子绕组接成星形，此时电路状态如图 7-4 所示。

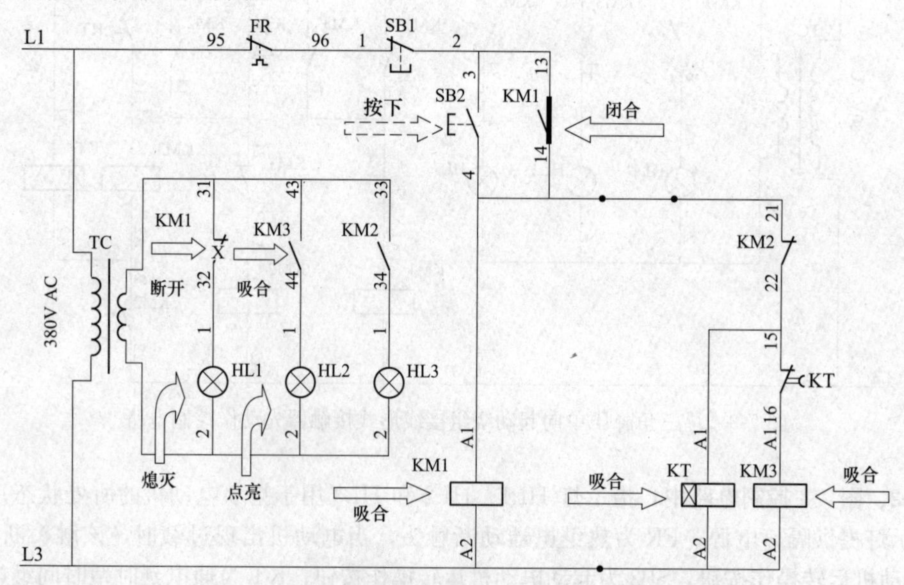

图 7-4　供电和绕组接线形式接触器同时动作电路起动状态

3）切换过程。随着电动机M运转的进行，电动机起动电流逐渐下降。达到定时设定值时时间继电器KT动作，其动断触头KT：[15]与KT：[16]断开，回路L1→FR：[95]→FR：[96]→SB1：[1]→SB1：[2]→KM1：[13]→KM1：[14]→KM2：[21]→KM2：[22]→KT：[15]‖KT：[16]→KM3：[A1]→KM3：[A2]→L3断裂，接触器KM3线圈失电释放。KM3的动断触头KM3：[21]与KM3：[22]闭合，为切换到三角形运行做好准备。

时间继电器KT动作，其动合触头KT：[17]与KT：[18]闭合，回路②：L1→FR：[95]→FR：[96]→SB1：[1]→SB1：[2]→KM1：[13]→KM1：[14]→KT：[17]→KT：[18]→KM3：[21]→KM3：[22]→KM2：[A1]→KM2：[A2]→L3构成，接触器KM2线圈得电吸合。其辅助动合触头KM2：[13]与KM2：[14]闭合，进行自保。

接触器KM2线圈得电吸合，其动断触头KM2：[21]与KM2：[22]断开，回路③：L1→FR：[95]→FR：[96]→SB1：[1]→SB1：[2]→KM1：[13]→KM1：[14]→KM2：[21]‖KM2：[22]→KT：[A1]→KT：[A2]→L3断裂，时间继电器和接触器KM3线圈失电释放，完成切换过程。

4）三角形运行。接触器KM1线圈得电吸合后，回路L1→FR：[95]→FR：[96]→SB1：[1]→SB1：[2]→KM1：[13]→KM1：[14]→KM1：[A1]→KM1：[A2]→L3构成，接触器KM1自保。

接触器KM2线圈得电吸合后，回路L1→FR：[95]→FR：[96]→SB1：[1]→SB1：[2]→KM1：[13]→KM1：[14]→KM2：[13]→KM2：[14]→KM3：[21]→KM3：[22]→KM2：[A1]→KM2：[A2]→L3构成，接触器KM2自保。

接触器KM3释放，其辅助动合触头KM3：[43]与KM3：[44]断开，指示灯HL2熄灭。接触器KM2吸合，其辅助动合触头KM2：[33]与KM2：[34]闭合，指示灯HL3点亮，标示电动机处在三角形接线的运行状态。

完成切换电动机M进入三角形接线的运行状态，此时控制电路状态如图7-5所示。

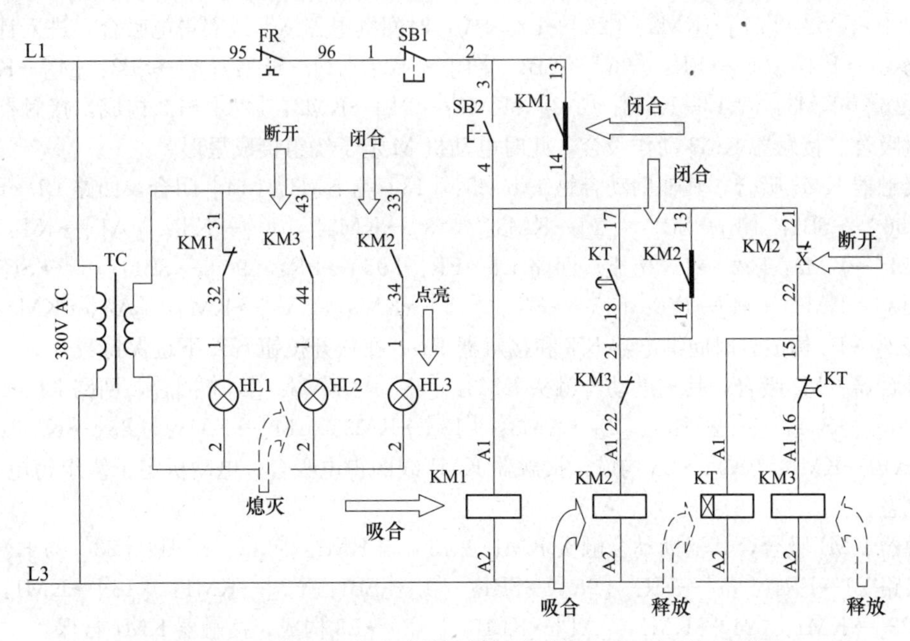

图7-5 供电和绕组接线形式接触器同时动作电路三角形运行状态

5）过载保护。在运行过程中若电动机出现过载，则热继电器FR动作。其辅助动断触头FR：

［95］与 FR：［96］断开，回路 L1→FR：［95］‖FR：［96］→SB1：［1］→SB1：［2］→KM1：［13］→KM1：［14］→KM1：［A1］→KM1：［A2］→L3 断裂，接触器 KM1 线圈失电释放。

回路 L1→FR：［95］‖FR：［96］→SB1：［1］→SB1：［2］→KM1：［13］→KM1：［14］→KM2：［13］→KM2：［14］→KM3：［21］→KM3：［22］→KM2：［A1］→KM2：［A2］→L3 断裂，接触器 KM2 线圈失电释放。

电动机定子绕组失电停转。

6）停止操作。若按下停止按钮 SB1，其动断触头 SB1：［1］与 SB1：［2］断开，回路 L1→FR：［95］→FR：［96］→SB1：［1］‖SB1：［2］→KM1：［13］→KM1：［14］→KM1：［A1］→KM1：［A2］→L3，和回路 L1→FR：［95］→FR：［96］→SB1：［1］‖SB1：［2］→KM1：［13］→KM1：［14］→KM2：［13］→KM2：［14］→KM3：［21］→KM3：［22］→KM2：［A1］→KM2：［A2］→L3 断裂，接触器 KM1 和 KM2 线圈失电释放，电动机定子绕组失电停转。

（3）绕组接线形式接触器先动作控制电路。电动机绕组接线形式接触器先动作、供电接触器后动作的控制电路如图 7-3 所示。

1）停止状态。热继电器 FR 动断触点 FR：［95］与 FR：［96］闭合，停止按钮 SB1 动断触点 SB1：［1］与 SB1：［2］闭合，起动按钮 SB2 动合触头 SB2：［3］与 SB2：［4］断开。接触器 KM2 动断辅助触头 KM2：［21］与 KM2：［22］闭合，时间继电器动断触头 KT：［15］与 KT：［16］闭合。时间继电器 KT 和接触器 KM3 线圈未得电都处于释放状态。

接触器 KM3 和时间继电器 KT 的辅助动合触头处于断开状态。接触器 KM1 和 KM2 处于释放状态。

接触器 KM1 辅助动断触头 KM1：［31］与 KM1：［32］闭合，指示灯 HL1 点亮标示电动机处在停止状态。

2）起动过程。当操作人员按下起动按钮 SB2 时，其动合触头 SB2：［3］与 SB2：［4］闭合，回路 L1→FR：［95］→FR：［96］→SB1：［1］→SB1：［2］→SB2：［3］→SB2：［4］→KT：［A1］→KT：［A2］→KM2：［21］→KM2：［22］→L3 构成，时间继电器 KT 线圈得电吸合，进入计时状态。

回路 L1→FR：［95］→FR：［96］→SB1：［1］→SB1：［2］→SB2：［3］→SB2：［4］→KT：［15］→KT：［16］→KM3：［A1］→KM3：［A2］→KM2：［21］→KM2：［22］→L3 构成，接触器 KM3 的线圈得电吸合。接触器 KM3 动作吸合，此时电动机 M 定子绕组接成星形。

因接触器 KM3 吸合，其辅助动合触头 KM3：［13］与 KM3：［14］闭合，回路 L1→FR：［95］→FR：［96］→SB1：［1］→SB1：［2］→KM3：［13］→KM3：［14］→KT：［A1］→KT：［A2］→KM2：［21］→KM2：［22］→L3 构成，回路 L1→FR：［95］→FR：［96］→SB1：［1］→SB1：［2］→KM3：［13］→KM3：［14］→KT：［15］→KT：［16］→KM3：［A1］→KM3：［A2］→KM2：［21］→KM2：［22］→L3 构成，时间继电器 KT 和接触器 KM3 在松开按钮 SB2 下也保持吸合。

因接触器 KM3 吸合，其辅助动合触头 KM3：［33］与 KM3：［34］闭合，回路 L1→FR：［95］→FR：［96］→SB1：［1］→SB1：［2］→KM3：［13］→KM3：［14］→KM3：［33］→KM3：［34］→KM1：［A1］→KM1：［A2］→L3 构成，接触器 KM1 线圈得电吸合。电动机定子绕组得电，进入星形起动状态。

接触器 KM1 吸合，其辅助动合触头 KM1：［13］与 KM1：［14］、KM1：［23］与 KM1：［24］闭合，回路 L1→FR：［95］→FR：［96］→SB1：［1］→SB1：［2］→KM1：［13］→KM1：［14］→KM1：［23］→KM1：［24］→KM1：［A1］→KM1：［A2］→L3 构成，接触器 KM1 自保。

接触器 KM3 吸合，其辅助动合触头 KM3：［43］与 KM3：［44］闭合，指示灯 HL2 点亮标示电动机处在起动状态。接触器 KM1 吸合，其辅助动断触头 KM1：［31］与 KM1：［32］断开，指示灯 HL1 熄灭。

实际中操作人员按下和松开按钮 SB2 的时间大于 KM3 和 KM1 先后动作的时间间隔，可以考虑省去接触器 KM3 用于自保的辅助动合触头 KM3：[13] 与 KM3：[14]。

电动机星形起动过程中控制电路的状态如图 7-6 所示。

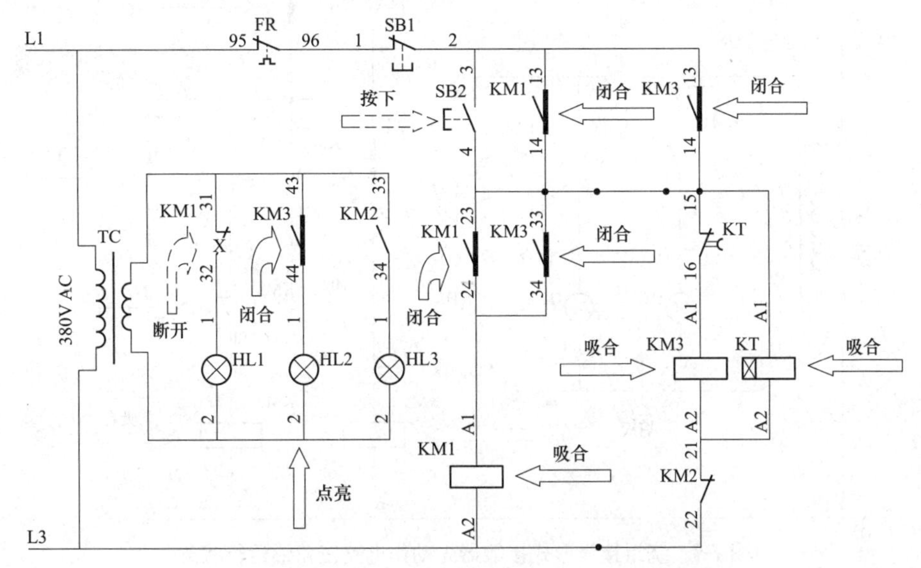

图 7-6 绕组接线形式接触器先动作电路星形起动状态

3）切换过程。随着时间继电器 KT 计时的进行，电动机起动电流逐渐下降。达到定时设定值时时间继电器 KT 动作，其动断触头 KT：[15] 与 KT：[16] 断开，回路 L1→FR：[95]→FR：[96]→SB1：[1]→SB1：[2]→KM1：[13]→KM1：[14]→KT：[15] ‖ KT：[16]→KM3：[A1]→KM3：[A2]→KM2：[21]→KM2：[22]→L3 断裂，接触器 KM3 线圈失电释放。KM3 的动断触头 KM3：[21] 与 KM3：[22] 闭合，为切换到三角形运行做好准备。

时间继电器动合触头 KT：[17] 与 KT：[18] 闭合，回路 L1→FR：[95]→FR：[96]→SB1：[1]→SB1：[2]→KM1：[13]→KM1：[14]→KT：[17]→KT：[18]→KM3：[21]→KM3：[22]→KM2：[A1]→KM2：[A2]→L3 构成，接触器 KM2 线圈得电吸合。

接触器 KM2 线圈得电吸合，其动断触头 KM2：[21] 与 KM2：[22] 断开，回路 L1→FR：[95]→FR：[96]→SB1：[1]→SB1：[2]→KM1：[13]→KM1：[14]→KT：[A1]→KT：[A2]→KM2：[21] ‖ KM2：[22]→L3 断裂，时间继电器线圈失电释放。

4）三角形运行。接触器 KM1 线圈得电吸合后，回路 L1→FR：[95]→FR：[96]→SB1：[1]→SB1：[2]→KM1：[13]→KM1：[14]→KM1：[23]→KM1：[24]→KM1：[A1]→KM1：[A2]→L3 构成，接触器 KM1 自保。

接触器 KM2 线圈得电吸合后，回路 L1→FR：[95]→FR：[96]→SB1：[1]→SB1：[2]→KM1：[13]→KM1：[14]→KM2：[13]→KM2：[14]→KM3：[21]→KM3：[22]→KM2：[A1]→KM2：[A2]→L3 构成，接触器 KM2 自保。

接触器 KM3 释放，其辅助动合触头 KM3：[43] 与 KM3：[44] 断开，指示灯 HL2 熄灭。接触器 KM2 吸合，其辅助动合触头 KM2：[33] 与 KM2：[34] 闭合，指示灯 HL3 点亮，标示电动机处在三角形接线的运行状态。

完成切换电动机 M 进入三角形接线的运行状态，此时控制电路状态如图 7-7 所示。

5）过载保护。在运行过程中若电动机出现过载，则热继电器 FR 动作。其辅助动断触头 FR：[95] 与 FR：[96] 断开，回路 L1→FR：[95] ‖ FR：[96]→SB1：[1]→SB1：[2]→KM1：[13]

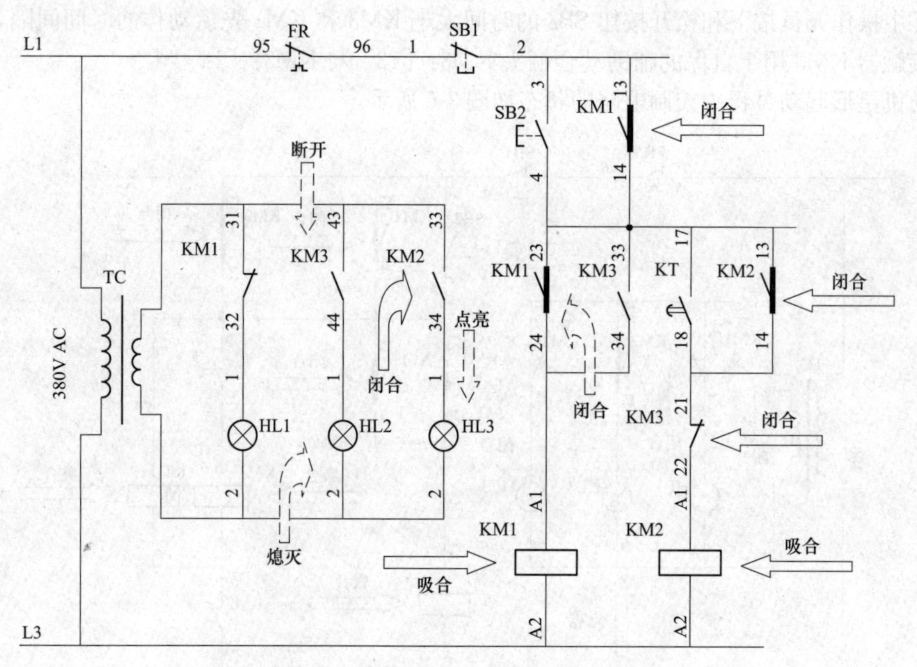

图 7-7　绕组接线形式接触器先动作电路三角形运行状态

→KM1：[14]→KM1：[23]→KM1：[24]→KM1：[A1]→KM1：[A2]→L3 断裂，接触器 KM1 线圈失电释放。

回路 L1→FR：[95] ‖ FR：[96] →SB1：[1]→SB1：[2]→KM1：[13]→KM1：[14]→KM2：[13]→KM2：[14]→KM3：[21]→KM3：[22]→KM2：[A1]→KM2：[A2]→L3 断裂，接触器 KM2 线圈失电释放。

电动机定子绕组失电停转。

6）停止操作。按下停止按钮 SB1，其动断触头 SB1：[1] 与 SB1：[2] 断开。回路 L1→FR：[95]→FR：[96] →SB1：[1] ‖ SB1：[2]→KM1：[13]→KM1：[14]→KM1：[23]→KM1：[24]→KM1：[A1]→KM1：[A2]→L3 断裂，接触器 KM1 线圈失电释放。回路 L1→FR：[95]→FR：[96] →SB1：[1] ‖ SB1：[2]→KM1：[13]→KM1：[14]→KM2：[13]→KM2：[14]→KM3：[21]→KM3：[22]→KM2：[A1]→KM2：[A2]→L3 断裂，接触器 KM2 线圈失电释放。电动机 M 定子绕组失电停止运转。

接触器 KM1 释放，其辅助动断触头 KM1：[31] 与 KM1：[32] 闭合，指示灯 HL1 点亮标示电动机处在停止状态。

接触器 KM2 释放，其辅助动合触头 KM1：[33] 与 KM1：[34] 断开，指示灯 HL3 熄灭。

通过上面的解读可知，完成笼型电动机星形—三角形降压起动电路因接触器动作的次序要求不同，其实现的电路也不同，所以电路中承担起动电流的接触器就不同。图 7-2 中承担起动电流的接触器是取决于 KM1 和 KM3 动作时间长的那台。

虽然降压起动使电动机的起动电流降低到全压起动的 1/3，相应地起动转矩也降压到全压起动的 1/3。假如全压起动的电流是额定电流的 6～7 倍，那么星形降压起动的电流仍为额定电流的 2～4 倍，故通常在选用接触器时承载起动电流的那台接触器要比其他的接触器大一个级。过载保护器件的额定电流不宜小于整定电流的 1.1 倍，过载保护的热继电器和脱扣器整定电流应接近但不小于电动机的额定电流。图 7-1 中用于电动机过载保护热继电器的整定电流是额定电流的 0.58 倍。

(4) 嵌入式PLC控制电路。把三相笼型异步电动机的继电器—接触器控制改为PLC控制，需要把热继电器辅助触头FR、停止按钮SB1、起动按钮SB2作为输入点，若有些场所需要点动运转的，还增加了点动/连续选择开关SA为输入点，若对星形接触器状态进行监测，就需要把该接触器辅助触点作为输入点，共5点。作为输出点的有电源接触器KM1、三角形运转接触器KM2、星形起动接触器KM3，以及计入状态指示灯HL2（将原来3只指示灯合用1只作状态指示，运行时常亮、起动过程中闪亮），共4点。

根据上面确定的输入点和输出点数量，并且预留点动/连续运转和星形接触器动作监测功能。本例选用6点输入、6点晶闸管输出嵌入式控制器QRPLC-0606MT，单片机选用STC11F60XE。输入、输出和辅助各点的分配及功能见表7-1，时间继电器选用内部时基为100ms（0.1s）的定时器T1，假如设定时间取5s则有设定值为5/0.1=50。嵌入式PLC控制原理图如图7-8所示，图中指示灯HL1为电源指示、HL2为电动机状态指示。

表7-1　信号功能及资源分配

输入信号			输出信号		
电器代号	信号资源	功 能	电器代号	信号资源	功 能
FR	X00	电动机过载保护	KM1	Y04	电动机运转接触器
SB1	X01	停止操作按钮	KM2	Y05	电动机三角形运行接触器
SB2	X02	起动操作按钮	KM3	Y06	电动机星形起动接触器
SA	X03	点动/连续选择（预留）	HL2	Y07	状态指示信号
KM3	X04	星形接触器动作监测（预留）			
中间（内部）信号					
KT	T1	起动时间设定			

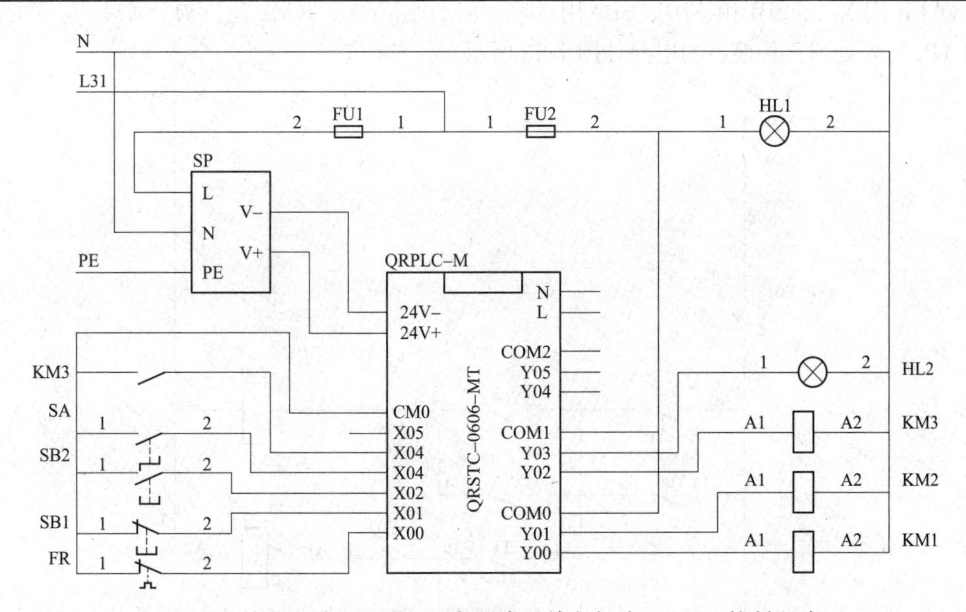

图7-8　笼型电动机星形—三角形降压单向起动QRPLC控制电路

(5) 梯形图编制。由于该继电器控制线路典型、成熟，故从中得到的梯形图程序也是安全、可靠的。依据继电器控制电路，通过元件代号替换、元件符号替换、触头修改、按规则整理四个步骤，将原继电器控制电路转换为PLC控制的梯形图，然后再增加点动和星形接触器监测功能。

绕组接线形式接触器先动作，电源供电接触器后动作的继电器—接触器控制电路如图7-9所示，指示灯部分后面单独编制。

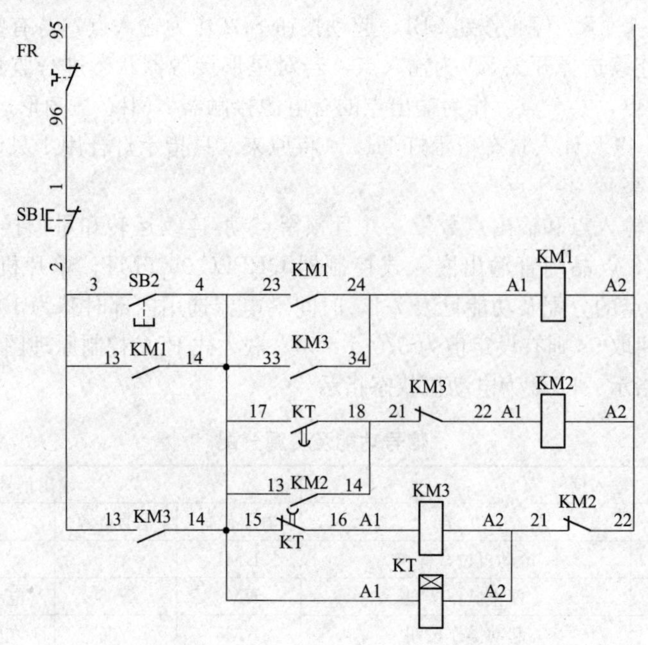

图 7-9 继电器—接触器控制电路

梯形图转换方式如下：

1）步骤 1：元件代号替换。把继电器控制电路中元件的代号用 PLC 控制电路中分配到的点来取代，即 FR 用 X00、SB1 用 X01、SB2 用 X02、KM1 用 Y00、KM2 用 Y01、KM3 用 Y02 代之。指示灯 HL 另外处理，替换后的电路如图 7-10 所示。

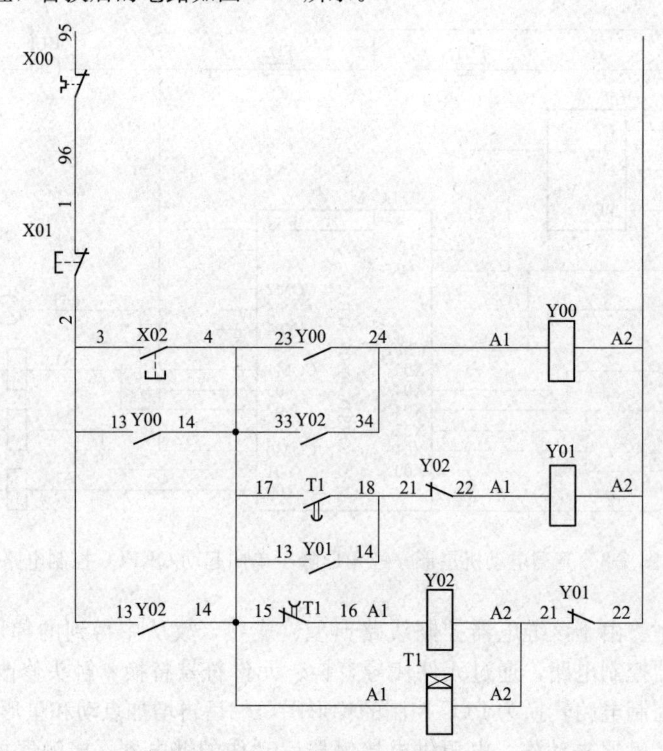

图 7-10 元件代号替换后

2）步骤2：元件符号替换。把继电器电路中的元件符号用梯形图来替换，如动合触头以替换、动断触头以替换、单个并联动合触头用、单个并联动断触头用、输出线圈以替换等。用PLC编程软件中的软元件替换电器元件后的电路如图7-11所示。

3）步骤3：触头修改。PLC控制电路中外接元件沿用继电器电路的动断触头的，必须用该梯形图的动合软元件符号代换，同一元件的动合触头用梯形图的动断软元件符号代换。同一元件的同类触头符号可重复多次使用。

因图7-8中只用到了X00和X01两点，修改后的电路如图7-12所示。

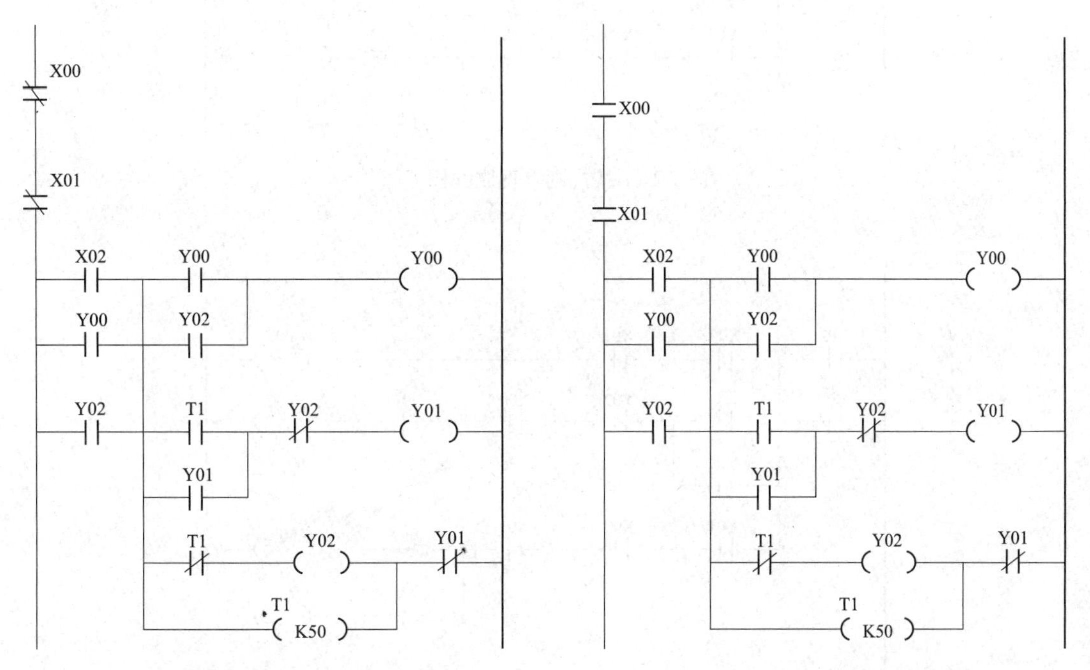

图7-11 软元件替换电器元件符号后　　　　图7-12 触头修改后

4）步骤4：按规则整理。在编辑梯形图时，要注意以下几点：①梯形图的各种符号，要以左母线为起点，右母线为终点（允许省略右母线），从左向右分行绘出。每一行起始的触点群构成该行梯形图的“执行条件”，与右母线连接的应是输出线圈、功能指令，不能是触点。一行写完，自上而下依次再写下一行。需要注意的是，触点不能接在线圈的右边；线圈也不能直接与左母线连接，必须通过触点连接。②触点应画在水平线上，不能画在垂直分支线上。应根据信号单向自左至右、自上而下流动的原则，线圈应在最右侧。③不包含触点的分支应放在垂直方向，不可水平方向设置，以便于识别触点的组合和对输出线圈的控制路径。④如果有几个电路块并联时，应将触点最多的支路块放在最上面。若有几个支路块串联时，应将并联支路多的尽量靠近左母线。⑤遇到不可编程的梯形图时，可根据信号流向对原梯形图重新编排，以便于正确进行编程。

按照上面的转换操作步骤，同样可以把电源供电和绕组接线形式接触器同时动作的继电器控制电路转换成梯形图，如图7-14所示。

（6）梯形图录入。运行三菱编程软件FXGPWIN.EXE。在初始界面上新建一个PLC类型为“FX1N”的文件。逐行把图7-13所示梯形图录入，最后用“END”结束。录入完毕后点“转换”按钮进行转换，完成后的界面如图7-15所示。最后把该程序保存为“单向连续.PMW”，等待后续使用。

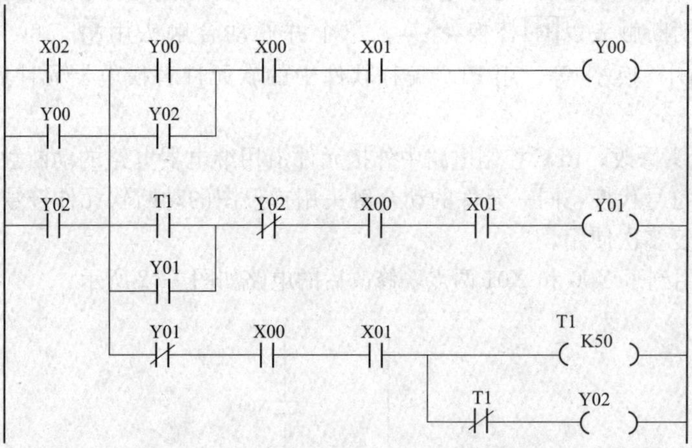

图 7-13 按规则整理成的梯形图

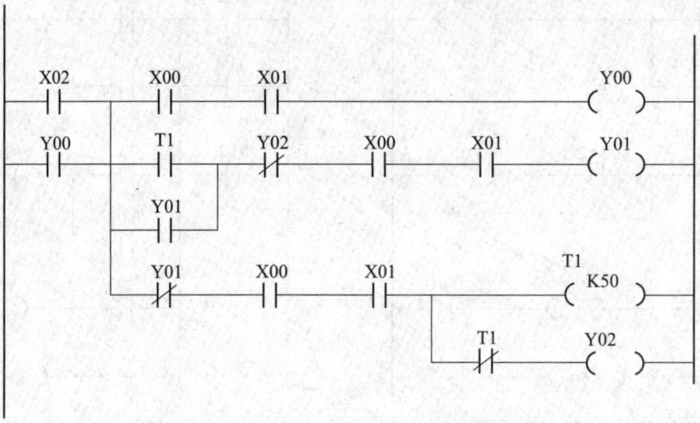

图 7-14 接线形式接触器后动作梯形图

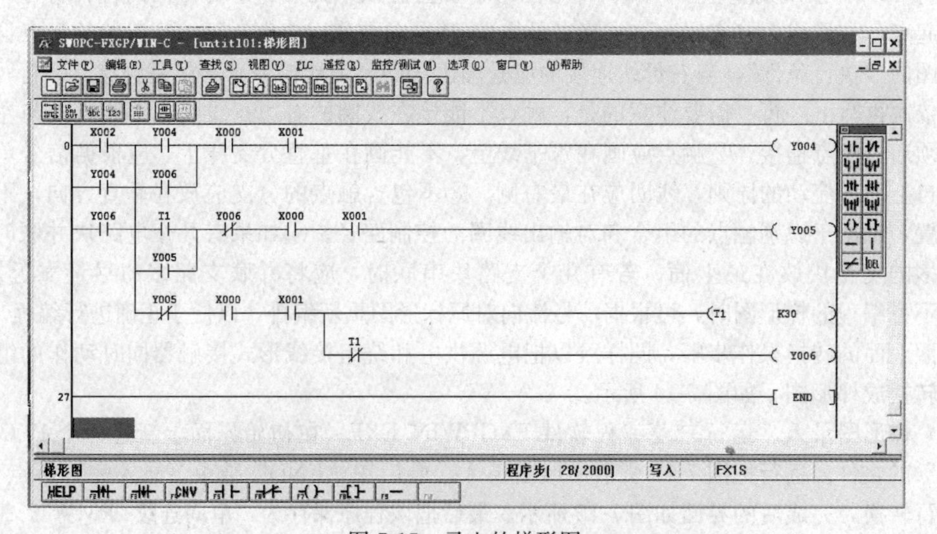

图 7-15 录入的梯形图

(7) 转换可执行代码。运行 FX1N 转换软件“PMW-HEX-V3.0.exe”，根据表 7-1，结合表 4-18 可以得到转换软件的参数设置，如图 7-16 所示。点击按钮“保存设置”，再点击“打开 PMW 文件”按钮，选中录入并保存为名为“单向连续”的 .PMW 文件，将梯形图程序转换成“fx1n.hex”文件。为方便记忆将转换得到的文件“fx1n.hex”改名为“单向连续.hex”。

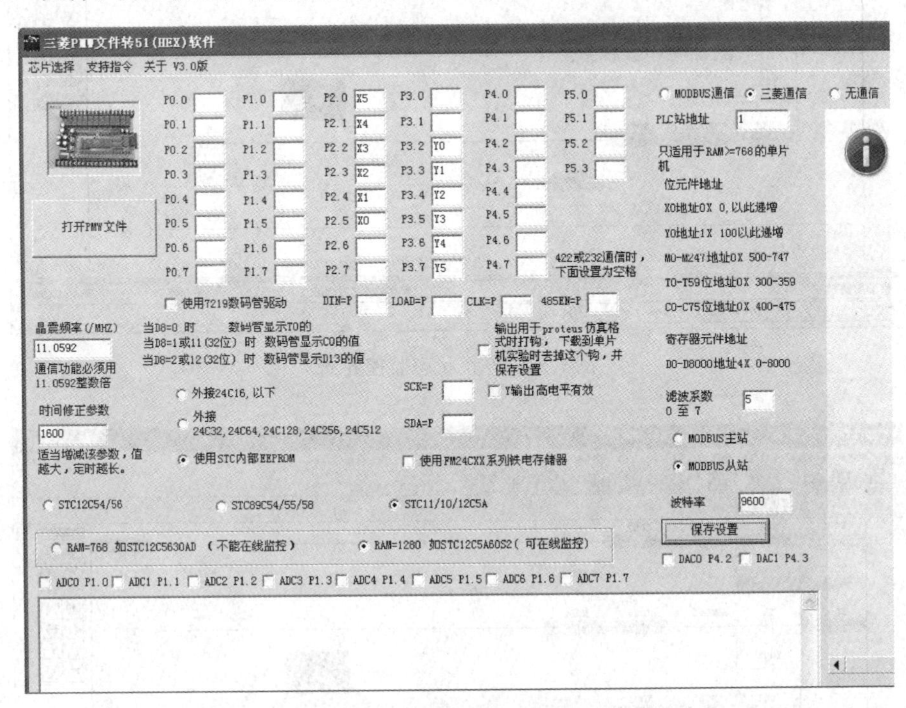

图 7-16 星角单向连续参数设置

(8) 烧录代码。将嵌入式 PLC 用 USB-R232 通信电缆与电脑连接好。运行烧录软件“stc-isp-15xx-v6.69.exe”，注意软件界面上单片机的型号设置、串口号等，该控制板选用 STC11F60XE。点击“打开程序文件”按钮加载代码文件，再点击“下载/编程”按钮，随即给控制板通电进行烧录操作。

(9) 功能验证。确定嵌入式 PLC 用 USB-R232 通信电缆与电脑连接好，接通控制板电源。在编程软件 FXGPWIN 界面点击“PLC”弹出下拉菜单，选中“端口设置”，按编程电缆的端口设定好，点击“确定”返回到编程界面。点击“监控/测试”选择“传送”，然后选择“开始监控”，注意监控界面上元件的背景。

1) 停止状态。在无过载停止状态，控制板输入点 LX00 和 LX01 的指示灯应点亮，否则应检查接线及热继电器和停止按钮 SB1；输出接触器应释放，停止状态的监控界面如图 7-17 所示。

2) 起动过程。当按下起动按钮 SB2 时，接触器 KM3 和 KM1 应吸合，电动机开始转动起动，此时监控界面如图 7-18 所示。约 5s 后，KM3 释放、KM2 吸合，进入正常运行的界面如图 7-19 所示。

3) 过载保护及停机。若在运行过程中出现过载保护动作，则 PLC 输入点 LX00 的指示灯会熄灭，接触器 KM1 和 KM2 就释放，电动机停转。

按下停机按钮 SB1，接触器 KM1 和 KM2 应立即释放，电动机停转。

(10) 指示灯的处理。原继电器—接触器控制电路中采用了 3 只指示灯分别指示停机、起动和运行 3 种状态。在 PLC 控制电路中虽然也可以用 3 只指示灯，但在图 7-8 中用了 2 只，一只为电源指示，另一只用来指示电动机的 3 种状态。电动机停止状态时指示灯 HL2 熄灭，起动过程中 HL2

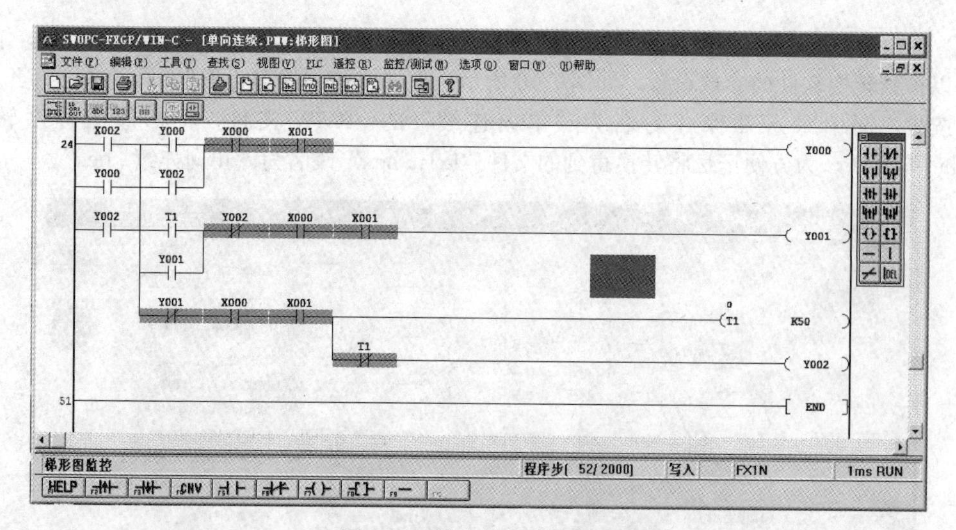

图 7-17　停止状态监控界面

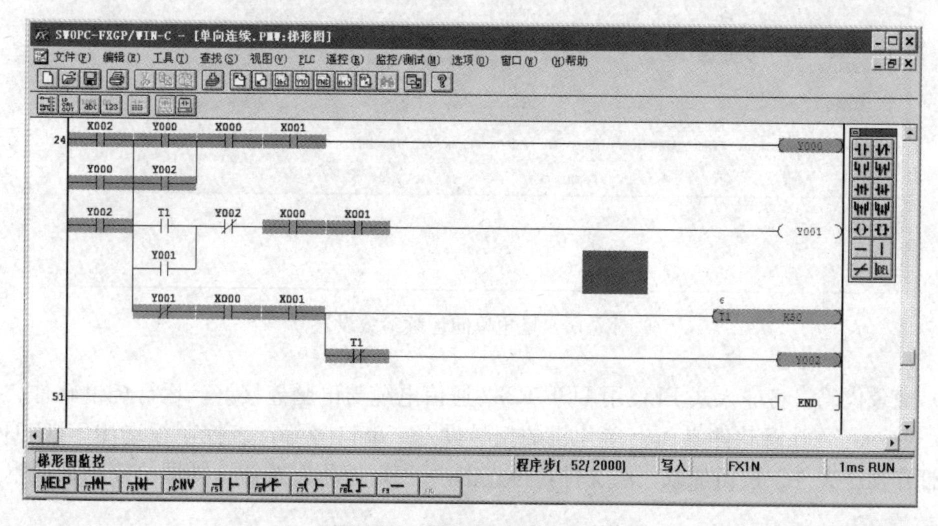

图 7-18　星形起动监控界面

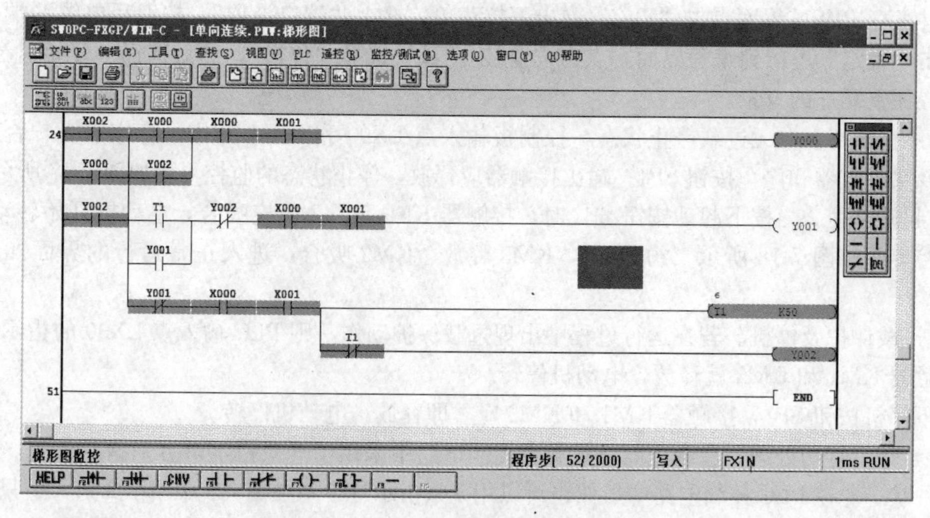

图 7-19　三角形运行监控界面

闪烁，运行过程中 HL2 常亮。起动过程中接触器 KM3 和 KM1 吸合、KM2 释放，运行过程中接触器 KM1 和 KM2 吸合、接触器 KM3 释放。闪烁功能选用了 PLC 的特殊辅助继电器 M8013，指示灯的梯形图如图 7-20 所示。

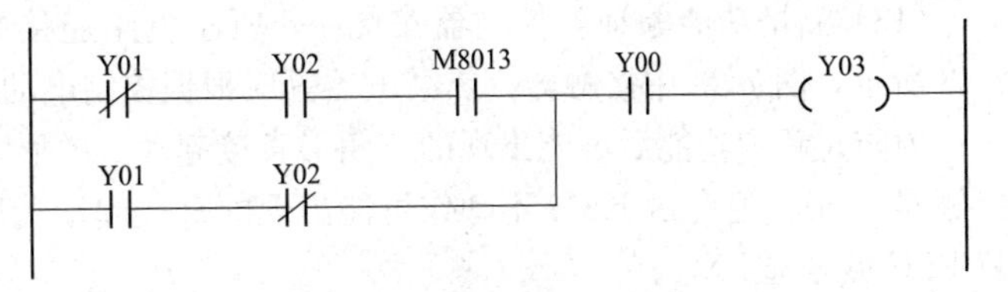

图 7-20　状态指示灯梯形图

（11）点动/连续方式。点动方式运转就是在按下起动按钮时电动机转动，松开按钮电动机便停转。而连续方式时按下起动按钮后，即使松开起动按钮电动机也照样转动。从继电器—接触器控制电路中可以得知，只要断开接触器的自保电路就能做到点动功能。图 7-15 增加输入点 X03 点动和指示灯的梯形图如图 7-21 所示。

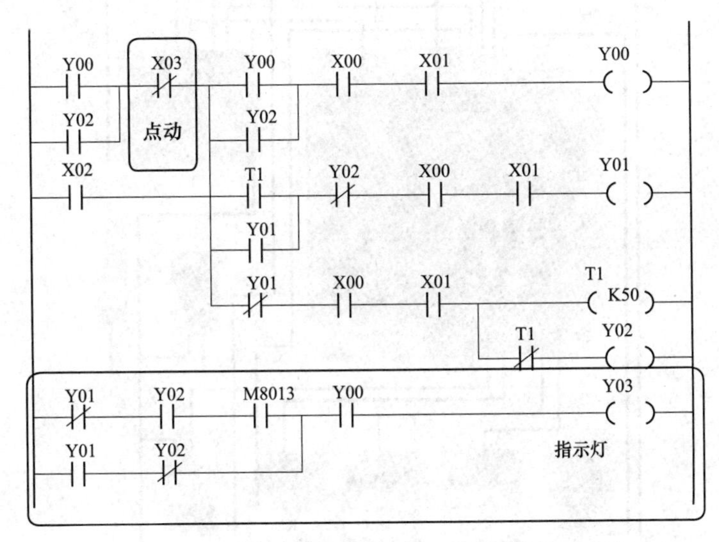

图 7-21　增加点动和指示灯梯形图

（12）星形接触器动作监测。星形接触器动作监测就是只有在星形接触器动作吸合后才能切换到三角形的运行状态，否则不进行切换。在 PLC 控制原理图上增加一个输入点 X04，梯形图如图 7-22 所示。

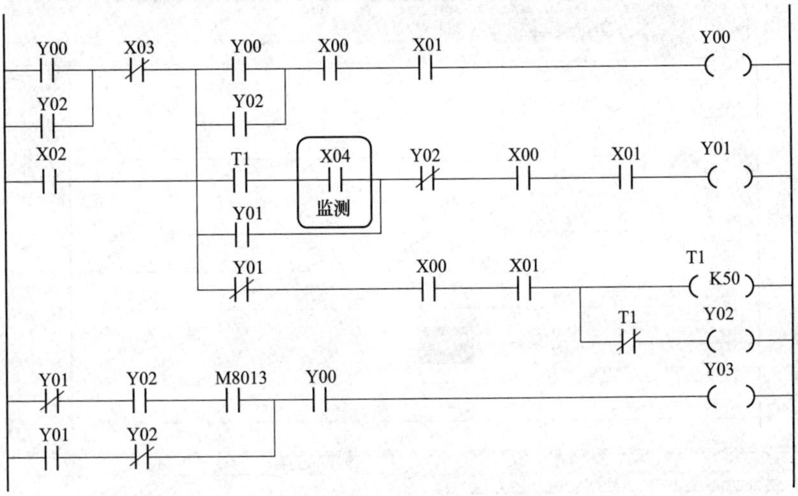

图 7-22　星形接触器动作监测

（13）新增功能验证。控制器按图 7-8 所示电路连接好外围线路进行验证，接线示意图如图 7-23 所示，图 7-23 中接触器、热继电器等应根据控制电动机的容量确定。

为防止新增功能后可能出现的三角形直接起动，梯形图又增加了一个时间继电器 T2 及时释放接触器 KM1。避免因 KM3 不动作可能出现的直接起动情况，改进后的梯形图如图 7-24 所示，注意 PLC 型号选 FX_{1N}。

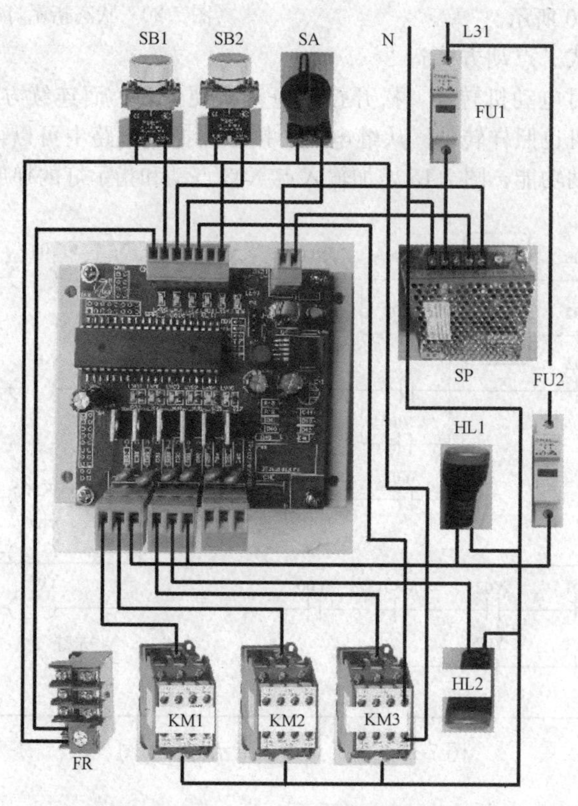

图 7-23　星形—三角形起动接线示意图

说明：图中电器型号规格必须按照实际情况确定。

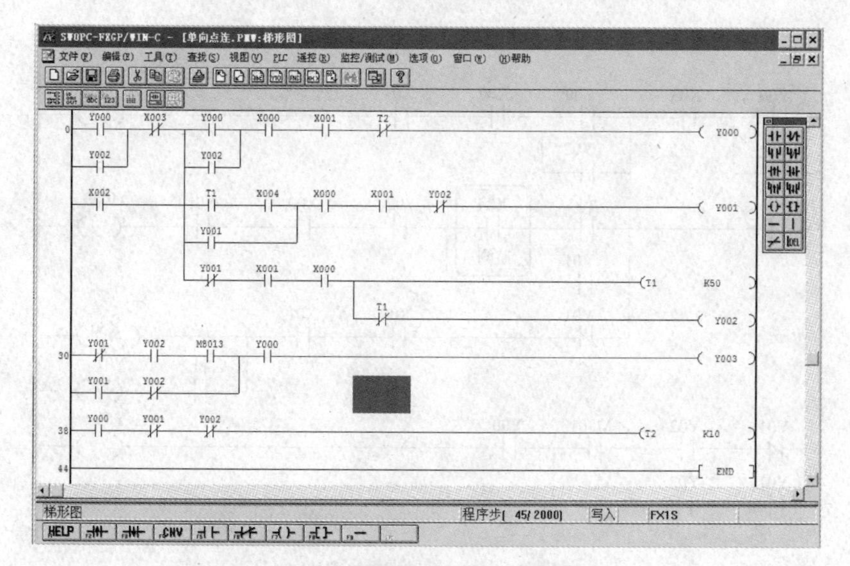

图 7-24　增加功能后的梯形图

参照前面将图7-24梯形图录入并命名为“单向点连.PMW”保存，然后用转换软件“PMW-HEX-V3.0.exe”将其转换成可执行代码，参数与图7-16一样设置，再将“fx1n.hex”改名为“单向点连.hex”。

将增加部分线路接好，即点动/连续选择开关、接触器KM3辅助动合触头、指示灯，给嵌入PLC板通电后把“单向点连.hex”代码烧录到控制板的单片机内。

选择开关SA触头断开时为连续运转方式，按下起动按钮SB2→接触器KM3和KM1吸合电动机星形起动运转、指示灯HL2闪烁，5s后接触器KM3释放→KM2吸合、指示灯HL2常亮，电动机进入三角形运行状态。不管按下后是否松开按钮SB2，输出动作的接触器仍保持状态，起动过程中的监控界面如图7-25所示。若接触器KM3辅助动合触头不闭合、即PLC输入点X04点指示灯不点亮，则电动机不能转入三角形接线的运行状态，此时的监控界面状态如图7-26所示。若有必要可再增加报警功能。

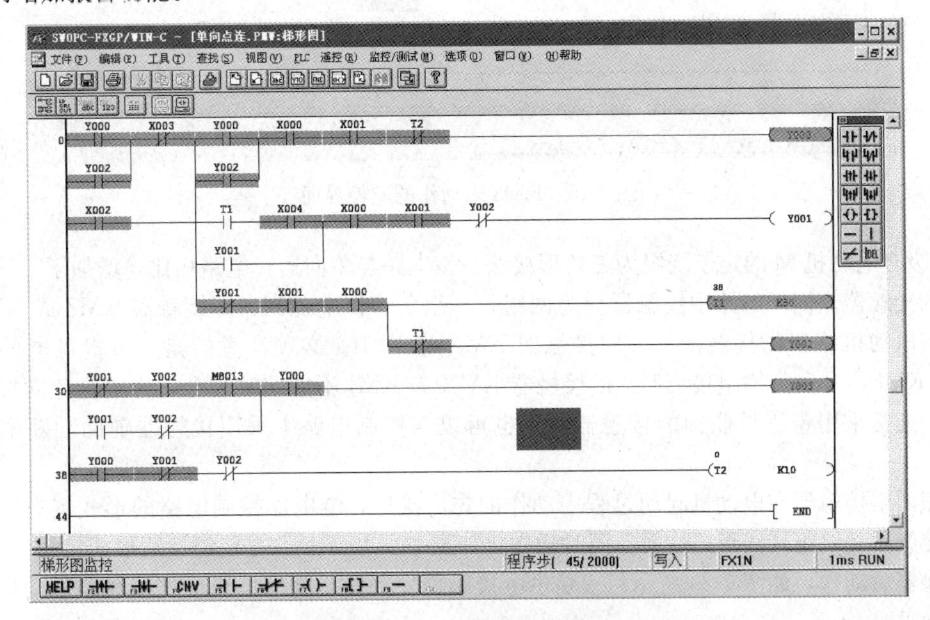

图7-25 起动状态监控界面

选择开关SA触头闭合时为点动运转方式，按下起动按钮SB2→接触器KM3和KM1吸合电动机星形起动运转、指示灯HL2闪烁，3s后接触器KM3释放→KM2吸合、指示灯HL2常亮，电动机进入三角形运行状态。不管在星形起动或三角形运行状态，只要松开起动按钮SB2，输出接触器便释放。

同样是增加功能，对于继电器—接触器控制电路，除了需要增加若干电器外，还要更改控制电路的接线，较费时费力；而对于PLC控制电路，只要点数有预留，除了增加所需电器外，主要的工作量是修改梯形图，比较轻松方便。

2. 双向运转控制

笼型电动机在正常运转中通常是按一个固定的方向旋转的，但在某些场合既需要正转、也需要反转，即电动机按使用场合会出现双向运转。

(1) 继电器—接触器控制原理。笼形电动机星形—三角形降压双向起动的主电路如图7-27所示，图中QF为电源总空气开关，用于电动机的短路保护；FR为热继电器，用于电动机的过载保护；接触器KMZ用于正转控制、接触器KMF反转控制，接触器KMX和KMJ用于改变电动机定子绕组的接线形式，KMJ释放状态下KMX吸合电动机M的定子绕组为星形接法，KMX释放状

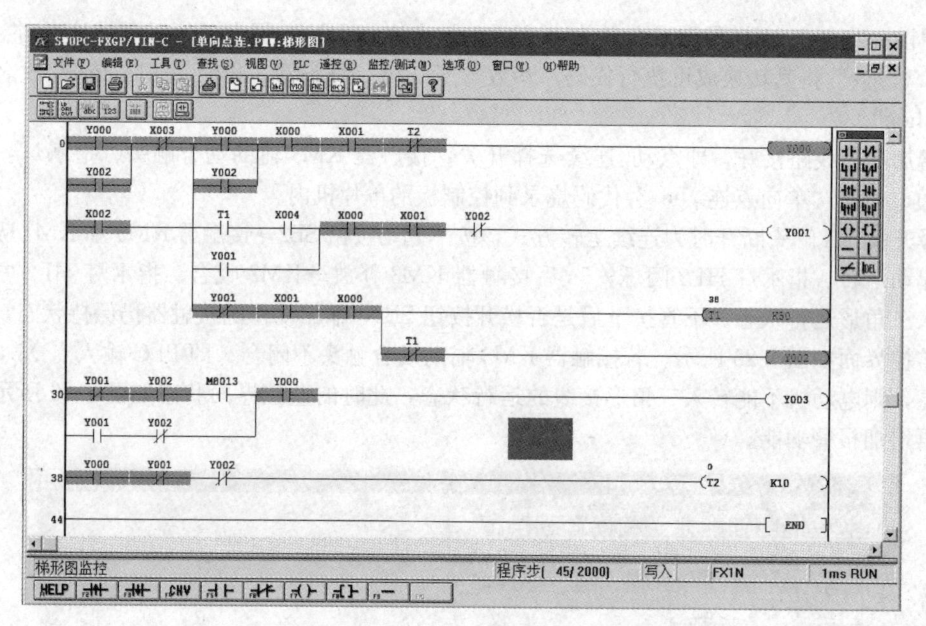

图 7-26　KM3 未动作的监控界面

态 KMJ 吸合电动机 M 的定子绕组为三角形接法。该电路与单向运转电路相比，增加了一只不同相序供电的接触器。同样电路中接触器分为两组，一组负责供电控制、即接触器 KMZ 或 KMF，另一组负责电动机绕组的接线形式，即接触器 KMX 和 KMJ。必须注意的是，负责供电的接触器 KMZ 与 KMF，及负责绕组接线形式的接触器 KMX 与 KMJ 不能同时吸合，为了避免两接触器同时吸合，通常采用带机械联锁的接触器对，也可以在控制电路中采用接触器辅助动断触头进行联锁。

按照两组接触器在电动机起动过程中动作的先后次序，继电器控制电路的形式就有三种，一是供电接触器和绕组接线形式接触器同时动作，如图 7-28 所示；二是绕组接线形式接触器先动作、供电接触器后动作，如图 7-29 所示；三是供电接触器先动作、绕组接线形式接触器后动作，这种形式较少见。

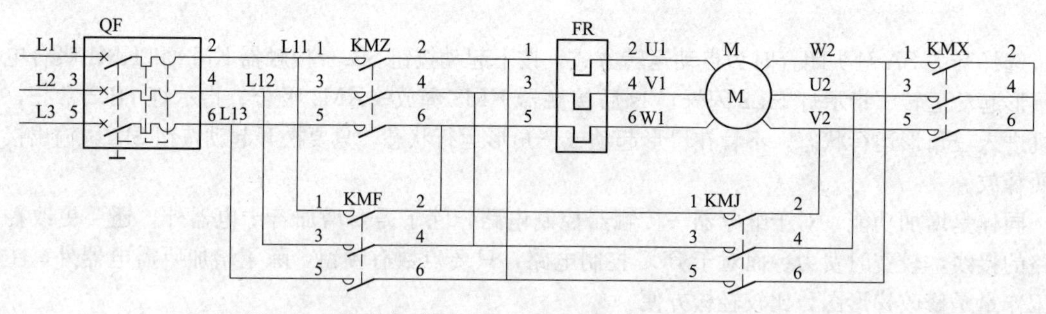

图 7-27　笼形电动机星形—三角形降压双向起动主电路

图 7-28、图 7-29 的控制电路中，指示灯 HL1、HL2 和 HL3 用于指示电动机的所处状态；变压器 TC 为指示灯提供隔离电源；FR 为热继电器动断触头，当电动机出现过载时，该触头断开；SB1 为停止电动机运转操作按钮，SBZ 为正向起动电动机运转操作按钮，SBF 为反向起动电动机运转操作按钮；KT 为通电延时型时间继电器，KT 的设定值是电动机开始星形运转到进入三角形切换所需起动时间。需要注意的是，正转与反转接触器、星形与三角形绕组接线形式的接触器不能

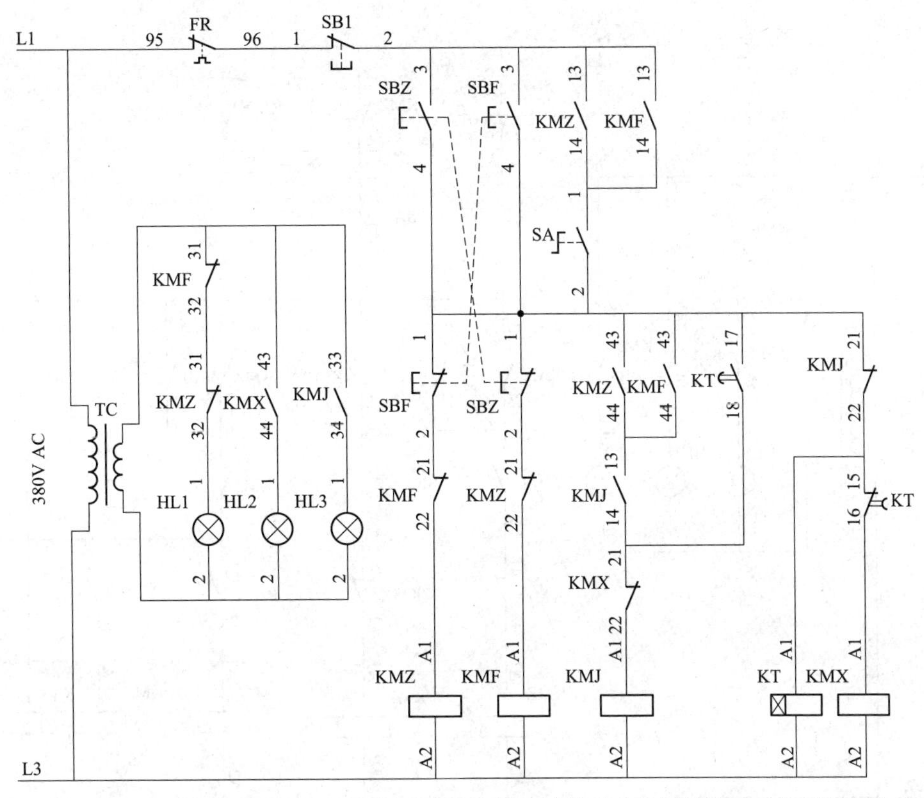

图 7-28 星形—三角形降压双向起动供电和绕组接线形式接触器同时动作控制电路

同时吸合，为了避免两接触器同时吸合，通常采用带机械联锁的接触器对，也可以采用接触器的辅助动断触头进行联锁，如图 7-28、图 7-29 中的触头 KMZ：[21] 和 KMZ：[22]、触头 KMF：[21] 和 KMF：[22]，以及触头 KMX：[21] 和 KMX：[22]、触头 KMJ：[21] 和 KMJ：[22]。

点动/连续按钮开关 SA 断开状态为点动运转方式，即操作人员按下起动按钮电动机开始旋转，松开即停止。SA 闭合状态为连续运转方式，即操作人员一旦按下起动按钮电动机就旋转，即使松开了电动机照样继续运转。

(2) 供电和绕组接线形式接触器同时动作控制电路。电动机供电接触器和绕组接线形式接触器同时动作的控制电路如图 7-28 所示。正向运转操作按钮 SBZ，接触器 KMZ 吸合、KMF 释放；反向运转操作按钮 SBF，接触器 KMF 吸合、KMZ 释放。

1) 停止状态。热继电器 FR 动断触点 FR：[95] 与 FR：[96] 闭合，停止按钮 SB1 动断触点 SB1：[1] 与 SB1：[2] 闭合，正转起动按钮 SBZ 动合触头 SBZ：[3] 与 SBZ：[4] 断开、或反转起动按钮 SBF 动合触头 SBF：[3] 与 SBF：[4] 断开。接触器 KMZ 和 KMF 线圈未得电处在释放状态。

起动按钮 SBZ 动合触头 SBZ：[3] 与 SBZ：[4] 断开（或 SBF 动合触头 SBF：[3] 与 SBF：[4] 断开），接触器 KMJ 动断辅助触头 KMJ：[21] 与 KMJ：[22] 闭合，时间继电器 KT 线圈未得电都处于释放状态；时间继电器动断触头 KT：[15] 与 KT：[16] 闭合，接触器 KMX 线圈未得电处于释放状态。

起动按钮 SBZ 动合触头 SBZ：[3] 与 SBZ：[4]（或 SBF 动合触头 SBF：[3] 与 SBF：[4]）、时间继电器 KT 的辅助动合触头 KT：[17] 与 KT：[18]、KMX：[21] 与 KMX：[22] 断开，接触器 KMJ 线圈未得电处在释放状态。

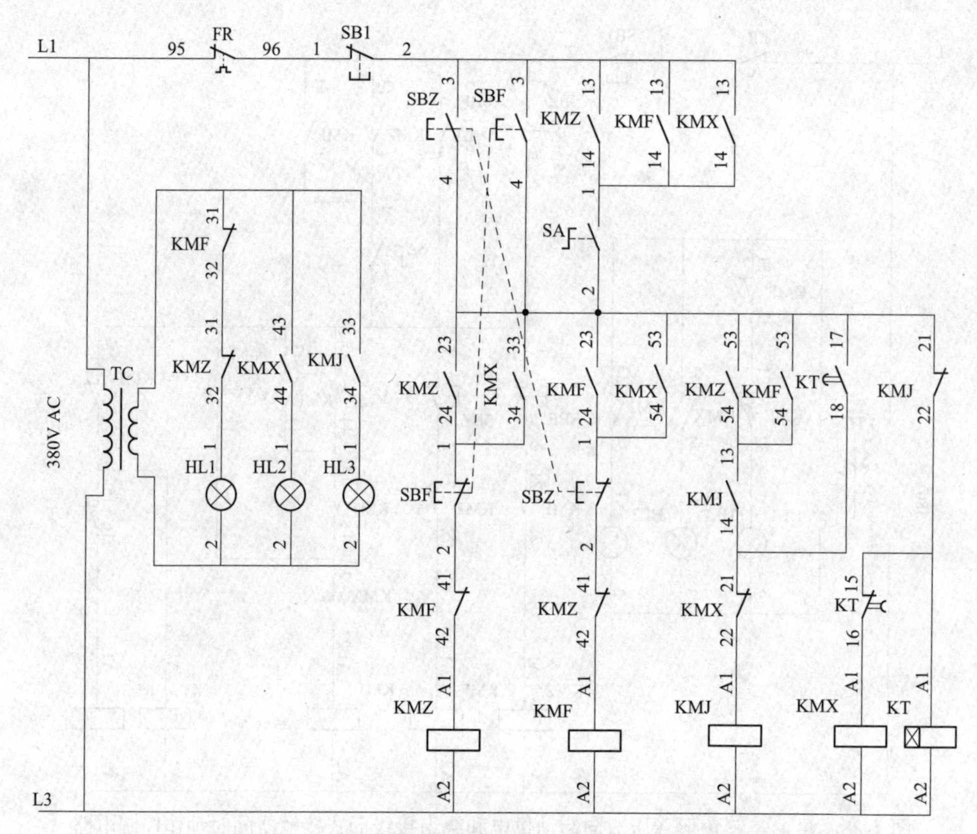

图 7-29　星形—三角形降压双向起动绕组接线形式接触器先动作控制电路

接触器 KMZ 辅助动断触头 KMZ：［31］与 KMZ：［32］和 KMF 辅助动断触头 KMF：［31］与 KMF：［32］闭合，指示灯 HL1 点亮标示电动机处在停止状态。

2）正转点动起动过程。SA 触头断开状态为点动运转方式。当操作人员按下起动按钮 SBZ 时，其动合触头 SBZ：［3］与 SBZ：［4］闭合，回路①：L1→FR：［95］→FR：［96］→SB1：［1］→SB1：［2］→SBZ：［3］→SBZ：［4］→SBF：［1］→SBF：［2］→KMF：［21］→KMF：［22］→KMZ：［A1］→KMZ：［A2］→L3 构成，接触器 KMZ 线圈得电吸合。KMZ 吸合后其辅助触头 KMZ：［13］与 KMZ：［14］闭合，但因 SA 触头 SA：［1］和 SA：［2］断开不能自保。

回路②：L1→FR：［95］→FR：［96］→SB1：［1］→SB1：［2］→SBZ：［3］→SBZ：［4］→KMJ：［21］→KMJ：［22］→KT：［A1］→KT：［A2］→L3 构成，时间继电器 KT 线圈得电吸合、开始计时。

回路③：L1→FR：［95］→FR：［96］→SB1：［1］→SB1：［2］→SBZ：［3］→SBZ：［4］→KMJ：［21］→KMJ：［22］→KT：［15］→KT：［16］→KMX：［A1］→KMX：［A2］→L3 构成，接触器 KMX 线圈得电吸合。此时电动机 M 定子绕组接成星形进入起动过程，电路有关元件的状态如图 7-30 所示。

3）正转连续起动过程。SA 触头闭合状态为连续运转方式。当操作人员按下起动按钮 SBZ 时，其动合触头 SBZ：［3］与 SBZ：［4］闭合。回路①：L1→FR：［95］→FR：［96］→SB1：［1］→SB1：［2］→SBZ：［3］→SBZ：［4］→SBF：［1］→SBF：［2］→KMF：［21］→KMF：［22］→KMZ：［A1］→KMZ：［A2］→L3 构成，接触器 KMZ 线圈得电吸合。KMZ 吸合后其辅助触头 KMZ：［13］与 KMZ：［14］闭合，SA 触头 SA：［1］和 SA：［2］闭合，旁路 KMZ：［13］→KMZ：［14］→SA：［1］→SA：［2］加入，接触器 KMZ 自保。

回路②和③与正转点动起动过程类似，时间继电器 KT 线圈得电吸合、开始计时。接触器 KMX 线圈得电动作吸合。此时电动机 M 定子绕组接成星形进入起动过程，电路有关元件的状态如图 7-31 所示。

反向起动过程与正向类似，只要把上面解读中的 SBZ 换为 SBF、KMZ 换为 KMF 即可，此处不再赘述。

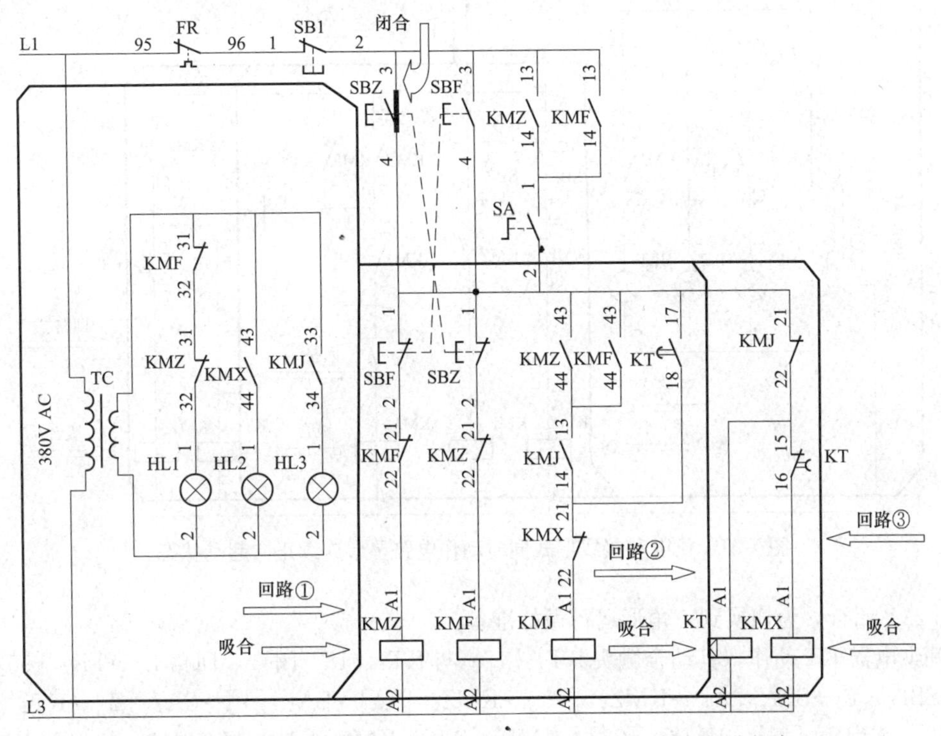

图 7-30 供电和接线形式同时动作电路星形点动正向起动状态

4）切换过程。随着电动机 M 星形运转的进行，电动机起动电流逐渐下降。达到定时设定值时时间继电器 KT 动作，其动断触头 KT：[15] 与 KT：[16] 断开。

a. 点动运转切换。回路 L1→FR：[95]→FR：[96]→SB1：[1]→SB1：[2]→SBZ：[3]→SBZ：[4]→KMJ：[21]→KMJ：[22]→KT：[15] ‖ KT：[16]→KMX：[A1]→KMX：[A2]→L3 断裂。接触器 KMX 线圈失电释放。KMX 的动断触头 KMX：[21] 与 KMX：[22] 闭合，为切换到三角形运行做好准备。

时间继电器 KT 动作，其动合触头 KT：[17] 与 KT：[18] 闭合，回路 L1→FR：[95]→FR：[96]→SB1：[1]→SB1：[2] →SBZ：[3]→SBZ：[4]→KT：[17]→KT：[18]→KMX：[21]→KMX：[22]→KMJ：[A1]→KMJ：[A2]→L3 构成，接触器 KMJ 线圈得电吸合。其辅助动合触头 KMJ：[13] 与 KMJ：[14] 闭合，回路 KMZ：[43]→KMZ：[44]→KMJ：[13] 与 KMJ：[14] 构成进行自保。

接触器 KMJ 线圈得电吸合，其动断触头 KMJ：[21] 与 KMJ：[22] 断开，回路 L1→FR：[95]→FR：[96] →SB1：[1]→SB1：[2] →SBZ：[3]→SBZ：[4]→KM2：[21] ‖ KM2：[22]→KT：[A1]→KT：[A2]→L3 断裂，时间继电器线圈失电释放，完成切换过程。

b. 连续运转切换。回路 L1→FR：[95]→FR：[96]→SB1：[1]→SB1：[2]→KMZ：[13]→KMZ：[14]→SA：[1]→SA：[2]→KMJ：[21]→KMJ：[22]→KT：[15] ‖ KT：[16]→KMX：[A1]→KMX：[A2]→L3 断裂。接触器 KMX 线圈失电释放。KMX 的动断触头 KMX：[21] 与

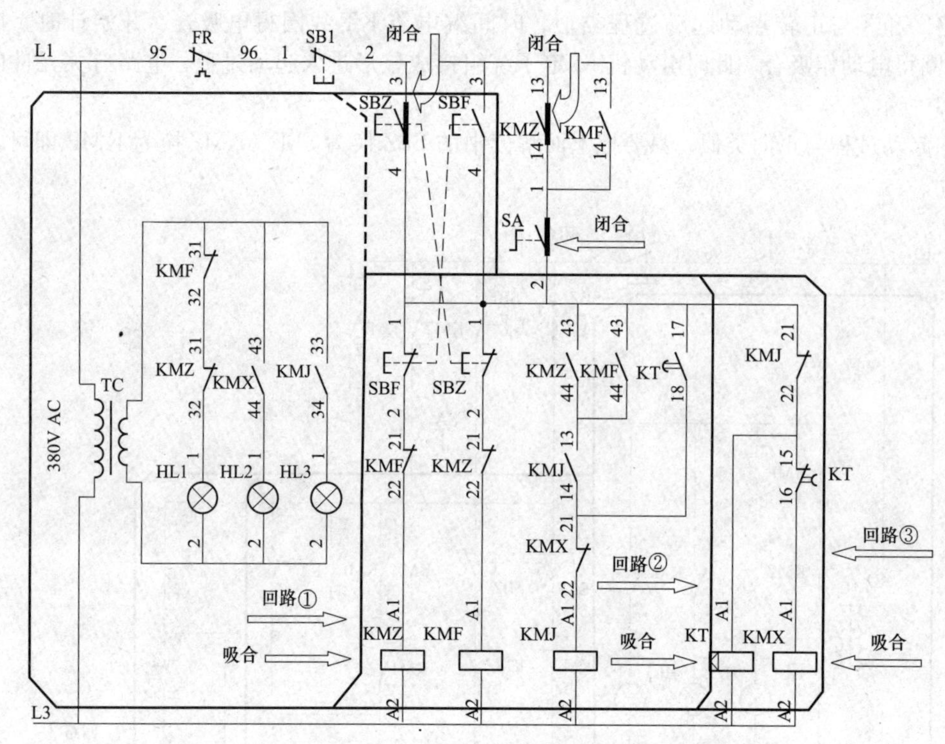

图 7-31　供电和接线形式同时动作电路星形连续正向起动状态

KMX：[22] 闭合，为切换到三角形运行做好准备。

时间继电器 KT 动作，其动合触头 KT：[17] 与 KT：[18] 闭合，回路 L1→FR：[95]→FR：[96]→SB1：[1]→SB1：[2]→KMZ：[13]→KMZ：[14]→SA：[1]→SA：[2]→KT：[17]→KT：[18]→KMX：[21]→KMX：[22]→KMJ：[A1]→KMJ：[A2]→L3 构成，接触器 KMJ 线圈得电吸合。其辅助动合触头 KMJ：[13] 与 KMJ：[14] 闭合，回路 KMZ：[43]→KMZ：[44]→KMJ：[13] ‖ KMJ：[14] 构成进行自保。

接触器 KMJ 线圈得电吸合，其动断触头 KMJ：[21] 与 KMJ：[22] 断开，回路 L1→FR：[95]→FR：[96]→SB1：[1]→SB1：[2]→KMZ：[13]→KMZ：[14]→SA：[1]→SA：[2]→KMJ：[21] ‖ KMJ：[22]→KT：[A1]→KT：[A2]→L3 断裂，时间继电器线圈失电释放，完成切换过程。

5）三角形运行。

a. 点动运行。按钮 SBZ 按下，接触器 KMZ 线圈得电吸合、接触器 KMX 切换到 KMJ 吸合后，电动机 M 绕组接成三角形运行。若按钮 SBZ 松开，不管是在星形起动状态还是三角形运行状态，接触器 KMZ、KMX 或 KMJ 都将释放，电动机停止运转。

b. 连续运行。按钮 SBZ 按下，接触器 KMZ 线圈得电吸合，因 SA 触头闭合，按钮触头 SBZ：[3] 与 SBZ：[4] 的旁路 KMZ：[13]→KMZ：[14]→SA：[1]→SA：[2] 连通，进行自保。接触器 KMX 切换到 KMJ 吸合后，电动机 M 绕组接成三角形运行。即使按钮 SBZ 松开、触头 SBZ：[3] 与 SBZ：[4] 断开，因自保旁路的加入，接触器 KMZ 和 KMJ 保持吸合。

完成切换电动机 M 进入三角形接线的运转状态，此时控制电路有关元件的状态如图 7-32 所示。

6）正转过程中起动反转。该操作适用于低速或慢速设备允许的功率不大的笼型电动机，否则应使其电动机停止后再进行逆转操作。在正转运行过程中若按下反转起动按钮 SBF，则按钮触头

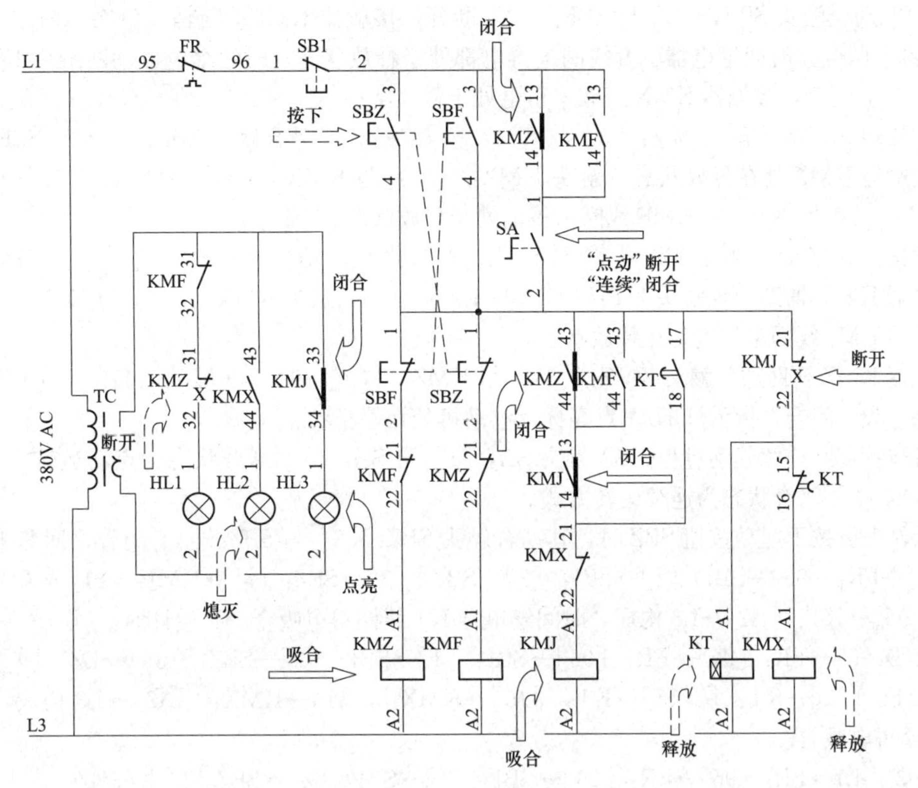

图7-32 供电和接线形式同时动作电路三角形正向运转状态

SBF：[1] 与 SBF：[2] 断开。回路 L1→FR：[95]→FR：[96]→SB1：[1]→SB1：[2]→KMZ：[13]→KMZ：[14]→SA：[1]→SA：[2]→SBFJ：[1] ‖ SBF：[2]→……→KMZ：[A1]→KMZ：[A2]→L3 断裂，接触器 KMZ 线圈失电释放。触头 KMZ：[43] 与 KMZ：[44] 断开，接触器 KMJ 线圈失电释放。

与此同时，按钮触头 SBF：[3] 与 SBF：[24] 闭合。回路 L1→FR：[95]→FR：[96]→SB1：[1]→SB1：[2]→SBF：[3]→SBF：[4]→……→KMF：[A1]→KMF：[A2]→L3 构成，接触器 KMF 线圈得电吸合。若选择连续运转则 SA 触头闭合、按钮 SBF 触头 SBF：[3] 与 SBF：[4] 的旁路 KMF：[13]→KMF：[14]→SA：[1]→SA：[2] 加入，反向运转接触器 KMF 自保。

星形接触器 KMX、三角形接触器 KMJ 的动作过程与前面"正向起动"解读类似，不再赘述。

7）过载保护。在运行过程中若电动机出现过载，则热继电器 FR 动作。其辅助动断触头 FR：[95] 与 FR：[96] 断开，回路 L1→FR：[95] ‖ FR：[96] →SB1：[1]→SB1：[2]→……→L3 断裂，接触器 KMZ 和 KMJ 或 KMX 线圈失电释放。电动机定子绕组失电停转。

8）停止操作。若按下停止按钮 SB1，其动断触头 SB1：[1] 与 SB1：[2] 断开，L1→FR：[95]→FR：[96] →SB1：[1] ‖ SB1：[2]→KM1：[13]→……→L3 断裂，接触器 KMZ 和 KMJ 或 KMX 线圈失电释放。电动机定子绕组失电停转。

（3）绕组接线形式接触器先动作控制电路。电动机绕组接线形式接触器先动作、供电接触器后动作的继电器控制电路如图 7-29 所示。正向运转操作按钮 SBZ，接触器 KMZ 吸合、KMF 释放；反向运转操作按钮 SBF，接触器 KMF 吸合、KMZ 释放。

1）停止状态。热继电器 FR 动断触点 FR：[95] 与 FR：[96] 闭合，停止按钮 SB1 动断触点 SB1：[1] 与 SB1：[2] 闭合，正转起动按钮 SBZ 动合触头 SBZ：[3] 与 SBZ：[4] 断开或反转起动按钮 SBF 动合触头 SBF：[3] 与 SBF：[4] 断开。接触器 KMJ 动断辅助触头 KMJ：[21] 与 KMJ：[22] 闭合，时间继电器 KT 线圈未得电都处于释放状态；时间继电器动断触头 KT：[15] 与 KT：[16] 闭合，接触器 KMX 线圈未得电处于释放状态。

起动按钮 SBZ 动合触头 SBZ：[3] 与 SBZ：[4]（或 SBF 动合触头 SBF：[3] 与 SBF：[4]）断开，接触器 KMX 处在释放状态，触头 KMX：[33] 与 KMX：[34]、KMX：[53] 与 KMX：[54] 断开，接触器 KMZ 或 KMF 线圈未得电处于释放状态。

起动按钮 SBZ 动合触头 SBZ：[3] 与 SBZ：[4]（或 SBF 动合触头 SBF：[3] 与 SBF：[4]）、时间继电器 KT 的辅助动合触头 KT：[17] 与 KT：[18]、触头 KMX：[21] 与 KMX：[22] 断开，接触器 KMJ 线圈未得电处在释放状态。

接触器 KMZ 辅助动断触头 KMZ：[31] 与 KMZ：[32] 和 KMF 辅助动断触头 KMF：[31] 与 KMF：[32] 闭合，指示灯 HL1 点亮标示电动机处在停止状态。

2）正转点动/连续起动过程。SA 触头 SA：[1] 与 SA：[2] 断开状态为点动运转方式、SA：[1] 与 SA：[2] 闭合状态为连续运转方式。

当操作人员按下起动按钮 SBZ 时，其动合触头 SBZ：[3] 与 SBZ：[4] 闭合，回路①：L1→FR：[95]→FR：[96]→SB1：[1]→SB1：[2]→SBZ：[3]→SBZ：[4]→KMJ：[21]→KMJ：[22]→KT：[A1]→KT：[A2]→L3 构成，时间继电器 KT 线圈得电吸合、开始计时。

回路②：L1→FR：[95]→FR：[96]→SB1：[1]→SB1：[2]→SBZ：[3]→SBZ：[4]→KMJ：[21]→KMJ：[22]→KT：[：15]→KT：[16]→KMX：[A1]→KMX：[A2]→L3 构成，接触器 KMX 线圈得电吸合。

回路③：L1→FR：[95]→FR：[96]→SB1：[1]→SB1：[2]→SBZ：[3]→SBZ：[4]→KMX：[33]→KMX：[34]→SBF：[1]→SBF：[2]→KMF：[41]→KMF：[42]→KMZ：[A1]→KMZ：[A2]→L3 构成，接触器 KMZ 线圈得电吸合。触头 KMX：[33] 与 KMX：[34] 的旁路 KMZ：[23]→KMZ：[24] 加入，接触器 KMZ 自保。此时电动机 M 定子绕组接成星形进入起动过程，电路有关元件的状态如图 7-33 所示。

若选择连续运转方式，则开关 SA 触头 SA：[1] 与 SA：[2] 闭合，按钮 SBZ 触头 SBZ：[3] 与 SBZ：[4] 的旁路 KMZ：[13]→KMZ：[14]（或 KMX：[13]→KMX：[14]）→SA：[1]→SA：[2] 加入，接触器 KMZ 和 KMX 自保。

实际中操作人员按下和松开按钮 SB2 的时间大于 KMX 和 KMZ 或 KMF 先后动作的时间间隔，可以考虑省去接触器 KMX 用于自保的辅助动合触头 KMX：[13] 与 KMX：[14]。

3）切换过程。随着电动机 M 运转的进行，电动机起动电流逐渐下降。达到定时设定值时，时间继电器 KT 动作，其动断触头 KT：[15] 与 KT：[16] 断开，回路 L1→FR：[95]→FR：[96]→SB1：[1]→SB1：[2]→……→KMJ：[21]→KMJ：[22]→KT：[15] ‖ KT：[16]→KMX：[A1]→KMX：[A2]→L3 断裂，接触器 KMX 线圈失电释放。KMX 的动断触头 KMX：[21] 与 KM3：[22] 闭合，为切换到三角形运行做好准备。

时间继电器 KT 动作，其动合触头 KT：[17] 与 KT：[18] 闭合，回路 L1→FR：[95]→FR：[96]→SB1：[1]→SB1：[2]→……→KT：[17]→KT：[18]→KMX：[21]→KMX：[22]→KMJ：[A1]→KMJ：[A2]→L3 构成，接触器 KMJ 线圈得电吸合。其辅助动合触头 KMJ：[13] 与 KMJ：[14] 闭合，触头 KT：[17] 与 KT：[18] 的旁路 KMZ：[53]→KMZ：[54]→KMJ：[13]→KMJ：[14] 加入进行自保。

接触器 KMJ 线圈得电吸合，其动断触头 KMJ：[21] 与 KMJ：[22] 断开，回路 L1→FR：[95]→FR：[96]→SB1：[1]→SB1：[2]→……→KM2：[21] ‖ KM2：[22]→KT：[A1]→KT：[A2]→L3 断裂，时间继电器线圈失电释放，完成切换过程。

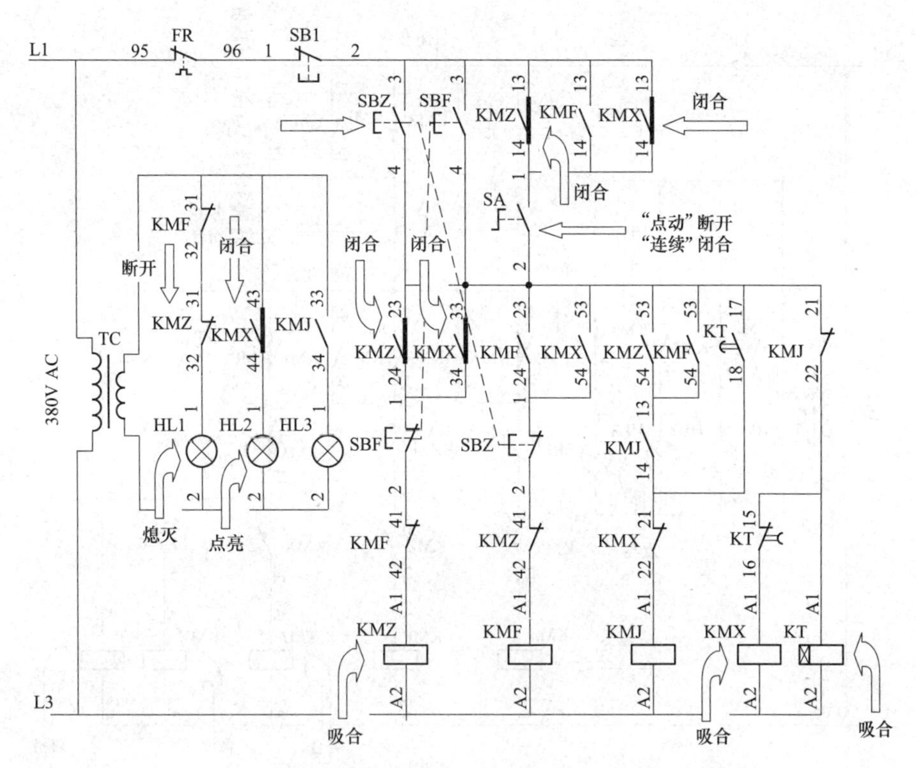

图 7-33 绕组接线先动作星形起动状态

4）三角形运行。接触器 KMZ 线圈得电吸合后，回路 L1→FR：[95]→FR：[96]→SB1：[1]→SB1：[2]→……→KMZ：[23]→KMZ：[24]→SBF：[1]→SBF：[2]→KMF：[41]→KMF：[42]→KMZ：[A1]→KMZ：[A2]→L3 构成，接触器 KMZ 吸合（连续方式时自保）。

接触器 KMJ 线圈得电吸合后，回路 L1→FR：[95]→FR：[96]→SB1：[1]→SB1：[2]→……→KMZ：[53]→KMZ：[54]→KMJ：[13]→KMJ：[14]→KMX：[21]→KMX：[22]→KMJ：[A1]→KMJ：[A2]→L3 构成，接触器 KMJ 吸合自保。

接触器 KMX 释放，其辅助动合触头 KMX：[43] 与 KMX：[44] 断开，指示灯 HL2 熄灭。接触器 KMJ 吸合，其辅助动合触头 KMJ：[33] 与 KMJ：[34] 闭合，指示灯 HL3 点亮，标示电动机处在三角形接线的运行状态。

完成切换电动机 M 进入三角形接线的运行状态，此时控制电路状态如图 7-34 所示。

5）过载保护。在正转运行过程中若电动机出现过载，则热继电器 FR 动作。其辅助动断触头 FR：[95] 与 FR：[96] 断开，回路 L1→FR：[95] ‖ FR：[96]→……KMZ：[A1]→KMZ：[A2]→L3 断裂，接触器 KMZ 线圈失电释放。回路 L1→FR：[95] ‖ FR：[96]→……→KMJ：[A1]→KMJ：[A2]→L3 断裂，接触器 KMJ 线圈失电释放。电动机定子绕组失电停转。

6）停止操作。按下停止按钮 SB1，其动断触头 SB1：[1] 与 SB1：[2] 断开。回路 L1→FR：[95]→FR：[96]→SB1：[1] ‖ SB1：[2]→……→KMZ：[A1]→KMZ：[A2]→L3 断裂，接触器 KMZ 线圈失电释放。回路 L1→FR：[95]→FR：[96]→SB1：[1] ‖ SB1：[2]→……→KMJ：[A1]→KMJ：[A2]→L3 断裂，接触器 KMJ 线圈失电释放。电动机 M 定子绕组失电停止运转。

接触器 KMZ 释放，其辅助动断触头 KMZ：[31] 与 KMZ：[32] 闭合，指示灯 HL1 点亮标示电动机处在停止状态。

接触器 KMJ 释放，其辅助动合触头 KMJ：[33] 与 KMJ：[34] 断开，指示灯 HL3 熄灭。

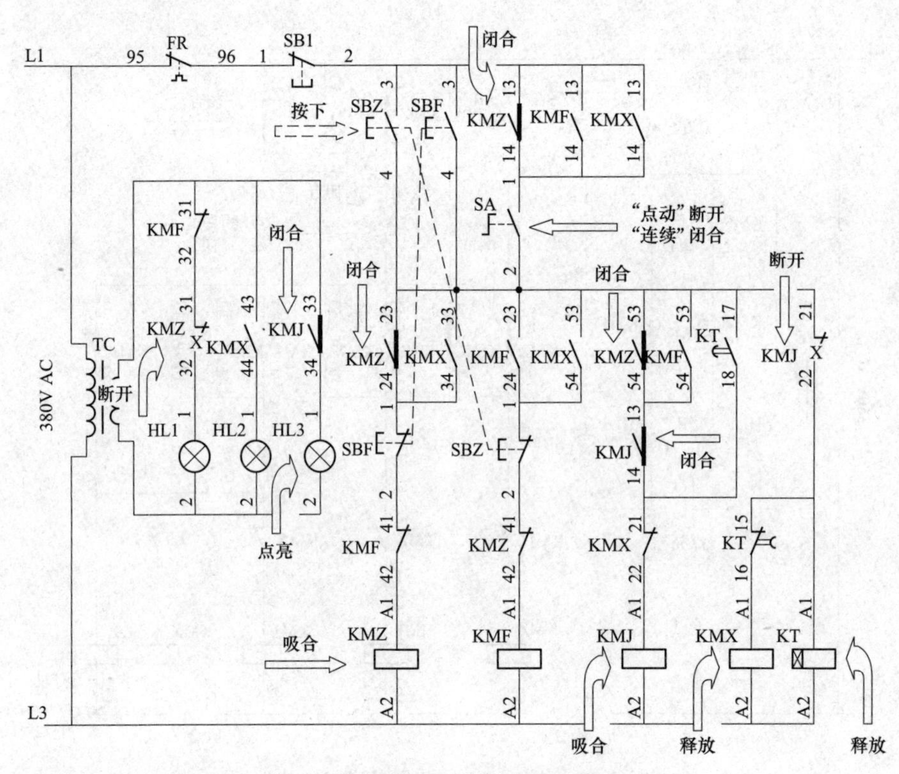

图 7-34　绕组接线先动作三角形运行状态

（4）嵌入式 PLC 控制电路。按照两组接触器在电动机起动过程中动作的先后次序，控制电路有 3 种形式。其中供电接触器和绕组接线形式接触器同时动作，如图 7-35 所示。把三相笼型异步电动机的继电器—接触器控制改为 PLC 控制，需要作为输入点的有热继电器 FR 动断触点 FR：[95] 与 FR：[96]、停止按钮 SB1 动断触点 SB1：[1] 与 SB1：[2]、正转起动按钮 SBZ 动合触头 SBZ：[3] 与 SBZ：[4]、反转起动按钮 SBF 动合触头 SBF：[3] 与 SBF：[4]、点动/连续选择开关 SA 触头 SA：[1] 与 SA：[2]，共 5 点。作为输出点的有正转供电接触器 KMZ、反转供电接触器 KMF、星形接线起动接触器 KMX、三角形接线运行接触器 KMJ 和状态指示灯 HL2，共 5 点。

根据确定的输入点和输出点数量，选用 QRPLC-0606MT 嵌入式 PLC 控制。输入、输出和辅助各点的分配及功能见表 7-2，时间继电器选用 PLC 内部时基为 100ms（0.1s）的定时器 T1，假如设定时间取 4s 则有设定值为 4/0.1=40。PLC 控制原理图如图 7-36 所示。

表 7-2　　信号功能及资源分配

输入信号			输出信号		
电器代号	信号资源	功 能	电器代号	信号资源	功 能
FR	X00	电动机过载保护	KMZ	Y04	电机正向运转供电接触器
SB1	X01	停止操作按钮	KMF	Y05	电机反向运转供电接触器
SBZ	X02	正向起动操作按钮	KMJ	Y06	电动机三角形运行接触器
SBF	X03	反向起动操作按钮	KMX	Y07	电动机星形起动接触器
SA	X04	点动/连续选择	HL2	Y03	状态指示灯
中间（内部）信号					
KT	T1	起动时间设定	—	—	—

（5）梯形图编制。PLC 控制程序依据继电器控制电路典型，通过元件代号替换、元件符号替

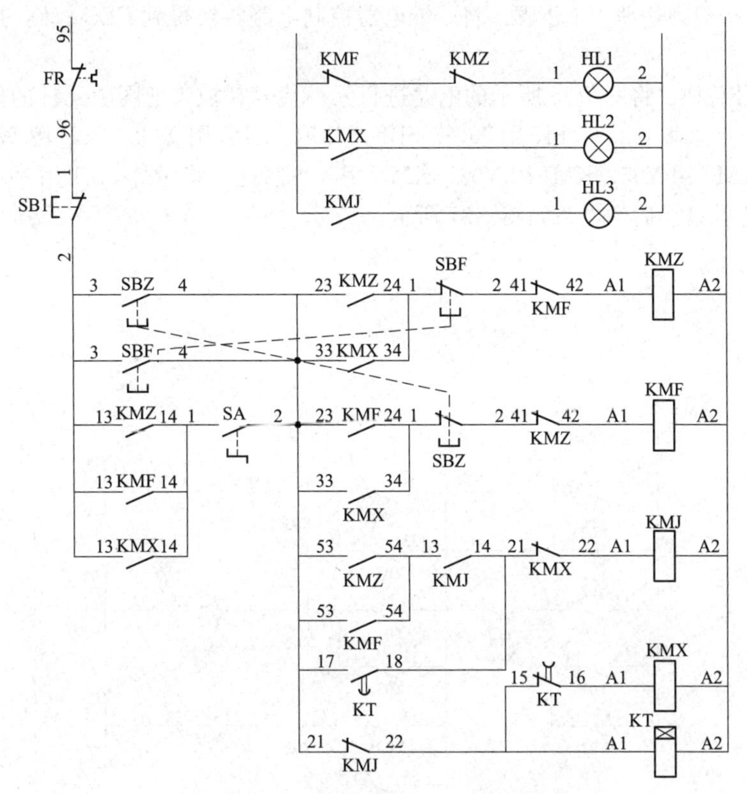

图 7-35 星形—三角形降压双向起动供电和绕组接线形式接触器动作控制电路

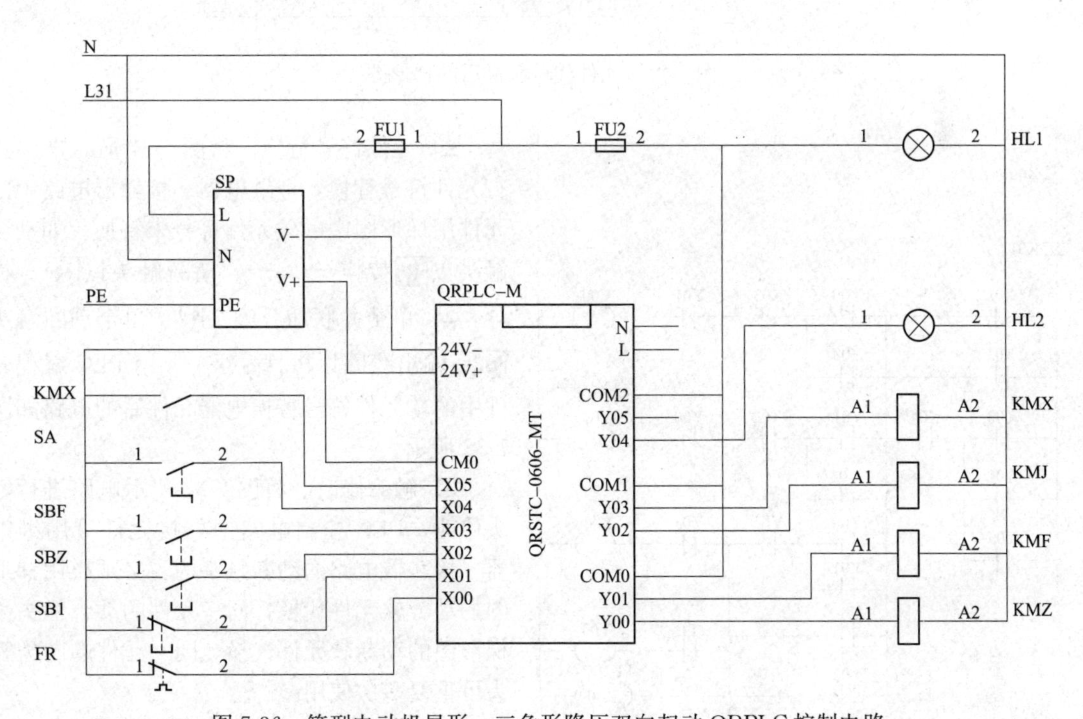

图 7-36 笼型电动机星形—三角形降压双向起动 QRPLC 控制电路

换、触头修改、按规则整理 4 个步骤，将原继电器控制电路转换得到 PLC 控制的梯形图。不考虑 KMX 监测点 X5。

1）元件代号替换。将图 7-35 所示的电路进行元件代号替换，把图中元件的代号用 PLC 控制电路中分配到的点来取代，即 FR 用 X00、SB1 用 X01、SBZ 用 X02、SBF 用 X03、SA 用 X04、KMZ 用 Y04、KMF 用 Y05、KMJ 用 Y06、KMX 用 Y06 代之。指示灯 HL1 用 Y01、HL2 用 Y02、HL3 用 Y03 代之，替换后的电路如图 7-37 所示。

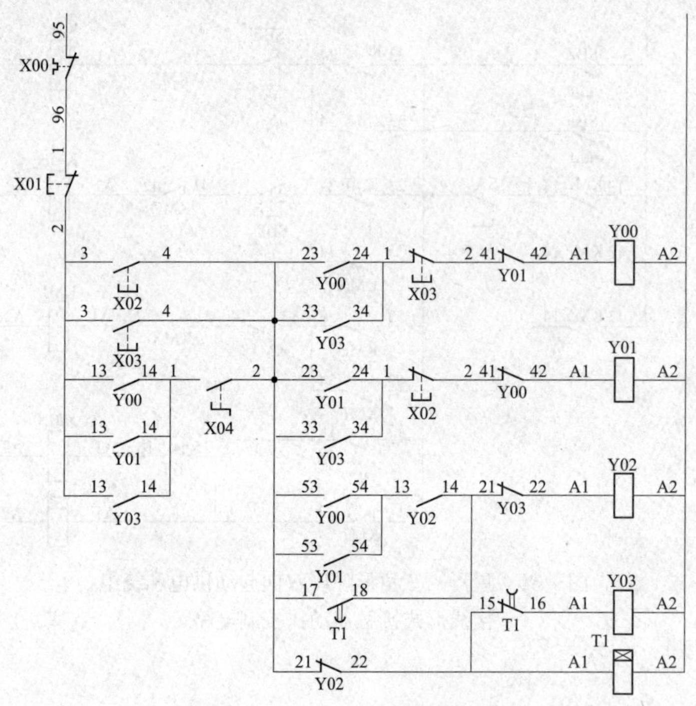

图 7-37　元件代号替换后的梯形图

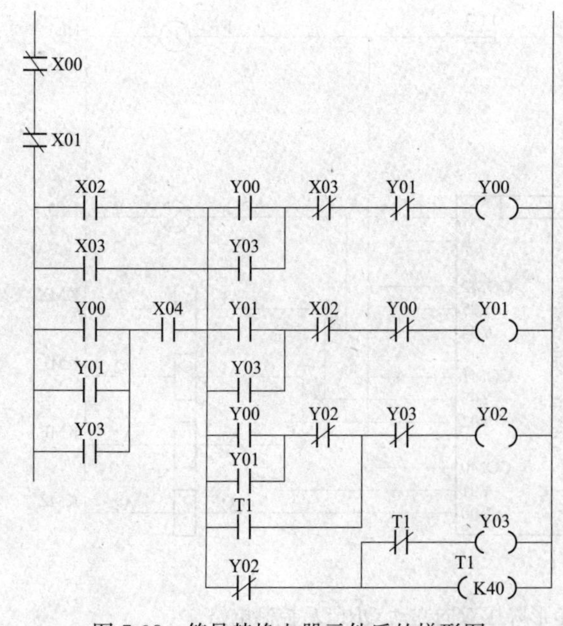

图 7-38　符号替换电器元件后的梯形图

2）元件符号替换。将图 7-37 所示电路进行元件符号替换，把继电器—接触器电路中的元件用梯形图中的软元件符号来替换。如动合触头以替换、动断触头以替换、单个并联动合触头、单个动断触头、输出线圈以替换。用 PLC 编程软件中的软元件符号替换电器元件后的电路如图 7-38 所示。

3）触头修改。将图 7-38 所示电路进行触头修改，PLC 控制电路中外接元件沿用继电器—接触器电路的动断触头的，必须换用梯形图的动合软元件代换，同一元件的动合触头用梯形图的动断软元件代换。同一元件的同类触头可重复多次使用。

4）按规则整理。在编辑梯形图时，要注意以下几点：①梯形图的各种符号，要以左母线为起点，右母线为终点（可允许省略右母线），从左向右分行绘出。每一行起始的触点群构成该行梯形图的“执行条件”，与右母线连接的应是输出线圈、功能指令，不能是触点。一行写完，自上而下依次再写下一行。需要注意的是，触点不能接在线圈的右边；线圈也不能直接与左母线连接，必须通过触点连接。②触点应画在水平线上，不能画在垂直分支线上。应根据信号单向自左至右、自上而下流动的原则，线圈应在最右侧。③不包含触点的分支应放在垂直方向，不可水平方向设置，以便于识别触点的组合和对输出线圈的控制路径。④如果有几个电路块并联时，应将触点最多的支路块放在最上面。若有几个支路块串联时，应将并联支路多的尽量靠近左母线。⑤遇到不可编程的梯形图时，可根据信号流向对原梯形图重新编排，以便于正确进行编程。

图7-38进行触头修改、按编程规则整理后的梯形图如图7-39所示。

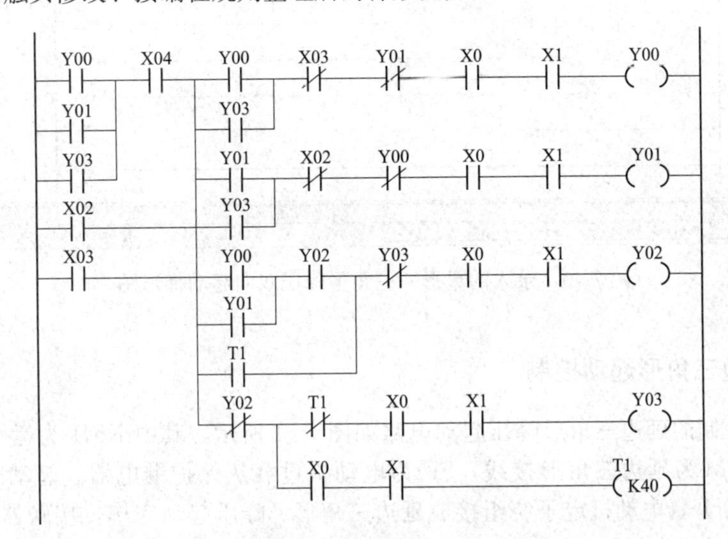

图7-39 转换得到的梯形图

(6) 梯形图录入。用三菱编程软件FXGPWIN.EXE，在初始界面上新建一个PLC类型为“FX1N”的文件。逐行把图7-41所示梯形图录入，加入类似图7-20的指示灯梯形图，最后用“END”结束。录入完毕后点击“转换”按钮进行转换，完成后的界面如图7-40所示。

(7) 转换可执行代码。运行FX1N转换软件“PMW-HEX-V3.0.exe”，根据表7-2，结合表4-18可以得到转换软件的参数设置如图7-16所示。点击按钮“保存设置”，再点击“打开PMW文件”按钮，选中录入并命名为“双向点连”的.PMW进行保存，将梯形图程序转换成“fx1n.hex”文件。为方便记忆，将转换得到的文件“fx1n.hex”改名为“双向点连.hex”。

(8) 烧录代码。将嵌入式PLC用USB-R232通信电缆与电脑连接好。运行烧录软件“stc-isp-15xx-v6.69.exe”，注意软件界面上单片机的型号设置、串口号等，该控制板选用STC11F60XE。点击“打开程序文件”按钮加载代码文件，再点击“下载/编程”按钮，随即给控制板通电进行烧录操作。

(9) 功能验证。确定嵌入式PLC用USB-R232通信电缆与电脑连接好，接通控制板电源。在编程软件FXGPWIN界面点击“PLC”弹出下拉菜单，选中“端口设置”，按编程电缆的端口设定好，点击“确定”返回到编程界面。点击“监控/测试”选择“传送”，然后选择“开始监控”，注意监控界面上元件的背景。具体操作参见单向点动/连续控制的步骤，不再赘述。

星形—三角形降压双向起动供电和绕组接线形式接触器同时动作控制电路转梯形图及两种电路增加KMX监测的梯形图可参照此节描述。

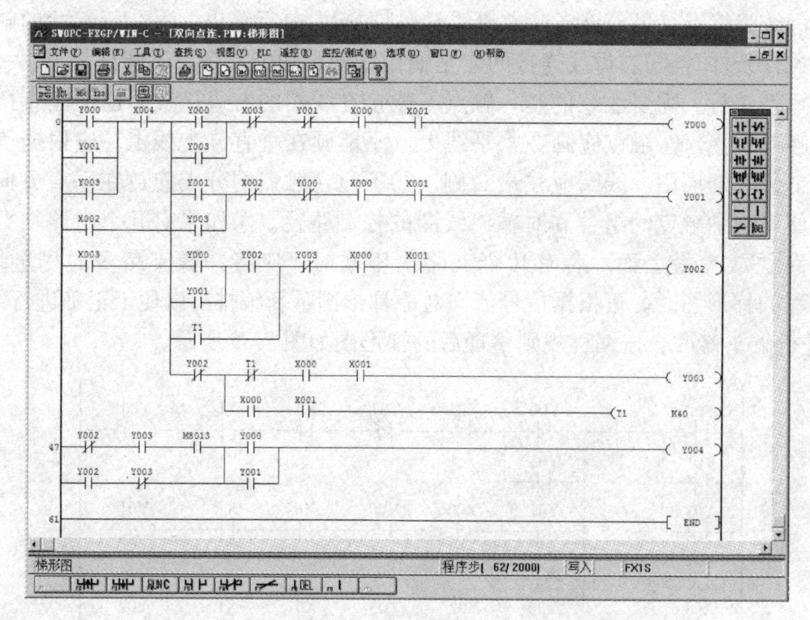

图 7-40　录入的星形—三角形降压双向起动梯形图

7.1.2　延边三角形起动控制

采用继电器控制的延边三角形降压起动电路如图 7-41 所示，其中 KM1 为运转接触器、KM2 为三角形接线、KM 为延边三角形接线，FR 为电动机过载热保护继电器。起动时接触器 KM1、KM 吸合，KM2 断开，电动机定子绕组接成延边三角形。降压起动完毕，接触器 KM1、KM2 吸合，KM 断开，电动机绕组接成三角形，电动机进入正常运行状态。这种起动方式适用于具有 9 个出线端子的低压笼型电动机，起动过程中各电器元件的动作状态如图 7-42 所示，起动过程的时间长短由时间继电器 KT 设定。

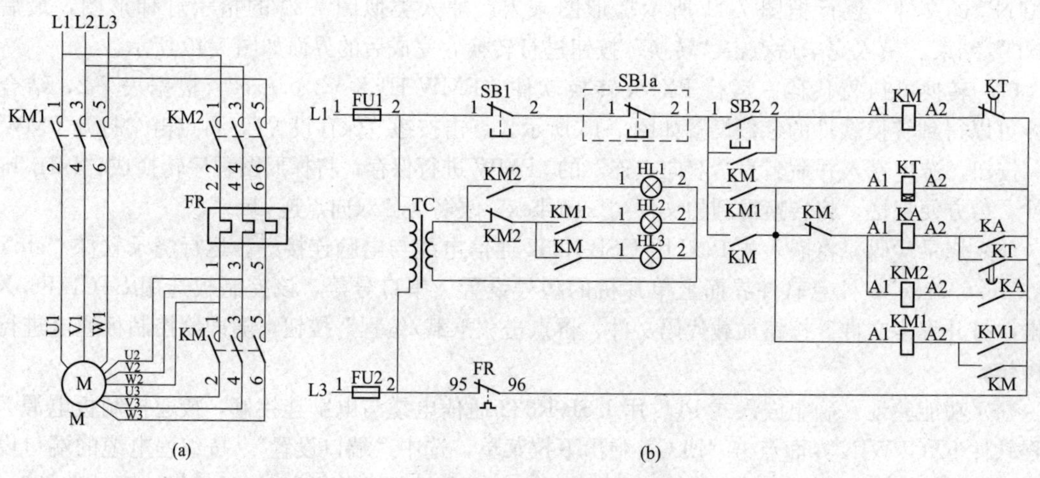

图 7-41　继电器—接触器控制电路

（a）主电路；（b）控制电路

1. QRPLC 选择

从图 7-43 所示的控制电路中可以看出，电路的输入信号有按钮热保护 FR、SB1 和 SB2 共 3

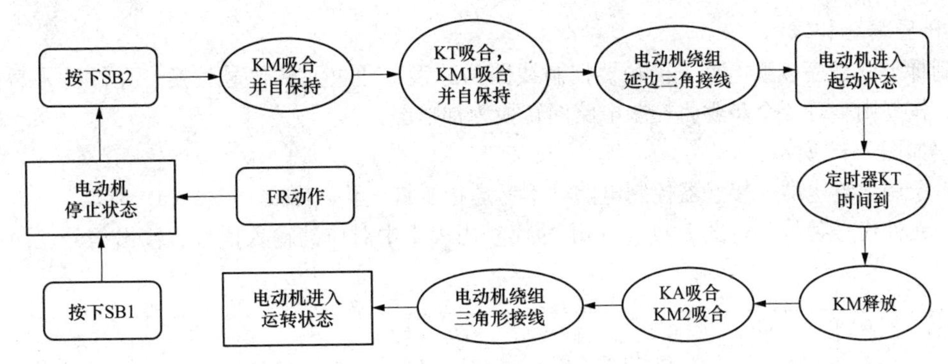

图 7-42 起动过程电器动作状态

点。输出信号有 KM1、KM2 和 KM，以及指示灯 3 点，共 6 点。中间信号有 KT 和 KA。仍选用 QRPLC-0606-MT 控制板进行电动机延边三角形降压起动控制，MCU 选用 STC11F60XE 单片机。

2. 控制电原理图

主电路仍然采用图 7-41（a）所示的主电路，选配型控制电路原理如图 7-43 所示，其中 QF 为控制电源断路器，SP1 为直流 24V 开关电源，FU1 为开关电源熔断器，FU2 为供给接触器线圈的交流 220V 电源熔断器。外接输入信号有 FR 为热保护继电器动断触点，SB1 为停止按钮，SB2 为运转按钮；输出信号有 KM1 为运转接触器线圈，KM2 为绕组三角形接线接触器线圈，KM 为绕组延边三角形接线接触器线圈，HL2 为运行状态指示灯。

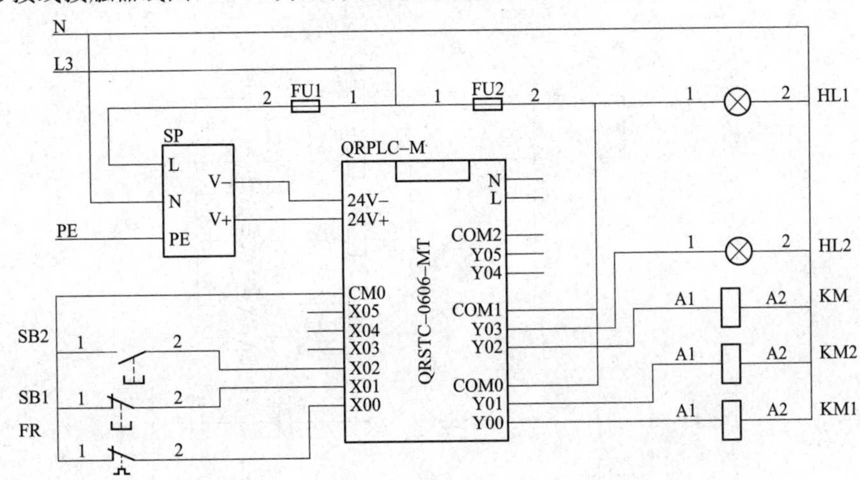

图 7-43 延边三角形降压起动 QRPLC 控制电路

由于是用三菱 PLC 的梯形图来编制控制程序的，且使用的是 PMW-HEX-V3.0 转换软件，因此必须使用转换软件所支持的资源，三菱 FX_{1N}类型的控制电路输入和输出信号资源分配见表 7-3。

表 7-3 信号功能及资源分配

输 入 信 号			输 出 信 号		
电器代号	信号资源	功能	电器代号	信号资源	功能
FR	X0	热保护	KM1	Y0	运行
SB1	X1	停止	KM2	Y1	三角形接线
SB2	X2	起动	KM	Y2	延边三角形接线
中 间 信 号（内部资源）					
KT	T10	起动时间	KA	M10	辅助继电器

3. 程序编制和录入

控制梯形图程序以继电器—接触器控制线路为原型，通过元件代号替换、元件符号替换、触头修改、按规则整理4个步骤将控制电路图转换为梯形图，其整个过程如图7-44所示。

(1) 绘制出继电器—接触器控制电路（不考虑指示灯电路），如图7-44（a）所示。

(2) 元件代号替换。将图7-44（a）中的代号用表1中对应的输入信号、输出信号、内部资源

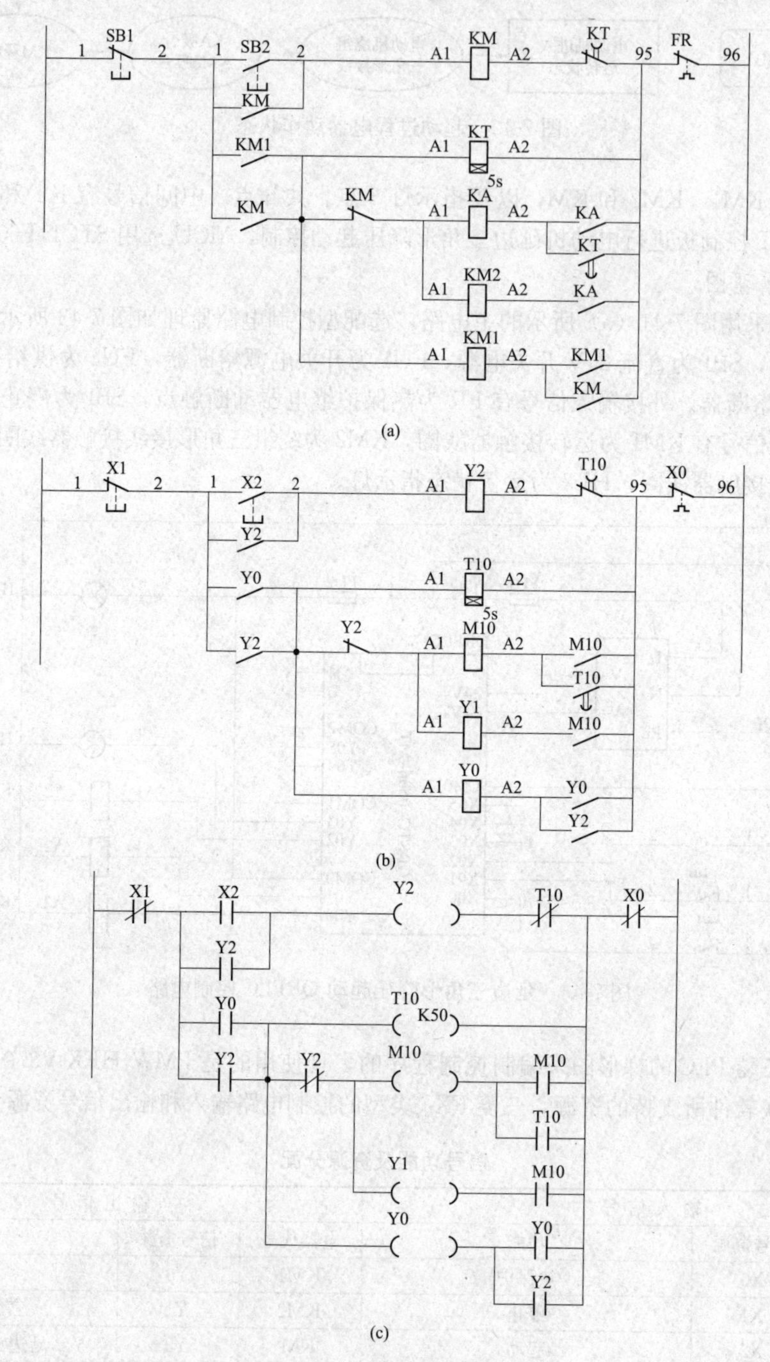

图7-44 程序编制过程

(a) 继电器—接触器控制电路；(b) 元件代号替换；(c) 元件符号替换

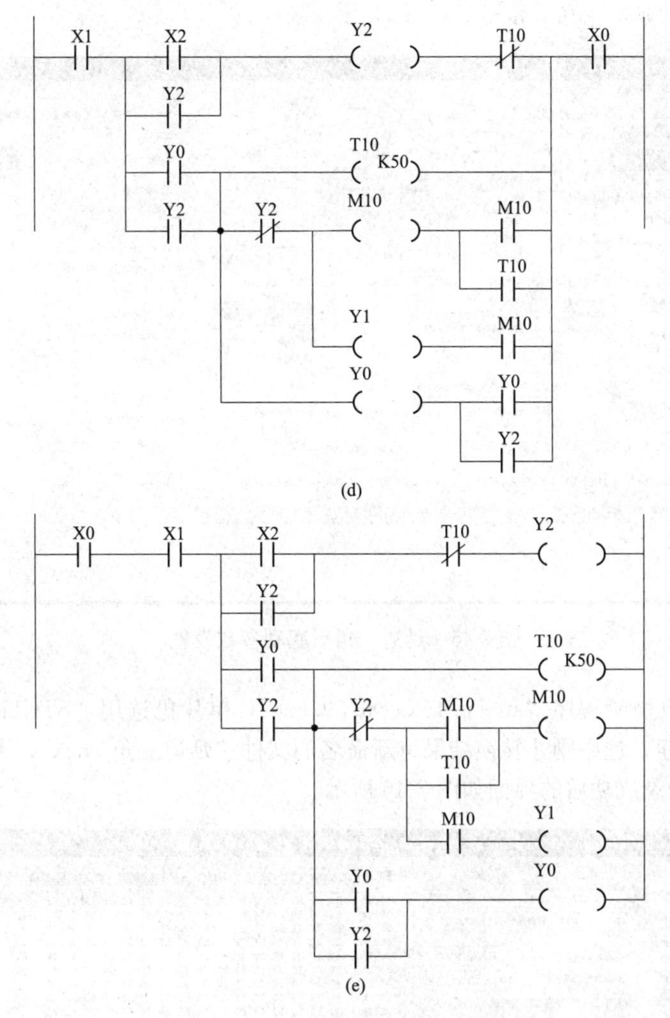

图 7-44 程序编制过程（续）

(d) 触头修改；(e) 编程规则整理

的元件代号替换，替换后如图 7-44（b）所示。

（3）元件符号替换。将 6-44（b）中符号用梯形图替换，替换后的如图 7-44（c）所示，注意定时器 T10 的时基是 0.1s，5s 为 K50。

（4）触头动合/动断修改。将信号输入点外接动断触头的元件，其动断图形改为动合图形，如 X01 等，修改后的梯形图如图 7-44（d）所示。

（5）按规则整理。按 PLC 编程规则整理，整理得到的梯形图如图 7-44（e）所示。

将图 7-44（e）所示梯形图用三菱 PLC 编程软件 FXGPWIN 录入后，以文件名“延边三角”保存。

4. 程序转换和烧录

延边三角形起动控制电路的电气控制原理图与星形—三角形单向起动的电气控制原理图类似，由于选用的是同一种 QRPLC-0606MT 控制板，故程序转换所用到的参数设置可用图 7-16 的设定值。点击桌面上图标运行“PMW-HEX-V3.0.exe”，界面设置如图 7-45 所示，其中没有使用的引脚不做设定，点击按钮“保存设置”，再点击“打开 PMW 文件”按钮，找到保存的“延边三角.PMW”文件，点击“打开”按钮便进入转换状态，等待转换软件转换，直到界面上“打开 PMW 文件”按钮下出现“FX1N.HEX DONE”，表示转换完成。同样把转换得到的可执行文件

“fx1n. hex”改名为“延边三角 . hex”。

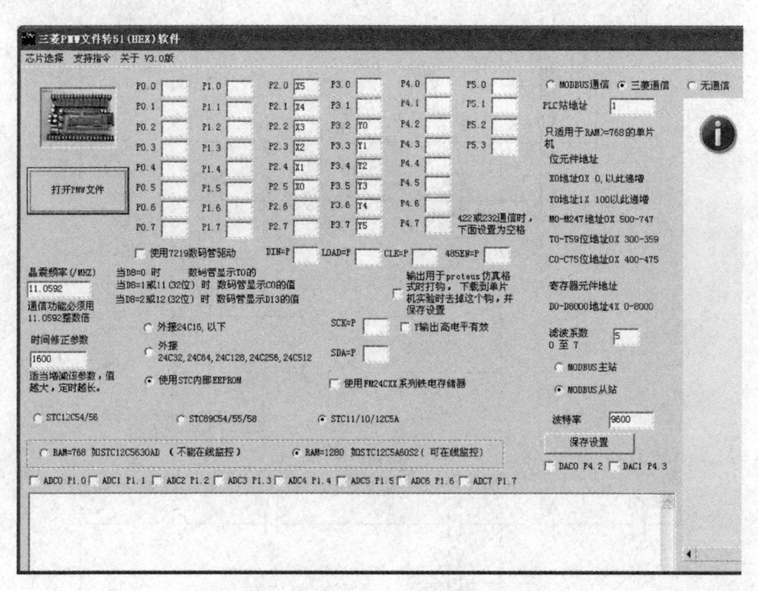

图 7-45 延边三角形起动参数设置

运行 STC 单片机烧录程序“stc-isp-15xx-v6. 69. exe”，单片机选用“STC11F60XE”后，点击“打开程序文件”按钮，选中刚才转换结果重新命名的文件“延边三角 . hex”，再点击按钮“下载/编程”烧录程序。烧录成功后的界面如图 7-46 所示。

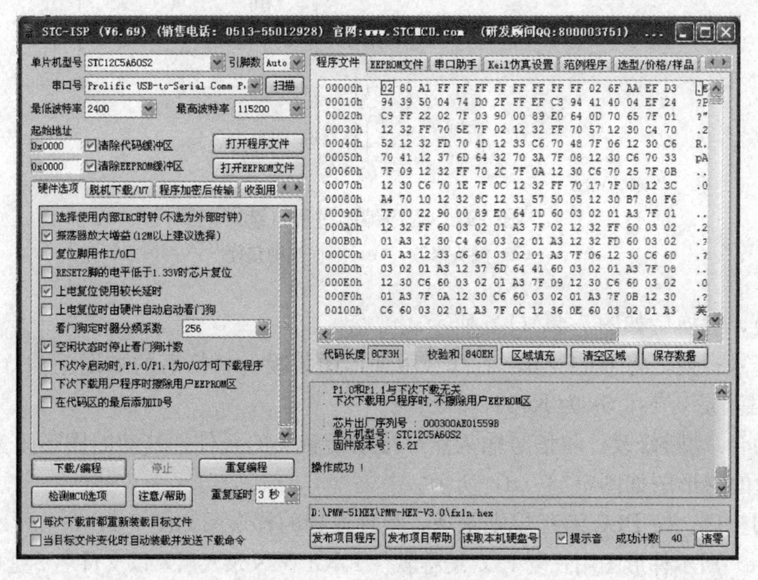

图 7-46 程序烧录成功

5. 功能验证

按照图 7-43 所示的电路原理接线，检查接线无误后通电。通电后控制电路处在停机状态，此时控制板上指示灯 LX00 和 LX01 应点亮，程序监控状态如图 7-47 所示；若按下热保护继电器上的试验按钮或按下 SB1 按钮，指示灯 LX00 或 LX01 应熄灭，说明过载保护和停止回路的接线正确。

按下起动按钮 SB2，控制电路进入起动状态，程序监控状态如图 7-48 所示。经过 5s 后转入正

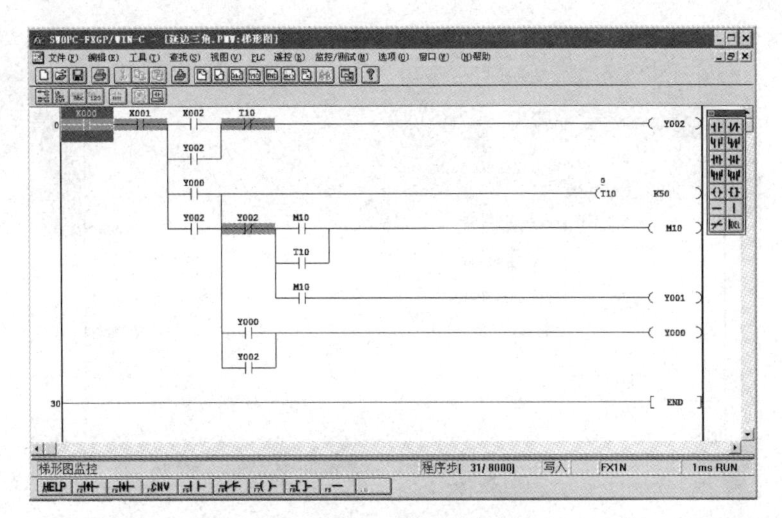

图 7-47　停止状态

常运行状态，此时程序监控状态如图 7-49 所示。

在运行状态，按下按钮 SB1 或热保护继电器 FR 动作，控制电路的输出接触器便立即释放、电动机停止运行。

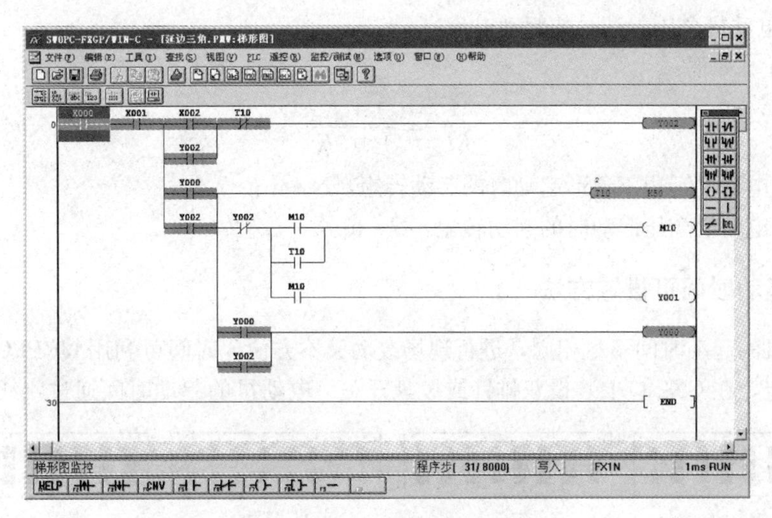

图 7-48　延边三角形起动状态

延边三角形起动方式的电动机，其起动电压和起动转矩与定子绕组的抽头匝数有关，工程设计通常按下面公式估算：

起动电压计算如下：

$$\frac{U'_{q\Delta}}{U_{q\Delta}}=\frac{1+\sqrt{3}K}{1+3K} \tag{7-1}$$

式中：$U'_{q\Delta}$——电动机延边三角形起动时的起动电压，V；

$U_{q\Delta}$——电动机全压起动时的起动电压，V；

K——星形部分绕组匝数 a 和和三角形部分绕组匝数 b 之比，$K=\frac{a}{b}$。

起动电流计算如下：

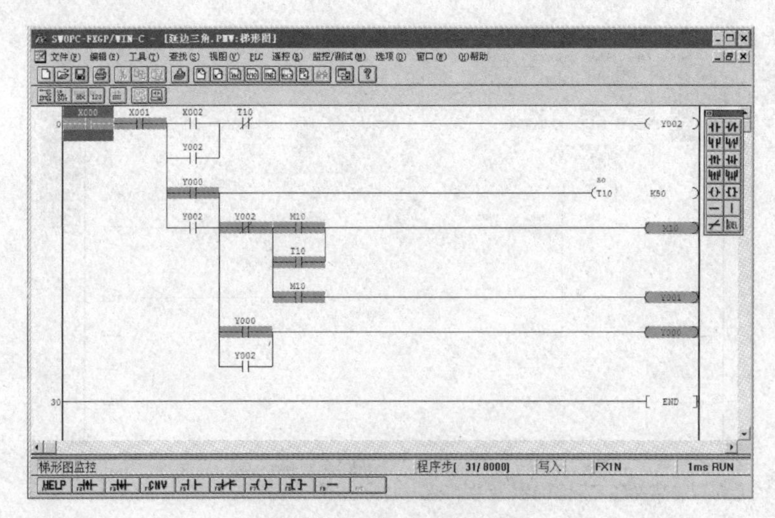

图 7-49 三角形运行状态

$$\frac{I'_{q\Delta}}{I_{q\Delta}}=\frac{1+K}{1+3K} \tag{7-2}$$

式中：$I'_{q\Delta}$——电动机延边三角形起动时的起动电流，A；

$I_{q\Delta}$——电动机全压起动时的起动电流，A。

起动转矩计算如下：

$$\frac{M'_{q\Delta}}{M_{q\Delta}}=\frac{1+K}{1+3K} \tag{7-3}$$

式中：$M'_{q\Delta}$——电动机延边三角形起动时的起动转矩，N·m；

$M_{q\Delta}$——电动机全压起动时的起动转矩，N·m。

7.1.3 起动时间可设置方法

由于电动机的起动时间不尽相同，进行现场改动又不方便。时间可利用 QRPLC-0606MT 板载的扩展口来设定，在 CN2 口上装设双排针或拨盘开关。电动机的起动时间通过跳线来设定，通常

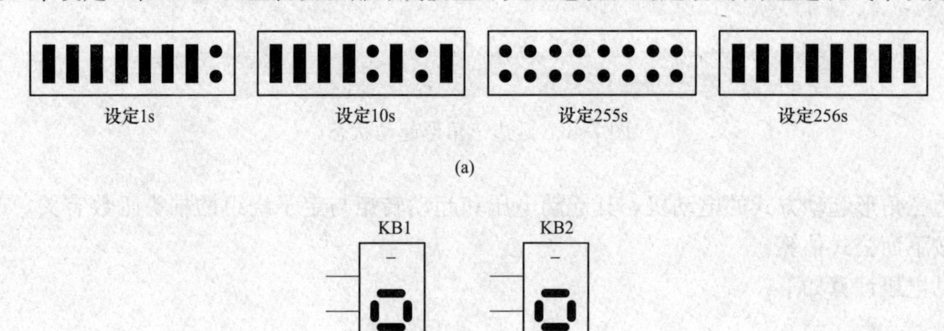

图 7-50 起动时间设置方式

(a) 双排针；(b) 拨盘开关

设置范围是 1～256s，设置方法如图 7-50 所示，图中▌表示短接，⁚表示断开，默认设定值为 5s。扩展口 CN2 的引脚采用跳线从左到右设定为 X17～X10 的读入时间，设定值梯形图如图 7-51（a）所示；扩展口 CN2 的引脚外接拨盘开关的 8421 脚时，设定为 X17～X14（KB1）、X13～X10（KB2）、COM 脚接地的读入时间，设定值梯形图如图 7-51（b）所示。若控制电路中使用了 X10～X17，那么就用未分配的 PLC 其他输入继电器，如 X20～X27，读取梯形图也应做相关更改。转换时的参数设置如图 7-52 所示。特殊要求可设置更长时间。

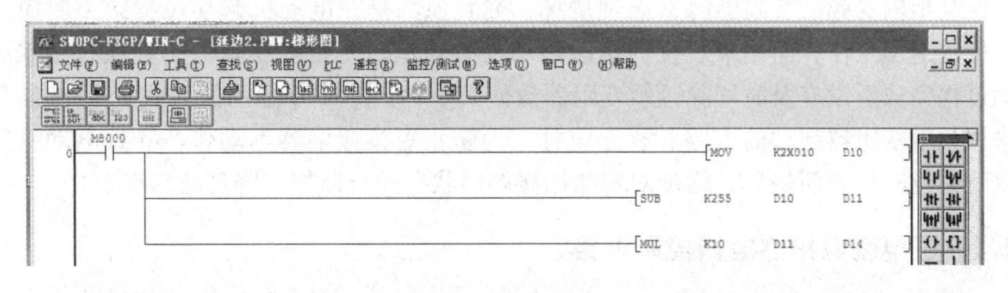

(a)

(b)

图 7-51 时间设置读取梯形图

（a）双排针；（b）拨盘开关

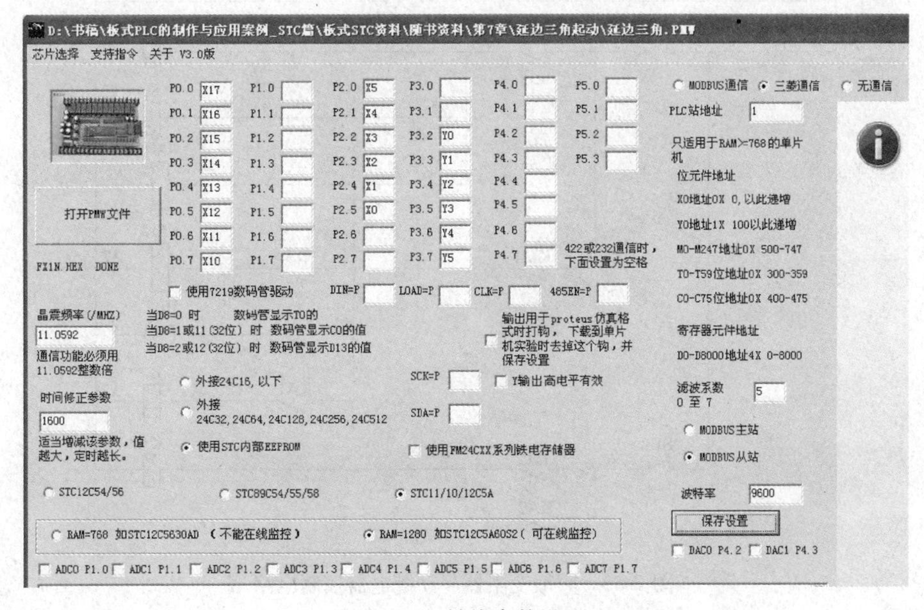

图 7-52 转换参数设置

7.2 频敏变阻器起动控制

频敏变阻器能用于平滑、无级，自动起动、制动的各种功率的交流绕线型电动机。它具有结构简单，坚固耐用、维修方便，起动、制动性能良好的优点，因此在有低速要求的和起动时阻转矩很大的传动装置上采用。频敏变阻器起动低压绕线型电动机的经典电路是采用继电器来进行控制的，但控制柜内的频敏变阻器时常出现烧坏，究其原因是在电动机起动过程结束时应短接频敏变阻器，使其退出工作，而用来短接的接触器却没有动作，使频敏变阻器仍处在投用状态，即电动机起动过程完成后没有及时切除频敏变阻器致使其烧坏。本节介绍用嵌入式 PLC 控制低压绕线电动机采用频敏变阻器起动的电路和程序设计，为防止短接接触器不动作，导致电动机完成起动后频敏变阻器没有切除而烧坏，增加对短接用接触器状态进行监控，降低故障率。

7.2.1 过电流保护继电器控制电路

采用频敏变阻器起动用过电流继电器保护的继电器控制电路如图 7-53 所示，其中 QF 为断路

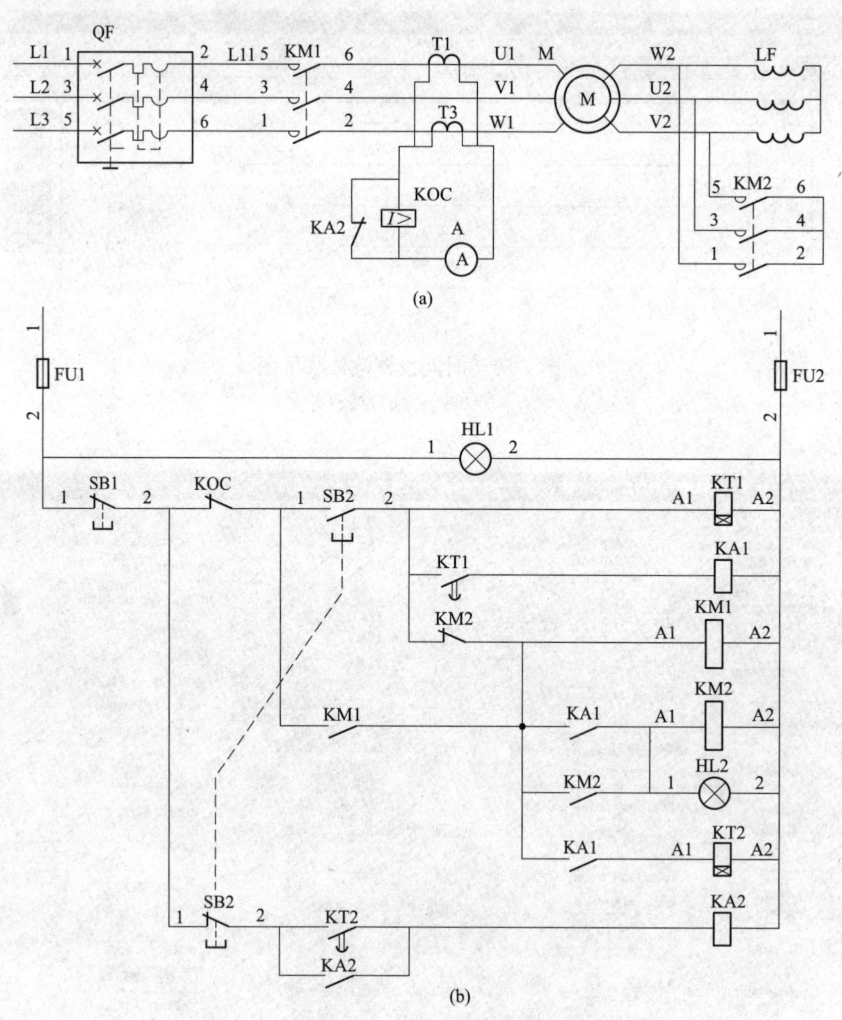

图 7-53 频敏变阻器起动继电器控制电路

（a）主电路；（b）控制电路

器、KM1 为电源供电接触器、KM2 为短接频敏变阻器接触器、T1 为电流互感器、LF 为频敏变阻器、KOC 为过电流继电器、A 为电流表，FU1 和 FU2 为熔断器、KT1 为起动时间继电器、KT2 为防止 KOC 在起动时误动作的时间继电器、KA1 为起动中间继电器、SB1 为停止按钮、SB2 为起动按钮、KA2 为短接 KOC 的中间继电器、HL1 为电源指示灯、HL2 为起动结束指示灯。

控制电路工作过程如下：指示灯 HL1 点亮表明控制电路电源电压正常，操作人员按下起动按钮 SB2→时间继电器 KT1 和接触器 KM1 线圈得电吸合并自保→电动机 M 定子绕组接通电源、转子绕组接频敏变阻器起动→随着电动机转速上升，转子电流频率降低、频敏变阻器阻抗逐渐下降→当转速接近额定转速时，时间继电器 KT1 动作→KT1 动合触头闭合→中间继电器 KA1 线圈得电吸合→KA1 的一组触头使接触器 KM2 线圈得电吸合、并自保→KM2 主触头将频敏变阻器短接，运行指示灯点亮、电动机起动过程结束。KA1 的另一组触头使时间继电器 KT2 线圈得电吸合→经延时后 KT2 的动合触头动作→使中间继电器 KA2 线圈得电吸合并自保→KA2 的动断触头断开→过电流继电器起作用，在运行过程中对电动机进行过电流保护。

7.2.2 QRPLC 控制电路及梯形图编制

1. 控制原理图

根据图 7-53（b）的控制要求，采用嵌入式 PLC 进行控制需要把停止按钮 SB1、起动按钮 SB2、过电流继电器信号 KOC 作为输入信号；输出信号有接触器 KM1 和 KM2、中间继电器 KA2、指示灯 HL2。为了避免因 KM2 不动作引起频敏变阻器烧毁，增加了两个输入信号，即短接用接触器 KM2 的辅助触头动合和动断触头各一组分别接入控制器的输入端，用来监测其状态。当该接触器发生黏连（即未释放）或没有动作（即未吸合）时，指示灯会闪烁。这样需要的输入点共有 5 点、输出点为 4 点。选用 8 点输入、6 点继电器输出的 QRPLC-0824MBR 控制器，三菱 FX_{1N}类型的控制电路输入和输出信号资源分配见表 7-4，其控制原理图如图 7-54 所示，图中预留点 KA 和 BP 暂不考虑。

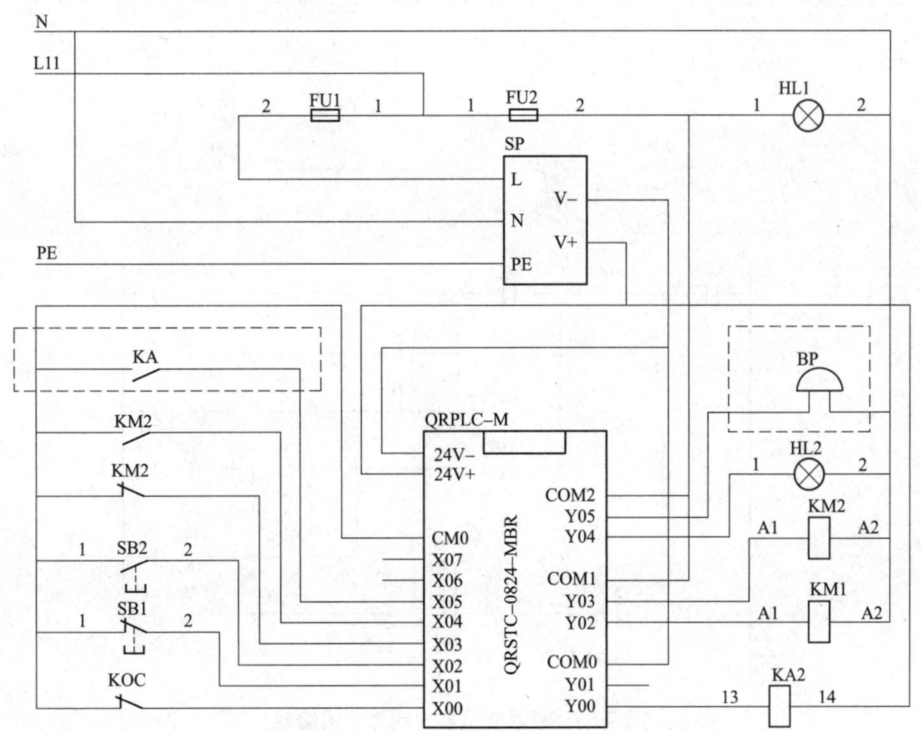

图 7-54 频敏变阻器起动 QRPC 电气控制原理图

表 7-4　　频敏变阻器起动信号功能及资源分配

输入信号			输出信号		
电器代号	信号资源	功能	电器代号	信号资源	功能
KOC	X00	热保护	KA2	Y00	过电流保护
SB1	X01	停止	KM1	Y02	三角形接线
SB2	X02	起动	KM2	Y03	延边三角形接线
KM2	X03	KM2 动作监控	HL2	Y04	状态指示灯
KM2	X04	KM2 动作监控	BP	Y05	警铃（预留）
KA	X05	KM2 闭合监控（预留）	—	—	—
中间信号（内部资源）					
KT1	T10	起动时间	KA1	M10	辅助继电器
KT2	T11	过电流保护启用延时	—	—	—

2. 梯形图编制及录入

控制梯形图以图 7-53（b）所示继电器-接触器控制电路为原型，通过元件代号替换、元件符号替换、触头修改、按规则整理四个步骤进行编制，先不考虑输入信号 KA 和 KM2、输出指示灯 HL2 和警铃 BP。整个过程如图 7-55 所示。

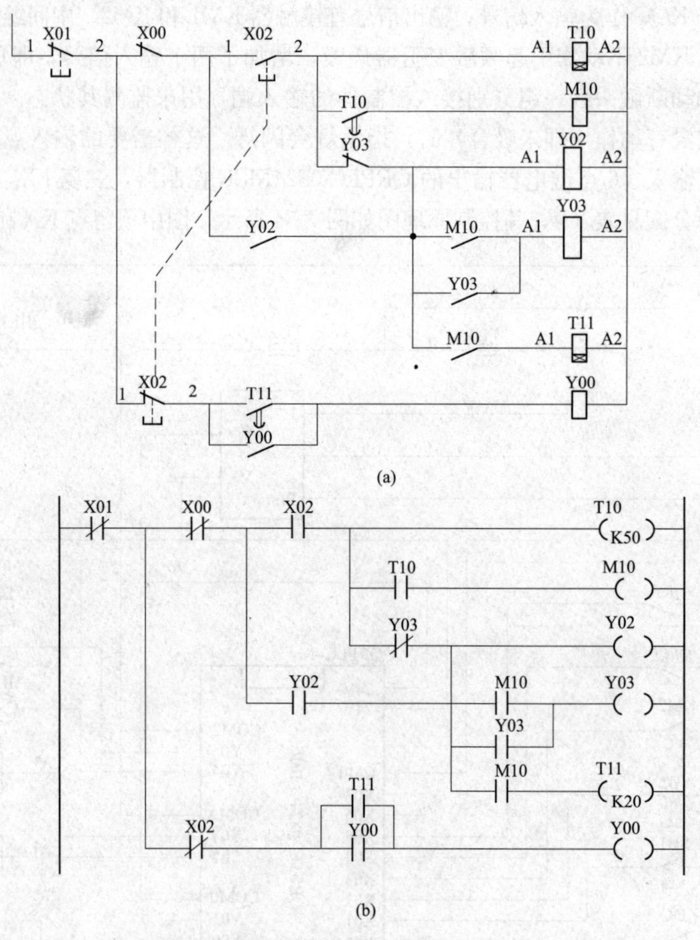

图 7-55　频敏变阻器起动梯形图编制

(a) 元件代号替换；(b) 元件符号替换

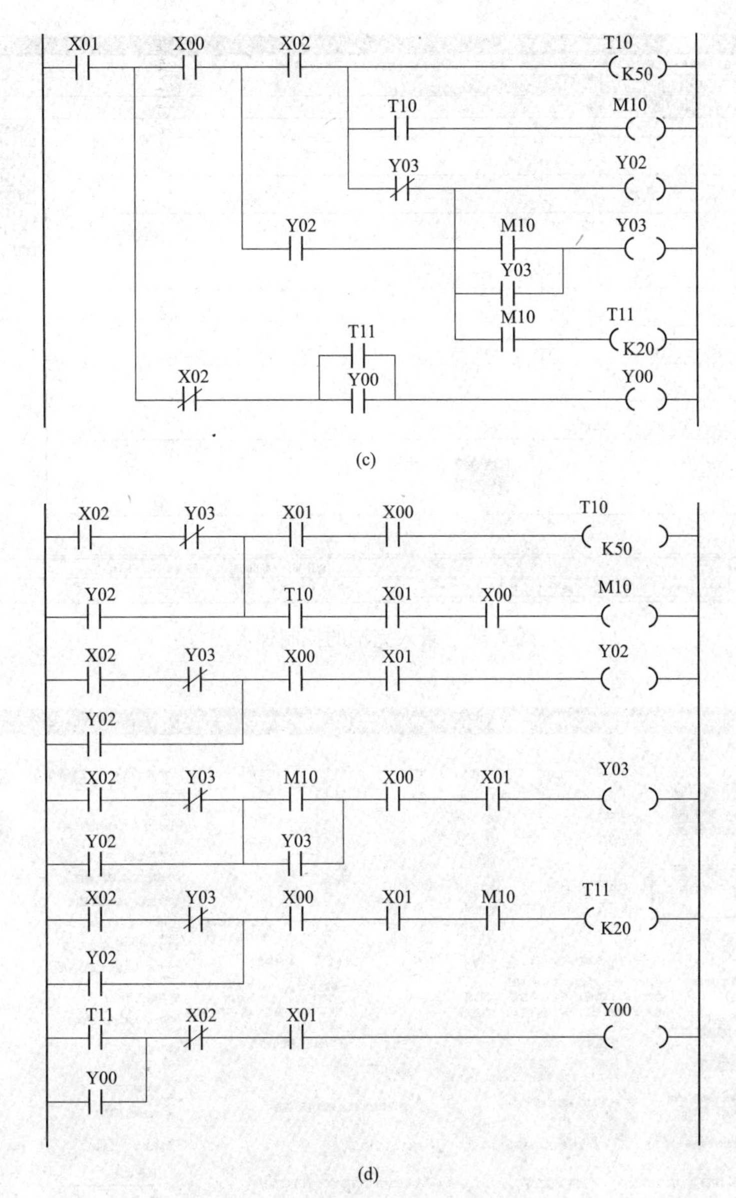

图 7-55 频敏变阻器起动梯形图编制（续）

（c）触头修改；（d）按规则整理

将图 7-55（d）所示梯形图用三菱 PLC 编程软件 FXGPWIN 录入完毕，如图 7-56 所示。并以文件名“频变起动”保存。

7.2.3 梯形图转换、烧录及功能验证

1. 梯形图转换

运行 FX1N 转换软件“PMW-HEX-V3.0.exe”，根据表 7-4，结合表 4-20 可以得到转换软件的参数设置，如图 7-57 所示。点击按钮“保存设置”，再点击“打开 PMW 文件”按钮，选中录入并命名为“频变起动”的 .PMW 文件保存，将梯形图程序转换成“fx1n.hex”文件。为方便记忆将转换得到的文件“fx1n.hex”改名为“频变起动.hex”。

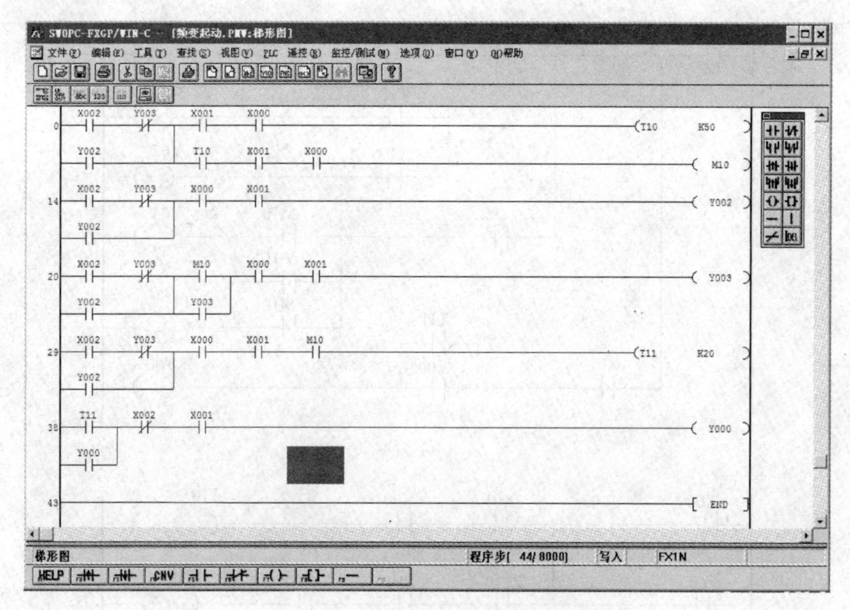

图 7-56　录入完毕的控制梯形图

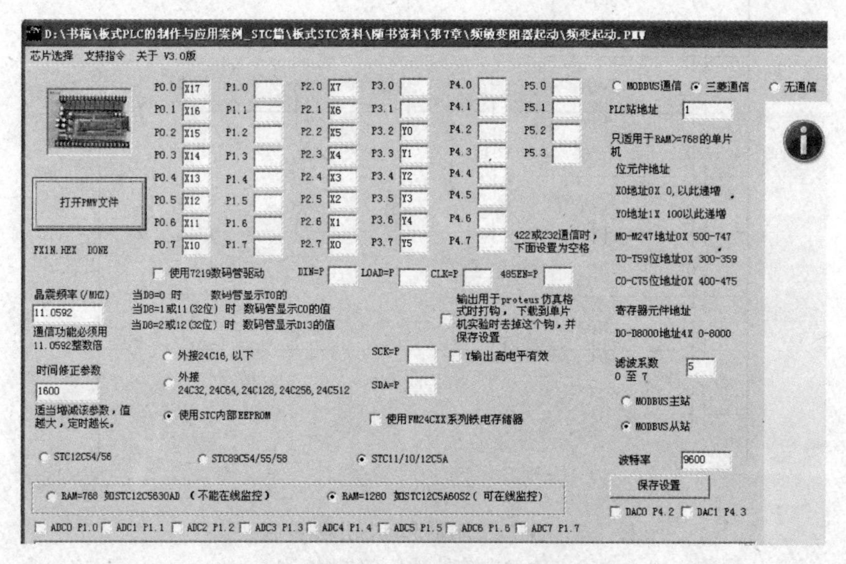

图 7-57　频敏变阻器起动控制转换参数

2. 程序烧录

用 USB-RS232 通信电缆的 USB 口与电脑连接好，另一头通过通信板与 QRPLC-0824MBR 连接。运行烧录软件“stc-isp-15xx-v6. 69. exe”，注意软件界面上单片机的型号设置、串口号等，该控制板选用 STC11F60XE。点击“打开程序文件”按钮加载代码文件“频变起动 . hex”。再点击“下载/编程”按钮，随即给控制板上电进行烧录操作。

3. 功能验证

按照图 7-53 所示电路原理接线，检查接线无误后通电。通电后控制电路处在停机状态，此时控制板上指示灯 LX00 和 LX01 应点亮，程序监控状态如图 7-58 所示，若断开端子 X00 上的接线或按下 SB1 按钮，指示灯 LX00 或 LX01 应熄灭，说明过电流保护和停止回路的接线正确。

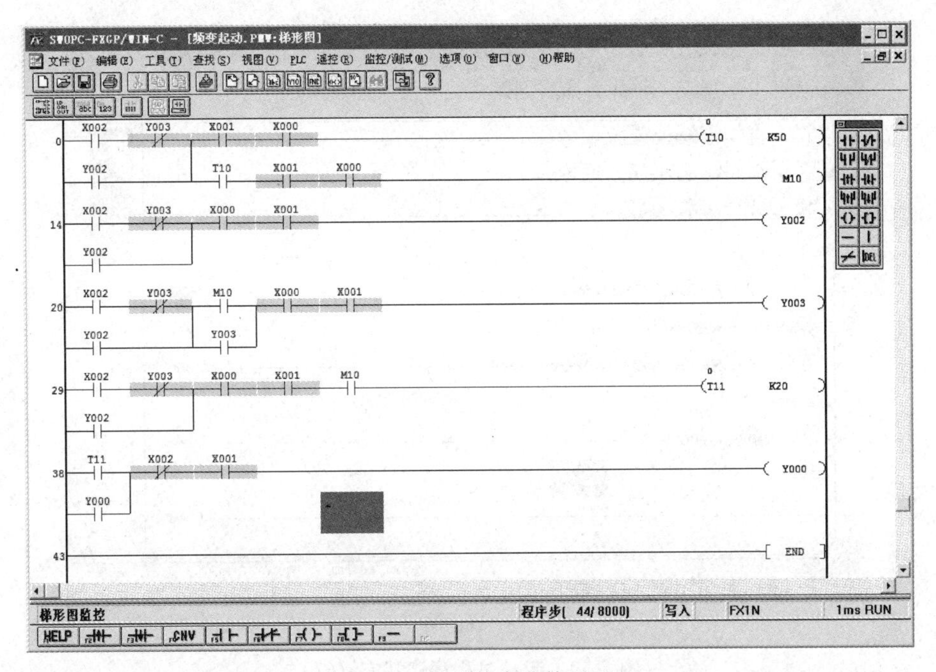

图 7-58 停止状态监控界面

按下起动按钮 SB2，接触器 KM1 吸合，绕线式电动机在转子回路中串入频敏变阻器起动，程序监控状态如图 7-59（a）所示；当电动机电流回落到接近额定值时，接触器 KM2 吸合，短接频敏变阻器 LF，进入运行状态，此时程序执行状态如图 7-59（b）所示。

接触器 KM2 未动作、防黏连，以及指示灯的梯形图可根据以上原理及过程自行设计并验证。

若采用拨盘开关设置起动时间，则其梯形图如图 7-60 所示。

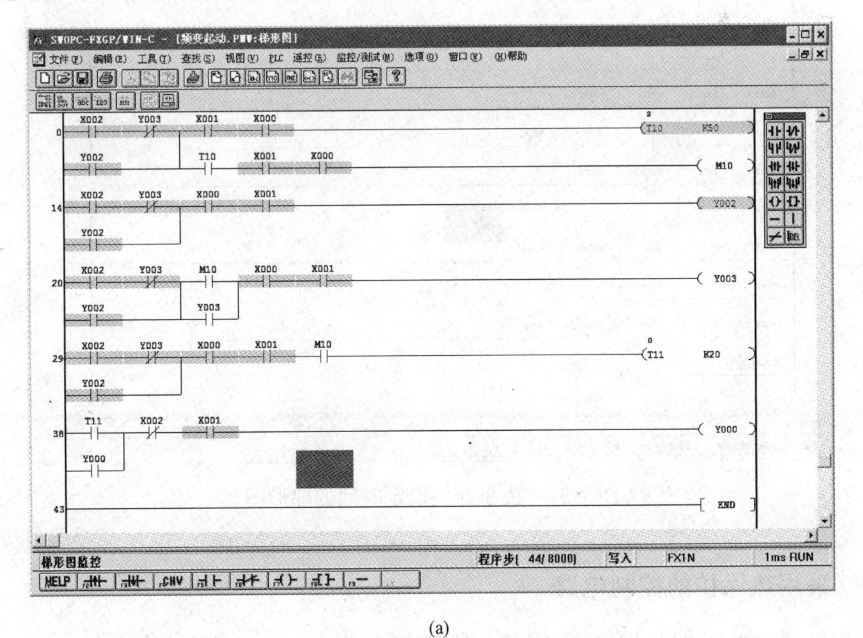

(a)

图 7-59 起动过程程序状态

(a) 接触器 KM1 吸合

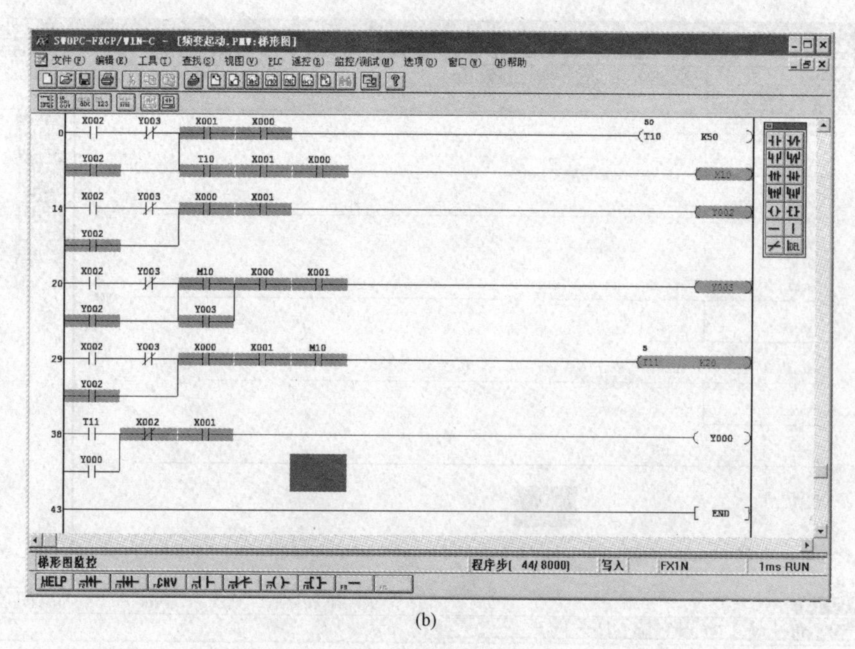

(b)

图 7-59　起动过程程序状态（续）

（b）接触器 KM1 和 KM2 均吸合

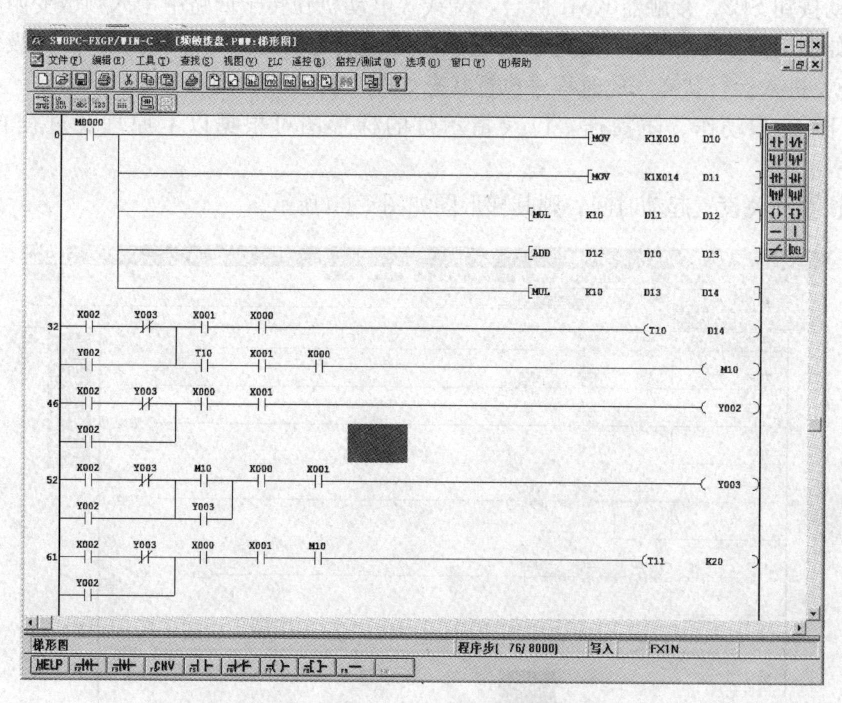

图 7-60　拨盘开关设定时间的梯形图

7.2.4　采用热保护的控制电路

采用热保护的控制电路如图 7-61 所示，除热继电器 FR 外，其余同过电流保护的相同。图 7-61（b）中将短接用的接触器 KM2 的辅助动合和动断触头各一组分别接入控制器的输入端，用来监测接触器状态。当该接触器发生黏连（即未释放）、没有动作（即未吸合）和热保护动作的情况下，指示灯会闪烁。该电路采用跳线设置起动时间的控制梯形图如图 7-62 所示。梯形图的录入、转换和烧录与其他控制电路一样不再赘述，转换参数设定参见图 7-57 所示。

按下起动按钮 SBQ，接触器 KM1 吸合，绕线式电动机在转子回路中串入频敏变阻器起动，当电动机电流回落到接近额定值时，接触器 KM2 吸合，短接频敏变阻器 LF，进入运行状态；若接触器未动作，则控制器随即断开接触器 KM1 和 KM2，并使指示灯闪光报警，此时梯形图的监控界面如图 7-63（a）所示。若起动前接触器 KM2 出现黏连状态，则指示灯也会闪光报警，程序状态如图 7-63（b）所示。

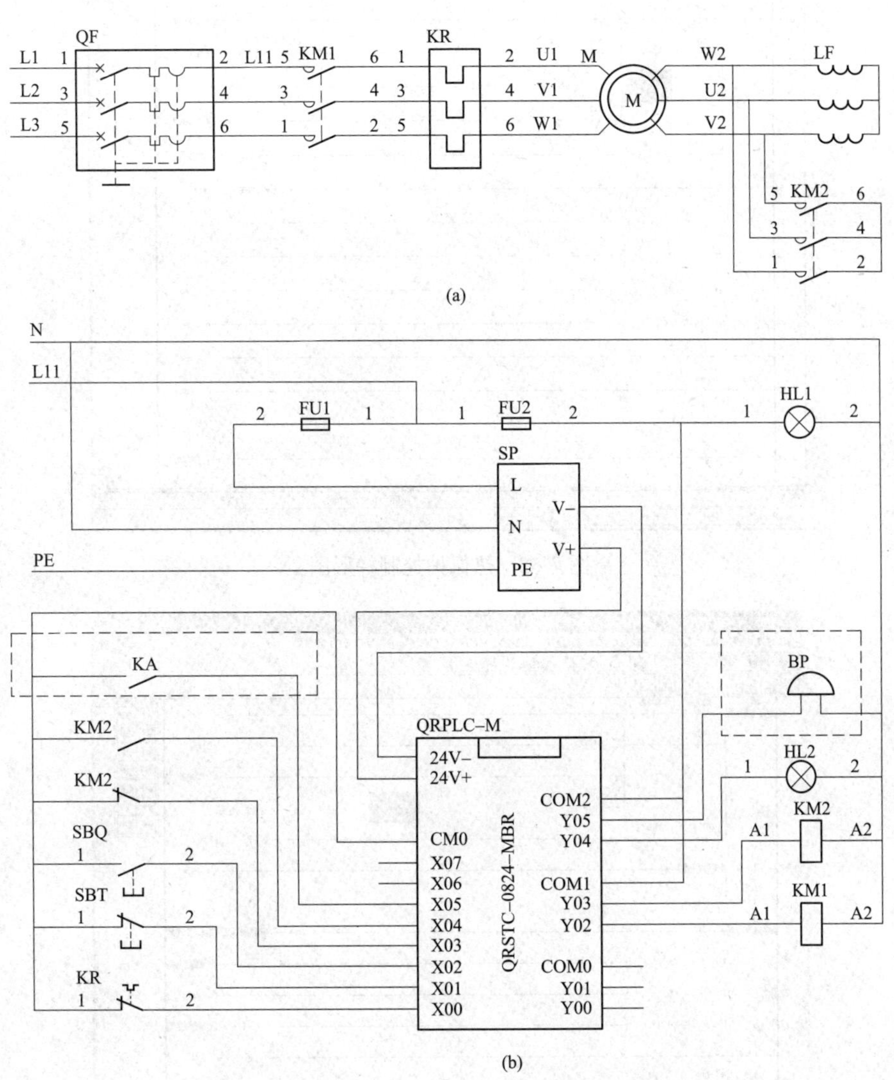

图 7-61 采用热保护的频敏变阻器起动控制电路

（a）主电路；（b）控制电路

除了对短接接触器的状态进行监控外，还可以通过进一步监测频敏变阻器的端电压来判断其是否被切除，这样做就可以进一步提高可靠性，但需要增加几个电器元件，如图 7-64 所示，采用过电流保护的控制电路和主电路分别如图 7-53 和图 7-60（b）中虚线框所示，并将监测点 X5 和警铃 Y05 加入监测程序中即可，这里不再说明。

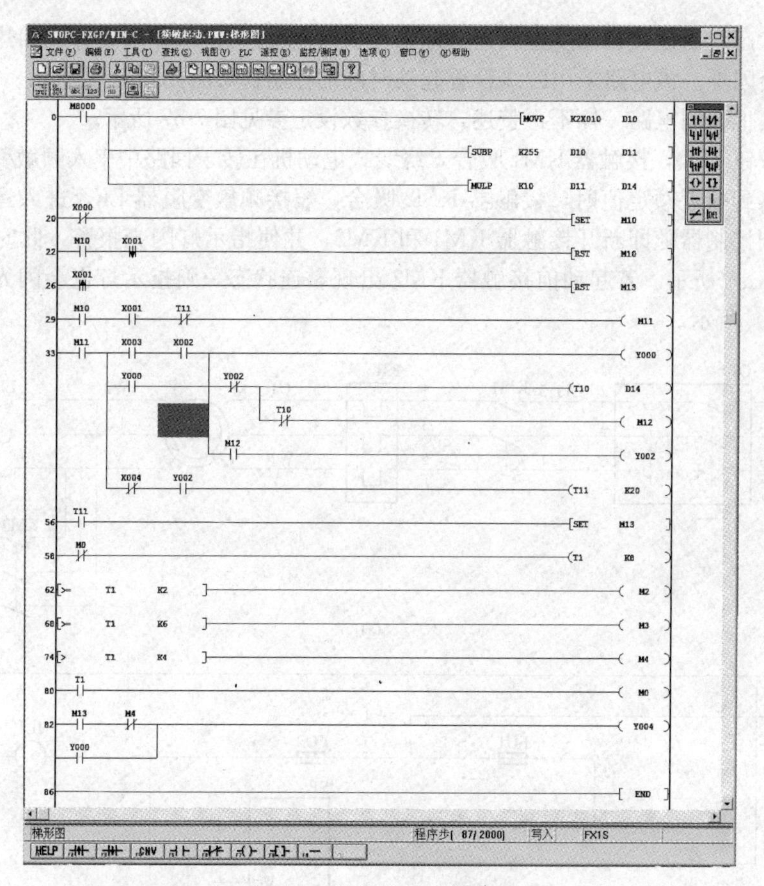

图 7-62　热保护控制梯形图

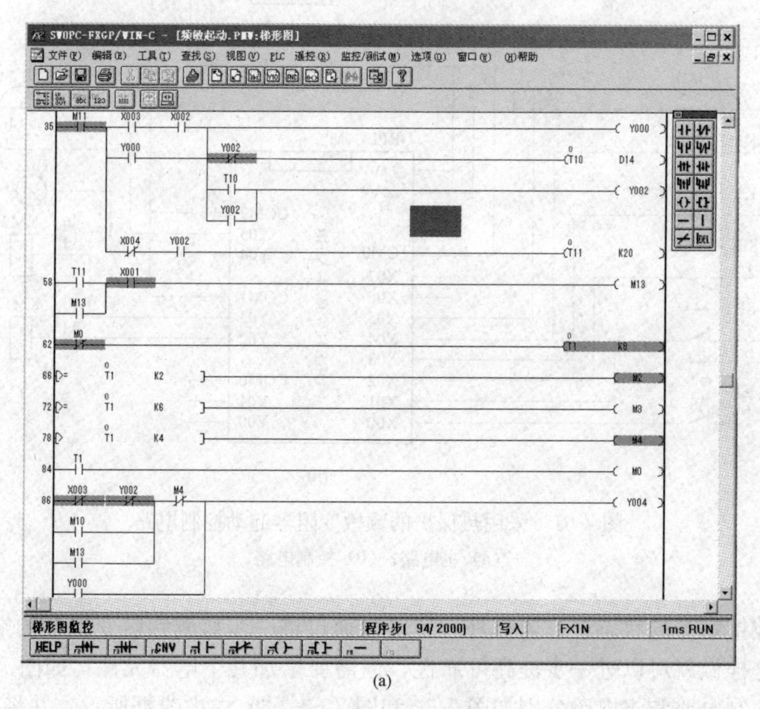

(a)

图 7-63　监控界面

(a) 接触器 KM2 未动作闪光报警

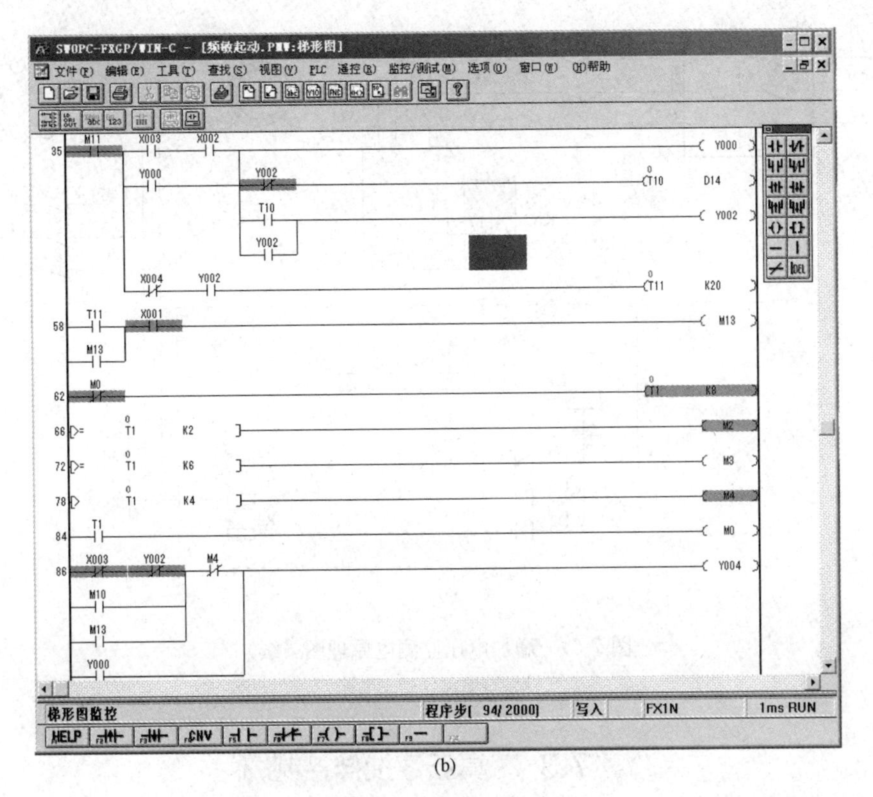

(b)

图 7-63 监控界面（续）

(b) 接触器 KM2 出现黏连程序监控状态

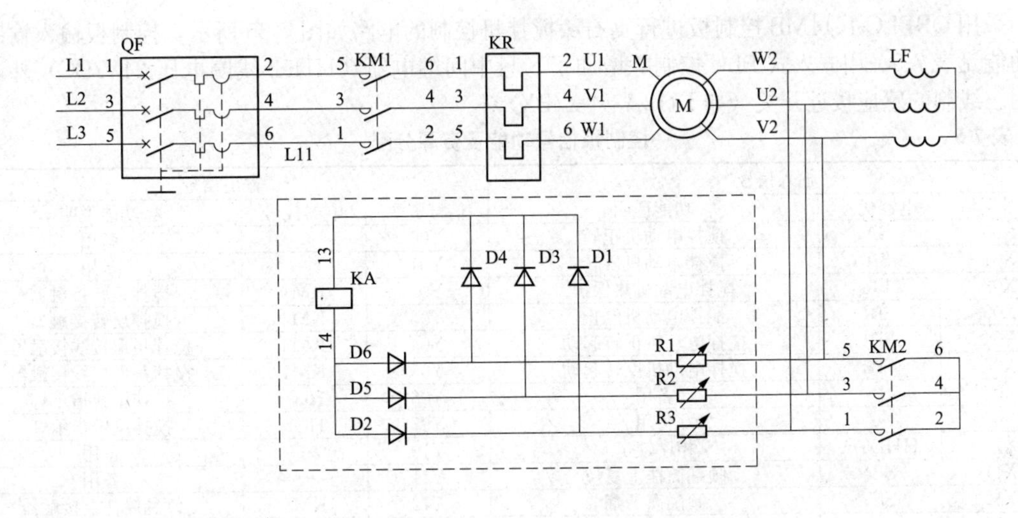

(a)

图 7-64 增加电压监测电原理图

(a) 热保护主电路

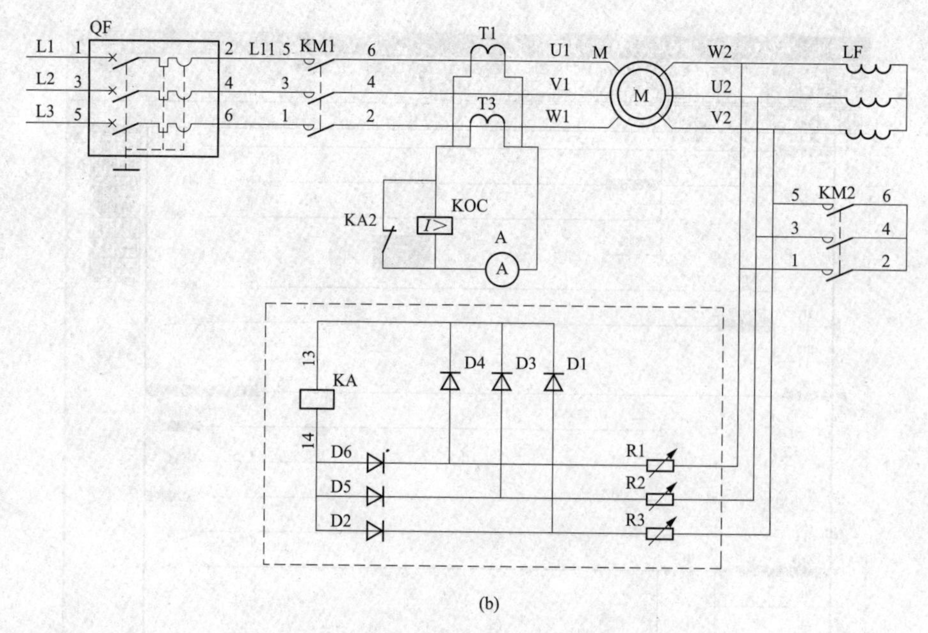

图 7-64　增加电压监测电原理图（续）

（b）过电流保护主电路

7.3　真石漆搅拌控制

真石漆是一种很稠厚的建筑涂料，由合成树脂乳液与彩石粒子及多种辅助剂按比例配制而成。WSZ 不锈钢卧式真石漆搅拌机控制有低速搅拌和倾倒两种工作状态，本节将继电器控制电路改造用 QRPLC 进行控制。本节给出的控制电路原理图及其控制程序可供读者制作参考。

7.3.1　控制电路原理

采用 QRPLC-1614MB 控制板进行真石漆搅拌机控制的电路如图 7-65 所示，控制板输入输出端的功能见表 7-5。用嵌入式 PLC 控制除增加了 8 只中间继电器（HH52 线圈电压 24V DC）外，还改用三线制的感应接近开关（如 LJ12A3-4-Z/BX）。

表 7-5　　控制板信号功能及资源分配

输入信号			输出信号		
信号资源	电器代号	功能说明	信号资源	电器代号	功能说明
X00	SA	搅拌电动机正转	Y00		备用
X01	SA	搅拌电动机反转	Y01		备用
X02	FR	搅拌电动机热保护	Y02	KM1	搅拌正转接触器
X03	SB1	搅拌电动机停止	Y03	KM2	搅拌反转接触器
X04	SB2	搅拌电动机正转起动	Y04	KM3	搅拌星形接线接触器
X05	SB3	搅拌电动机反转起动	Y05	KM4	搅拌角形接线接触器
X06	—	备用	Y06	HG1	搅拌正转指示灯
X07	—	备用	Y07	HG2	搅拌反转指示灯
X10	HHD5-A	相序锁定	Y10	—	备用
X11	SB4	倾翻筒往上复位	Y11	—	备用
X12	SB5	倾翻筒下翻	Y12	KM5	倾翻筒往上接触器
X13	SQ1	倾翻筒上限位	Y13	KM6	倾翻筒下接触器
X14	SQ2	倾翻筒下限位	Y14	—	备用
X15	SQ3	倾翻筒闭锁开关	Y15	—	备用
X16	—	备用			
X17	—	备用			

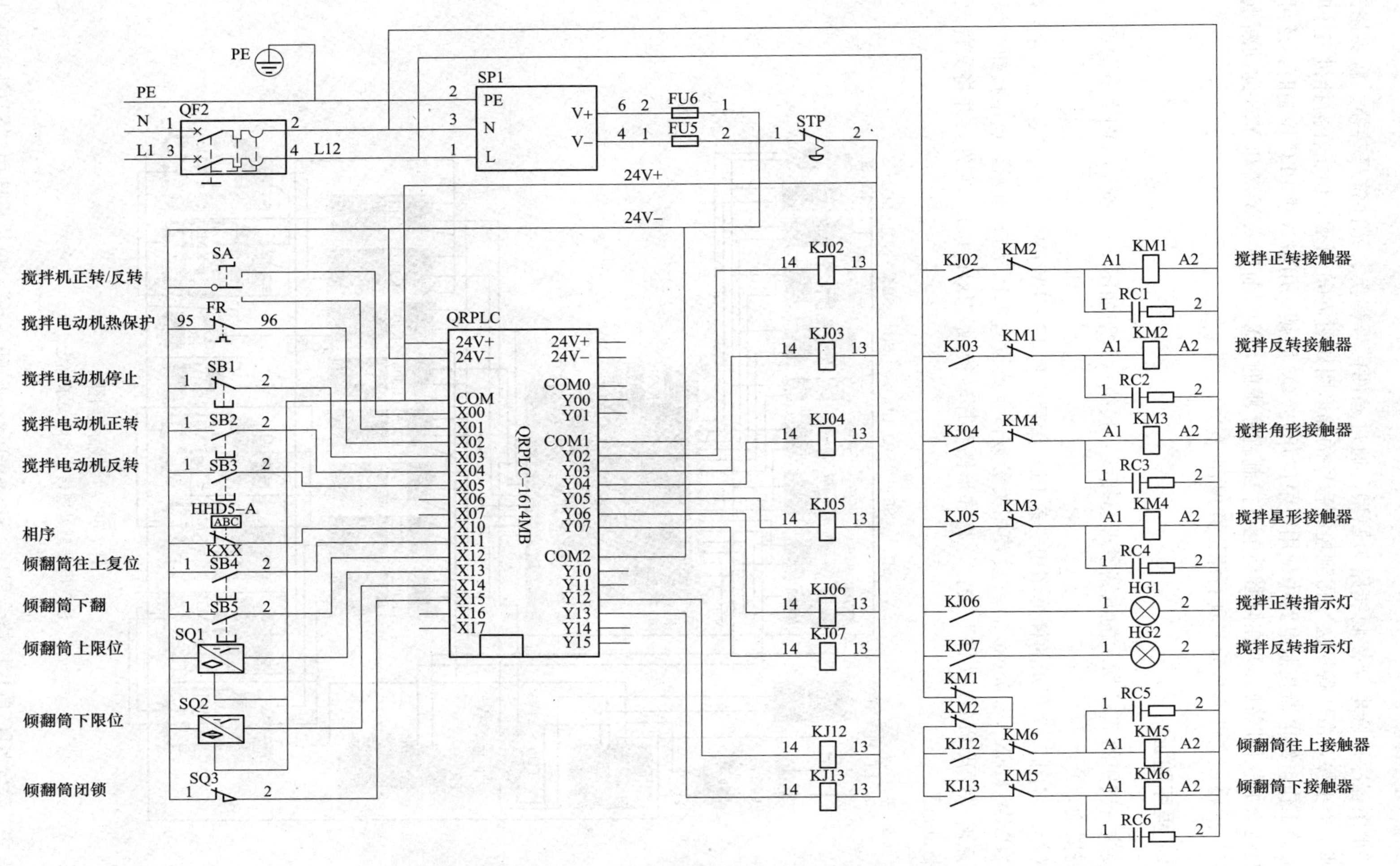

图 7-65　真石漆搅拌机 QRPLC 控制电原理图

7.3.2 控制梯形图编制

控制梯形图程序以继电器控制线路为原型，通过元件代号替换、元件符号替换、触头修改、按规则整理4个步骤，由“替换法”得到控制程序的梯形图如图7-66所示。由于在搅拌机工作时，不允许倾翻筒工作，继电器控制电路中使用了限位开关SQ3联锁。用嵌入式PLC控制时，还可在程序中方便地增加软件联锁，即在倾翻筒上下控制程序中的，X15前串入Y02和Y03的动断点即可。录入完毕后将该文件命名为“真石漆”并保存。

7.3.3 程序验证

(1) 接线。按照图7-75所示的电路原理图接线，接线示意图如图7-66所示（图中电器型号规格按实际需要确定）。

(2) 转换。将图7-67所示的梯形图用三菱PLC编程软件FXGPWIN按型号FX_{1N}录入后保存，然后运行“PMW-HEX-V3.0.exe”，并设置相关参数，参数设置如图7-68所示，点击按钮“保存设置”，再点击“打开PMW文件”按钮，将梯形图程序转换成“fx1n.hex”文件，并将文件改名为“真石漆.hex”。

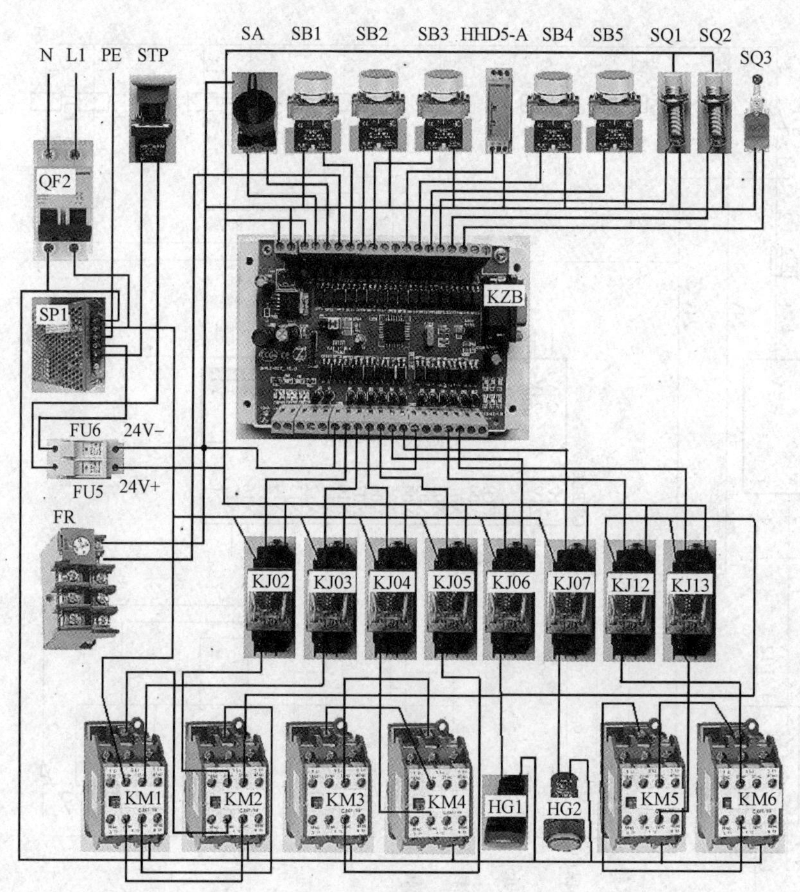

图7-66 接线示意图

注 电器型号规格按实际要求确定。

(3) 烧录。运行STC单片机烧录程序“stc-isp-15xx-v6.69.exe”，单片机选用“STC11F60XE”后，点击“打开程序文件”按钮，选中刚才转换结果的文件“fx1n.hex”，再点击按钮“下载/编

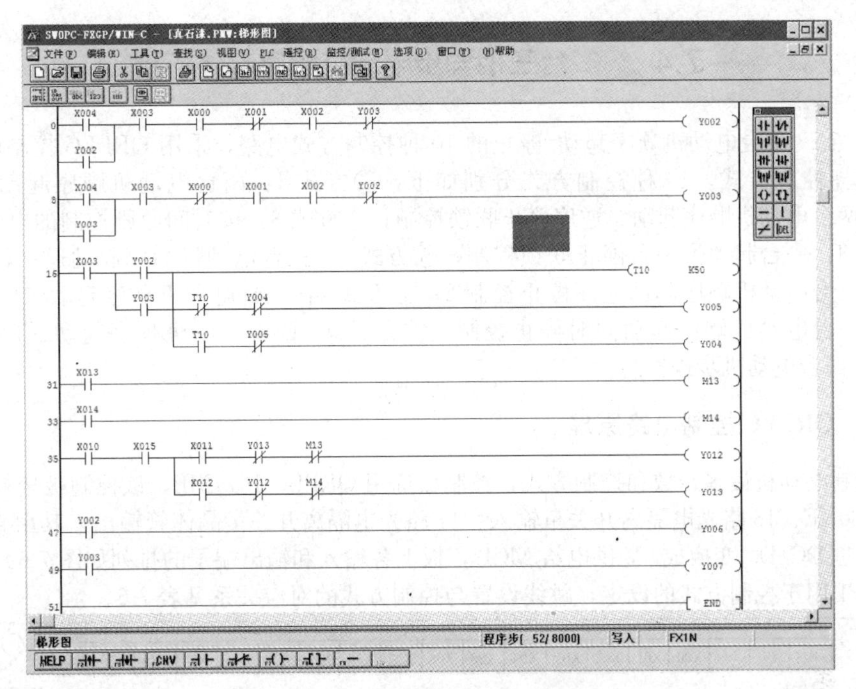

图 7-67　真石漆搅拌机控制梯形图程序

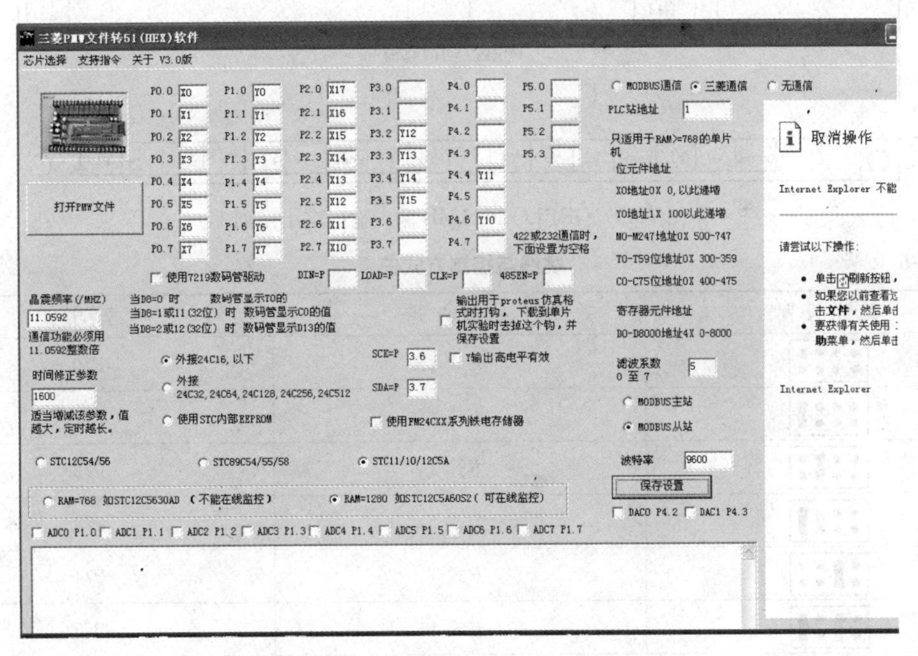

图 7-68　真石漆搅拌机控制板转换参数

程”烧录程序。

（4）功能验证。根据真石漆搅拌机继电器—接触器控制原理。检查接线无误后通电进行验证。先验证搅拌机正反转运行，其次验证倾翻筒上复位和下翻，再验证联锁功能，具体过程这里不再细述。

若程序不符合控制要求，则重新修改程序后再进行转换、烧录、验证，直到正确为止。

7.4 多台三相异步电动机顺序起停控制

本节介绍 2～4 台电动机顺序起动/停止的 10 种控制方式电路，采用 QRPLC 控制电路，并由跳线设置选择控制方式。10 种控制方式分别如下：①方式 1：两台电动机顺序起动联锁控制；②方式 2：两台电动机顺序起动、逆序停止联锁控制；③方式 3：按时间原则控制的电动机顺序起动；④方式 4：一台起动另一台停止联锁控制；⑤方式 5：三台电动机顺序起动逆序停止控制 1；⑥方式 6：三台电动机顺序起动逆序停止控制 2；⑦方式 7：三台电动机顺序起动顺序停止控制；⑧方式 8：三台电动机顺序起动同时停止控制；⑨方式 9：四台电动机顺序起动逆序停止控制；⑩方式 10：四台电动机步进控制。

7.4.1 QRPLC 控制电路原理

根据控制电动机最多台数和控制方式，控制板选用 QRPLC-1614MB，该控制板选择 STC 单片机 STC11F60XE、16 路光电隔离开关量输入、14 路光电隔离开关量晶体管输出，其由直流 24V 提供电源，通过 DC/DC 变换成 5V 供电给 MCU，板上各输入和输出端子的排列如图 7-69 所示。4 位跳线端口 JP1 用于控制方式的设定，跳线设置与控制方式的对应关系见表 7-6。

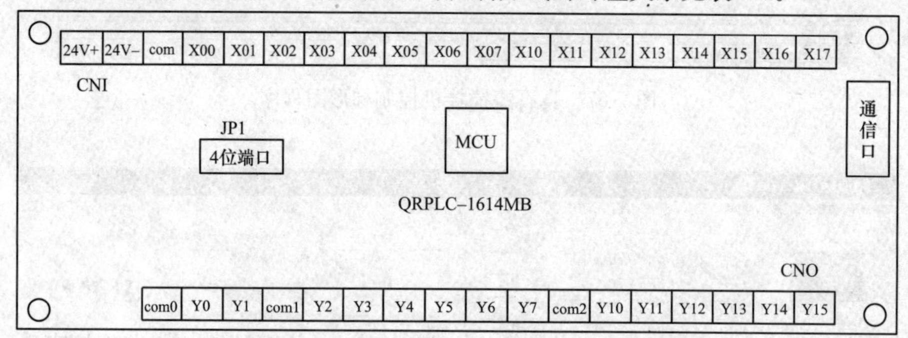

图 7-69 QRPLC-1614MB 输入输出端子排列

表 7-6 跳线与控制方式关系

跳线设置	控制方式	子程序
: : : :	方式 1	P70
: : : █	方式 2	P71
: : █ :	方式 3	P72
: : █ █	方式 4	P73
: █ : :	方式 5	P74
: █ : █	方式 6	P75
: █ █ :	方式 7	P76
: █ █ █	方式 8	P77
█ : : :	方式 9	P78
█ : : █	方式 10	P79

注 █表示短接跳线；:表示断开跳线。

由 QRPLC 控制 2～4 台电动机顺序起动和停止的电路如图 7-70 所示，控制板输入输出端的功能见表 7-7，控制电动机台数不同所用到的外接电器元件也不同，每种控制方式对应功能和控制板输入端子所接电器见表 7-8，输出端子按类似选取。

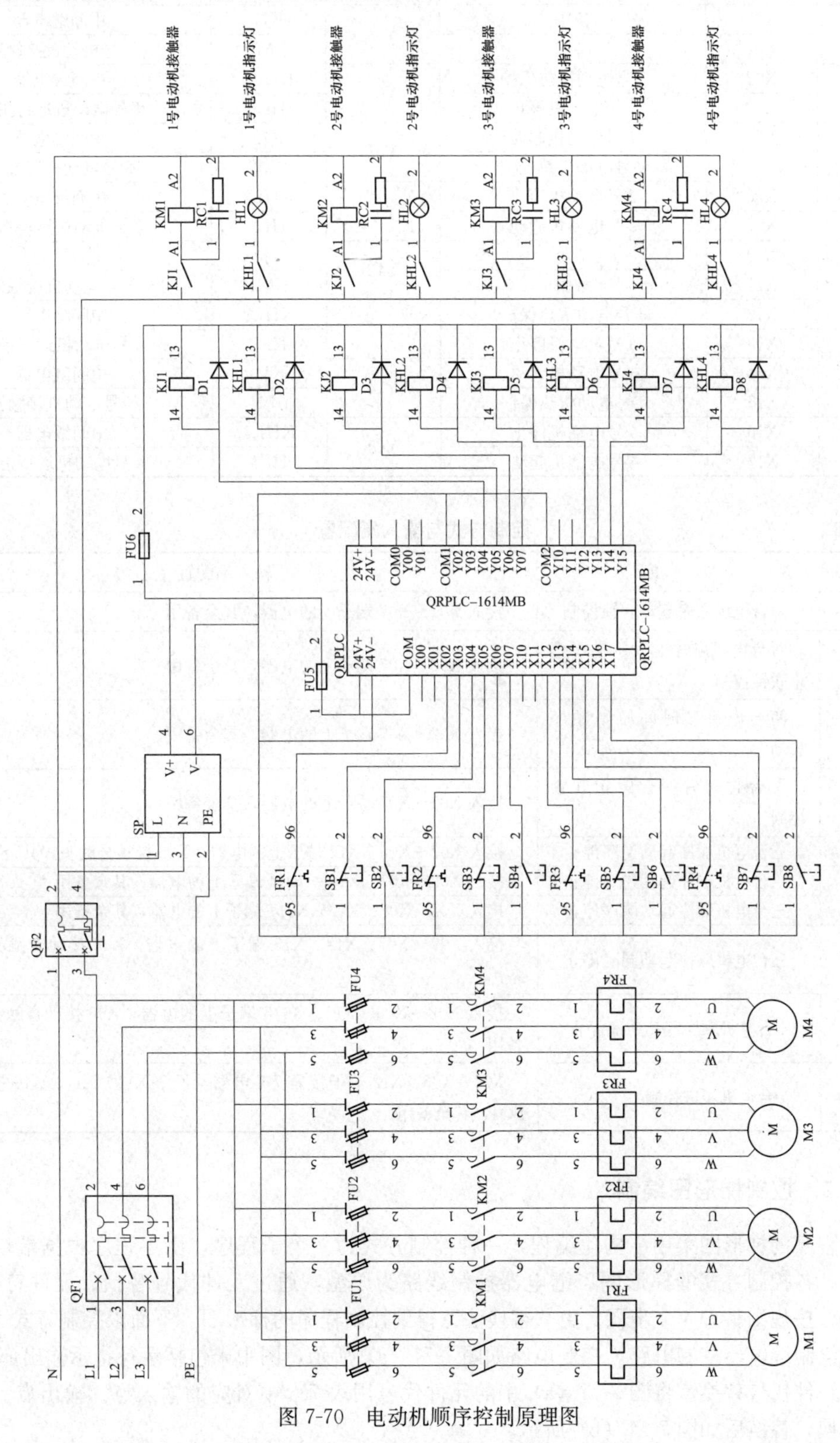

图 7-70 电动机顺序控制原理图

表 7-7　　控制板信号功能及资源分配

输入信号			输出信号		
电器代号	信号资源	功能说明	信号资源	电器代号	功能说明
—	X00	备用	Y04	KJ1	中间继电器
—	X01	备用		KM1	1 号电动机接触器
FR1	X02	1 号电动机热保护	Y05	KHL1	中间继电器
SB1	X03	1 号电动机停止		HL1	1 号电动机运行指示
SB2	X04	1 号电动机起动	Y06	KJ2	中间继电器
FR2	X05	2 号电动机热保护		KM2	2 号电动机接触器
SB3	X06	2 号电动机停止	Y06	KHL2	中间继电器
SB4	X07	2 号电动机起动		HL2	2 号电动机运行指示
—	X10	备用	Y12	KJ3	中间继电器
—	X11	备用		KM3	3 号电动机接触器
FR3	X12	3 号电动机热保护	Y13	KHL3	中间继电器
SB5	X13	3 号电动机停止		HL3	3 号电动机运行指示
SB6	X14	3 号电动机起动	Y14	KJ4	中间继电器
FR4	X15	4 号电动机热保护		KM4	4 号电动机接触器
SB7	X16	4 号电动机停止	Y15	KHL4	中间继电器
SB8	X17	4 号电动机起动		HL4	4 号电动机运行指示

表 7-8　　控制方式与输入端配置

控制方式	功　能	输入端配置
方式 1	两台电机顺序起动联锁控制	接入 X02～X07 端子上的电器，其余备用
方式 2	两台电机顺序起动、逆序停止联锁控制	接入 X02～X07 端子上的电器，其余备用
方式 3	两台电机按时间原则顺序起动	接入 X02～X05 端子上的电器，其余备用
方式 4	一台起动另一台停止联锁控制	接入 X02～X07 端子上的电器，其余备用
方式 5	三台电机顺序起动逆序停止 1	接入 X02～X06、X12 端子上的电器，X06 接动合触头，其余备用
方式 6	三台电机顺序起动逆序停止 2	接入 X02～X07、X12～X014 端子上的电器，其余备用
方式 7	三台电机顺序起动顺序停止	接入 X02～X07、X12～X014 端子上的电器，其余备用
方式 8	三台电机顺序起动同时停止	接入 X02～X07、X12、X15 端子上的电器，X06 接动合触头，其余备用
方式 9	4 台电机顺序起动逆序停止	接入 X02～X06、X12、X015 端子上的电器，X06 接动合触头，其余备用
方式 10	4 台电机步进控制	X02～X05、X12 端子接表 7-7 电器，X7、X14、X17、X16 接 SQ1～SQ4，其余备用

7.4.2　控制梯形图编制

应用程序的梯形图采用结构化编程，一种控制方式为一个子程序，由主程序根据端口设定要求来调用。各控制方式的梯形图以继电器控制线路为原型，通过元件代号替换、元件符号替换、触头修改、按规则整理 4 个步骤，由“替换法”得到控制程序的梯形图。下面以控制方式 1 为例进行说明。绘制继电器控制电路，控制电路如图 7-71（a）所示，图中未包括运行指示输出部分。

（1）元件代号替换。将图 7-71（a）中的元件代号用表 7-6 中对应的输入点、输出点、内部位存储器替换，替换后如图 7-71（b）所示。

（2）元件符号替换。将6-71（b）中符号用梯形图替换，替换后的如图7-71（c）所示。

（3）触头动合/动断修改。将PLC输入点外接动断触头的元件，其动断图形改为动合图形，如X02等，修改后的梯形图如图7-71（d）所示。

（4）按规则整理。整理得到的梯形图如图7-71（e）所示。

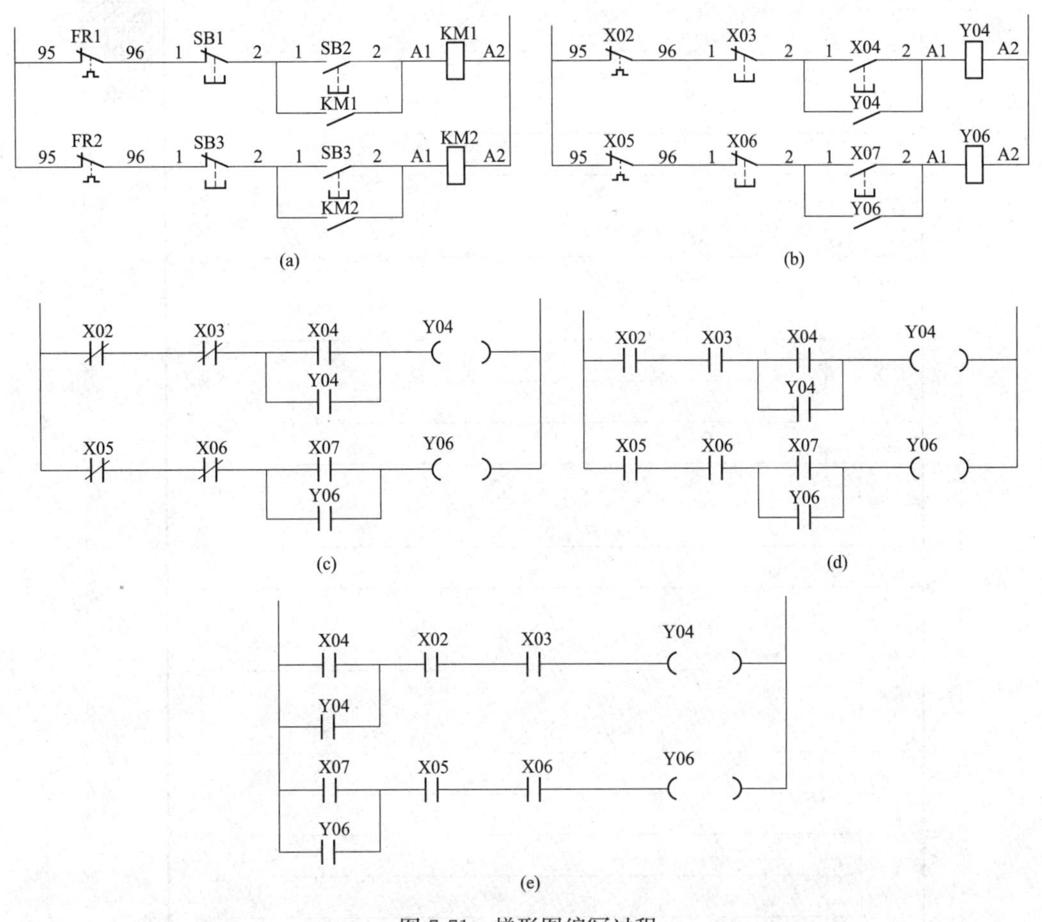

图7-71 梯形图编写过程

（a）继电器控制电路；（b）元件代号替换后；（c）元件符号替换后；（d）触头动合/动断修改后；（e）按规则整理后

按照上面的步骤不难得到其他控制方式的控制梯形图，并将每种方式分别作为一个子程序进行整理，整理后得到的梯形图程序如图7-72所示。

7.4.3 程序调试

用三菱编程软件FXGPWIN.EXE进行程序调试，首先在初始界面上新建一个PLC类型为“FX2N”的文件，然后逐行把图7-72所示的梯形图录入，最后用“END”结束。录入完毕后点击“转换”按钮进行转换，完成后将文件命名为“电机顺序.PMW”并保存。

将编制好的控制梯形图用FX_{2N}转换软件，即“梯形图转单片机HEX正式V1.43Bate12.exe”进行转换，转换时的参数设置如图7-73所示。转换得到单片机代码文件“12-01-2018 16-20-40烧录文件.HEX”，为方便记忆将代码文件“12-01-2018 16-20-40烧录文件.HEX”改名为“电机顺序.HEX”。再用STC下载软件将其烧录进单片机。

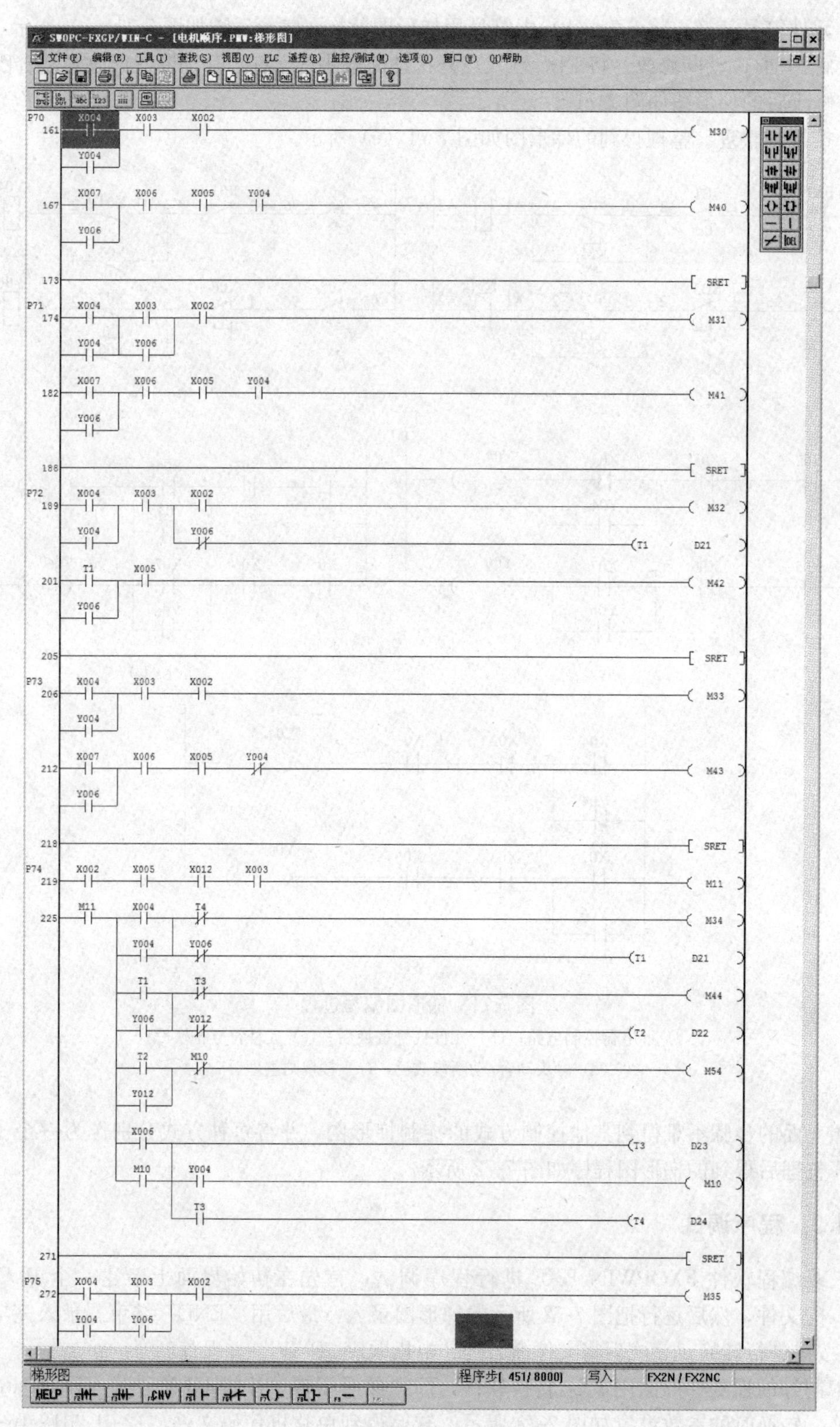

图 7-72　多电动机控制梯形图

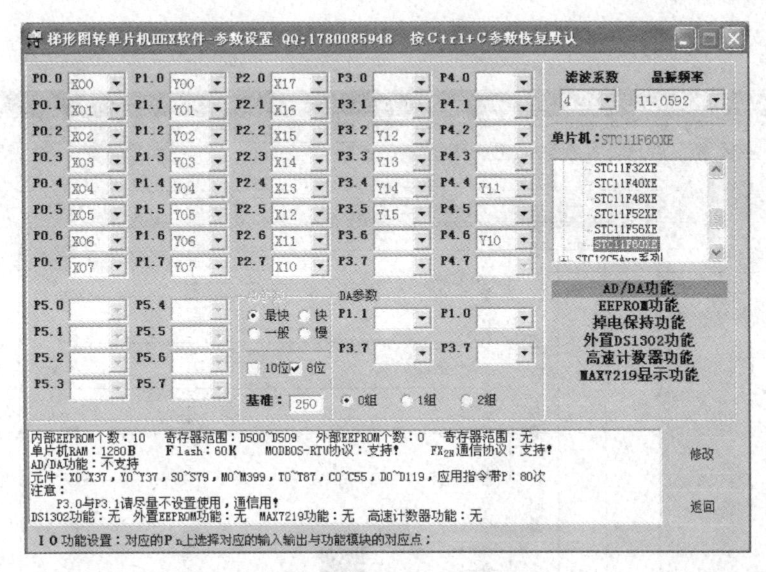

图 7-73 转换参数设置

在 JP1 端口上按表 7-6 分别设定控制方式，按表 7-8 接入外接电器并逐一进行调试。进行方式 9 程序调试时，用 GX Developer 编程软件监控梯形图的状态如图 7-74 所示。其中，图 7-74（a）为按下起动按钮 SB2 后第 1 台电动机起动后的状态，图 7-74（b）为 4 台电动机按时间次序起动后的状态，图 7-74（c）为按下停机按钮 SB3 后第 4 台电动机停止后状态，图 7-74（d）为第 4、3、2 台电动机停止后的状态。

用 QRPLC 对几台电动机控制进行整合，只要根据需要的控制方式来设定跳线选用，该方式统一了控制电路，简化了接线，既方便又省事。若担心跳线被现场乱设，则可选用需要的控制方式梯形图，并经转换后下载即可。

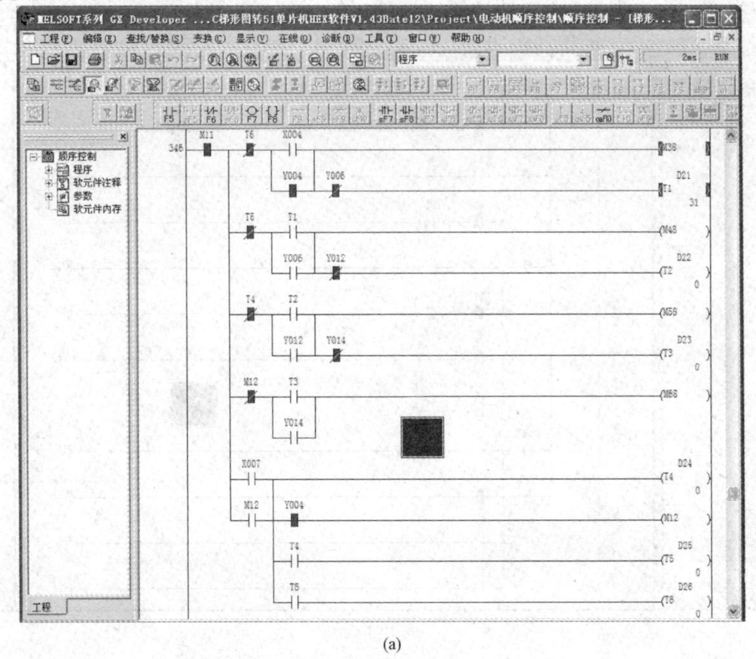

(a)

图 7-74 方式 9 调试时的监控状态

(a) 第 1 台电动机起动

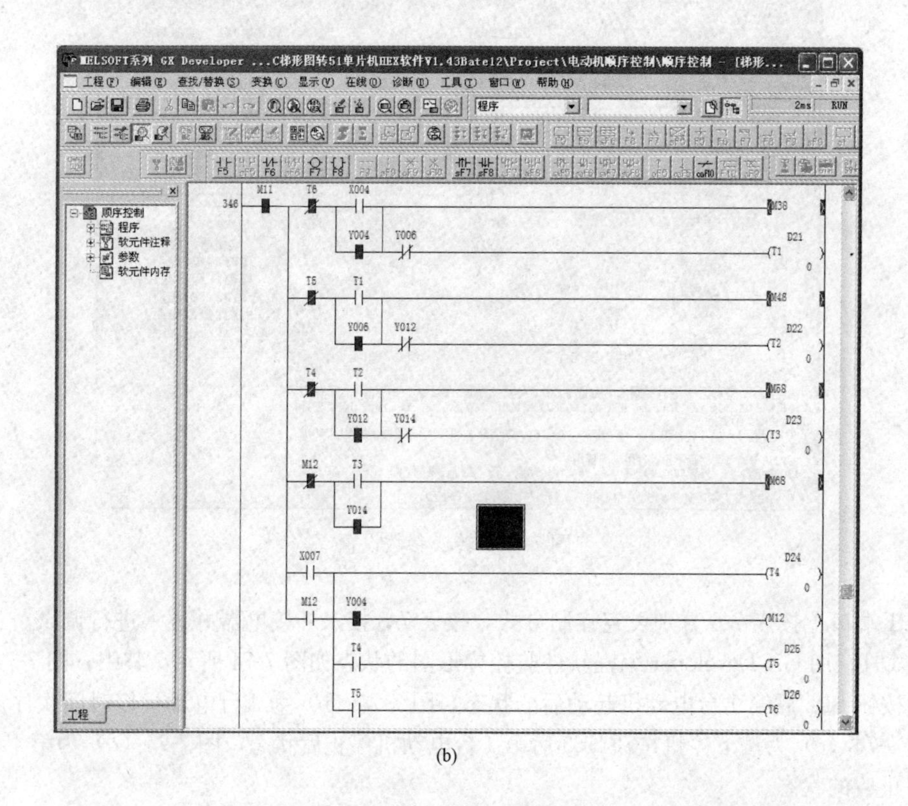

(b)

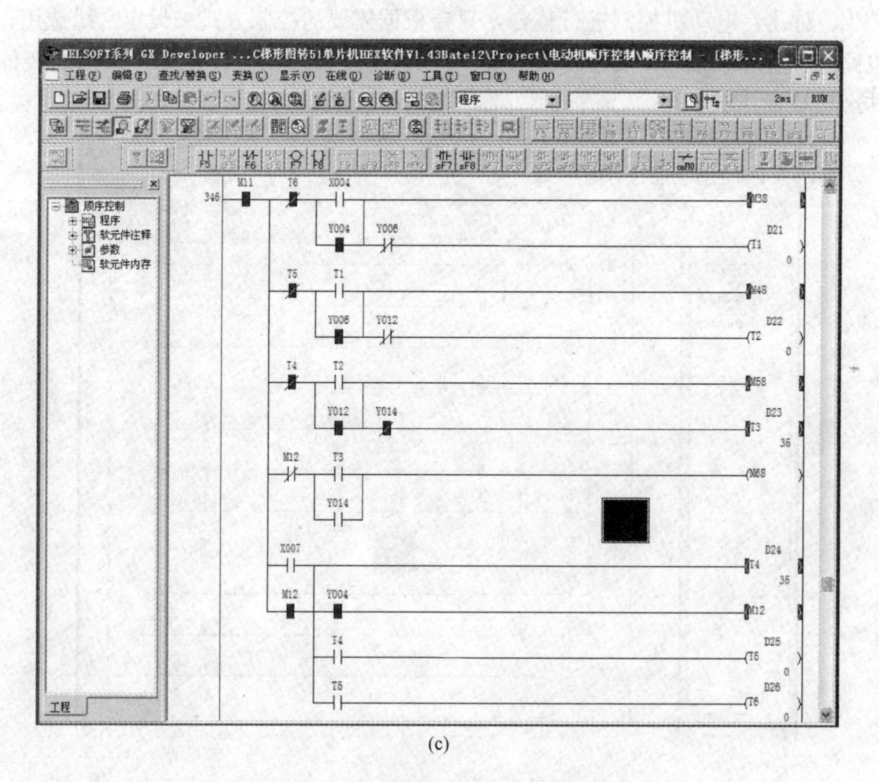

(c)

图 7-74 方式 9 调试时的监控状态（续）

（b）4 台电动机全部起动；（c）第 4 台电动机停止

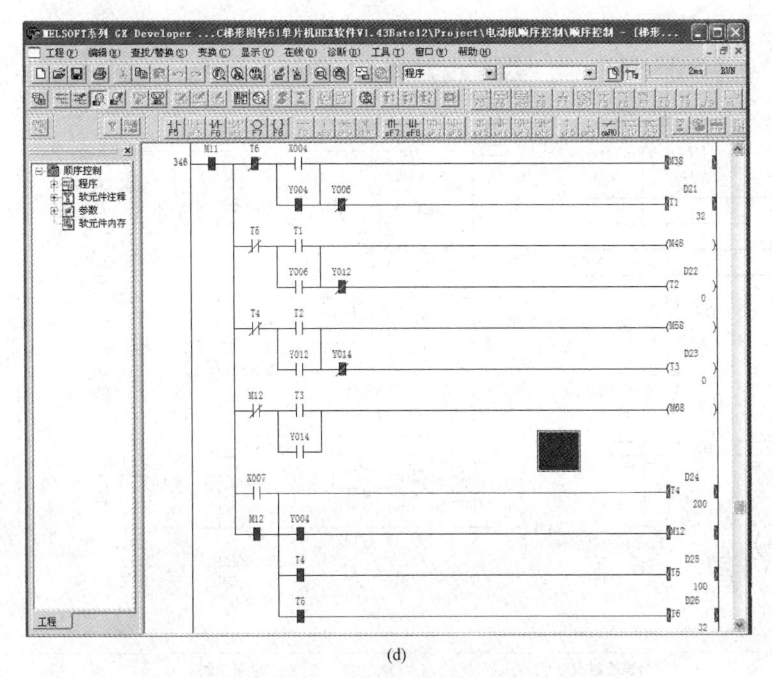

(d)

图 7-74 方式 9 调试时的监控状态（续）
（d）第 1 台电动机停止前

7.5 排水泵一用一备轮换运转控制

民用建筑中通常有生活用水泵、排水泵以及空调系统的冷却水泵、冷冻水泵和热水循环泵，消防系统的消火栓水泵、喷淋泵、稳压泵等，这些泵类电动机的拖动控制还是以传统的继电器控制方式为主。本节将对某种排水泵一用一备自动轮换继电器控制电路进行解读，并将其改用QRPLC 控制。

7.5.1 继电器控制原理

两台排水泵一用一备自动轮换工作的继电器控制电路如图 7-75 所示，该线路采用 TN-S（三相五线）供电，其中 L1、L2 和 L3 为三相动力电源，控制线路采用单相 220V 供电、即相线 L1 和中性线 N 为电源，还有保护线 PE。

图 7-75（a）所示的主电路中，QA 为控制箱总电源低压断路器；QA1 和 QA2 分别是水泵电动机 M1 和 M2 电源断路器，用于短路保护；接触器 QAC1 和 QAC2 分别控制电动机 M1 和 M2 停止或运转，接触器释放电动机停止，接触器吸合电动机得电运转；BB1 和 BB2 是热继电器，分别用作电动机 M1 和 M2 的过载保护用。自动方式下两台排水泵以接触器动断触点进行联锁，不能同时运转。

图 7-75（b）和图 7-75（c）中的表格用于说明该栏对应下方电路的功能，如“溢流水位继电器及指示”表示下方电路完成该功能，其中 BL3 为溢流液位器、KA4 为溢流中间继电器、PGY1 为溢流指示。电路图下方的数字代表上方电器的位置号，如继电器 KA3 的位置号为 4。数字下面表示的是该位置上的继电器或接触器其辅助触头被使用的位置，如位置 4 的中间继电器 KA3 的动合触头分别在图上位置 5、10、16 和 21 处被用到、共有 4 副触头，而动断触头则没有被使用。

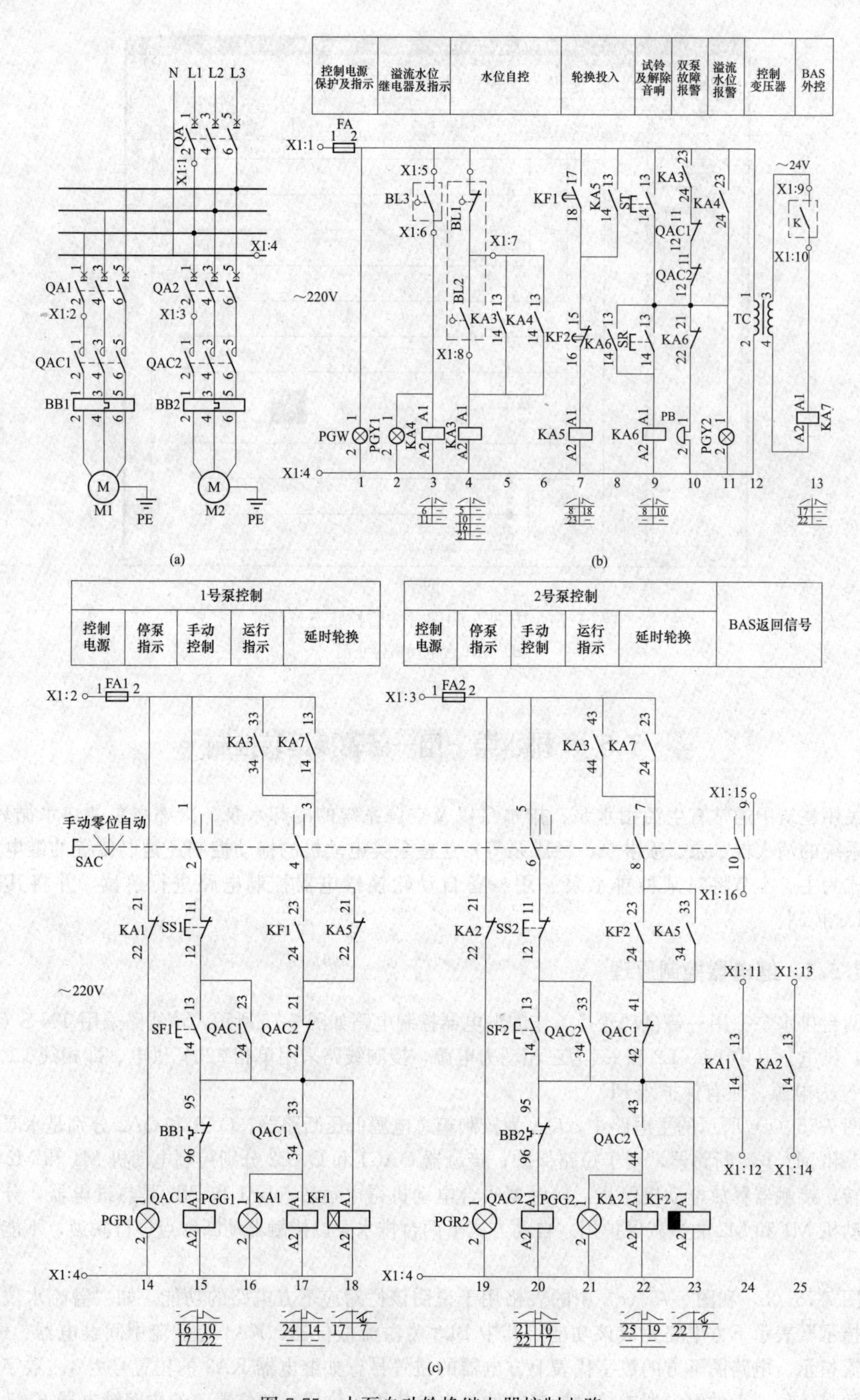

图 7-75　水泵自动轮换继电器控制电路

(a) 主电路；(b) 水位监测、轮换和信号试验控制；(c) 水泵电动机起动运行控制

图7-75中，SAC为运行方式选择开关，液位器BL1、BL2、BL3分别为低水位、高水位、溢流位，KA1～KA7为中间继电器，KF1为通电延时时间继电器，KF2为失电延时时间继电器，SS1和SS2为水泵停止按钮，ST为声光报警试验按钮，SR为声响复位按钮，SF1和SF2为水泵电动机起动按钮，BB1和BB2为热保护继电器或其辅助动断触头，PGW为电源指示灯，PGG1和PGG2为水泵电动机运转指示灯，PGR1和PGR2为水泵电动机停止指示灯。

如图7-75（c）所示，当运行方式选择开关SAC打在一侧时，其触头SAC：[1]与SAC：[2]和触头SAC：[5]与SAC：[6]处于接通位置，触头SAC：[3]与SAC：[4]、触头SAC：[7]与SAC：[8]、触头SAC：[9]与SAC：[10]处于断开位置，两排水泵处在“手动”方式，此时水泵的起动运转或停止靠人工按钮操作。只要按下按钮SF1或SF2，1号泵或2号泵便起动投入运行；按下SS1或SS2，泵即停止。

当运行方式选择开关SAC打在另一侧时，其触头SAC：[1]与SAC：[2]和触头SAC：[5]与SAC：[6]处于断开位置，触头SAC：[3]与SAC：[4]、触头SAC：[7]与SAC：[8]、触头SAC：[9]与SAC：[10]处于接通位置，两排水泵处在“自动”方式，此时排水泵由液位器或远控开关来起动运转和停止。触头KA3：[33]与KA3：[34]或KA7：[13]与KA7：[14]闭合，则1号泵起动运转；触头KA3：[33]与KA3：[34]或KA7：[13]与KA7：[14]断开，则1号泵停止运转。触头QAC1：[41]与QAC1：[42]、触头QAC2：[21]与QAC2：[22]实现联锁。

当运行方式选择开关SAC打在中间位置为“零位”时，即控制电路处于切除状态（停止状态）。

排水泵自动轮换的功能：水位第1次达到高水位时，1号泵起动进入运行状态、2号泵备用，直到水位降低到低水位，1号停止运转；第2次达到高水位时，2号泵起动进入运行状态、1号泵备用，直到水位降低到低水位，2号停止运转；第3次水位上升达到高水位时，1号泵再次起动进入运行状态、2号泵备用，直到水位降低到低水位，1号停止运转。如此循环，1、2号水泵轮流工作。

7.5.2 继电器控制电路

1. 水位变化控制过程

在图7-75（b）中，当水位逐渐升高至高于高水位时，图中位置4的液位器BL2动作，其动合触头闭合，控制回路X1：1→FA：[2]→BL1→X1：[7]→X1：[8]→KA3：[A1]→KA3：[A2]→X1：[4]形成闭合回路，位置4的中间继电器KA3线圈得电吸合，动合触头KA3：[13]与KA3：[14]闭合，使KA3自保持。

若水位继续上升，直到图中位置3的液位器BL3动作，其动合触头闭合，控制回路X1：1→FA：[2]→X1：[5]→X1：[6]→PGY1：[1]和KA4：[A1]→PGY1：[2]和KA4：[A2]→X1：[4]形成闭合回路，使指示灯PGY1点亮、继电器KA4线圈得电吸合。KA4的动合触头KA4：[13]与KA4：[14]同时闭合用于保持继电器KA3的状态；KA4的另一动合触头KA4：[23]与KA4：[24]也同时闭合，使指示灯PGY1点亮、警铃PB鸣响，用于溢流声光报警。随着水位下降水位低于溢水位（溢水状态是异常状态）后，液位器BL3复位，其触头恢复常态断开，继电器KA4释放，KA4的触头也恢复常态。

水位下降，降低至低于高水位后液位器BL2复位，其触头恢复常态断开，此时有触头KA3：[13]与KA3：[14]闭合自保。当水位低于低水位时，图7-75（b）中位置4的液位器BL1动作，其动断触头断开，控制回路断裂，继电器KA3线圈失电释放，其动合触头KA3：[13]与KA3：[14]也断开。

水位控制回路随水位升降变化的过程如图7-76所示。

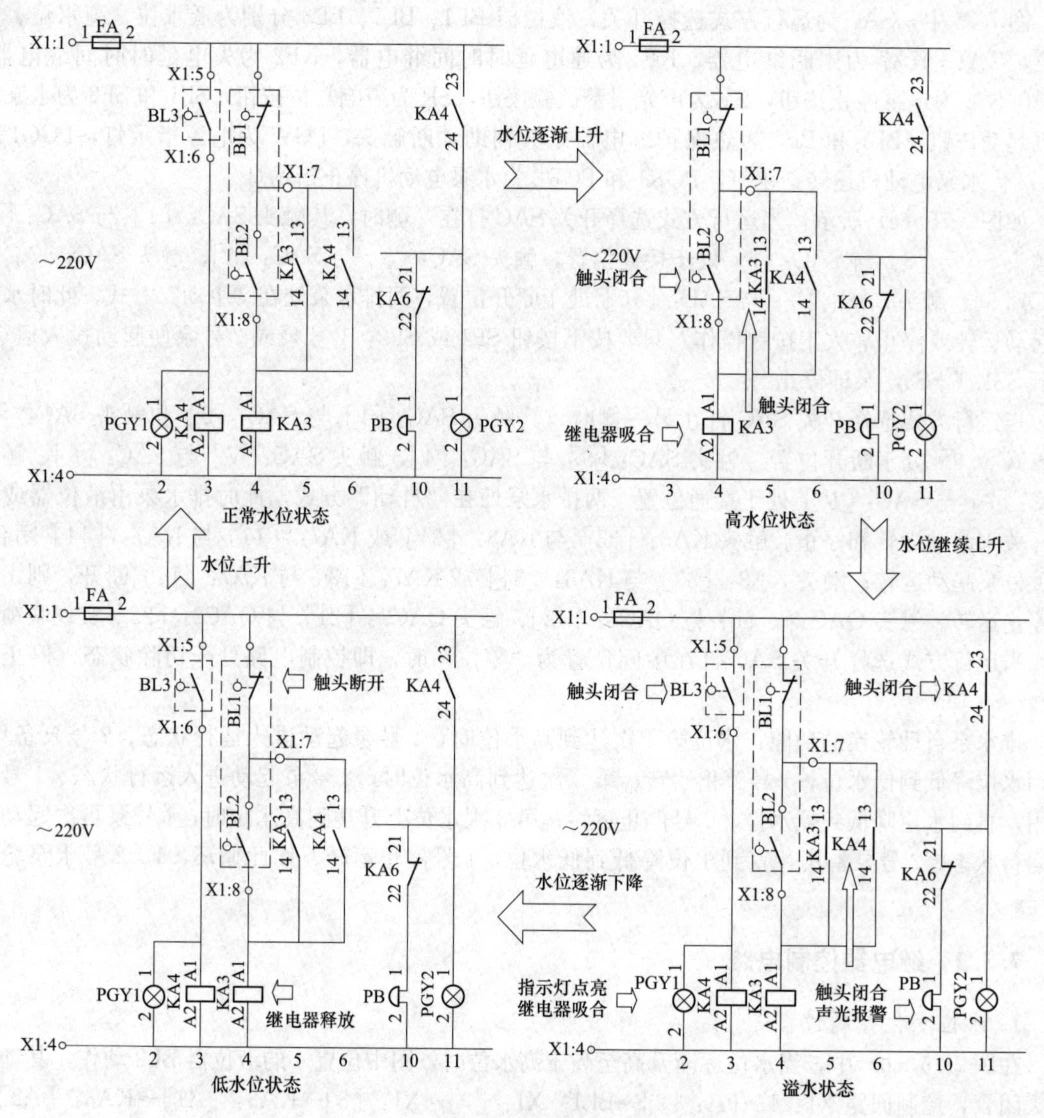

图 7-76　水位控制回路随水位变化过程

2. 水泵起动控制过程

根据运行方式选择开关 SAC 所处位置不同，水泵起动方式有手动起动和自动起动两种。手动由按钮 SF1 或 SF2 控制，自动则由液位器通过中间继电器 KA3 或 BAS 外控。

(1) 手动起动。运行方式选择开关 SAC 打在图 7-75（c）中左侧为选择手动，SAC：［1］与 SAC：［2］接通、SAC：［3］与 SAC：［4］断开。选择手动方式时，1 号泵和 2 号泵的控制线路类似，下面以 1 号水泵为例进行解读。

按下图 7-75（c）中位置 15 的 1 号泵起动按钮 SF1，触头 SF1：［13］与 SF1：［14］闭合接通，回路 X1：2→FA1：［2］→SAC：［1］→SAC：［2］→SS1：［11］→SS1：［12］→SF1：［13］→SF1：［14］→BB1：－［95］→BB1：［96］→QAC1：［A1］→QAC1：［A2］→X1：4 形成闭合，接触器 QAC1 线圈得电吸合。同时接触器 QAC1 的辅助触头 QAC1：［23］与 QAC1：［24］闭合接通，自保回路 X1：2→FA1：［2］→SAC：［1］→SAC：［2］→SS1：［11］→SS1：［12］→QAC1：［23］→QAC1：［24］→BB：－［95］→BB1：［96］→QAC1：［A1］→QAC1：［A2］→X1：4 形成。1 号水泵

起动进入运行状态，接触器 QAC1 的辅助触头 QAC1：[33] 与 QAC1：[34] 闭合接通，指示灯 PGG1 点亮、继电器 KA1 吸合→指示灯 PGR1 熄灭，操作过程中控制回路的变化过程如图 7-77 所示。

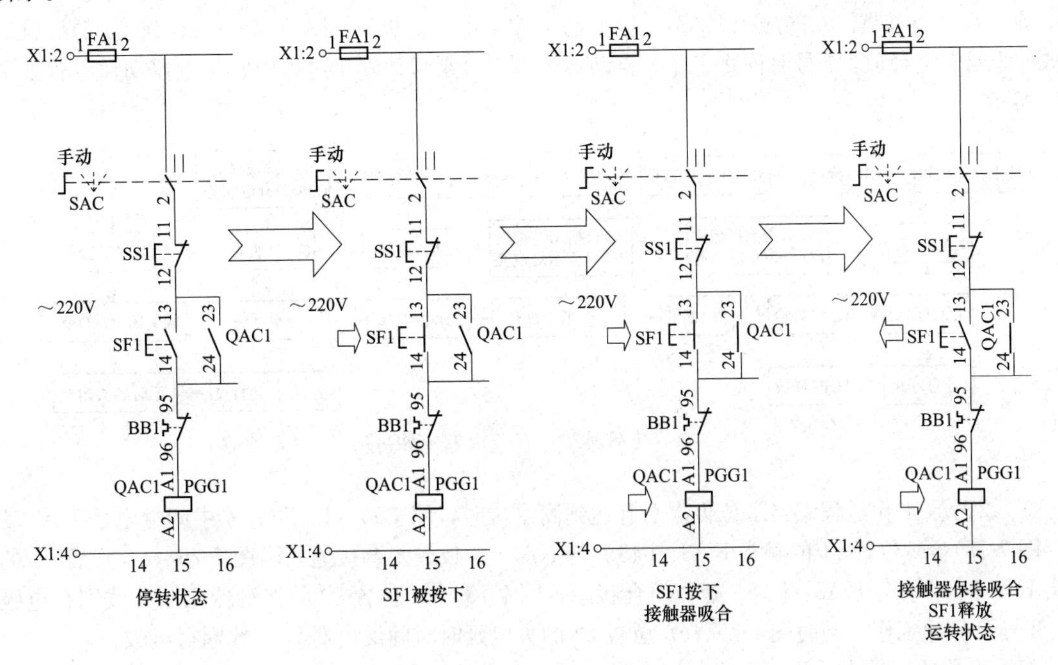

图 7-77 手动起动 1 号泵控制回路变化

(2) 自动起动。运行方式选择开关 SAC 打在图 7-75（c）中右侧为选择自动，此时 SAC：[3] 与 SAC：[4] 接通、SAC：[1] 与 SAC：[2] 断开。图 7-75（c）中位置 16 的触头 KA3：[33] 与 KA3：[34] 为液位控制，位置 17 的触头 KA7：[13] 与 KA7：[14] 为 BAS 外控，位置 21 的触头 KA3：[43] 与 KA3：[44] 为 2 号泵液位控制，位置 22 的触头 KA7：[23] 与 KA7：[24] 为 BAS 外控。自动方式时，1 号泵和 2 号泵的控制线路也类似，下面以 1 号水泵液位控制为例进行解读。

当水位逐渐上升至高水位时，图 7-75（b）中位置 4 的中间继电器 KA3 动作，图 7-75（c）位置 16 的触头 KA3：[33] 与 KA3：[34] 闭合接通，回路 X1：2→FA1：[2]→KA3：[33]→KA3：[34]→SAC：[3]→SAC：[4]→KA5：[21]→KA5：[22]→QAC2：[21]→QAC2：[22]→BB1：—[95]→BB1：[96]→QAC1：[A1]→QAC1：[A2]→X1：4 形成闭合，接触器 QAC1 线圈得电吸合，接触器 QAC1 的辅助触头 QAC1：[33] 与 QAC1：[34] 闭合接通，指示灯 PGG1 点亮、继电器 KA1 吸合→指示灯 PGR1 熄灭。

3. 自动轮换过程

两台泵自动轮换工作过程只能在“自动”方式下进行。其核心是图 7-75（c）位置 18 的通电延时时间继电器 KF1、位置 23 的失电延时时间继电器 KF2 和图 7-75（b）位置 7 的中间继电器 KA5。

(1) 1 号泵工作过程。水位低于高水位时，两台泵处于备用状态，随着水位上升达到高水位时，图 7-75（b）位置 4 中间继电器 KA3 动作，图 7-75（c）位置 16 的触头 KA3：[33] 与 KA3：[34] 闭合接通，位置 15 的接触器 QAC1 线圈得电吸合，1 号泵起动工作。同时图 7-75（c）位置 18 的通电延时时间继电器 KF1 线圈得电吸合开始计时。计时到达设定值时，图 7-75（b）位置 7 的触头 KF1：[17] 与 KF1：[18] 闭合接通，图 7-75（b）位置 7 的中间继电器 KA5 线圈得电吸合，且位置 8 的触头 KA5：[13] 与 KA5：[14] 闭合保持 KA5 的吸合状态，图 7-75（c）位置 18

的触头 KA5：[21] 与 KA5：[22] 由闭合变成断开，位置 23 的触头 KA5：[33] 与 KA5：[34] 由断开变成闭合，此时为 2 号泵起动做好了准备。

随着水泵的运转水位逐渐下降，当水位低于低水位时，图 7-75（b）位置 4 中间继电器 KA3 释放，图 7-75（c）位置 16 的触头 KA3：[33] 与 KA3：[34] 断开，图 7-75（c）位置 15 的接触器 QAC1 线圈失电释放，1 号泵停止工作。自动方式下 1 号泵起动停止过程中有关电器动作过程如图 7-78 所示。

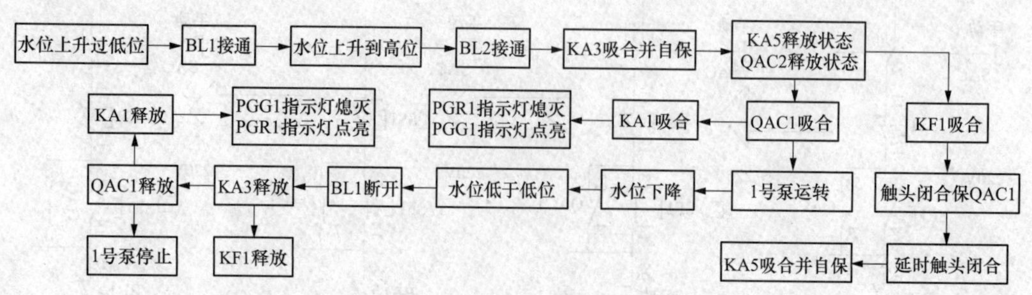

图 7-78　1 号泵工作过程电器动作过程

（2）2 号泵工作过程。当水位再次上升达到高水位时，图 7-75（b）位置 4 中间继电器 KA3 动作，图 7-75（c）位置 21 的触头 KA3：[43] 与 KA3：[44] 闭合接通，因图 7-75（c）位置 23 的触头 KA5：[33] 与 KA5：[34] 处在闭合状态，图 7-75（c）位置 20 的接触器 QAC2 线圈得电吸合，2 号泵起动工作。同时图 7-75（c）位置 23 的失电延时时间继电器 KF2 线圈得电吸合。

随着水泵的运转水位逐渐下降，当水位低于低水位时，图 7-75（b）位置 4 中间继电器 KA3 释放，图 7-75（c）位置 21 的触头 KA3：[43] 与 KA3：[44] 断开，图 7-75（c）位置 20 的接触器 QAC2 线圈失电释放，2 号泵停止工作。同时图 7-75（c）位置 23 的失电延时时间继电器 KF2 线圈失电释放开始计时，计时到达设定值时，图 7-75（b）位置 7 的触头 KF2：[15] 与 KF1：[16] 由闭合变成断开，图 7-75（b）位置 7 的中间继电器 KA5 线圈失电释放。使其触头 KA5：[21] 与 KA5：[22] 变成闭合；图 7-75（c）位置 23 的触头 KA5：[33] 与 KA5：[34] 变成断开，为下一次 1 号泵起动做好了准备。自动方式下 2 号泵起动停止过程有关电器动作过程如图 7-79 所示。

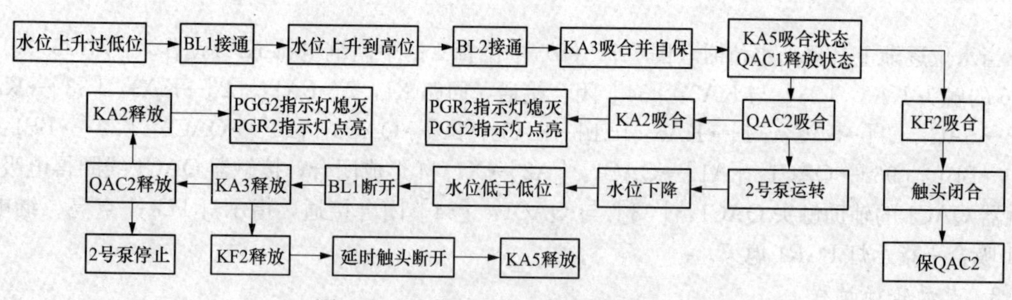

图 7-79　2 号泵工作过程电器动作过程

由上面分析可知，中间继电器 KA5 处于释放状态，1 号泵可以起动；中间继电器 KA5 处于吸合状态，2 号泵可以起动。

4. 停止过程

不管是手动还是自动方式，只要将运行方式选择开关 SAC 打到中间位置，正在运转的泵立即停止运行。

（1）手动方式。1 号泵运转过程中，若按下按钮 SS1，则其触头 SS1：[11] 与 SS1：[12] 断开，图7-75（c）中控制回路断裂，接触器QAC1失电释放，1号泵停止。

2号泵运转过程中，若按下按钮SS2，则其触头SS2：[11]与SS2：[12]断开，图7-75（c）中控制回路断裂，接触器QAC2失电释放，1号泵停止。

(2) 自动方式。该方式下，水泵的停止由低水位液位器控制，也就是中间继电器释放便使泵停止工作。图7-75（c）位置16的触头KA3：[33]与KA3：[34]或位置17的KA7：[13]与KA7：[14]断开，控制回路断裂，接触器QAC1失电释放，1号泵停止。图7-75（c）位置21的触头KA3：[43]与KA3：[44]或位置22的KA7：[23]与KA7：[24]断开，控制回路断裂，接触器QAC2失电释放，2号泵停止。

5. 报警功能

按下图7-75（c）中试的验按钮ST，出现声光报警，松开试验按钮ST，声光报警消失。溢水位动作，声光报警出现，此时按下消声按钮SR，声报警消失，溢水位恢复，光（声）报警消除。高水位动作后，若没有水泵运转则声光报警出现，此时可消声。

综上所述，在手动方式下，水泵只能通过按钮起动运行或停止；在自动方式下，可以由水位或BAS外控。当中间继电器KA5处在释放状态时，高水位BL2动作或KA7吸合则起动1号泵，且将KA5吸合；低水位BL1动作或KA7释放则1号泵停止。当中间继电器KA5处在吸合状态时，高水位BL2再次动作或KA7再次吸合，2号泵起动，且将KA5释放；低水位BL1动作或KA7释放，2号水泵停止。依次轮流运转。

7.5.3 QRPLC控制

1. 控制电路的设计

根据继电器控制线路的原理图（图7-75）以及上面的分析可知，需要接入QRPLC的输入点有运行方式选择开关SAC、液位器BL1～BL3、远控触头K、声光试验ST、报警消声SR、两台水泵的热保护BB1和BB2、泵停止按钮SS1和SS2、泵起动按钮SF1和SF2，以及电动机接触器QAC1和QAC2动断触头，共计16个输入点。需要输出的点有声光报警信号PB和PGY2、溢水信号PGW、电动机接触器QAC1和QAC2、泵停止信号PGR1和PGR2、泵运行信号PGG1和PGG2、两路BAS返回信号，共计11个输出点。

主电路沿用图7-75（a），用QRPLC-18210MBR控制泵自动轮换的电气原理图如图7-80所示。考虑到QRPLC输出继电器的容量，每一点都增加了一个中间继电器，并在其每个线圈上并联一个续流二极管（图中未画出）。

2. 控制梯形图编制

PLC应用程序的编制方法有多种，这里采用梯形图语言编写。由于继电器—接触器控制线路具有典型、成熟的优点，故从中得到的梯形图程序较安全、可靠。由继电器—接触器控制线路通过元件代号替换、元件符号替换、触头修改、按规则整理4个步骤，不难将图7-75（b）和图7-75（c）线路进行“替换法”得到的梯形图程序，其中图7-75（c）编制的梯形图如图7-81所示。

3. 录入与转换

用三菱编程软件FXGPWIN.EXE，在初始界面上新建一个PLC类型为“FX2N”的文件。逐行把图7-81所示的梯形图录入，最后用“END”结束。录入完毕后点“转换”按钮进行转换，完成后将文件命名为“排水泵.PMW”并保存。

将编制好的控制梯形图用FX_{2N}转换软件，即梯形图转单片机HEX正式V1.43Bate12.exe进行转换，转换时的参数设置如图7-82所示，单片机选用STC11F60XE。转换得到单片机代码文件“04-28-2021 12-25-35烧录文件.HEX”，为方便记忆将代码文件“04-28-2021 12-25-35烧录文件.HEX”改名为“排水泵轮.HEX”。

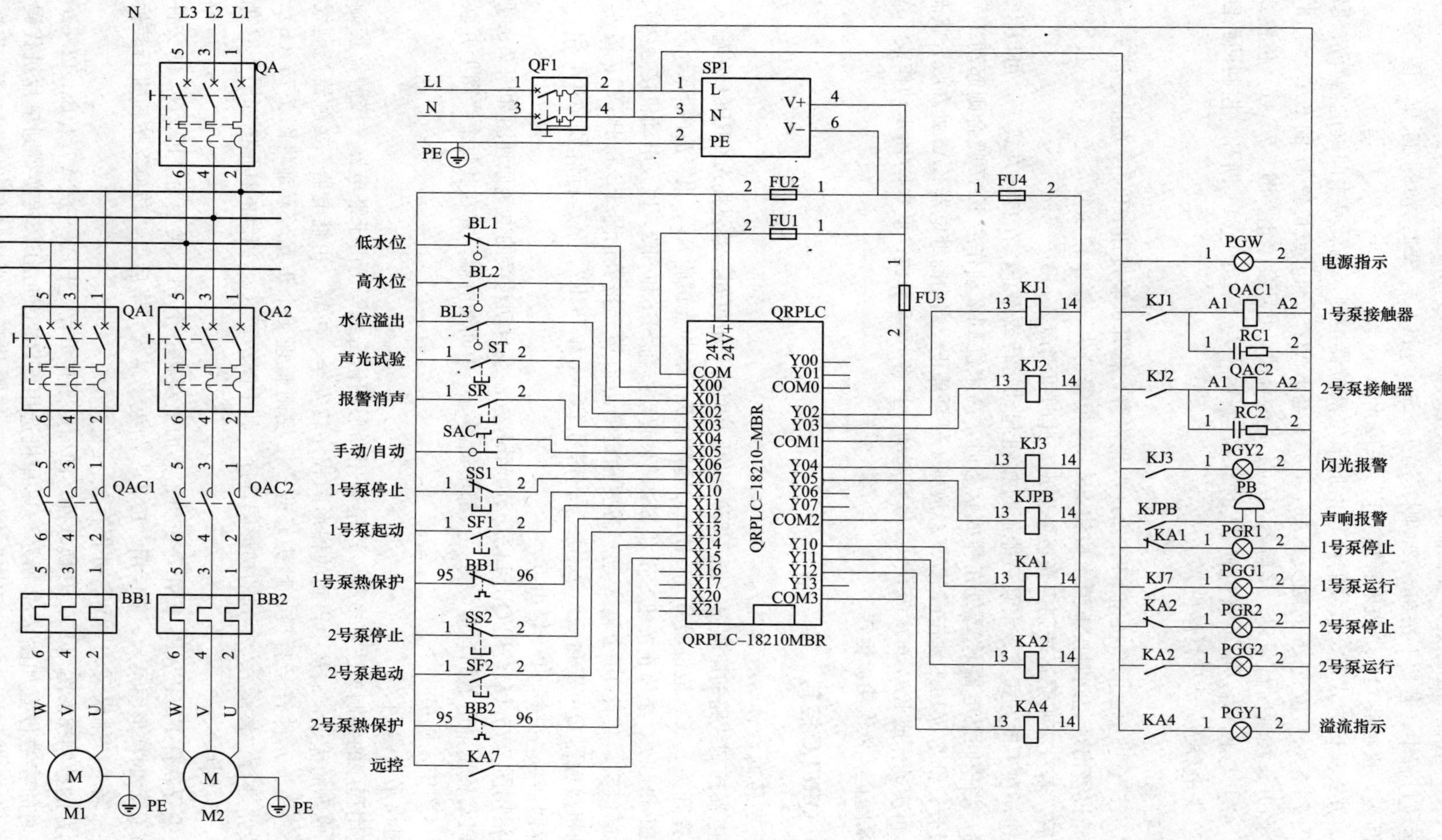

图 7-80　排水泵自动轮换 PLC 控制电路

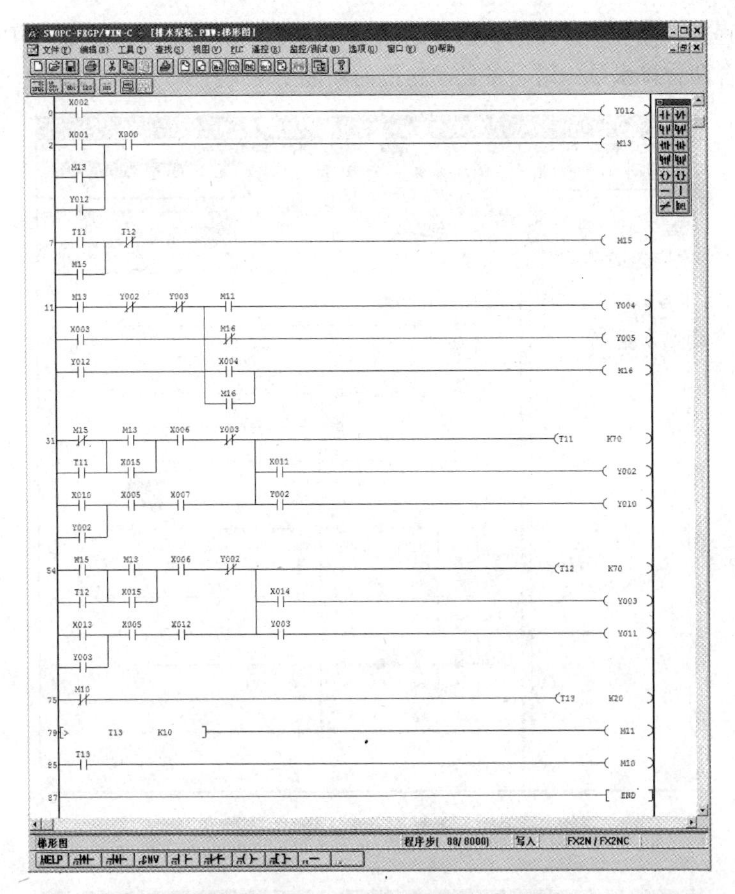

图 7-81 排水泵自动轮换 PLC 程序

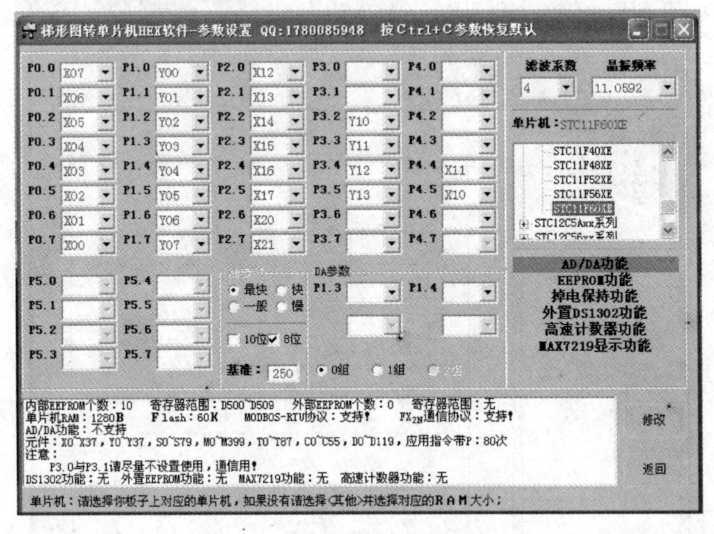

图 7-82 自动轮梯形图换转换参数

4. 调试与验证

按照图 7-80 所示的电路连接好外围电器，再用 STC 下载软件将转换得到的代码文件“排水泵轮.HEX”烧录进单片机。从手动控制、水位溢出、试验音响、自动轮换、接触器故障、音响解除等方面逐一进行调试。整个控制系统运行正常，其中在自动轮换方式下，1 号泵和 2 号泵运转时用

GX Developer 编程软件监控梯形图的状态分别如图 7-83 和图 7-84 所示，验证了 PLC 控制线路和程序的正确性，符合两台排水泵一用一备自动轮换的功能要求。

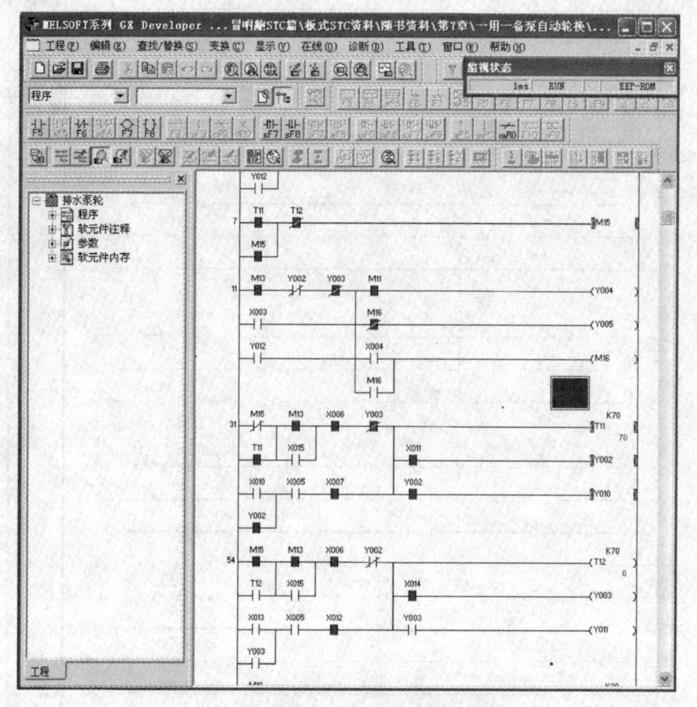

图 7-83　1 号泵运转梯形图监控图

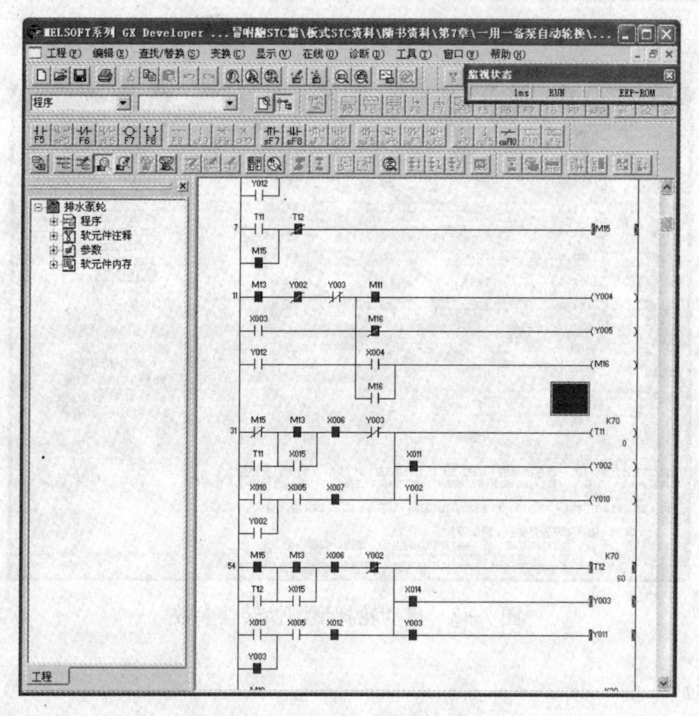

图 7-84　2 号泵运转梯形图监控图

7.6 2台水泵互为备用液位控制

本节介绍具有注水和排水两种运行方式的2台水泵互为备用的嵌入式PLC液位控制电路。注水和排水两种工作方式的主电路相同，继电器控制电路略有差异。本节将两种工作方式整合一起，用嵌入式PLC进行控制，除了采用跳线设置选择注水还是排水控制方式外，在不改动电路接线的基础上将报警指示变为闪光报警，并增加了两组泵同时工作一定时间的功能，以应对某时段注水或排水量大的情况。

7.6.1 控制电路原理

采用QRPLC-1614MB的2台水泵互为备用的液位控制电路如图7-85所示，控制板输入输出端的功能及分配见表7-9。图7-85默认为注水方式，若需要改为排水方式，必须将控制板上JP1跳线断开，并将低水位SL1动合换为动断，高水位SL2动断换为动合。

表7-9 控制板信号功能及资源分配

输入信号			输出信号		
电器代号	信号资源	功能	信号资源	电器代号	功能
SA	X00	1号投用，2号备用	Y00	KJ1	声报警
	X01	2号投用，1号备用		HA	
SL1	X02	低水位（注水动合，排水动断）	Y01	KJ2	光报警
SL2	X03	高水位（注水动断，排水动合）		HL	
FR1	X04	1号电动机热保护	Y02	KJ3	1号电动机接触器
SB1	X05	1号水泵起动		KM1	
SB2	X06	1号水泵停止	Y03	KJ4	1号泵运行指示
KM1	X07	1号电动机接触器		HL1	
FR2	X10	2号电动机热保护	Y04	KJ5	1号泵停止指示
SB3	X11	2号水泵起动		HL2	
SB4	X12	2号水泵停止	Y10	KJ6	2号电动机接触
KM2	X13	2号电动机接触器		KM2	
			Y11	KJ7	2号泵运行指示
				HL3	
			Y12	KJ8	2号泵停止指示
				HL4	

7.6.2 控制梯形图编制

控制梯形图程序以继电器控制线路为原型，通过元件代号替换、元件符号替换、触头修改、按规则整理4个步骤。将注水和排水液位控制电路整合在一起，通过跳线进行切换，由“替换法”得到控制程序的梯形图如图7-86所示。

7.6.3 梯形图录入和转换

将图7-86所示梯形图用三菱PLC编程软件FXGPWIN录入后命名为“注排水泵”并保存，然后运行“PMW-HEX-V3.0.exe”，设置参数，界面设置如图7-87所示，点击按钮“保存设置”，再点击“打开PMW文件”按钮，将梯形图程序转换成“fx1n.hex”文件，并更名为“注排水泵.hex”。

7.6.4 功能验证

按照图7-85所示的电路原理图进行接线，接线示意图如图7-88所示（图中电器型号规格按实际需要确定）。检查接线无误后通电。运行STC单片机烧录程序“stc-isp-15xx-v6.69.exe”，单片机选用“STC11F60XE”后，点击“打开程序文件”按钮，选中刚才转换结果的文件“注排水泵.hex”，再点击按钮“下载/编程”烧录程序。下面以注水方式为例来说明验证过程，排水方式验证类似，这里不再介绍。注水方式时，JP1 设置为▣。

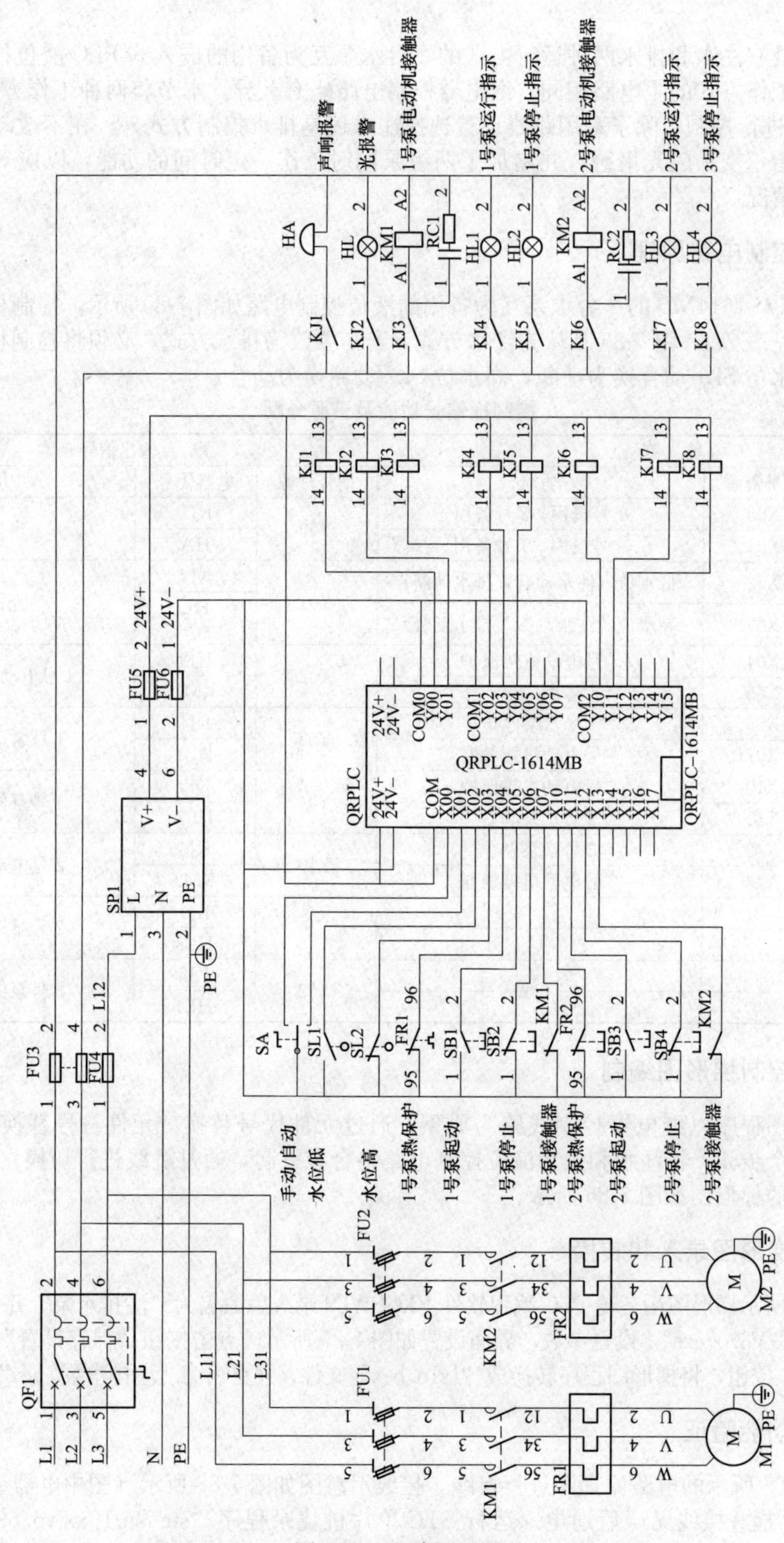

图 7-85　电路原理图

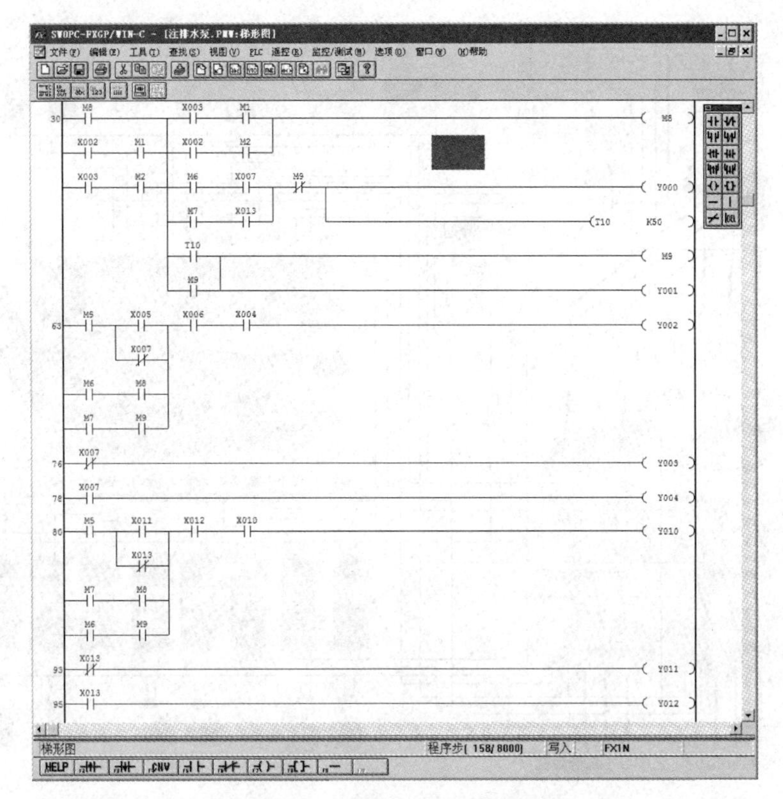

图 7-86 注排水泵控制梯形图

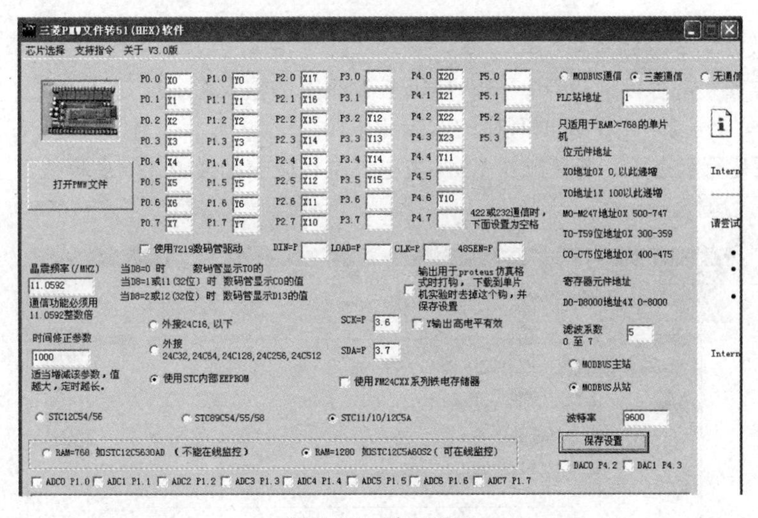

图 7-87 端口设置

1. 手动方式

将按钮开关 SA 置中间位置，QRPLC-1614MB 控制板上的输入指示灯 X00 和 X01 都不亮。在停机状态下，指示灯 HL2 和 HL4 应点亮。按下 SB1 按钮，KM1 吸合，1 号泵工作，指示灯 HL1 点亮、HL2 熄灭；按下按钮 SB2，KM1 释放，1 号泵停机，指示灯 HL2 点亮、HL1 熄灭；1 号泵工作时，若电动机热保护动作，即断开 FR1，1 号泵应停机。按下 SB3 按钮，KM2 吸合，2 号泵工作，指示灯 HL3 点亮、HL4 熄灭；按下按钮 SB4，KM2 释放，2 号泵停机，指示灯 HL4 点亮、HL3 熄灭；2 号泵工作时，若电动机热保护动作，即断开 FR2，2 号泵应停机。

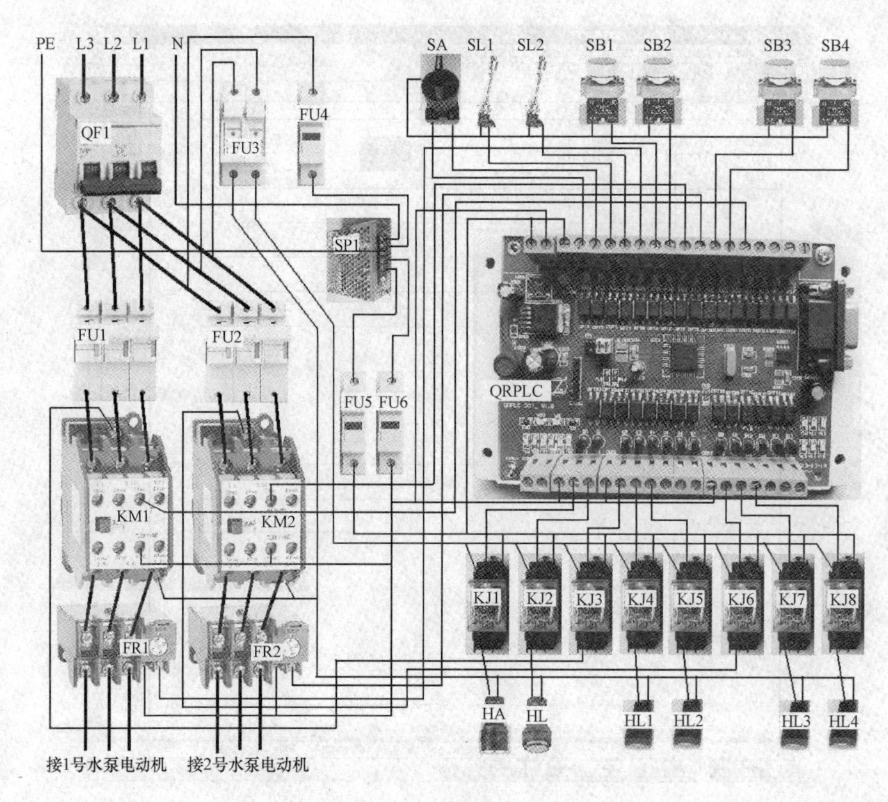

图 7-88　接线示意图

2. 1号泵投用，2号泵备用

将按钮开关 SA 左旋 45°，QRPLC-1614MB 控制板上的输入指示灯 X00 点亮、X01 不亮。低水位时，SL1 闭合，1 号泵工作，此时程序的监控状态如图 7-89 所示；当水满时，SL2 断开，1 号泵停机。当 1 号泵运行状态下，若接触器 KM1 失电，电铃应响起报警，随后事故灯 HL 点亮，KM2 吸合，2 号泵投入运行。

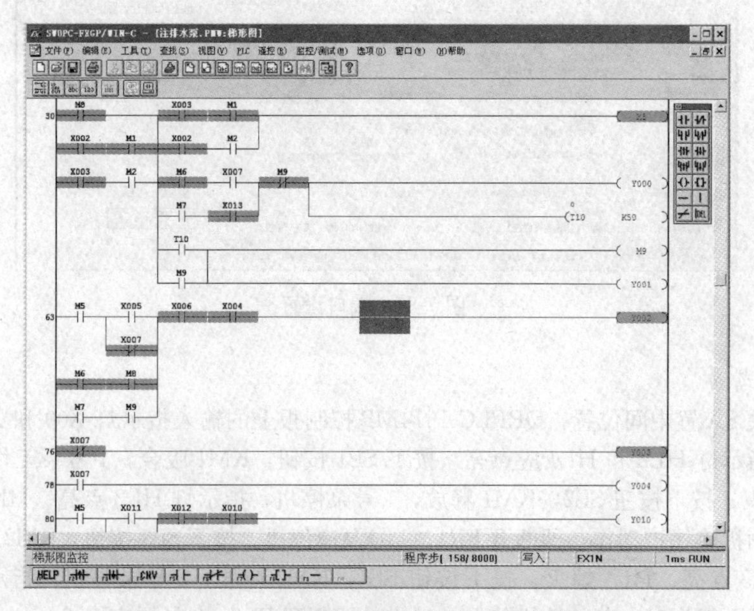

图 7-89　1 号泵投用 2 号泵备用的程序监控状态

3. 1号泵备用，2号泵投用

将按钮开关SA右旋45°，QRPLC-1614MB控制板上的输入指示灯X00不亮、X01点亮。低水位时，SL1闭合，2号泵工作，此时程序的监控状态如图7-90所示；当水满时，SL2断开，2号泵停机。当2号泵运行状态下，若接触器KM2失电，电铃应响起报警，随后事故灯HL点亮，KM1吸合，1号泵投入运行。

7.6.5 新增功能程序

故障闪光功能和注水、排水量大的情况下两组泵同时工作的梯形图程序如图7-91所示。若出现故障时指示灯需要闪光，只要把图7-91中M22串联接在输出线圈Y01前即可。当出现注水或排水量较大情况需要两台泵同时工作一段时间时，可将M12和M21并联到Y02和Y10上。当1号

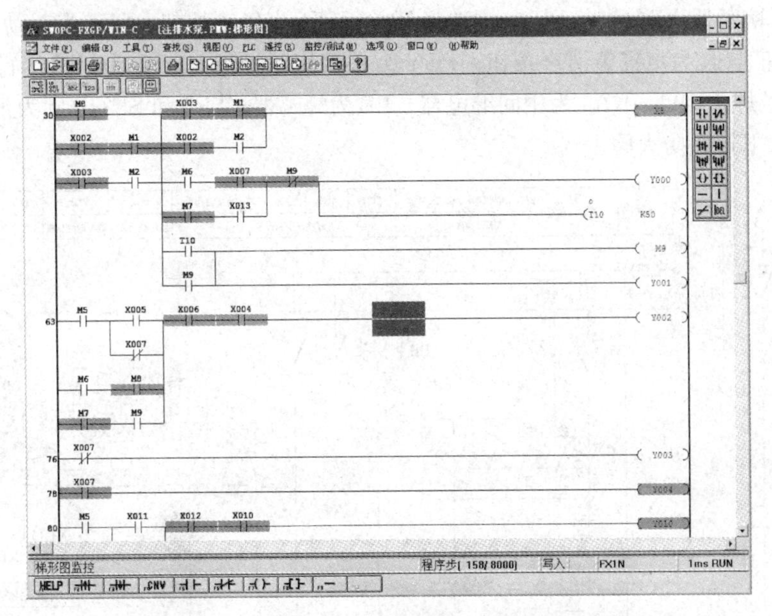

图7-90 2号泵投用1号泵备用的程序监控状态

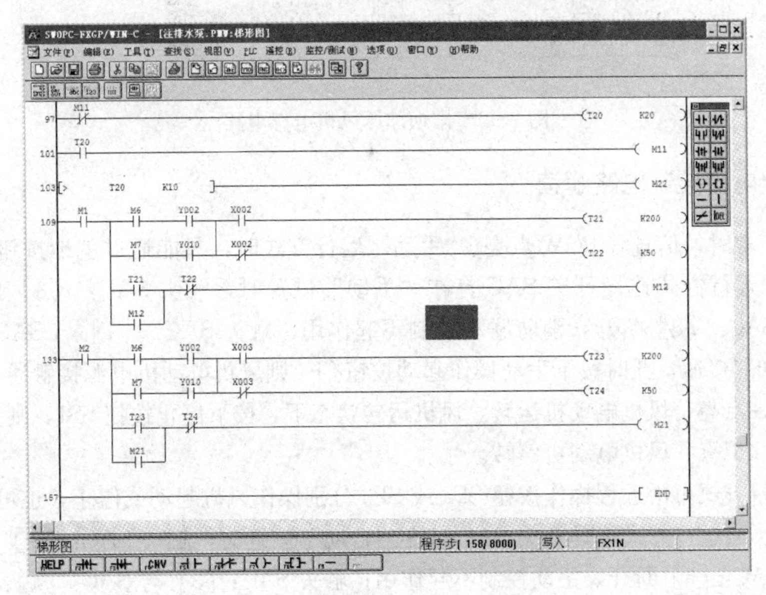

图7-91 增加功能梯形图

泵已工作且低水位开关闭合一段时间（时间可由 T21 或 T23 设定，程序中为 20s）后，便能起动 2 号泵，进行两台泵同时注水。当水位升高低水位开关断开一段时间（时间可由 T22 或 T24 设定，程序中为 5s）后，2 号泵停机，图 7-86 中没有该两项功能。

7.7 排烟加压风机控制

本节以民用建筑中常用的某一款排烟加压风机控制电路为例，分析了继电器控制原理，设计了 QRPLC 控制电路，较详细地叙述了控制程序编制过程，并给出了验证时两种情况的监控状态。

排烟加压风机主电路和控制电路如图 7-92 所示，其中 QA 为低压断路器，QB 为隔离开关，当低压断路器 QA 具有隔离功能时 QB 可省略；QAC 为接触器；BB 为热继电器；M 为风机电动机；FA 为控制电源熔断器；SAC 为运行方式选择开关；SS1 为停止按钮，SF1 为起动按钮，ST 为声光报警试验按钮，SR 为声报警消声按钮；PGY 为报警光信号灯，PGG 为风机运行信号灯，PGW 为控制电源信号灯；KA1～KA6 为中间继电器；PB 为蜂鸣器；SF2 和 SF3 分别为消防联动手动起动和停止按钮；KH 为防火阀。

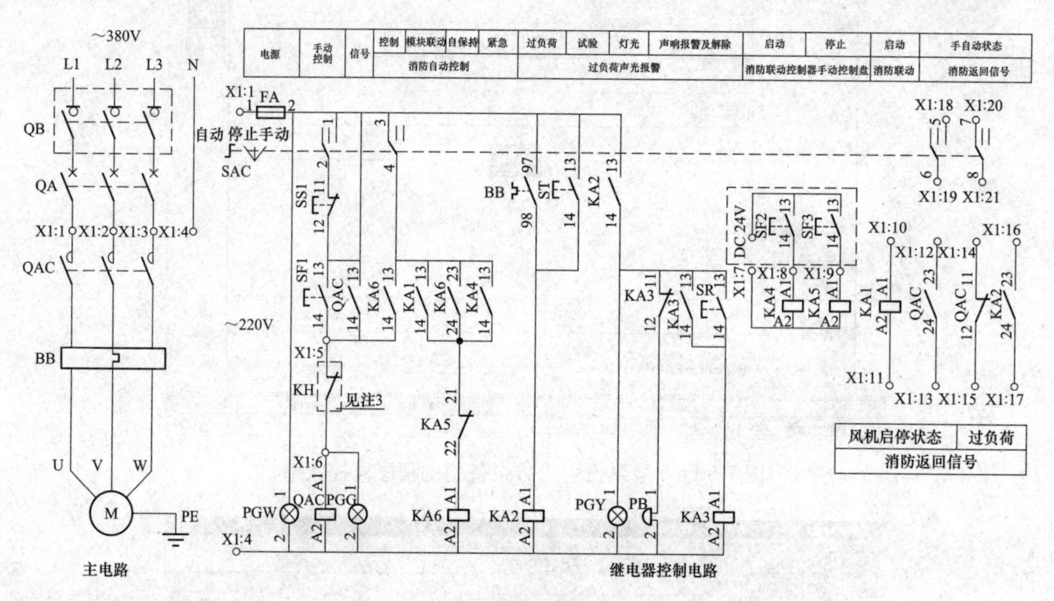

图 7-92　排烟加压风机电气电路

7.7.1 继电器控制电路解读

控制电源正常时，信号灯 PGW 点亮。“手动”运行方式时，只能通过就地按钮 SF1 或 SS1 进行起停操作。当运行方式选择开关 SAC 打在“手动”位置时，触头 SAC：[3] 与 SAC：[4]、SAC：[7] 与 SAC：[8] 断开，消防联动控制不起作用；触头 SAC：[1] 与 SAC：[2]、SAC：[5] 与 SAC：[6] 接通，此时按下手动操作起动按钮 SF1 则风机电动机电源接触器 QAC 吸合并自保、指示灯 PGG 点亮，风机电动机运转。风机运转状态下，按下停止按钮 SS1，则接触器 QAC 释放，指示灯 PGG 熄灭、风机电动机停转。

“自动”运行方式可由远程操作按钮 SF2 或 SF3 分别操作风机起动或停止，也可由联动中间继电器 KA1 起动。当运行方式选择开关 SAC 打在“自动”位置时，触头 SAC：[1] 与 SAC：[2]、SAC：[5] 与 SAC：[6] 断开，手动控制不起作用；触头 SAC：[3] 与 SAC：[4]、SAC：[7] 与

SAC：[8] 接通，此时若消防联动控制起动按钮 SF2 被按下，那么中间继电器 KA6 吸合并自保，然后接触器 QAC 吸合、指示灯 PGG 点亮，风机电动机运转。若运行中，消防联动控制起动按钮 SF3 被按下，则接触器 QAC 释放，指示灯 PGG 熄灭、风机电动机停转。若消防联动起动信号 KA1 吸合，中间继电器 KA6 吸合并自保，风机电动机电源接触器 QAC 吸合、指示灯 PGG 点亮，风机电动机运转。

若电动机过载，则保护热继电器 BB 动作，触头 BB：[97] 与 BB：[98] 接通，中间继电器 KA2 吸合，报警信号灯 PGY 点亮、蜂鸣器 PB 发声。此时按下消声按钮 SR，中间继电器 KA3 吸合，蜂鸣器停止发声。在常态情况下，只要按下试验按钮 ST，报警信号灯 PGY 就会点亮、蜂鸣器 PB 便发声。由以上分析可以看出，该继电器控制电路的电动机过载保护只是动作于信号，而不动作于切断风机电源。

运行中若防火阀动作，则 KH 触头断开，接触器 QAC 释放，风机电动机停转。

7.7.2 QRPLC 控制电路的设计

从图 7-92 中可以列出需要接入 QRPLC 输入端的电器有运行方式选择开关 SAC、手控停止和起动按钮 SS1 和 SF1、防火阀 KH、风机热保护器 BB、声光试验 ST、报警消声 SR、消防联动手动停止和起动按钮 SF2 和 SF3、消防联动起动 KA1。QRPLC 应该输出的电器有风机电动机接触器 QAC、运行信号 PGG、声光报警信号 PB 和 PGY，以及 QAC、KA2、SAC 的消防返回信号。这样共计需要 11 个输入点和 8 个输出点，选用 QRPLC-1614MB 控制板。

QRPLC-1614MB 控制板输入输出点的功能及资源分配见表 7-10，控制电路如图 7-93 所示。

表 7-10　控制板信号功能及资源分配

输入信号			输出信号		
电器代号	信号资源	功能	信号资源	电器代号	功能
SAC	X00	手动方式	Y02	KJ1	声报警
	X01	自动方式		HA	
BB	X02	风机热保护	Y03	KJ2	光报警
SS1	X03	风机停止		HL	
SF1	X04	风机起动	Y04	KJ3	风机电动机接触器
KH	X05	防火阀联动		QAC	
ST	X06	声光试验按钮	Y05	KJ4	风机运行指示
SR	X07	报警消声		PGG	
SS2	X10	联动停止	Y10	KQAC	消防反馈信号
SF2	X11	联动起动	Y11	KA2	
KA1	X12	消防联动	Y12	KSAC1	
			Y13	KSAC2	

7.7.3 控制梯形图编制

由于该继电器控制线路具有典型、成熟的优点，因此应用程序以该控制线路为原型，通过元件代号替换、元件符号替换、触头修改、按规则整理 4 个步骤，由“替换法”得到控制程序的梯形图。绘制继电器控制电路，控制电路如图 7-94（a）所示，图中未包括消防返回信号输出部分。

(1) 元件代号替换。将图 7-94 (a) 中的代号用表 7-10 中对应的输入点、输出点、内部位存储器替换，替换后如图 7-94 (b) 所示。

(2) 元件符号图形替换。将图 7-94 (b) 中符号用梯形图替换，替换后的如图 7-94 (c) 所示。

(3) 触头动合/动断修改。将 PLC 输入点外接动断触头的元件，其动断图形改为动合图形，如 X03 等，修改后的梯形图如图 7-94 (d) 所示。

(4) 按规则整理。整理得到的梯形图如图 7-94 (e) 所示。

7.7.4 梯形图录入和转换

将图 7-94 (e) 所示的梯形图用三菱 PLC 编程软件 FXGPWIN 以 FX1N 类型录入后命名为“排加风机”并保存，如图 7-95 (a) 所示；然后运行“PMW-HEX-V3.0.exe”，并设置相关参数，界面设置如图 7-95 (b) 所示，点击按钮“保存设置”，再点击“打开 PMW 文件”按钮，将“排加风机.PMW”梯形图程序转换成“fx1n.hex”文件，并更名为“排加风机.hex”。

7.7.5 调试与验证

按照图 7-93 所示的控制电路原理图连接好外围电器，运行 STC 单片机烧录程序“stc-isp-15xx-v6.69.exe”，单片机选用“STC11F60XE”后，点击“打开程序文件”按钮，选中刚才转换结果的文件“排加风机.hex”，再点击按钮“下载/编程”烧录程序。

先进行手动控制调试，操作手动起动按钮、停止按钮，核对其工作过程；其次进行自动控制调试，用联动控制按钮起动或停止操作，核对其工作过程，再进行防火阀、消防联动、过载报警和消声等功能验证。其中联动起动的监控状态如图 7-96 所示，过载报警消声后的监控状态如图 7-97 所示。

7.8 消防兼平时两用风机控制

民用建筑中风机的控制通常采用继电器控制方式，本节介绍民用建筑中一款消防兼平时两用风机改用嵌入式 PLC 控制的方法及过程，为保障控制系统工作可靠，采用单 MCU 双组输入输出通道的冗余设计。为方便读者参考，嵌入式 PLC 控制电路中各元器件代号与原图中保持一致。

7.8.1 继电器控制电路

消防兼平时两用单速风机继电器控制电路如图 7-98 所示，该线路采用 TN-S（三相五线）供电，其中 L1、L2 和 L3 为三相动力电源，N 为中性线，PE 为保护线。控制线路采用单相 220V 供电，即相线 L1 和中性线 N 为电源。

图 7-98 (a) 所示的主电路中，QA 为控制箱总电源低压断路器，也是风机电动机 M 电源断路器，用于短路保护，QB 为隔离开关；QA1 是风机电动机 M 电源断路器，用于短路保护；接触器 QAC 用于控制电动机 M 停止或运转，接触器释放电动机停止，接触器吸合电动机得电运转；BB 是热继电器，用作电动机 M 过载保护。图 7-98 (b) 所示的控制电路中，SAC 为运行方式选择开关，SF1 为手动起动按钮、SS1 为手动停止按钮，BAS 为外来 BAS 控制信号，BB 是电动机过载保护器，KH 是排烟防火阀信号，ST 和 SR 分别是声光试验和警声解除按钮，QAC 为风机电动机接触器线圈，PGG 为风机运行指示、PGW 为电源指示，PGY 为过载报警光信号、PB 为过载报警声信号，KA1 为消防联动起动中间继电器、KA2 为过载信号返回继电器、KA3 为消声中间继电器、KA4 和 KA5 分别是消防联动手动起动和停止中间继电器、KA6 为消防联动自动控制中间继电器。

图 7-98 (b) 中上面表格用于说明该栏对应下方电路的功能，如“手动控制”表示下方电路完

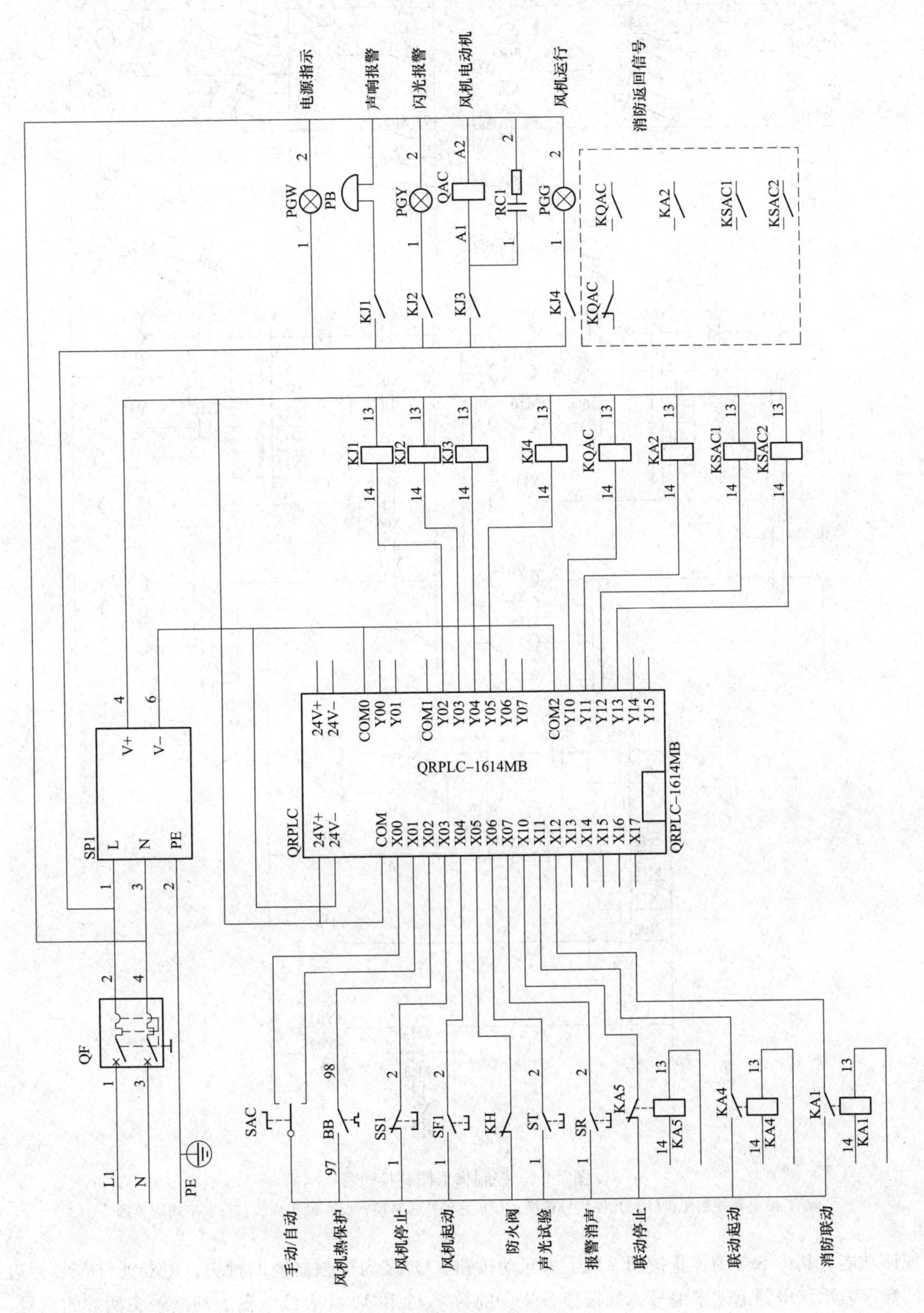

图 7-93　QRPLC 控制原理图

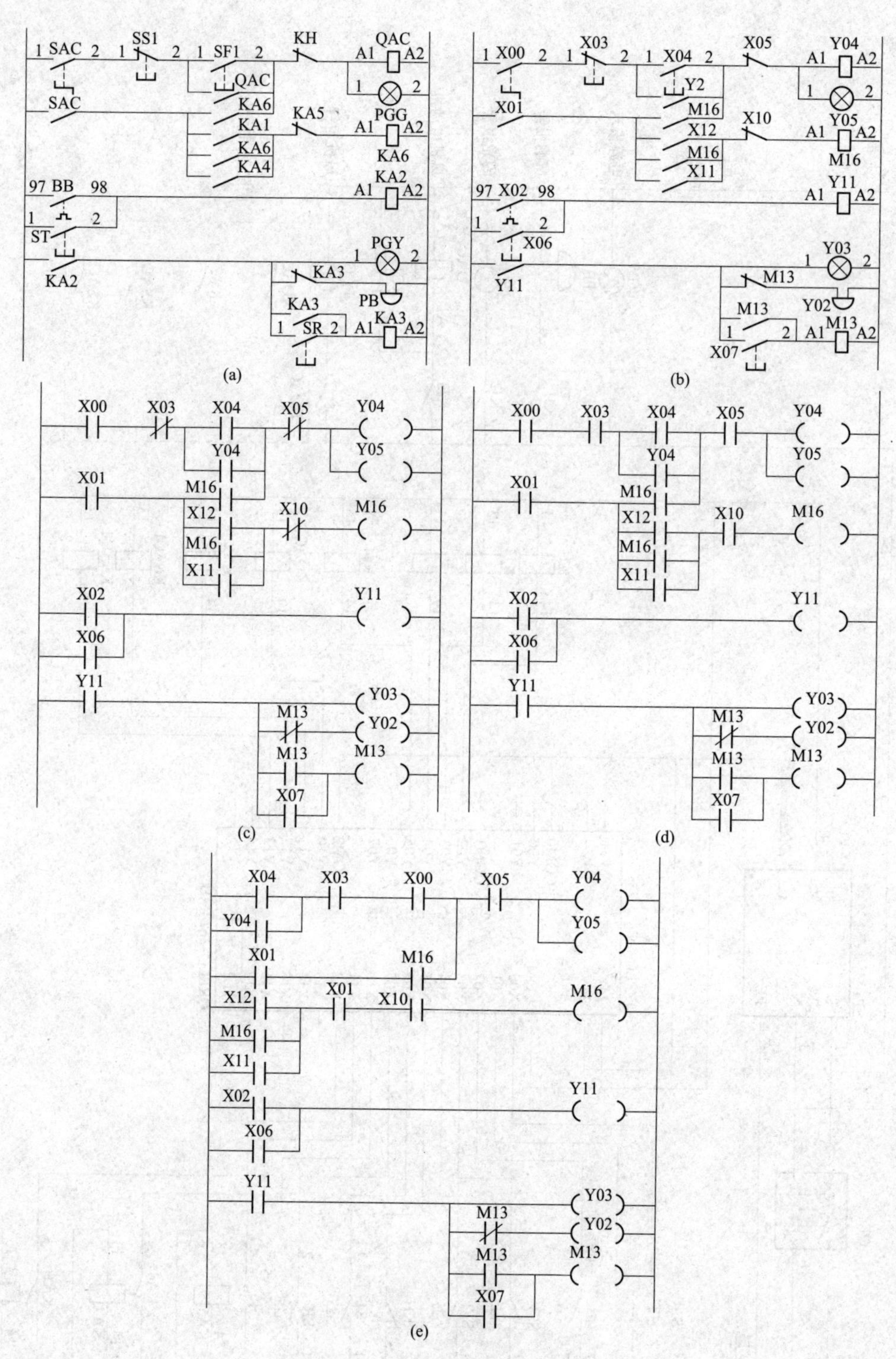

图 7-94　控制梯形图替换过程

（a）继电器控制图；（b）元件代号替换；（c）元件符号替换；（d）触头修改；（e）按规则整理

成该功能，其中 SS1 为停止按钮、SF1 为起动按钮、QAC 为接触器辅助触头。电器元件符号旁边的数字表示该电器上端子编号，如按钮 SS1 旁的数字 11 和 12 代表该电器上动断触头两端的编号，个位数 1 和 2 规定为动断、个位数 3 和 4 规定为动合。

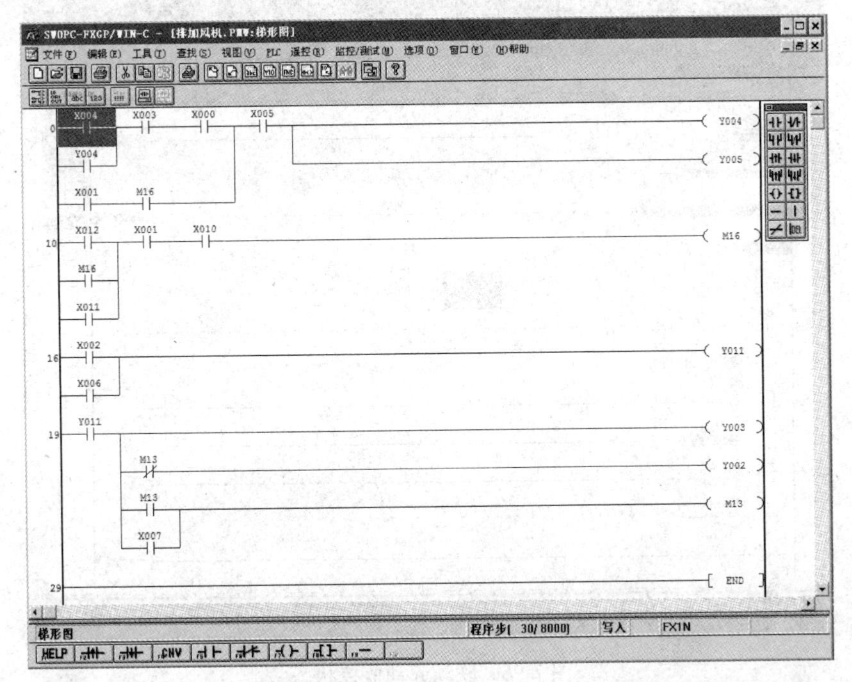

(a)

三菱PMW文件转51(HEX)软件
芯片选择 支持指令 关于 V3.0版
P0.0 X0
P0.1 X1
P0.2 X2
P0.3 X3
P0.4 X4
P0.5 X5
P0.6 X6
P0.7 X7
P1.0 Y0
P1.1 Y1
P1.2 Y2
P1.3 Y3
P1.4 Y4
P1.5 Y5
P1.6 Y6
P1.7 Y7
P2.0 X17
P2.1 X16
P2.2 X15
P2.3 X14
P2.4 X13
P2.5 X12
P2.6 X11
P2.7 X10
P3.0
P3.1
P3.2 Y12
P3.3 Y13
P3.4 Y14
P3.5 Y15
P3.6
P3.7
P4.0
P4.1
P4.2
P4.3
P4.4 Y11
P4.5
P4.6 Y10
P4.7
P5.0
P5.1
P5.2
P5.3
打开PMW文件
422或232通信时，下面设置为空格
使用7219数码管驱动
DIN=P
LOAD=P
CLK=P
485EN=P
晶震频率(/MHZ)
11.0592
通信功能必须用11.0592整数倍
当D8=0 时 数码管显示T0的
当D8=1或11(32位) 时 数码管显示C0的值
当D8=2或12(32位) 时 数码管显示D13的值
输出用于proteus仿真格式时打钩，下载到单片机实验时去掉这个钩，并保存设置
外接24C16,以下
外接 24C32,24C64,24C128,24C256,24C512
使用STC内部EEPROM
SCK=P
SDA=P
Y输出高电平有效
使用FM24CXX系列铁电存储器
时间修正参数
1600
适当增减该参数，值越大，定时越长。
STC12C54/56
STC89C54/55/58
STC11/10/12C5A
RAM=768 如STC12C5630AD（不能在线监控）
RAM=1280 如STC12C5A60S2（可在线监控）
ADC0 P1.0
ADC1 P1.1
ADC2 P1.2
ADC3 P1.3
ADC4 P1.4
ADC5 P1.5
ADC6 P1.6
ADC7 P1.7
MODBUS通信
三菱通信
无通信
PLC站地址 1
只适用于RAM>=768的单片机
位元件地址
X0地址0X 0,以此递增
Y0地址1X 100以此递增
M0-M247地址0X 500-747
T0-T59位地址0X 300-359
C0-C75位地址0X 400-475
寄存器元件地址
D0-D8000地址4X 0-8000
滤波系数 0至7 5
MODBUS主站
MODBUS从站
波特率 9600
保存设置
DAC0 P4.2
DAC1 P4.3

(b)

图 7-95 排烟风机梯形图及转换参数

(a) 梯形图；(b) 转换参数设置

1. 手动控制

手动控制分两种情况，一是就地控制，即在“手动”方式下就地通过按钮 SS1 或 SF1 操作风机电动机起动或停止；二是消防联动控制，即在“自动”方式下，操作联动信号按钮 SF2 或 SF3，通过中间继电器 KA4 或 KA5 控制风机电动机起动或停止。

(1) 就地控制。运行方式选择开关 SAC 打在右侧为选择手动，即图 7-98 (b) 中 SAC：[1] 与 [2] 接通、SAC：[3] 与 SAC：[4] 断开。这种情况只能就地通过操作按钮控制。

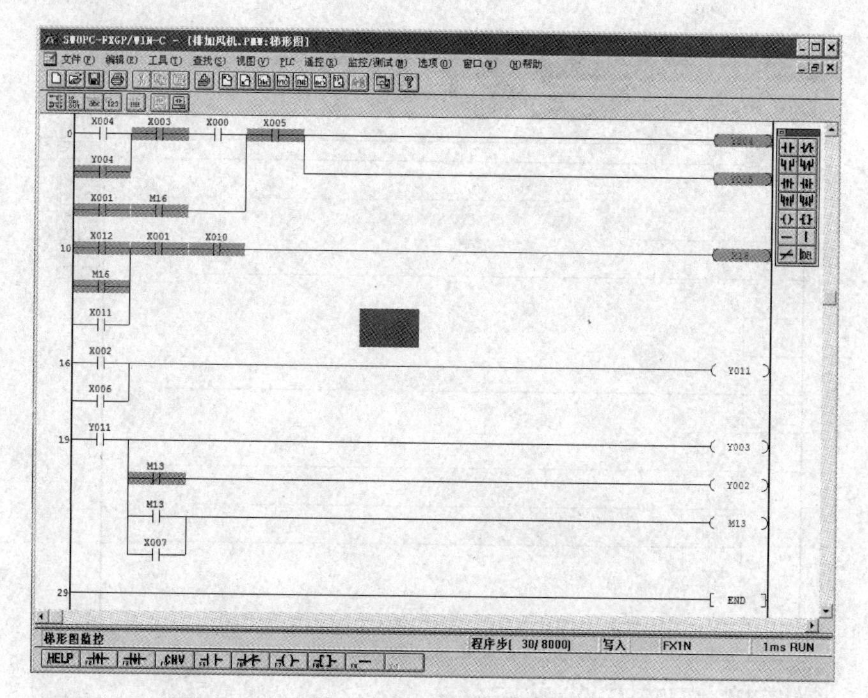

图 7-96 联动起动监控状态

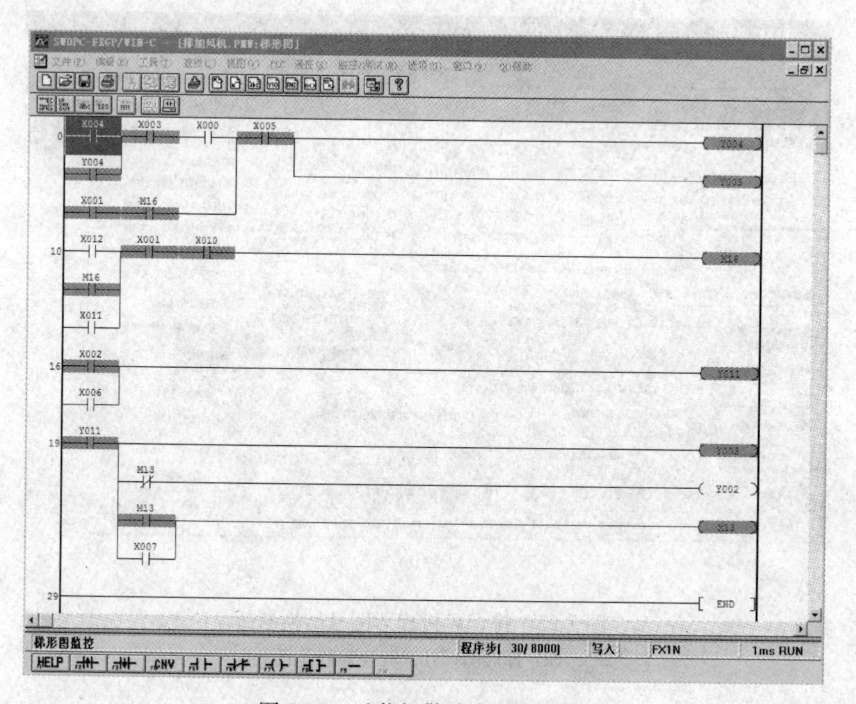

图 7-97 过载报警消声监控状态

1）起动运行。按下图 7-98（b）中起动按钮 SF1，触头 SF1：［13］与 SF1：［14］闭合接通，回路 X1：1→FA：［2］→SAC：［1］→SAC：［2］→SS1：［11］→SS1：［12］→SF1：［13］→SF1：［14］→BB：［95］→BB：［96］→KH→QAC：［A1］→QAC：［A2］→X1：4 形成闭合，接触器 QAC 线圈得电吸合。同时接触器 QAC 的辅助触头 QAC：［13］与 QAC：［14］闭合接通，自保回路 X1：

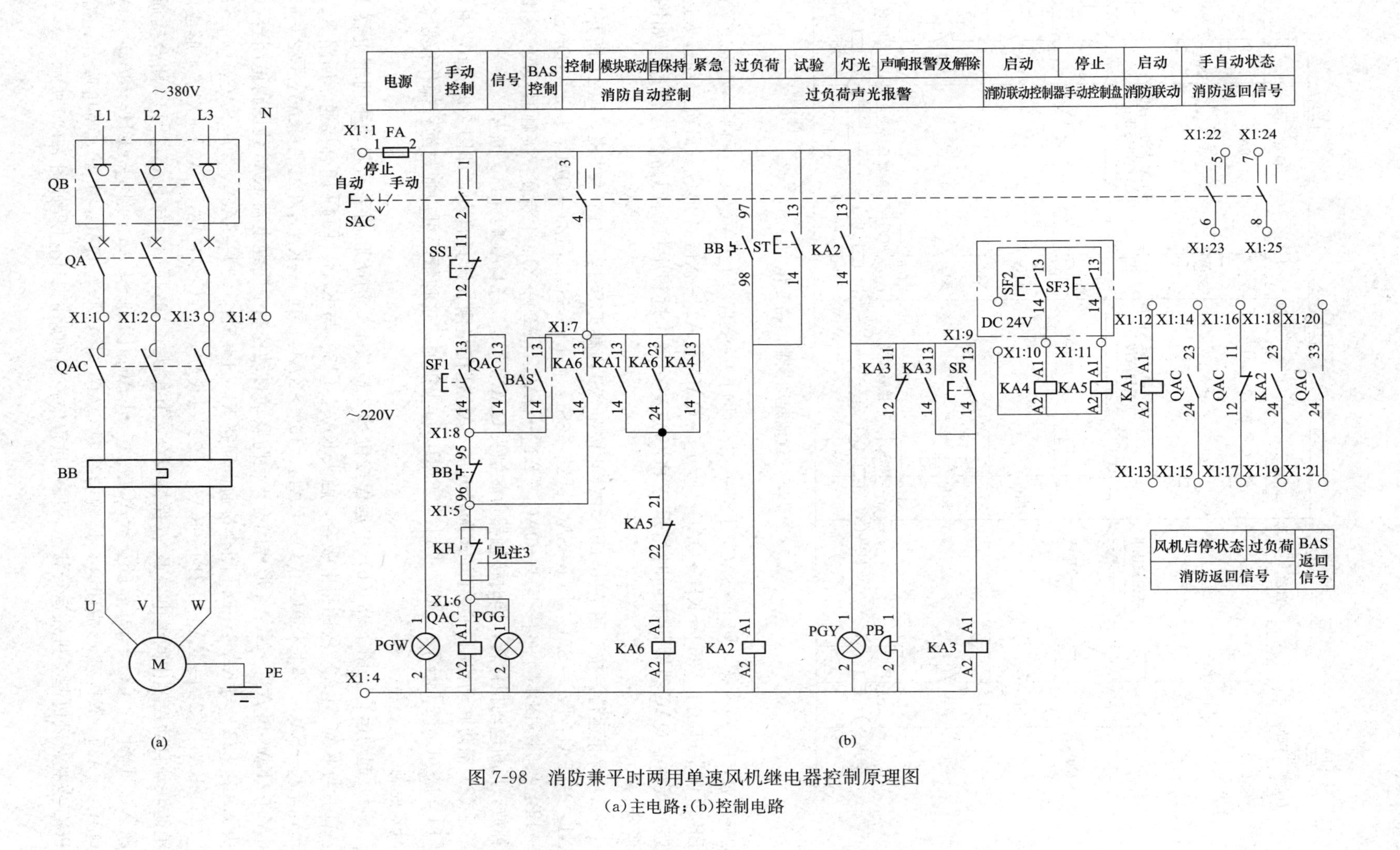

图 7-98 消防兼平时两用单速风机继电器控制原理图

(a)主电路；(b)控制电路

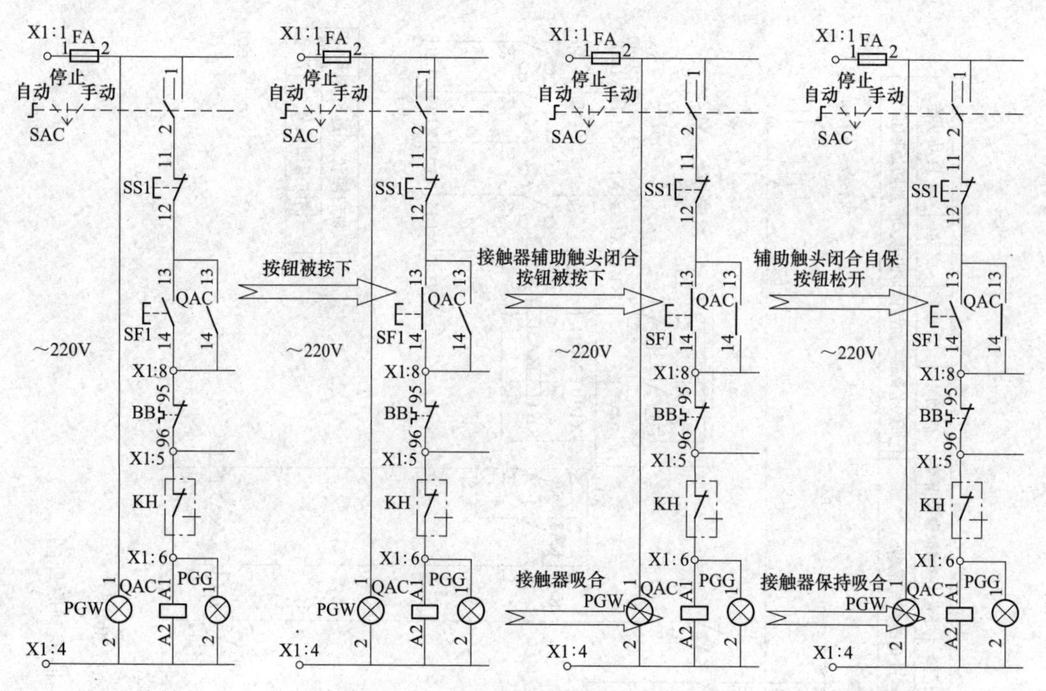

图 7-99 就地起动控制回路变化

2→FA1：[2]→SAC：[1]→SAC：[2]→SS1：[11]→SS1：[12]→QAC：[13]→QAC：[14]→BB：[95]→BB1：[96]→KH→QAC：[A1]→QAC：[A2]→X1：4 形成。风机起动进入运行状态，接触器 QAC 线圈得电同时指示灯 PGG 点亮。操作过程中控制回路的变化过程如图 7-99 所示。

2）停止运行。按下图 7-98（b）中停止按钮 SS1，触头 SS1：[11] 与 SS1：[12] 断开，回路 X1：2→FA1：[2]→SAC：[1]→SAC：[2]→SS1：[11]‖SS1：[12]→QAC：[13]→QAC：[14]→BB：[95]→BB1：[96]→KH→QAC：[A1]→QAC：[A2]→X1：4 断裂，接触器 QAC 线圈失电释放，风机电动机停转，同时接触器负载触头 QAC：[13] 与 QAC1：[14] 断开。

（2）消防联动控制。运行方式选择开关 SAC 打在左侧为选择自动，即图 7-98（b）中 SAC：[1] 与 SAC：[2] 断开、SAC：[3] 与 SAC：[4] 接通。这种情况可以通过远程操作按钮 SF2 或 SF3 控制。

1）起动运行。图 7-98（b）中远程按钮 SF2 被按下，消防联动手动起动中间继电器 KA4：[A1] 与 KA4：[A2] 线圈得电吸合，触头 KA4：[13] 与 KA4：[14] 闭合接通，回路 X1：1→FA：[2]→SAC：[3]→SAC：[4]→KA4：[13]→KA4：[14]→KA5：[21]→KA5：[22]→KA6：[A1]→KA6：[A2]→X1：4 形成闭合，消防联动自动控制中间继电器 KA6 线圈得电闭合，其触头 KA6：[23] 与 KA6：[24] 闭合接通，回路 X1：1→FA：[2]→SAC：[3]→SAC：[4]→KA6：[23]→KA6：[24]→KA5：[21]→KA5：[22]→KA6：[A1]→KA6：[A2]→X1：4 形成闭合，消防联动自动控制中间继电器 KA6 保持吸合，其触头 KA6：[13] 与 KA6：[14] 闭合接通，回路 X1：1→FA：[2]→SAC：[3]→SAC：[4]→KA6：[13]→KA6：[14]→KH→QAC：[A1]→QAC：[A2]→X1：4 形成闭合，接触器线圈 QAC：[A1] 与 QAC：[A2] 得电吸合、指示灯 PGG 点亮。风机起动进入运行状态，操作过程中控制回路的变化过程如图 7-100 所示。

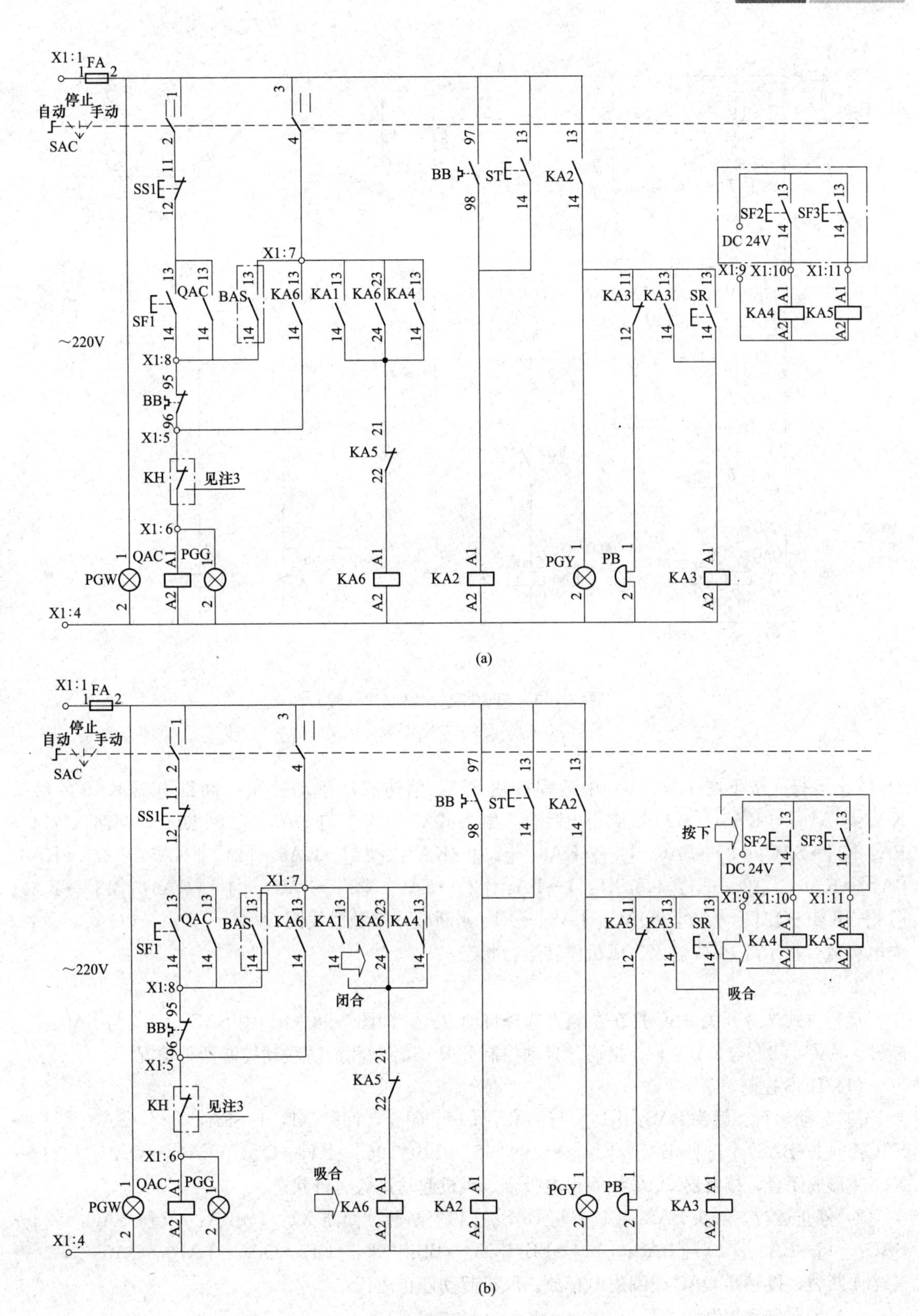

图 7-100 起动控制回路变化

(a) 停止状态；(b) SF2 按下 KA4 吸合

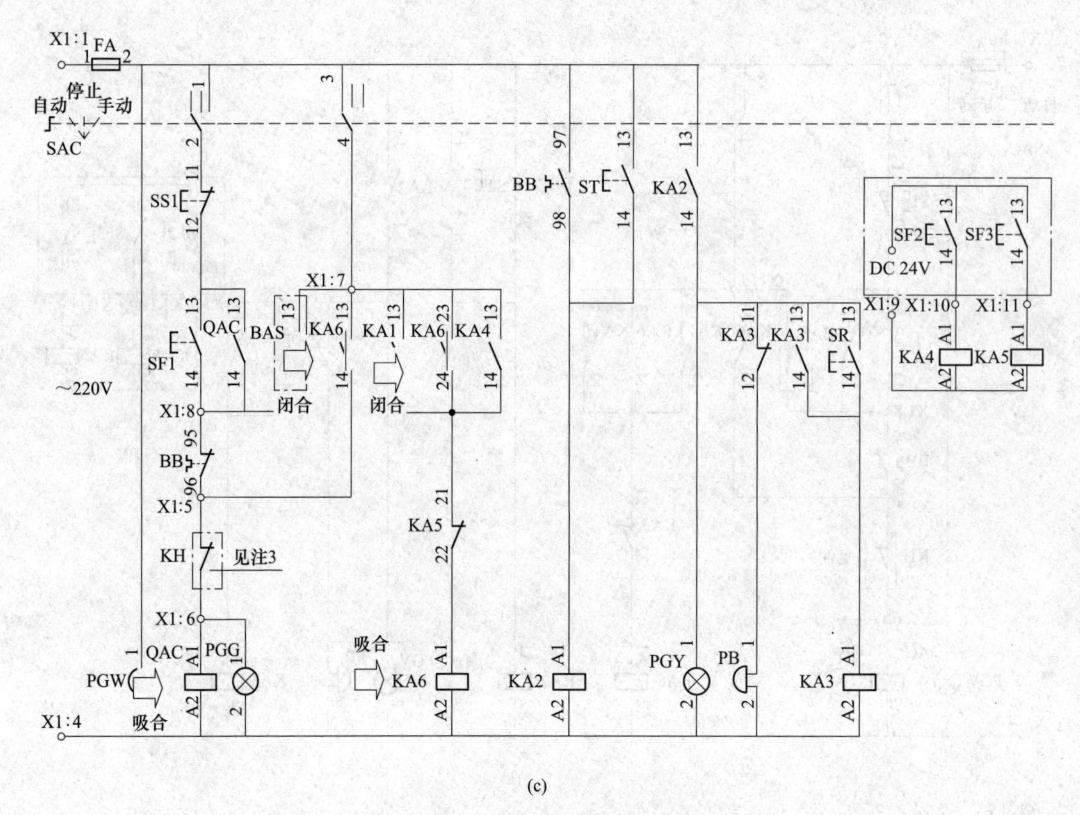

(c)

图 7-100 起动控制回路变化（续）

(c) KA6 吸合，QAC 吸合

2）停止运行。按下图 7-98（b）中远程按钮 SF3，消防联动手动停止中间继电器 KA5 的触头 KA5：[A1] 与 KA5：[A2] 线圈得电吸合，触头 KA5：[21] 与 KA5：[22] 断开，回路 X1：1→FA：[2]→SAC：[3]→SAC：[4]→KA6：[23]→KA6：[24]→KA5：[21] ‖ KA5：[22]→KA6：[A1]→KA6：[A2]→X1：4 和 X1：1→FA：[2]→SAC：[3]→SAC：[4]→KA6：[13]→KA6：[14]→KH→QAC：[A1]→QAC：[A2]→X1：4 断裂，接触器线圈 QAC：[A1] 与 QAC：[A2] 失电释放、指示灯 PGG 熄灭。风机停转运行状态，

2. 自动控制

运行方式选择开关 SAC 打在左侧为选择自动方式，即图 7-98（b）中 SAC：[1] 与 SAC：[2] 断开、SAC：[3] 与 SAC：[4] 接通。自动控制分 BAS 控制和消防联动控制两种情况。

（1）BAS 控制。

1）起动运行。触头 BAS：[13] 与 BAS：[14] 闭合，回路 X1：1→FA：[2]→SAC：[3]→SAC：[4]→BAS：[13]→BAS：[14]→BB：[95]→BB：[96]→KH→QAC：[A1]→QAC：[A2]→X1：4 形成闭合，接触器 QAC 线圈得电吸合。风机起动进入运行状态。

2）停止运行。触头 BAS：[13] 与 BAS：[14] 断开，回路 X1：1→FA：[2]→SAC：[3]→SAC：[4]→BAS：[13] ‖ BAS：[14]→BB：[95]→BB：[96]→KH→QAC：[A1]→QAC：[A2]→X1：4 断裂，接触器 QAC 线圈失电释放。风机起动停止运行。

（2）消防联动控制。

1）起动运行。消防联动起动中间继电器 KA1 的触头 KA1：[13] 与 KA1：[14] 闭合接通，回路 X1：1→FA：[2]→SAC：[3]→SAC：[4]→KA1：[13]→KA1：[14]→KA5：[21]→KA5：

[22]→KA6：[A1]→KA6：[A2]→X1：4形成闭合，消防联动自动控制中间继电器KA6线圈得电闭合，其触头KA6：[23]与KA6：[24]闭合接通，回路X1：1→FA：[2]→SAC：[3]→SAC：[4]→KA6：[23]→KA6：[24]→KA5：[21]→KA5：[22]→KA6：[A1]→KA6：[A2]→X1：4形成闭合，消防联动自动控制中间继电器KA6保持吸合。触头KA6：[13]与KA6：[14]闭合接通，回路X1：1→FA：[2]→SAC：[3]→SAC：[4]→KA6：[13]→KA6：[14]→KH→QAC：[A1]→QAC：[A2]→X1：4形成闭合，接触器线圈QAC：[A1]与QAC：[A2]得电吸合、指示灯PGG点亮，风机起动进入运行状态。

2）停止运行。在消防联动自动方式下，停转风机只能依靠按钮SF3控制KA5吸合、释放KA6，回路X1：1→FA：[2]→SAC：[3]→SAC：[4]→KA6：[23]→KA6：[24]→KA5：[21]‖KA5：[22]→KA6：[A1]→KA6：[A2]→X1：4和X1：1→FA：[2]→SAC：[3]→SAC：[4]→KA6：[13]‖KA6：[14]→KH→QAC：[A1]→QAC：[A2]→X1：4断裂，接触器线圈QAC：[A1]与QAC：[A2]失电释放、指示灯PGG熄灭。风机停转运行状态，

综上所述，在手动方式下，风机只能通过操作按钮SS1或SF1起动运行或停止。在自动方式下，可由消防联动手动起动中间继电器KA4或消防联动手动停止中间继电器KA5进行手动操作起动或停止；消防联动起动中间继电器KA1一旦吸合风机便起动，之后即便KA1释放风机也继续运行，此情况下热保护只报警、不停风机，要想停止运行只能操作按钮SF3使消防联动手动停止中间继电器KA5吸合才能停止运行；BAS触头闭合或断开控制风机的起动运行或停止，此情况下热保护报警且停风机。按钮ST按下，声光报警，在报警状态按下按钮SR声报警消除、光报警继续。

7.8.2 QRPLC控制电路

从消防兼平时两用单速风机继电器控制电路图（图7-98）中可以得到，输入信号有运行方式选择SAC、手动起动SF1和停止SS1、BAS控制BAS、过载保护BB、排烟防火阀KA7、消防联动自动KA1、消防联动手动KA4和KA5、声光试验ST和解除SR，共12个点；输出信号有电动机接触器QAC、运行指示灯PGG、声光信号PGY和PB、消防返回KA2，共4个点。

将嵌入式PLC配置成双组输入和输出信号，需要2×12点开关量直流输入点和2×4点继电器输出。采用QRPLC-0806MBR加扩展QRPLC-1624EXBR，保留上面提及的输入和输出信号电器元件，绘制其电气原理图。嵌入式PLC控制的电气原理如图7-101所示，图7-100中SP为输出直流24V开关电源，各输入输出信号点定义见表7-11。

表7-11 控制板信号功能及资源分配

输入信号				输出信号			
电器代号	信号资源		功能	电器代号	信号资源		功能
SAC	X00	X14	运行方式选择手动	QAC	Y02	Y10	风机电动机接触器
	X01	X15	运行方式选择自动	PGY	Y03	Y11	过载报警光信号
SS1	X02	X16	手动停止	PB	Y04	Y12	过载报警声信号
SF1	X03	X17	手动起动	KA2	Y05	Y13	过载返回信号
BB	X04	X20	电动机过载保护				
BAS	X05	X21	外来BAS控制信号	中间（内部）信号			
KH	X06	X22	排烟防火阀信号	KA3	M3	M13	消声辅助继电器
KA4	X07	X23	消防联动手动起动	KA6	M6	M16	消防自动控制辅助继电器
KA5	X10	X24	消防联动手动停止				
KA1	X11	X25	消防联动自动起动信号				
ST	X12	X26	声光试验				
SR	X13	X27	报警声解除				

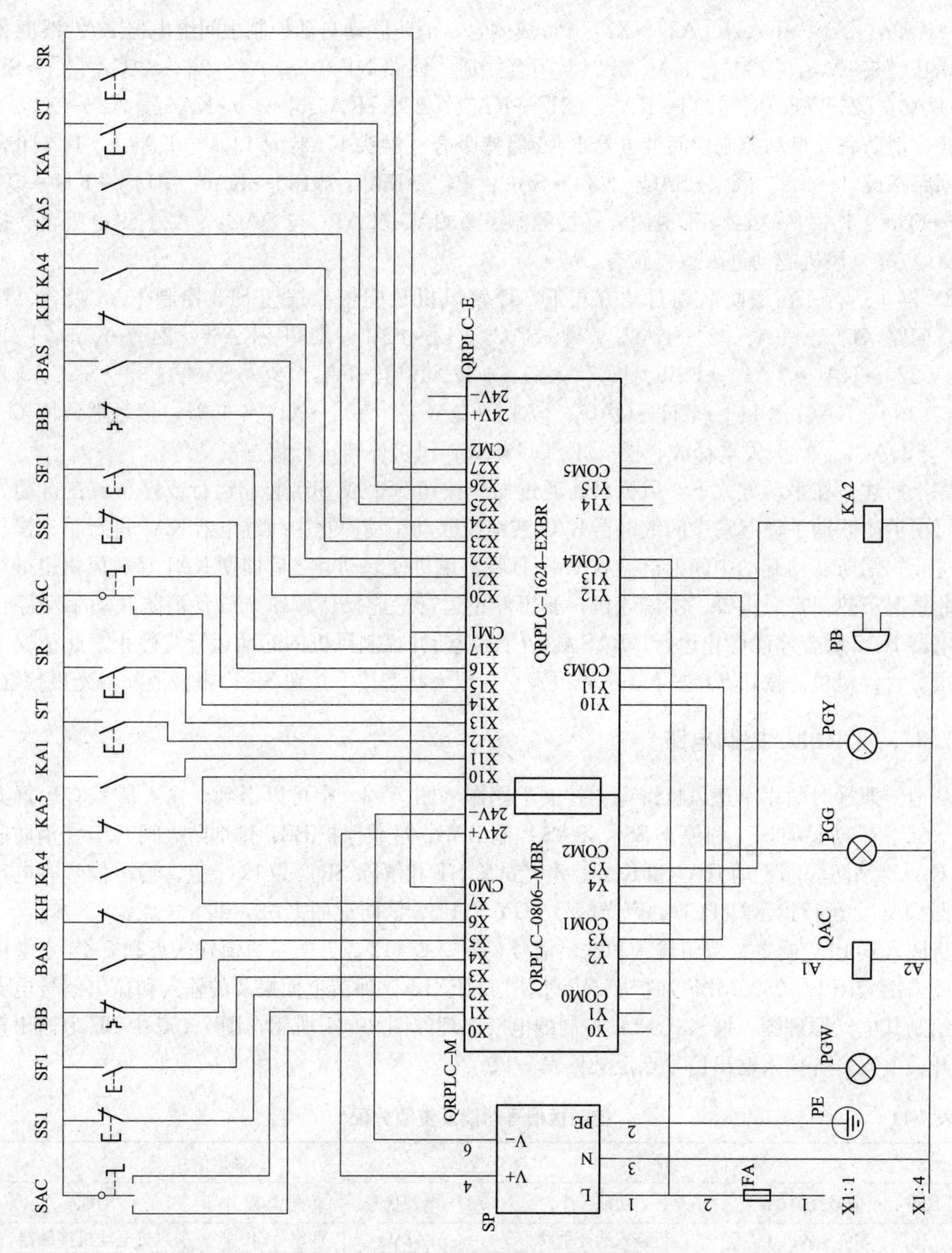

图 7-101　两用风机 QRPLC 控制原理图

7.8.3　控制梯形图编制与录入

由于图 7-98 所示的继电器控制线路具有典型、成熟的优点，因此从中得到的梯形图程序较安全、可靠。根据继电器控制线路，通过元件代号替换、元件符号替换、触头修改、按规则整理 4 个步骤，不难得到消防兼平时两用单速风机的 QRPLC 控制梯形图程序。控制梯形图可经三菱 FXGPWIN 编程软件进行录入，选用 FX_{1N}类型的单组输入输出 QRPLC 控制梯形图如图 7-102 所示。值得注意的是，梯形图程序中把报警指示灯由原来的常亮改为间隔 1s 的闪烁指示，更能引起注意。

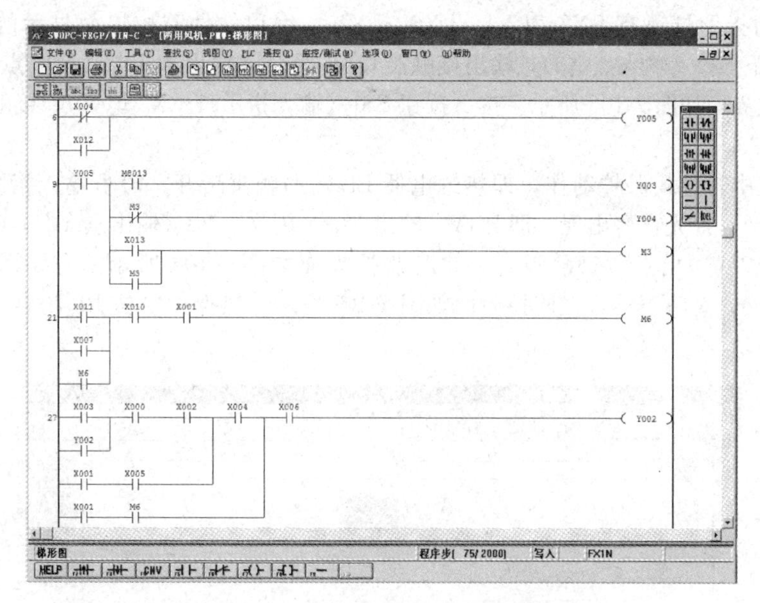

图 7-102 风机单组信号控制梯形图

7.8.4 调试与验证

由 FX_{1N}型转换软件，即 PMW-HEX-V3.0.exe，转换成 STC 单片机可执行代码，此处用的是 STC11F60XE 单片机，转换参数设置如图 7-103 所示，再用 stc-isp-15xx-v6.85.exe 进行烧录（下载），注意要在“硬件选项”标签页内“复位脚用作 I/O”前的复选框内打钩。

按照图 7-101 所示的电路图连接好单组外围电器，并将梯形图程序转换得到的单片机可执行文件下载到 QRPLC 中。分别从过载声光报警及解除、手动控制、消防自动控制、BAS 控制、消防联动手动控制和联动起动、排烟防火阀停机和消防返回信号方面逐一调试每组输入输出通道的功能，然后再验证双组输入输出的运行，观察两侧输入信号和输出信号状态，以确保控制功能正确、可靠。本节主要描述单组信号的调试过程，双组调试过程与单组类似。

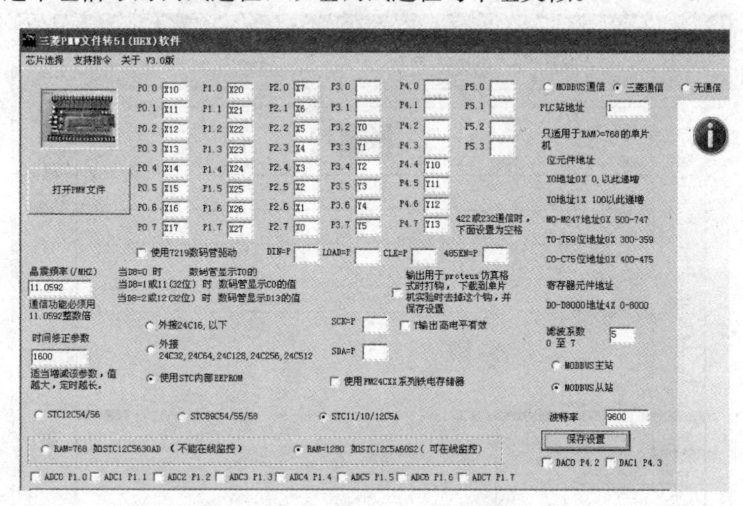

图 7-103 两用风机转换参数配置

1. 手动方式

将运行方式选择开关 SAC 打在“手动”位置，此时 QRPLC 主板上输入侧的指示灯 LX0 应点亮，此外点亮的指示灯还有 LX2、LX4、LX6、LX10，编程软件监控界面显示的停止状态如图 7-104 所示。按下 SF1（输入点 X3），输出接触器 QAC 吸合（输出指示灯 LY02 点亮），风机起动运转，此时监控界面如图 7-105 所示。按下按钮 SS1（输入指示灯 LX2 熄灭），接触器 QAC 释放，风机停止运转。

在运行过程中若过载保护动作，即热继电器 BB 辅助触头断开、PLC 输入指示灯 LX4 熄灭，接触器 QAC 释放。声光报警出现，即 PGY（输出 Y03）闪光、PB（输出点 Y04）鸣响、过载信号返回继电器 KA2（输出点 Y05）吸合，此时监控界面如图 7-106 所示。需要消声时按下按钮 SR（输入点 X13），蜂鸣声停止，监控界面如图 7-107 所示。热保护复位 BB 闭合，报警消失，恢复回到停止状态。

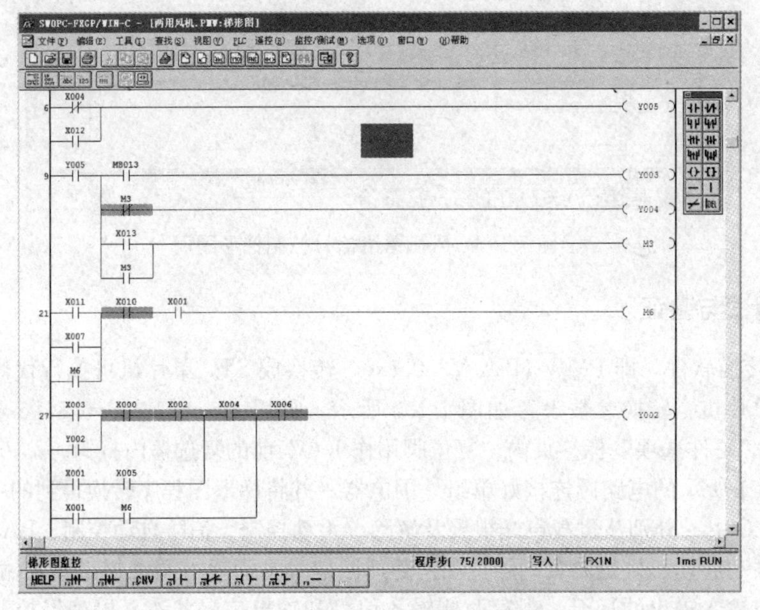

图 7-104　手动方式停机状态

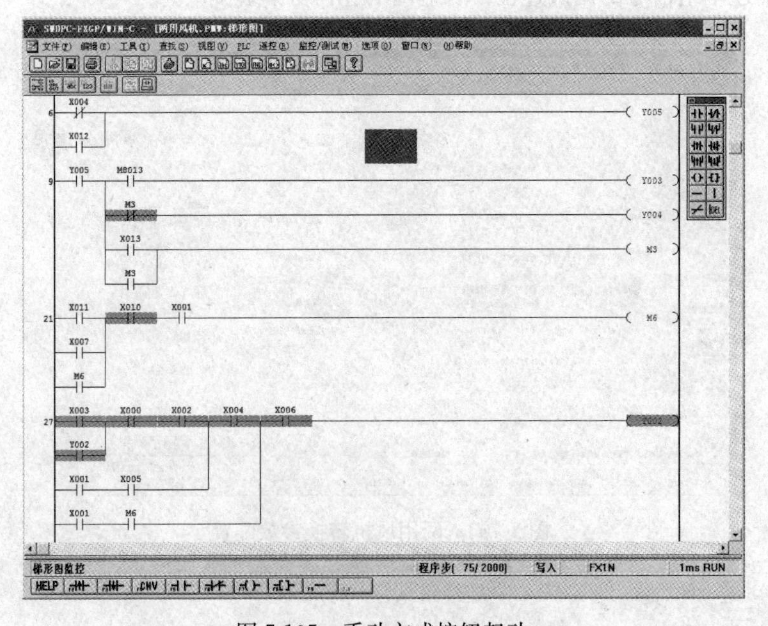

图 7-105　手动方式按钮起动

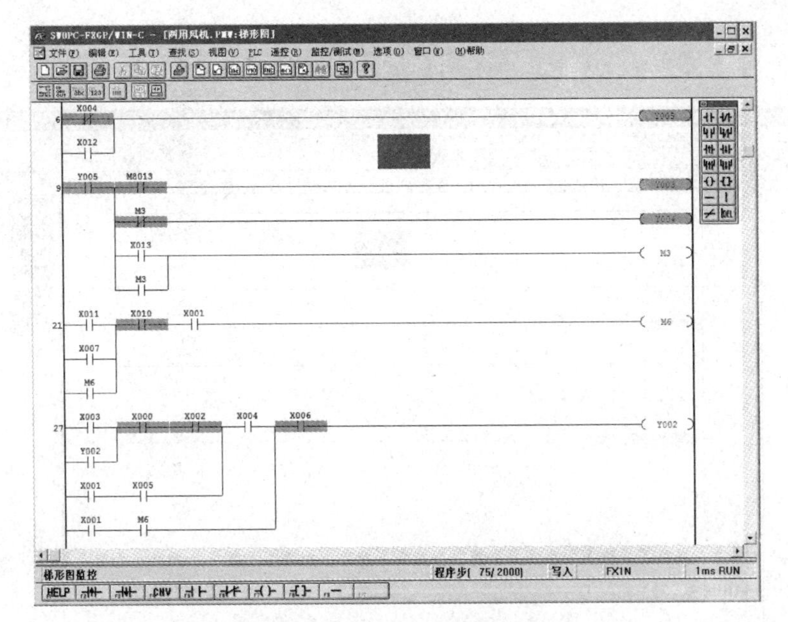

图 7-106　手动方式运行中过载报警

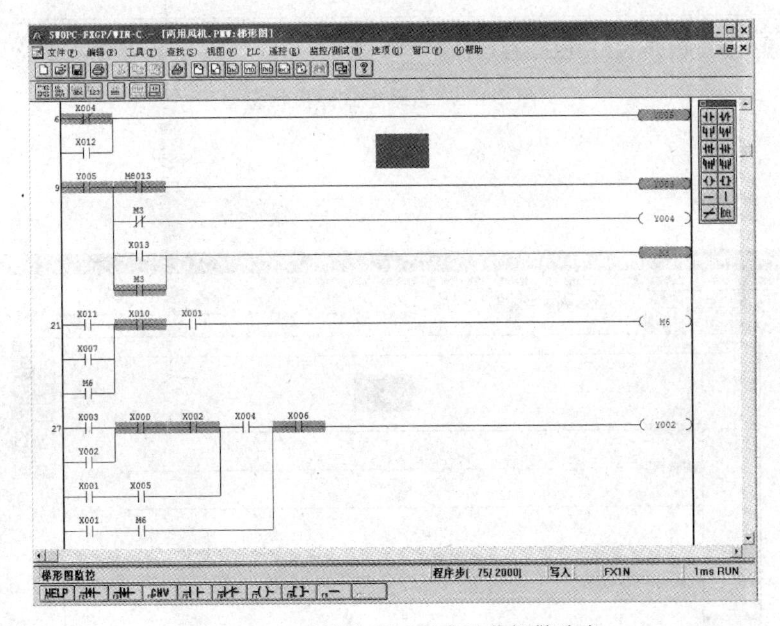

图 7-107　手动方式运行中过载报警消声

2. 自动方式

将运行方式选择开关 SAC 打在“自动”位置，此时 PLC 输入侧上的指示灯 LX1 应点亮，停止状态的监控界面如图 7-108 所示。

(1) 消防联动自动方式的手动控制。

1) 消防联动手动起动。按下按钮 SF2，消防联动手动起动中间继电器 KA4 吸合，PLC 输入指示灯 LX7 点亮，输出接触器 QAC 吸合，风机起动运转，此时监控界面如图 7-109 所示。

2) 消防联动手动停止。按下按钮 SF2，消防联动手动停止中间继电器 KA5 吸合，QRPLC 输入指示灯 LX10 熄灭，输出接触器 QAC 释放，风机停止运转，此时监控界面如图 7-110 所示。

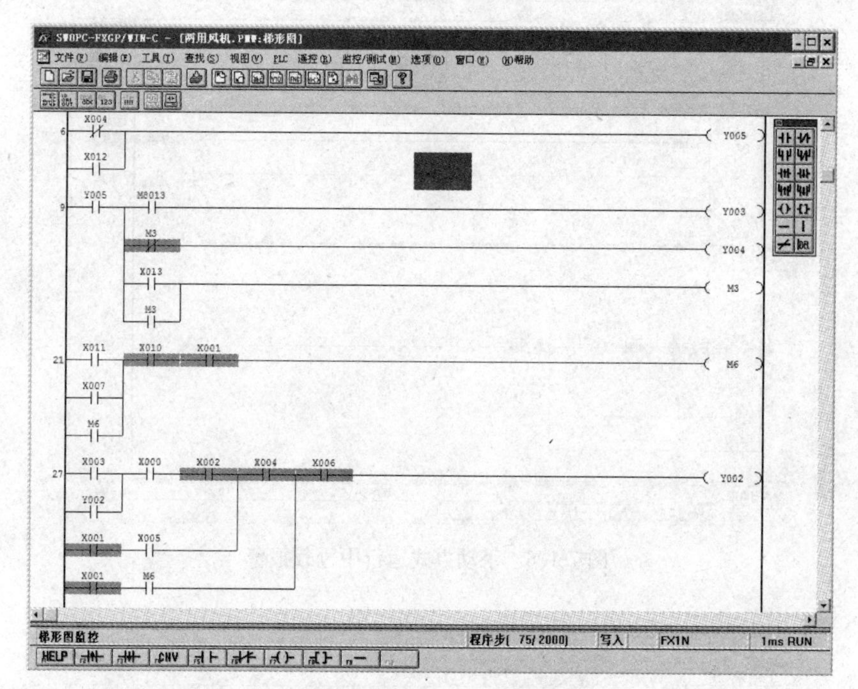

图 7-108　自动方式停机状态

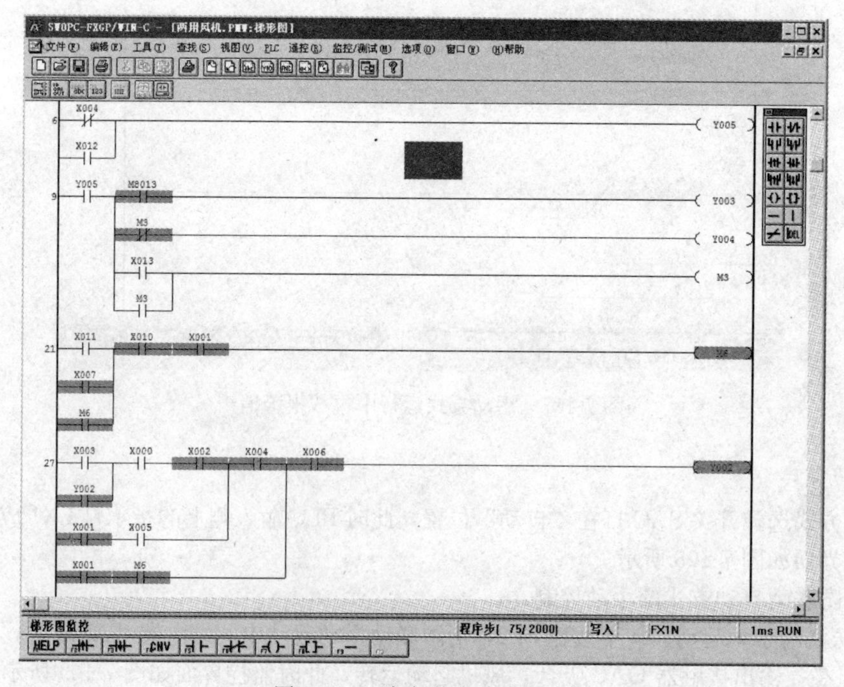

图 7-109　消防联动手动起动

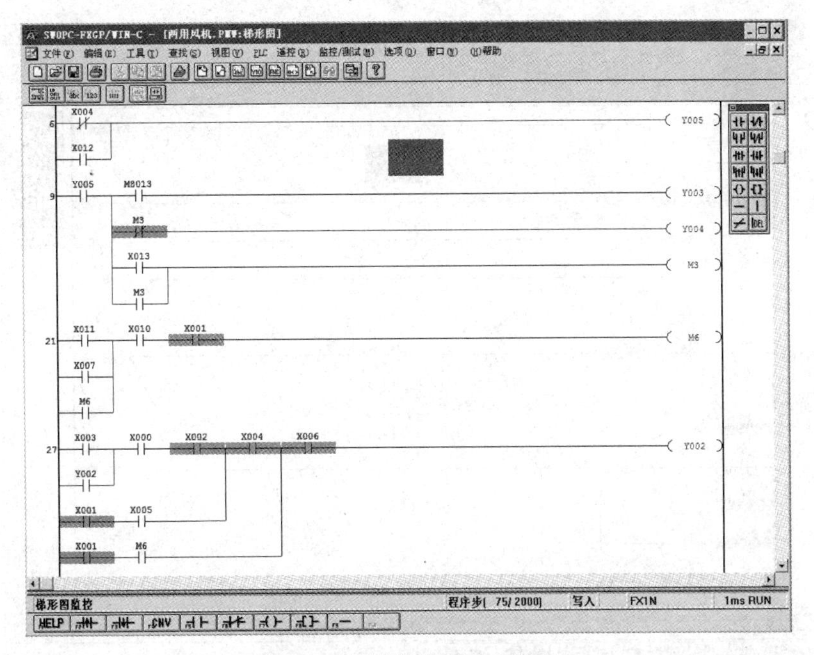

图 7-110 消防联动手动停止

（2）消防联动自动控制。

1）消防联动自动起动。远控使消防联动起动中间继电器 KA1 吸合，QRPLC 输入点指示灯 LX11 点亮，输出接触器 QAC 吸合，风机起动运转，此时监控界面如图 7-111 所示。

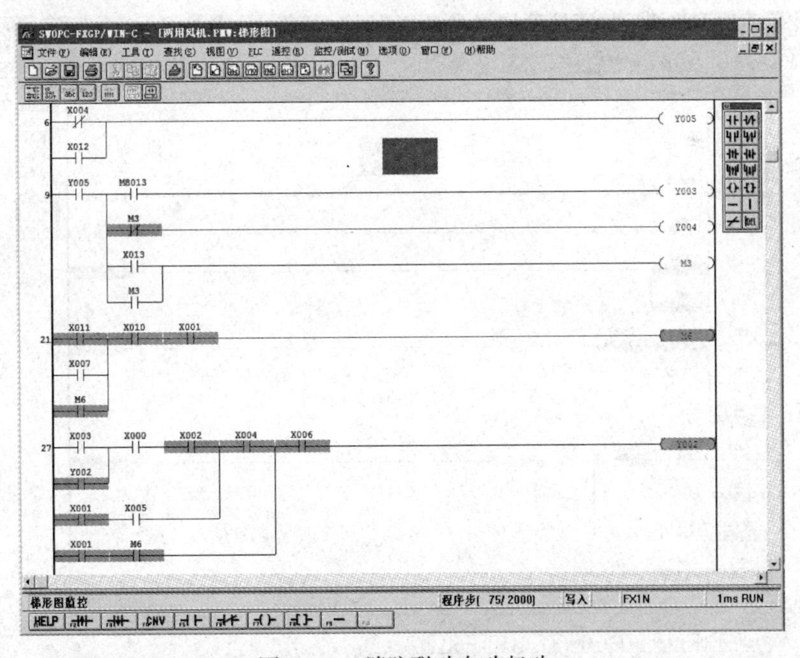

图 7-111 消防联动自动起动

2）消防联动自动运行过载报警。在消防联动自动运行过程中若过载保护热继电器 BB 动作，则 QRPLC 输入点指示灯 LX4 熄灭，光报警 PGY 闪亮、蜂鸣器 PB 鸣响、过载信号返回继电器 KA2 吸合，但输出接触器 QAC 仍保持吸合，此时监控界面如图 7-112 所示。

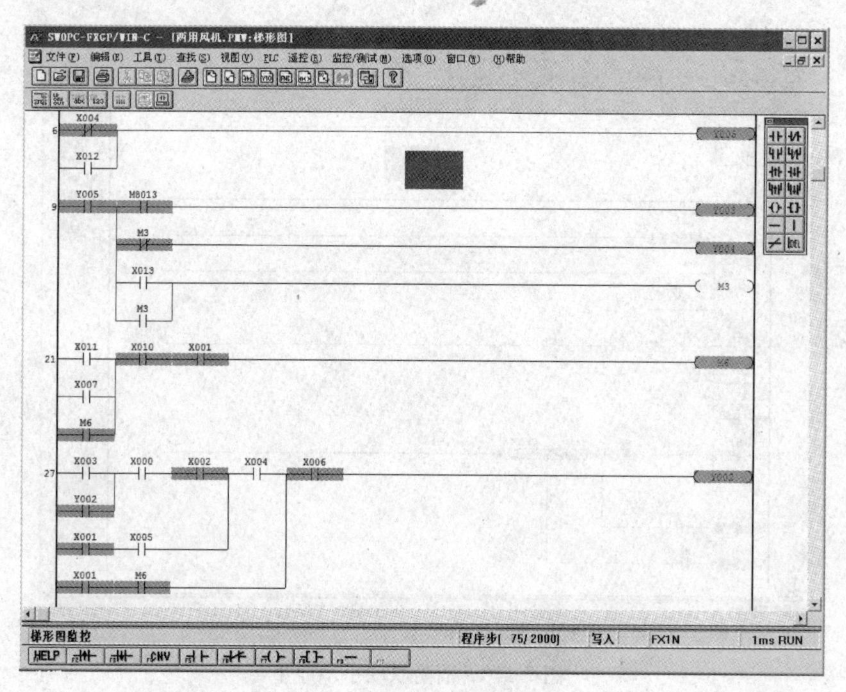

图 7-112　消防联动自动运行状态

若需要消声时按下按钮 SR，蜂鸣声停止，监控界面如图 7-113 所示。热保护复位 BB 闭合，报警消失，恢复到消防联动自动运行状态，监控界面如图 7-114 所示。

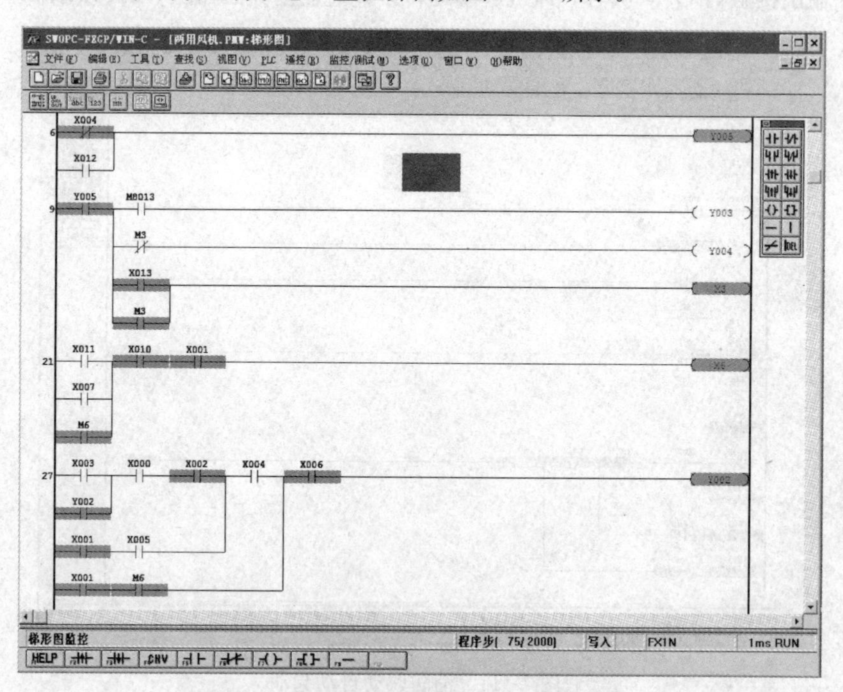

图 7-113　消防联动自动运行过载报警消声

3）消防联动自动运行停止控制。消防联动自动运行期间中只能通过按钮 SF3 停转风机，消防联动手动停止中间继电器 KA5 吸合，QRPLC 输入指示灯 LX10 熄灭，输出接触器 QAC 释放，风机停止运转，此时监控界面如图 7-115 所示。

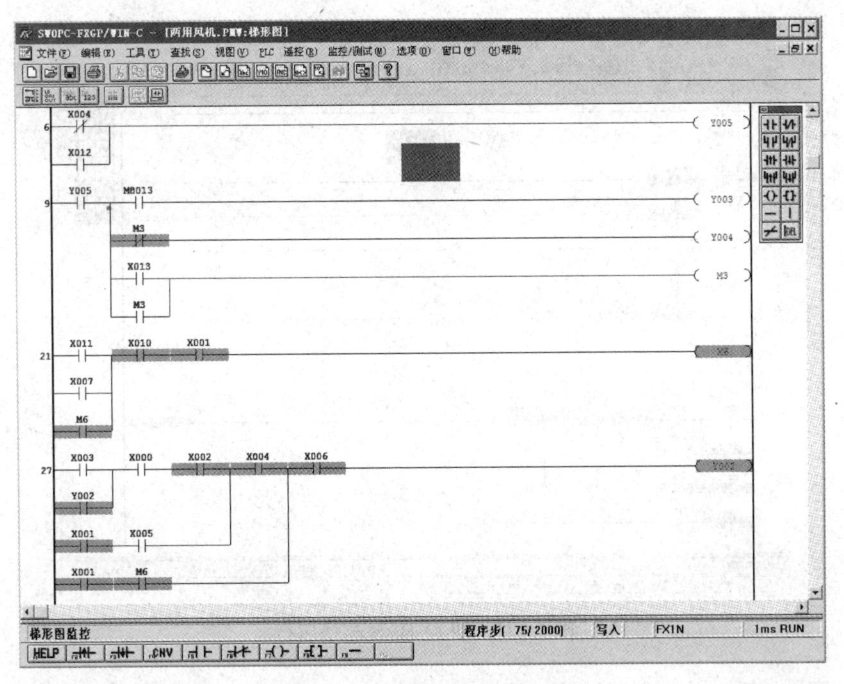

图 7-114　消防联动自动运行状态

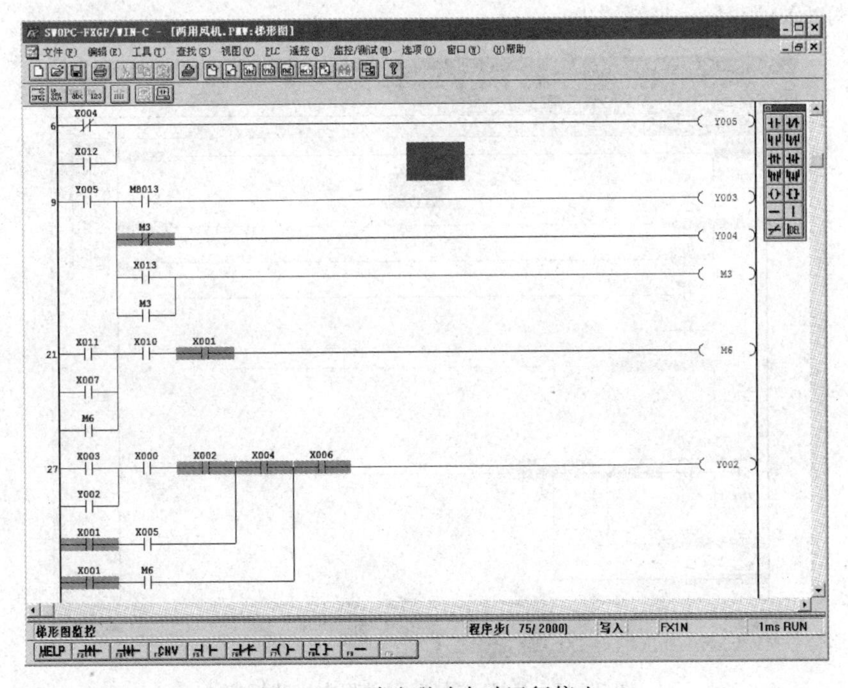

图 7-115　消防联动自动运行停止

（3）BAS 控制。

1）BAS 起动运行控制。外控 BAS 触头闭合使 QRPLC 输入点 X5 闭合、指示灯 LX5 点亮，输出接触器 QAC 吸合，风机起动运转，监控界面如图 7-116 所示。

2）BAS 控制运行过程中过载报警。在 BAS 控制运行过程中若出现过载报警，则 BB 动作使 QRPLC 输入点 X4 指示灯 LX4 点熄灭，输出接触器 QAC 释放，同时光报警 PGY 闪亮、蜂鸣器 PB

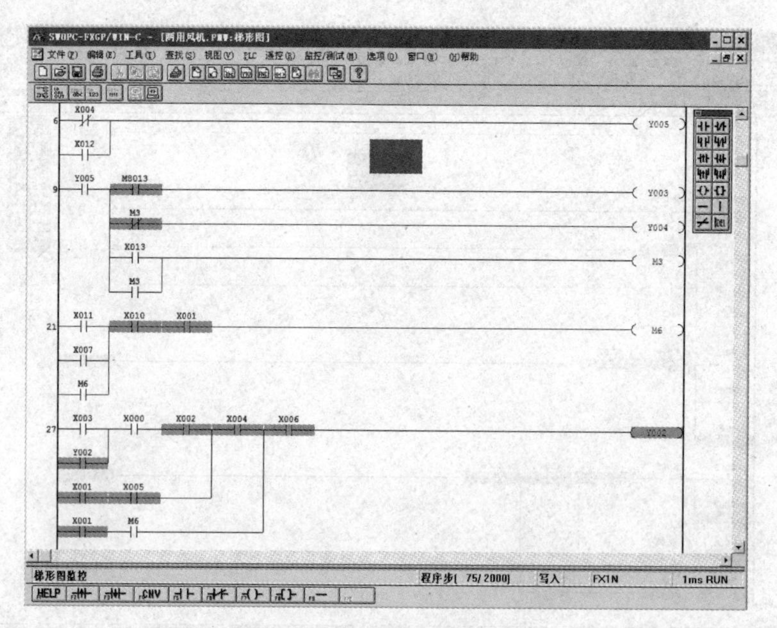

图 7-116 外控 BAS 起动运行

鸣响、过载信号返回继电器 KA2 吸合，此时监控界面如图 7-117 所示。过载消除 BB 复位触头闭合（即指示灯 LX4 点亮），报警消失。

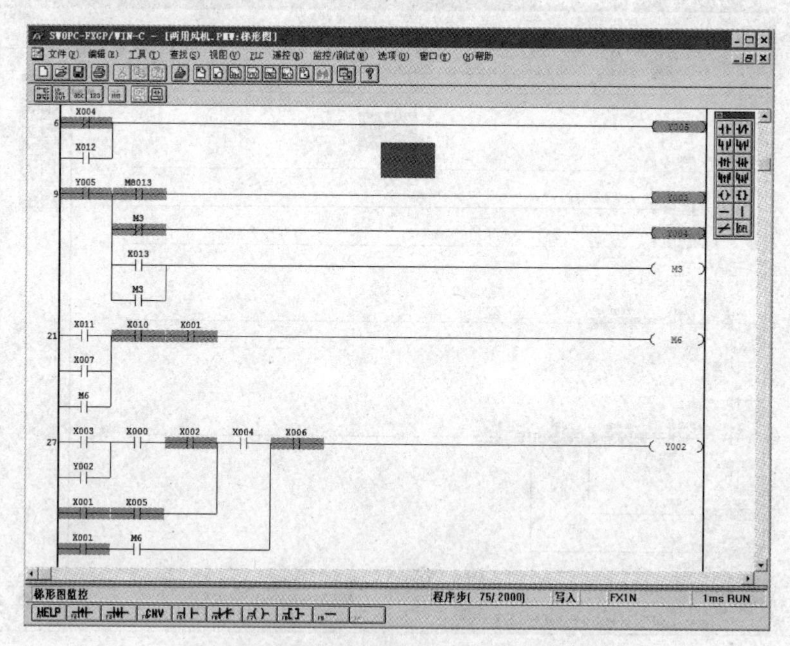

图 7-117 BAS 控制运行过程中过载报警

外控 BAS 触头断开使 QRPLC 输入点 X5 熄灭，输出接触器 QAC 释放，风机停止运转。

还有一点需要说明的是，不管在何种方式、何种运行期间，只要过载热继电器 BB 辅助触头断开，就会出现声光报警。在自动方式停止状态，BB 辅助触头断开的监控界面如图 7-118 所示。

通过以上各步验证，证实了图 7-102 所示的风机单组信号控制梯形图的正确性，用 QRPLC 可实现原继电器电路的控制功能，并可增加报警闪光功能。

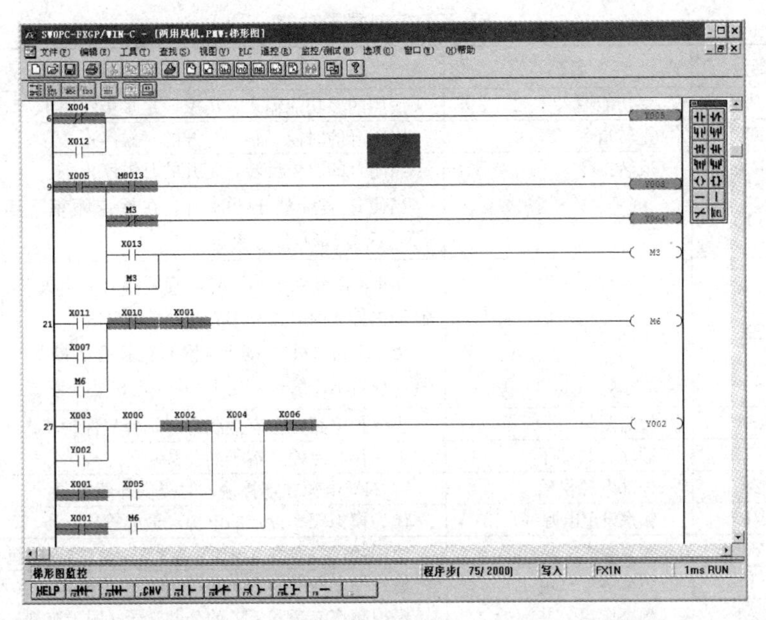

图 7-118　自动方式停止状态 BB 辅助触头断开

7.9　变频器有级调速控制

在需要进行调速的机械设备上，通常采用变频器驱动三相异步电动机方式来拖动设备。按照速度的变化情况，变频器调节速度的方法有无级和有级两种。本节以 LG SV-iG5 变频器由嵌入式 PLC 控制为例，来介绍变频器多段速的有级调速。

7.9.1　变频器

SV-iG5 系列变频器是由 LG 公司生产的一种功能强大、紧凑小巧的经济型变频器。该系列的变频器具有如下特性：①功率/电压等级：0.37～1.5kW，200～230V AC，1 相；0.37～4.0kW，200～230V AC，三相；0.37～4.0kW，380～460V AC，三相。②变频器类型：采用 IGBT 的 PWM 控制。③控制方式：v/f 空间矢量技术。④内置总线：RS-485，ModBus—RTU。⑤内置 PID 控制，制动单元。⑥0.5Hz 输出 150%转矩。⑦防失速功能，8 步速控制，三段跳跃频率。⑧三个多功能输入，一个多功能输出，模拟输出（0～10V）。⑨1～10kHz 载波频率。该变频器上有输入电源端子 R、S、T；连接电动机的输出端子 U、V、W；外接制动电阻端子 B1 和 B2；以及上、下两排控制端子，其中上面一排只有 3 位端子，下面一排有 10 位端子。控制端子的排列如图 7-119 所示，每一位端子的功能见表 7-12。

30A	30C	30B

1	2	3	4	5	6	7	8	9	10	1	2	3	4	5	6	7	8	9	10
MO	MG	24	FX	RX	CM	BX	JOG	RST	CM	P1	P2	P3	VR	V1	CM	I	FM	S+	S–

图 7-119　iG5 变频器的控制端子排

表 7-12　　　　SV-iG5 控制端子功能

类型		符号	名称	说　明
输入信号	启动触点功能选择	P1、P2、P3	多功能输入 1、2、3	使用的多功能输入，厂家设定多步频率 1、2、3
		FX	正转指令	当闭合的时候正转，打开的时候停止
		RX	反转指令	当闭合的时候反转，打开的时候停止
		JOG	点动	当慢速信号处于 ON 时，在慢速频率下运行，运行方向由 FX（或者 BX）信号决定
		BX	紧急停止	当 BX 信号处于 ON 时，变频器的输出关断。当电机使用电子制动去停止时，使用 BX 去关断输出信号。 当 BX 信号处于 OFF（没有被锁存关断的情况下）时，FX 信号（或者 RX 信号）处于 ON，电机处于继续运行的状态
		RST	故障复位	当保护电路处于有效状态时，释放保护状态
		CM	顺序公共端子	被用作触点输入端子的公共端子
	模拟频率设定	24	外部电源供给	DC24V 电源在连接输入时提供外部电源
		VR	频率设定电源（＋12V）	作为模拟频率设定的电源；最大输出：＋12V，100mA
		V1	频率参考（电压）	使用频率参考和 0～10V 作为输入，输入阻抗 20kΩ
		I	频率参考（电压）	使用频率参考和 DC 4～20mA 作为输入，输入阻抗 250Ω
		CM	频率设定公共端子	模拟频率参考和 FM 的公共端子（用于监视）
输出信号	脉冲	FM-CM	模拟/数字输出（用于外部监视）	输出输出频率，输出电压，输出电流，DC 连接电压。 厂家设定的默认值为输出频率，最大输出电压和输出电流为 0～12V，1mA；输出频率为 500Hz
	触点	30A、30C、30B	故障输出端子	保护功能运行时有效：触点容量 AC 250V，1A 或更小；DC 30V，1A 或更小。 故障：30A-30C short（30B-30C open）； 常态：30B-30C short（30A-30C open）
		MO-MG	多功能输出	在定义多功能输出端子后使用：AC 250V，1A 或者更小；DC 30V，1A 或更小
RS-486		S＋、S－	通信端口	RS-485 通信

7.9.2　控制要求及电路原理图

变频器有级调速控制系统设有停止、待机、正转运行和反转运行 4 个稳定状态，以及加速和减速两个过渡状态。

变频器有级调速控制系统的控制要求如下：系统通电后，电动机和变频器处于停止状态。当第一次按下变频器投/撤按钮（SB2）后，变频器供电电源接触器（KM）吸合，变频器和电动机进入待机状态。若第二按下变频器投/撤按钮（SB2），则变频器供电电源接触器（KM）释放，如此循环。在待机状态下，只有变频器处在就绪状态时，按下正转或反转起动按钮（SB3 或 SB4），则变频器输出最低频率，使电机作正或反向旋转，电动机进入运转状态。在运转状态中，即使按下变频器投/撤按钮（SB2），接触器（KM）都不会释放。若停止按钮（SB1）被按下或变频器出现异常，则变频器和电动机退回待机状态。电动机在运转状态下，按下增速或降速按钮（SB5 或 SB6），则变频器输出频率升高或降低一档，最多只能在设定的 8 种速度内升降。有级调速控制电原理图如图 7-120 所示，图中 PLC 输入输出端的功能说明见表 7-13，表 7-13 中 PLC 输出的 8 段速度与变频器多段速控制端子对应关系见表 7-14。

7.9.3　PLC 输入输出状态分析

根据变频器多段速有级调速过程，可以得到该系统 PLC 输出有稳定 18 个状态，即停止状态、

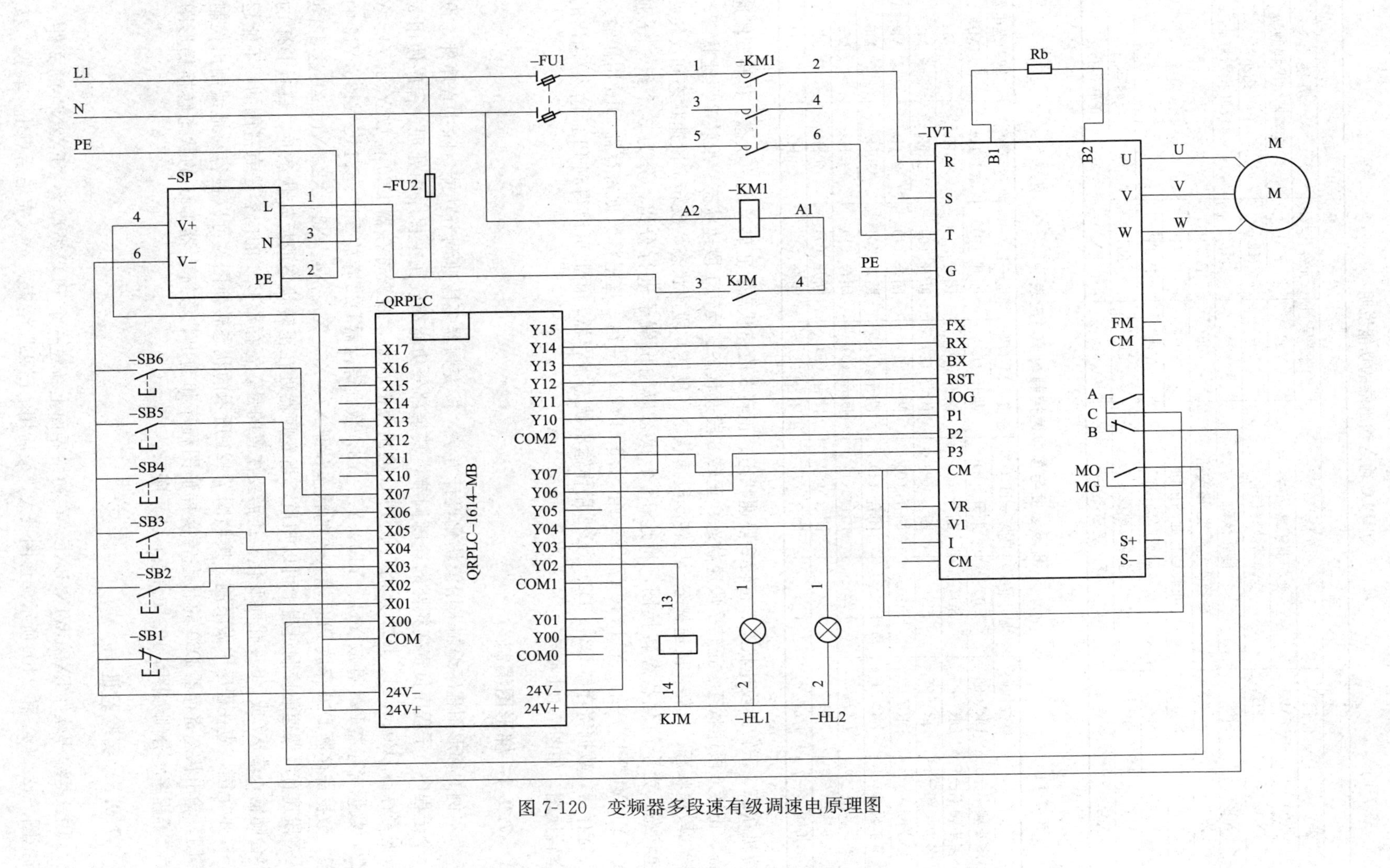

图 7-120 变频器多段速有级调速电原理图

表 7-13　　QRPLC 输入输出端的功能说明

输入端			输出端		
端子号	元件代号	功能	端子号	元件代号	功能
X00	IVTMO	变频器就绪信号	Y02	KM	变频器供电接触器
X01	IVTB	变频器故障信号	Y03	HL1	正转指示灯
X02	SB1	停止按钮	Y04	HL2	反转指示灯
X03	SB2	变频器电源投/撤按钮	Y06	IVTP3	8 段速
X04	SB3	正转运行起动按钮	Y07	IVTP2	
X05	SB4	反转运行起动按钮	Y10	IVTP1	
X06	SB5	增一级速度	Y14	RX	反转运行
X07	SB6	降一级速度	Y15	FX	正转运行

表 7-14　　8 段速度与多段速控制端子对应表

多步频率	参数代码	显示值	速度－H（P3）	速度－M（P2）	速度－L（P1）	运行频率	辅助继电器
多步频率－0	DRV-00	0.00	断开（0）	断开（0）	断开（0）	10Hz	M1
多步频率－1	DRV-05	St1	断开（0）	断开（0）	闭合（1）	15Hz	M2
多步频率－2	DRV-06	St2	断开（0）	闭合（1）	断开（0）	20Hz	M3
多步频率－3	DRV-07	St3	断开（0）	闭合（1）	闭合（1）	25Hz	M4
多步频率－4	I/O-21	I 21	闭合（1）	断开（0）	断开（0）	30Hz	M5
多步频率－5	I/O-22	I 22	闭合（1）	断开（0）	闭合（1）	35Hz	M6
多步频率－6	I/O-23	I 23	闭合（1）	闭合（1）	断开（0）	40Hz	M7
多步频率－7	I/O-23	I 24	闭合（1）	闭合（1）	闭合（1）	50Hz	M8

待机状态、正转 1 段速状态、正转 2 段速状态、正转 3 段速状态、正转 4 段速状态、正转 5 段速状态、正转 6 段速状态、正转 7 段速状态、正转 8 段速状态、反转 1 段速状态、反转 2 段速状态、反转 3 段速状态、反转 4 段速状态、反转 5 段速状态、反转 6 段速状态、反转 7 段速状态和反转 8 段速状态。为了简化状态转换图，将这 18 个状态以输出端子进行分组，分为 3 个组，分别为 Y15Y14Y13Y12 一组、Y11Y10Y7Y6 一组、Y5Y4Y3Y2 一组。这里将数据寄存器 D10 用作输入状态寄存器，数据寄存器 D20、D21、D22 用作输出状态寄存器，由此可以得到 PLC 输入/输出的状态转换图，如图 7-121 所示。

7.9.4　梯形图编制

本例的梯形图程序编制采用模块化设计方法，按变频器多段速调节功能，除主程序外，设置一个子程序。子程序负责变频器的速度调节，其余部分功能都放在主程序中处理。程序使用 3 个数据寄存器 D20、D21、D22 分别存放 PLC 输出点的状态，数据寄存器 D20 存放 Y5、Y4、Y3、Y2，数据寄存器 D21 存放 Y11、Y10、Y7、Y6，数据寄存器 D22 存放 Y15、Y14、Y13、Y12 的状态。数据寄存器 D10 存放 PLC 输入点的状态，即 X7、X6、X5、X4、X3、X2、X1、X0 这 8 个点。从多段速有级调速的控制过程中可以知道，当变频器处在正转状态或反转状态时，只有 D21 的内容会随输入端 X7 或 X6 变化而变化。还需要注意的是，寄存器 D21 的内容是有范围的，不能超出 0～7 的范围，应在程序中做限制。按照图 7-121 所示的状态转换图，可以很容易地编制出控制梯形图，输出状态寄存器 D20 的状态转换梯形图程序和输出状态寄存器 D21 的状态转换梯形图程序（子程序）分别如图 7-122（a）和（b）所示。

7.9.5　实验验证

用三菱编程软件 FXGPWIN. EXE，在初始界面上新建一个 PLC 类型为“FX2N”的文件。逐行把图 7-122（a）和（b）所示梯形图录入，最后用“END”结束。录入完毕后点击“转换”按钮

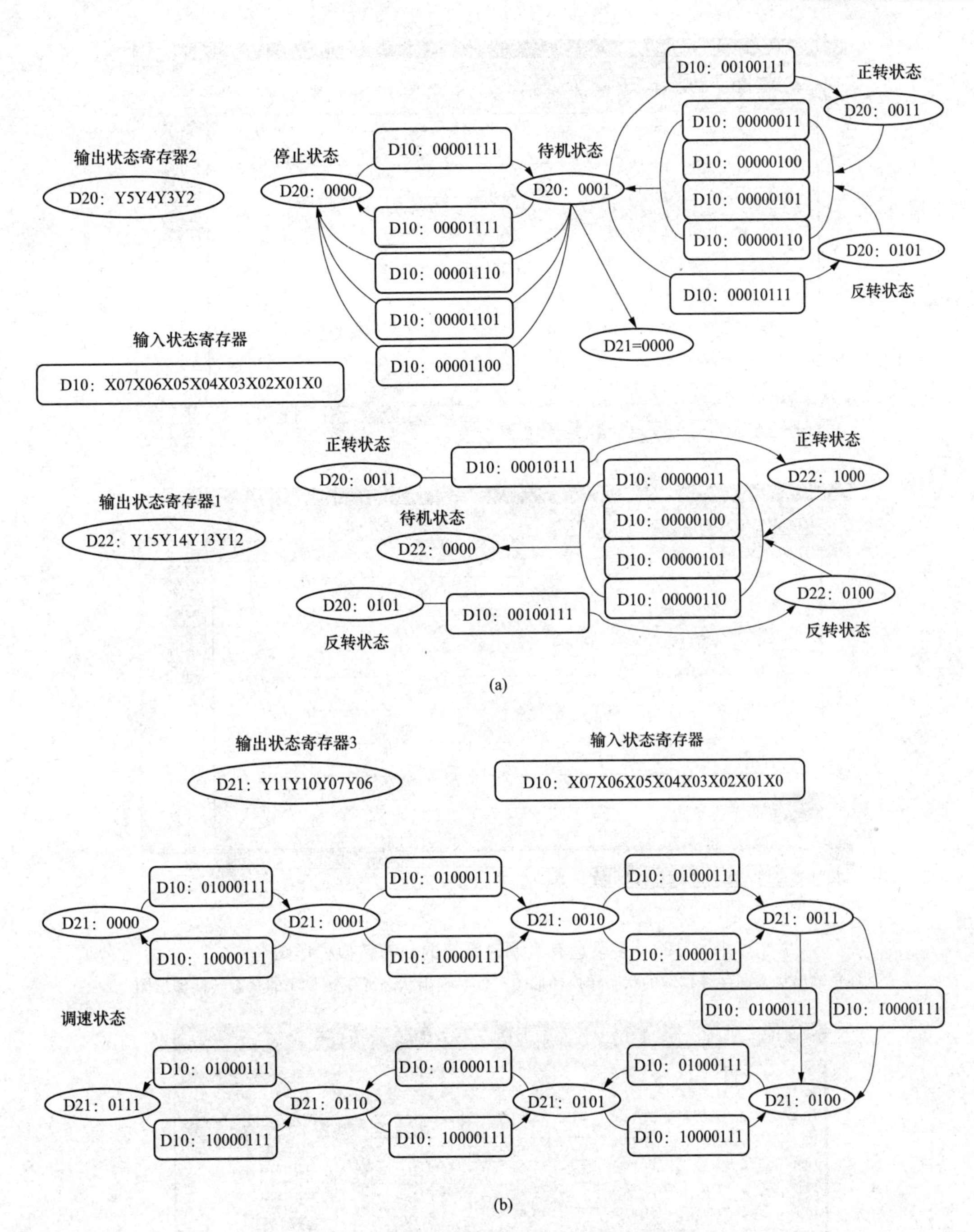

图7-121　多段速有级调速PLC状态转换图

(a) 停止/待机/正转/反转；(b) 速度调节

进行转换，完成后将文件命名为“多段有级.PMW”并保存。

将编制好的控制梯形图用FX_{2N}转换软件，即梯形图转单片机HEX正式V1.43Bate12.exe进行转换，转换时的参数设置如图7-123所示。转换得到单片机代码文件“05-04-2021 10-10-19烧录文件.HEX”，为方便记忆将代码文件“05-04-2021 10-10-19烧录文件.HEX”改名为“多段有级.HEX”，再用STC下载软件将其烧录进单片机。

按照图7-120所示的变频器多段速有级调速控制电路原理图连接好相关电器。

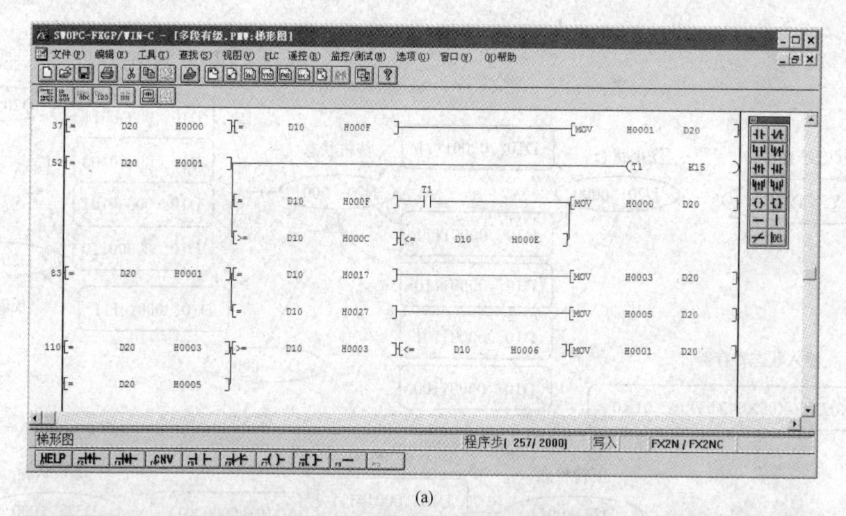

(a)

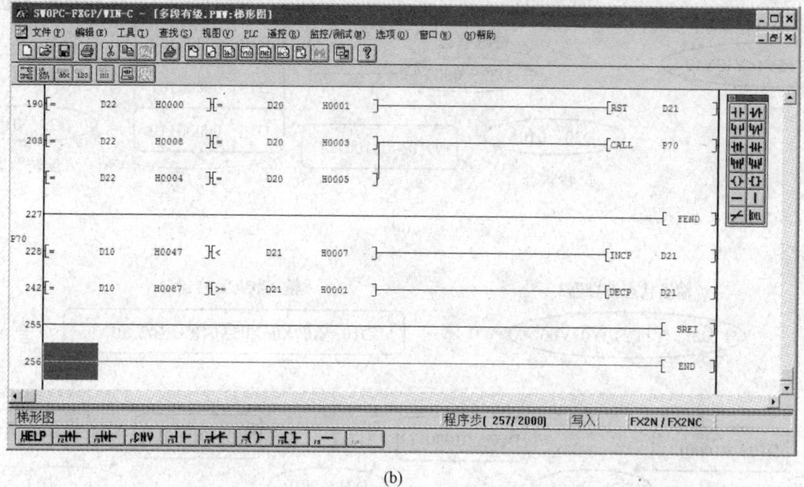

(b)

图 7-122　多段速有级调速系统的状态转换梯形图

（a）输出状态寄存器 D20 的状态转换梯形图；（b）输出状态寄存器 D21 的状态转换梯形图

图 7-123　有级调速转换参数设置

(1) 首先验证供电电源接触器功能。控制系统通电后，按下按钮 SB2，电源继电器 KJM 吸合，进入待机状态；再按一次 KJM 释放。只要两次按动的时间间隔不小于 1.5s，奇数次按下，继电器 KJM 吸合；偶数次按下，继电器 KJM 释放。该功能设计符合控制要求。

(2) 其次验证正/反转功能。在待机状态且变频器处于就绪状态，按下按钮 SB3 或 SB4 后，QRPLC 输出点 Y15 或 Y14 处于点亮状态，分别能进入正转或反转运行状态，且 PLC 输出点 Y10、Y7、Y6 不点亮，电机最低速运转。此时，即使再按动变频器投/撤按钮 SB2，电源继电器 KJM 也不会释放。该功能设计也符合控制要求。

(3) 再次验证调速功能。在正转或反转状态，分别按下升速/降速按钮 SB5/SB6，每按一次都能升一级速度（只有未达到最高速度），或降一级速度（只有未达到最低速度）。用 GX Developer 编程软件监控梯形图在正转状态下输出第 4 级速度的界面如图 7-124 所示。该功能设计同样符合控制要求。

(4) 最后验证停止和保护功能。在正转或反转状态，只要停止按钮被按下或变频器出现故障，PLC 便会返回到待机状态。此时再按按钮 SB2，能使电源继电器释放。该功能设计同样也符合控制要求。

实验结果表明，图 7-122 所示的梯形图程序符合控制系统的控制功能设计要求，程序正确、可靠。

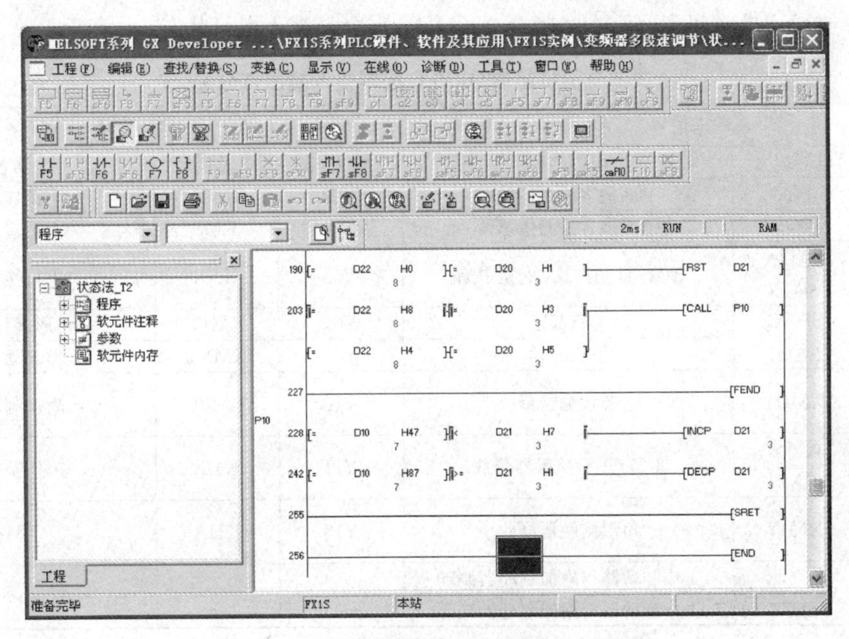

图 7-124　输出正转第 4 级速度的监控界面

7.10 自动扶梯控制

自动扶梯曳引机的供电有直接供电和通过静态元件供电两种。根据《自动扶梯和自动人行道的制造与安装安全规范》(GB 16899—2011) 的要求，直接供电型就是在传统电动机星形—三角形降压起动电路的基础上增加一个电源供电接触器。在曳引机起动前必须监测两个电源接触器的状态，只有在电源接触器都处于释放状态下才能起动。起动完成进入运行状态后必须时刻监测制动器的状态，制动器一旦动作就必须立即停止曳引机。本节将以其控制电路中 QRPLC 输入输出状态及内部资源状态之间的转换来编制控制梯形图。

7.10.1 PLC 控制电路

自动扶梯曳引电动机直接供电起动的 QRPLC 控制电路如图 7-125 所示，其中 KJXX 为相序继电器，KMDY 为电源接触器，KMS 为上行接触器，KMX 为下行接触器，KMXQ 为电动机绕组星形起动接触器，KMJY 为电动机绕组三角形运行接触器，KJR 为热保护继电器，QRPLC 输入/输出点的分配见表 7-15。

7.10.2 工作方式说明

自动扶梯的工作方式有检修和自动 2 种。检修方式时，图 7-125（b），中航空插座 PN5 与 PN7 连线断开，检修操作手柄钥匙开关“SAJX”接入，此时扶梯只能点动运转。自动方式下，航空插座 PN5 与 PN7 连线短接，两端停止按钮和起动钥匙开关（图中只画出一端）起作用。此时扶梯的工作状态有停机、名义速度运行和零速待机 3 种。在安全电路正常状态下，安全继电器 KJC 吸合，可投用自动扶梯。当操作人员转动起动钥匙开关时，只要被监测接触器都处于释放状态，曳引机便可进入星形—三角形降压起动。上行起动过程中各接触器动作如下：KMS 吸合→KMXQ 吸合→KMBF 吸合→KMB 吸合→KMDY 吸合→进入起动状态，起动时间到进入切换状态→KMDY 释放→KMXQ 释放，切换时间到→KMJY 吸合→KMDY 吸合，进入运行状态。

表 7-15　　扶梯曳引机起动 QRPLC 控制输入输出点分配

<table>
<tr><th colspan="3">输入信号</th><th colspan="3">输出信号</th></tr>
<tr><th>输入点</th><th>电器代号</th><th>电器名称</th><th>输出点</th><th>电器代号</th><th>电器名称</th></tr>
<tr><td>X06</td><td>SQ7</td><td>上部乘客检测传感器</td><td>Y02</td><td>KMDY</td><td>电源接触器</td></tr>
<tr><td>X07</td><td>SQ8</td><td>下部乘客检测传感器</td><td>Y04</td><td>KMS</td><td>上行接触器</td></tr>
<tr><td>X10</td><td>SBTD、SBTX</td><td>检修/自动方式，停止按钮</td><td>Y05</td><td>KNX</td><td>下行接触器</td></tr>
<tr><td>X11</td><td rowspan="2">SAJX、SAQ1</td><td>上行起动</td><td>Y06</td><td>KMJY</td><td>三角形运行接触器</td></tr>
<tr><td>X12</td><td>下行起动</td><td>Y07</td><td>KMXQ</td><td>星形起动接触器</td></tr>
<tr><td>X13</td><td>KMDY</td><td>电源接触器释放</td><td>Y10</td><td>KMBF</td><td>附加制动器</td></tr>
<tr><td>X14</td><td>KMS、KMX</td><td>上行/下行接触器释放</td><td>Y11</td><td>KMB</td><td>工作制动器</td></tr>
<tr><td>X15</td><td>KMJY</td><td>角形接触器释放</td><td>Y15</td><td>KHA</td><td>警铃</td></tr>
<tr><td>X16</td><td rowspan="2">SLZD、SLFZ</td><td>工作制动器与附加制动器制动</td><td></td><td></td><td></td></tr>
<tr><td>X17</td><td>工作制动器与附加制动器松开</td><td></td><td></td><td></td></tr>
</table>

在自动运行过程中，若 1min 内没有客人乘扶梯，即 SQ7（下行是 SQ8）保持常态 1min，那么扶梯就进入零速待机状态，即 KMDY、KMJY、KMB、KMBF 相继释放。不管是上部或下部通道有客人进入扶梯，扶梯自动起动进入运行状态，即 KMXQ 吸合→KMBF 吸合→KMB 吸合→KMDY 吸合→进入起动状态，起动时间到进入切换状态→KMDY 释放→KMXQ 释放，切换时间到→KMJY 吸合→KMDY 吸合。

在运行过程中，若停止按钮 SBTS 或 SBTX 被按下，扶梯正常停机。若安全回路中的安全开关动作断开，即 KJC 释放，则扶梯紧急停机。

7.10.3 PLC 输入输出状态分析

设 PLC 输入或输出端指示灯点亮为 1，熄灭为 0，即 PLC 外部接线端子上的触头闭合为 1，断开为 0；继电器释放为 0，吸合为 1。电动机星形起动时间使用 PLC 内部的虚拟定时器 T10，时间

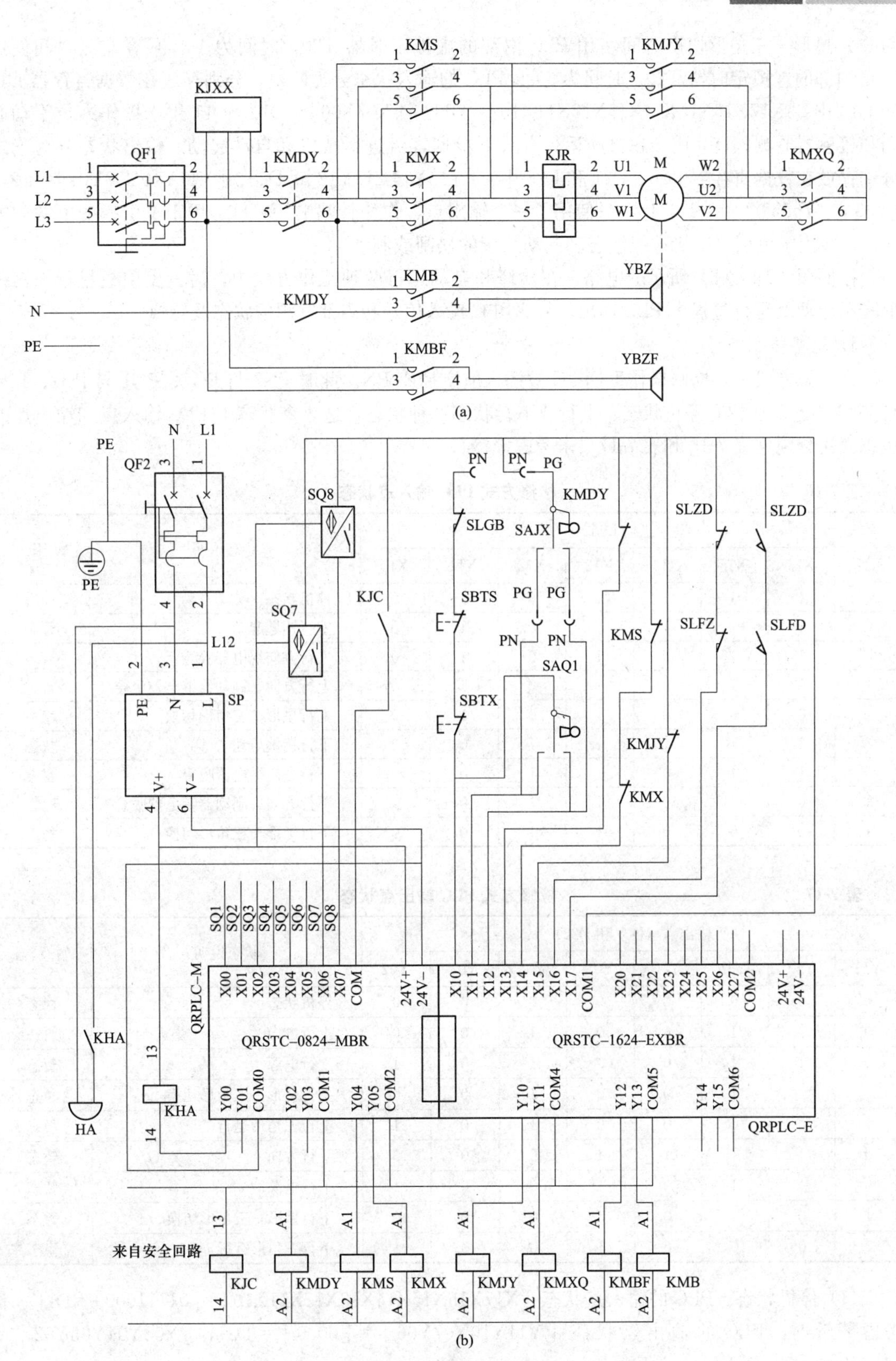

图 7-125 扶梯曳引电动机起动 QRPLC 控制电路

(a) 主电路；(b) QRPLC 控制电路

为6s；星形—三角形切换时间使用PLC内部的虚拟定时器T20，时间为1s，乘客监测时间使用PLC内部的虚拟定时器T30，时间为60s。PLC的输入状态分为两组，分别存放在数据寄存器D11和D10中：[X17X16X15X14X13X12X11X10]＝D11、[X07X06]＝D10。D11用于操作人员手动起动和接触器监测；D10用于在自动运行方式下根据客流进行待机和自动起动。输出状态分为三组分别存放在数据寄存器D20、D21和D22中：[Y15Y14Y13Y12]＝D20、[Y11Y10Y07Y06]＝D21、[Y05Y04Y03Y02]＝D22。D20只使用了一个输出点，作警铃鸣响用；D21用于曳引机的电源和方向，D22用于曳引机电机接线组态和制动系统的松闸或制动。

按照图7-125（b）所示的电路，在检修和自动运行两种工作方式中，讨论曳引机星形—三角形降压起动及运行过程中PLC输出信号、PLC输入信号和内部资源的状态及转换。

1. 检修方式

在检修方式下，检修操作手柄PG被插入航空插座PN。此时PN7与PG7、PN1与PG1、PN3与PG3相连。扶梯有停止状态、上行或下行状态3种状态，这3个状态下PLC输入点和输出点的状态变化分别见表7-16和表7-17（未考虑警铃）。

表7-16　　检修方式PLC输入点状态

输入点（D11）								状态说明	暂/稳态
X17	X16	X15	X14	X13	X12	X11	X10		
0	1	1	1	1	0	0	0	停机状态	稳态
0	1	1	1	1	0	1	0	上行钥匙起动	暂态
0	1	1	0	1	0	1	0	上行方向继电器吸合	暂态
1	0	1	0	1	0	1	0	上行方向、制动器继电器吸合	暂态
1	0	0	0	1	0	1	0	上行星形—三角形切换	稳态
0	1	1	1	1	1	0	0	下行钥匙启动	暂态
0	1	1	0	1	1	0	0	下行方向继电器吸合	暂态
1	0	1	0	1	1	0	0	下行方向、制动器继电器吸合	暂态
1	0	0	0	1	1	0	0	下行星形—三角形切换	稳态

表7-17　　检修方式PLC输出点状态

输出点（D21和D22）								状态说明	暂/稳态
Y11	Y10	Y07	Y06	Y05	Y04	Y03	Y02		
0	0	0	0	0	0	0	0	停机状态	稳态
0	0	1	0	0	1	0	0	上行方向	暂态
0	1	1	0	0	1	0	1	上行电源	暂态
1	0	1	0	0	1	0	0	上行星形—三角形切换	暂态
1	0	0	0	0	1	0	1	上行三角形运行	稳态
0	1	1	1	1	0	0	0	下行方向	暂态
0	1	1	0	1	0	0	1	下行电源	暂态
1	0	1	0	1	0	0	0	下行星形—三角形切换	暂态
1	0	0	0	1	0	0	1	下行三角形运行	稳态

（1）停机状态。PLC的输入点状态[X17X16X15X14X13X12X11X10]＝[01111000]＝D11。不考虑警铃时，PLC的输出点状态[Y11Y10Y07Y06]＝[0000]＝D21，[Y05Y04Y03Y02]＝[00000]＝D22。

（2）上行状态。钥匙开关SAJX打在上行一侧，PLC输入点的状态为D11＝[01111010]。起动过程中 PLC 输出点状态从停机的稳定状态 D21=[0000] 和 D22=[0000]，转换至上行状态 D21=[1000] 和 D22=[0101]。相应地 PLC 输入点跟随着从 D11=[01111010] 变化至 D11=[10001010]。

(3) 下行状态。钥匙开关 SAJX 打在下行一侧，PLC 输入点状态 D11=[01111100]。起动过程中 PLC 输出点状态从停机的稳定状态 D21=[0000] 和 D22=[0000]，转换至下行状态 D21=[1000] 和 D22 [1001]。相应地 PLC 输入点跟随着从 D11=[01111100] 变化至 D11=[10001100]。

结合图 7-125 (b) 和表 7-15 可以得到，在检修方式下曳引电动机星形—三角形起动过程中 PLC 输入和输出点的状态转换图如图 7-126 所示。

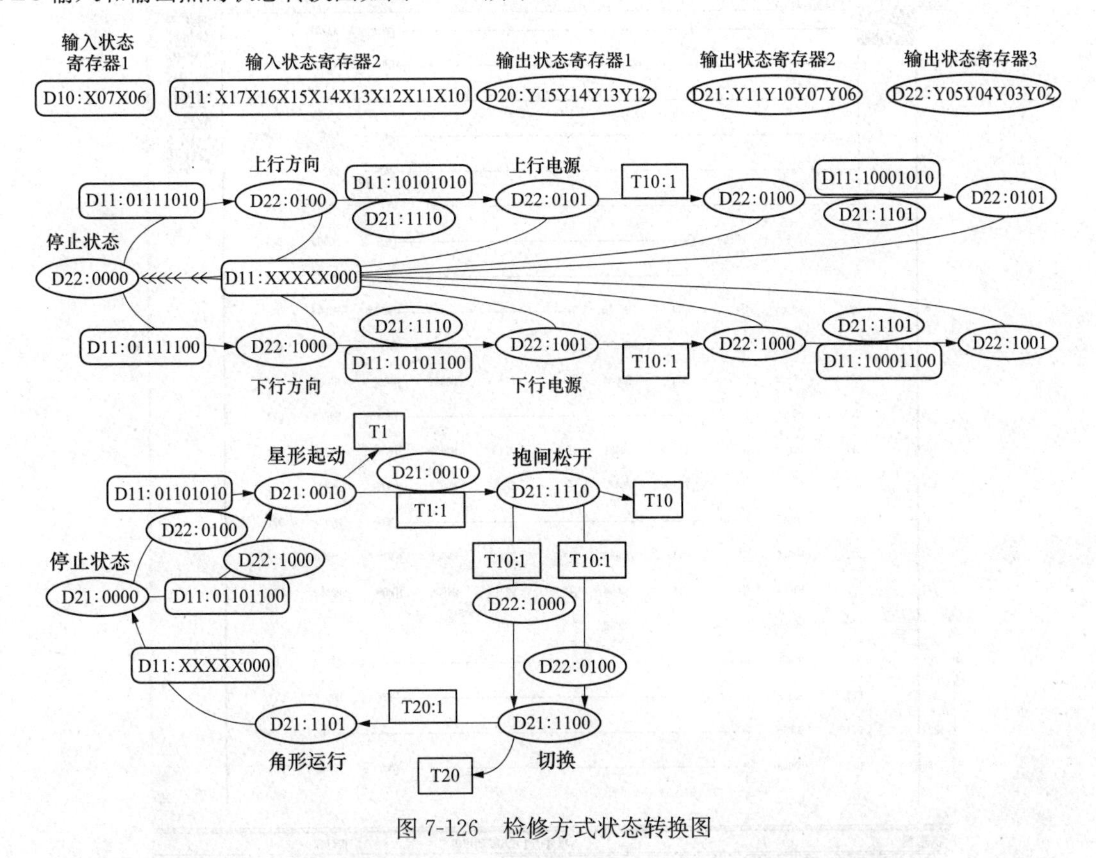

图 7-126 检修方式状态转换图

2. 自动方式

在自动方式下，自动操作航空插头 PG 被插入航空插座 PN。此时通过外插的航空插头 PG，使 PN5 与 PN7 相连。扶梯有停止状态、上行或下行状态、上行或下行待机状态。在自动方式下，停机过程有两种，一是正常停机，图 7-125 (b) 中 SBTS 或 SBTX 按钮等被按下（或断开），即输入点 X10 从 ON 变为 OFF，此时输出接触器将分时释放；二是急停，图 7-125 (b) 中 KJC 释放，即不管 PLC 的所有输入点处在哪个状态都变为 OFF，此时输出接触器立刻同时释放。

参考检修方式，可以得到类似表 7-16 和表 7-17 的自动方式下的 QRPLC 输入输出点的状态。

7.10.4 控制梯形图编制

PLC 输入点 X17～X10 和 X07X06 的状态存分别放在数据寄存器 D11 和 D10 中，输出点 Y15～Y12、Y11～Y06 和 Y05～Y02 的状态信息分别存放在数据寄存器 D20、D21 和 D22 中。将输入点的状态作为输出点状态的转换条件，并考虑输入点或输出点状态对内部虚拟元件的触发，从而改变输出点或输入点状态的影响，这样就可以方便地编制出正反转星形—三角形切换起动梯形图。用三菱编程软件 FXGPWIN. EXE，在初始界面上新建一个 PLC 类型为“FX1N”的文件。依据图 7-126 所示检修方式状态转换图，逐行录入梯形图，最后用“END”结束。录入完毕后点击“转换”按钮进行转换，完成后将文件命名为“扶梯星角 . PMW”并保存。检修方式的部分梯形图如图 7-127 所示。

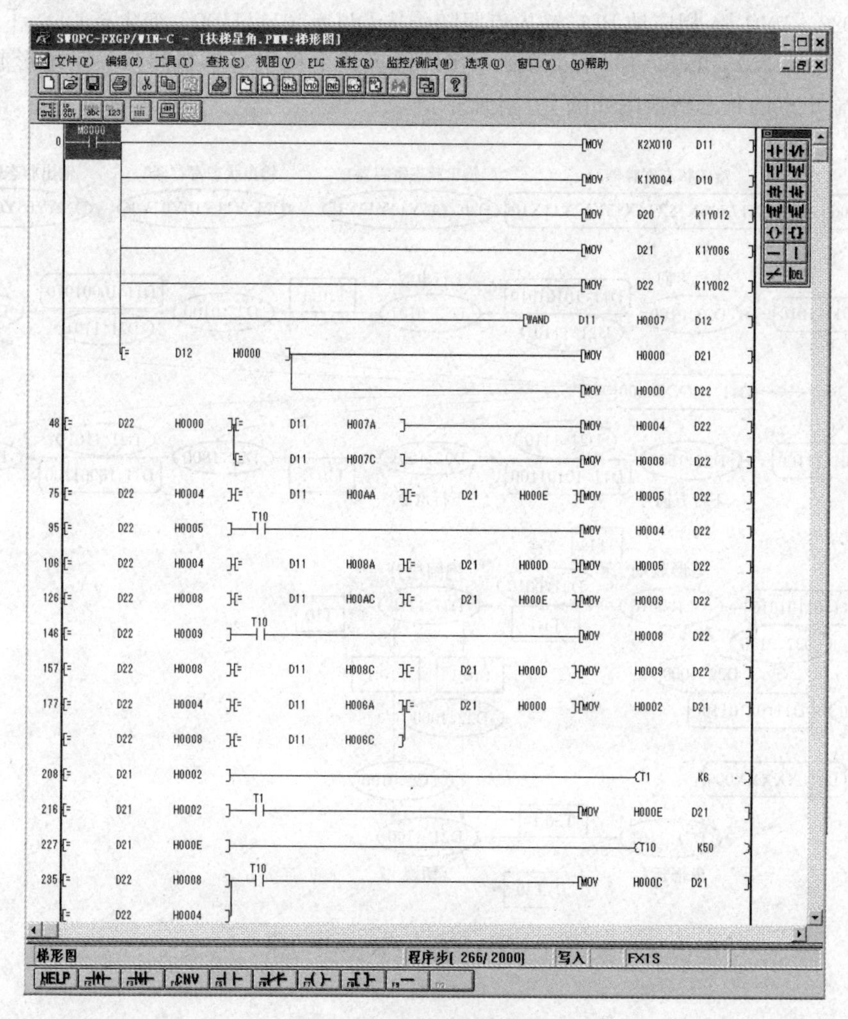

图 7-127　检修方式梯形图

7.10.5　实验验证

运行 FX1N 转换软件“PMW-HEX-V3. 0. exe”，设置转换参数，参数设置界面如图 7-128 所示，点击按钮“保存设置”，再点击“打开 PMW 文件”按钮，选中录入并保存为名为“扶梯星角”的 . PMW 文件，将梯形图程序转换成“fx1n. hex”文件。为方便记忆，将转换得到的文件“fx1n. hex”改名为“扶梯星角 . hex”。

此处仅进行功能性验证，图 7-125（a）的主电路图没有连接，只对图 7-125（b）所示的二次电路进行实验验证。按照图 7-125（b）所示的扶梯曳引机 PLC 控制电路图进行接线。并将图 7-127 所示程序下载到 PLC 中。实验验证，PLC 输出各点动作正确、可靠，符合设计要求。通过在线监控 PLC 的程序状态，在检修方式下的监控界面如图 7-129 所示。

三菱PMW文件转51(HEX)软件

芯片选择　支持指令　关于 V3.0版

P0.0 X10	P1.0 X20	P2.0 X7	P3.0	P4.0	P5.0
P0.1 X11	P1.1 X21	P2.1 X6	P3.1	P4.1	P5.1
P0.2 X12	P1.2 X22	P2.2 X5	P3.2 Y0	P4.2	P5.2
P0.3 X13	P1.3 X23	P2.3 X4	P3.3 Y1	P4.3	P5.3
P0.4 X14	P1.4 X24	P2.4 X3	P3.4 Y2	P4.4 Y10	
P0.5 X15	P1.5 X25	P2.5 X2	P3.5 Y3	P4.5 Y11	
P0.6 X16	P1.6 X26	P2.6 X1	P3.6 Y4	P4.6 Y12	
P0.7 X17	P1.7 X27	P2.7 X0	P3.7 Y5	P4.7 Y13	

打开PMW文件

422或232通信时，下面设置为空格

MODBUS通信　三菱通信　无通信

PLC站地址 1

只适用于RAM>=768的单片机

位元件地址

X0地址0X 0,以此递增

Y0地址1X 100以此递增

M0-M247地址0X 500-747

T0-T59位地址0X 300-359

C0-C75位地址0X 400-475

寄存器元件地址

D0-D8000地址4X 0-8000

滤波系数 0至7　5

MODBUS主站

MODBUS从站

波特率 9600

保存设置

DAC0 P4.2　DAC1 P4.3

使用7219数码管驱动　DIN=P　LOAD=P　CLK=P　485EN=P

晶震频率(/MHZ) 11.0592

通信功能必须用11.0592整数倍

时间修正参数 1600

适当增减该参数，值越大，定时越长。

当D8=0 时　数码管显示T0的

当D8=1或11(32位) 时　数码管显示C0的值

当D8=2或12(32位) 时　数码管显示D13的值

输出用于proteus仿真格式打钩，下载到单片机实验时去掉这个钩，并保存设置

外接24C16,以下　SCK=P　Y输出高电平有效

外接24C32,24C64,24C128,24C256,24C512　SDA=P

使用STC内部EEPROM　使用FM24CXX系列铁电存储器

STC12C54/56　STC89C54/55/58　STC11/10/12C5A

RAM=768 如STC12C5630AD（不能在线监控）　RAM=1280 如STC12C5A60S2(可在线监控)

ADC0 P1.0　ADC1 P1.1　ADC2 P1.2　ADC3 P1.3　ADC4 P1.4　ADC5 P1.5　ADC6 P1.6　ADC7 P1.7

图 7-128　自动扶梯梯形图转换参数

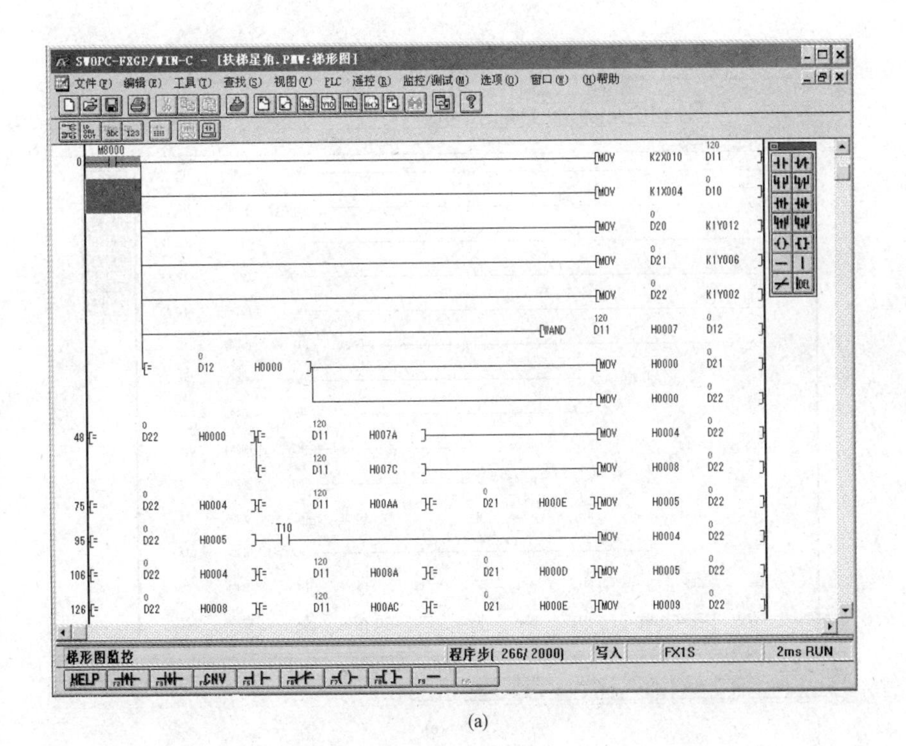

(a)

图 7-129　状态法起动监控界面

(a) 停止状态

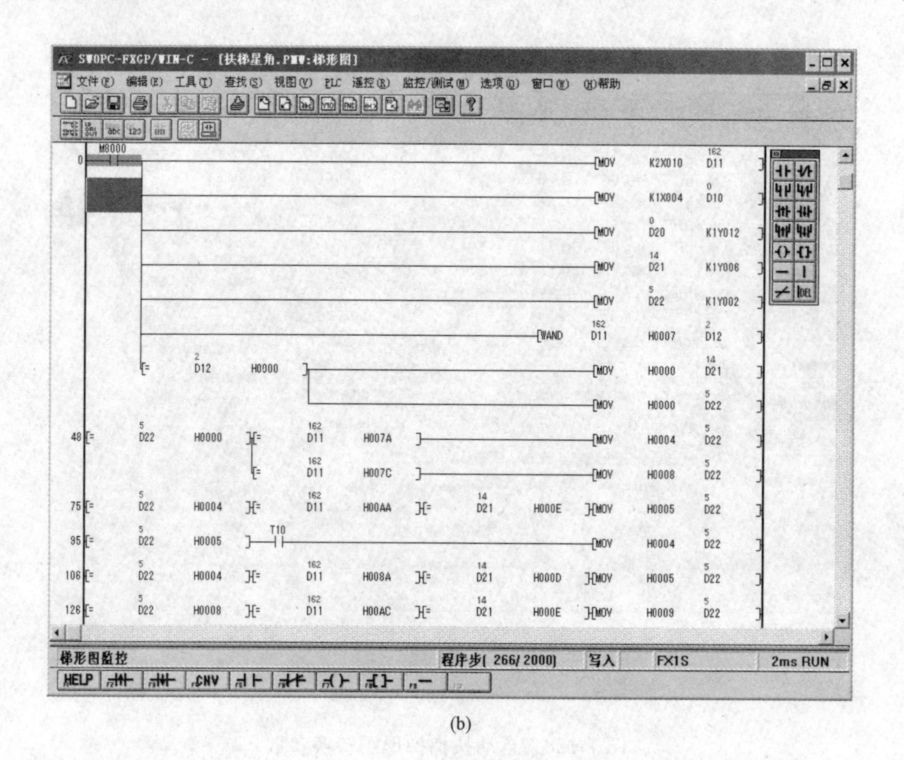

(b)

SWOPC-FXGP/WIN-C - [扶梯星角.PMW:梯形图]
文件(F) 编辑(E) 工具(T) 查找(S) 视图(V) PLC 遥控(R) 监控/测试(M) 选项(O) 窗口(W) (H)帮助
M8000
0 MOV K2X010 D11
MOV K1X004 D10
MOV D20 K1Y012
MOV D21 K1Y006
MOV D22 K1Y002
WAND D11 H0007 D12
= D12 H0000 MOV H0000 D21
MOV H0000 D22
48 = D22 H0000 = D11 H007A MOV H0004 D22
= D11 H007C MOV H0008 D22
75 = D22 H0004 = D11 H00AA = D21 H000E MOV H0005 D22
95 = D22 H0005 T10 MOV H0004 D22
106 = D22 H0004 = D11 H008A = D21 H000D MOV H0005 D22
126 = D22 H0008 = D11 H00AC = D21 H000E MOV H0009 D22
梯形图监控 程序步[266/ 2000] 写入 FX1S 2ms RUN
HELP

(c)

图 7-129 状态法起动监控界面（续）

(b) 正转星形起动；(c) 星形—三角形切换

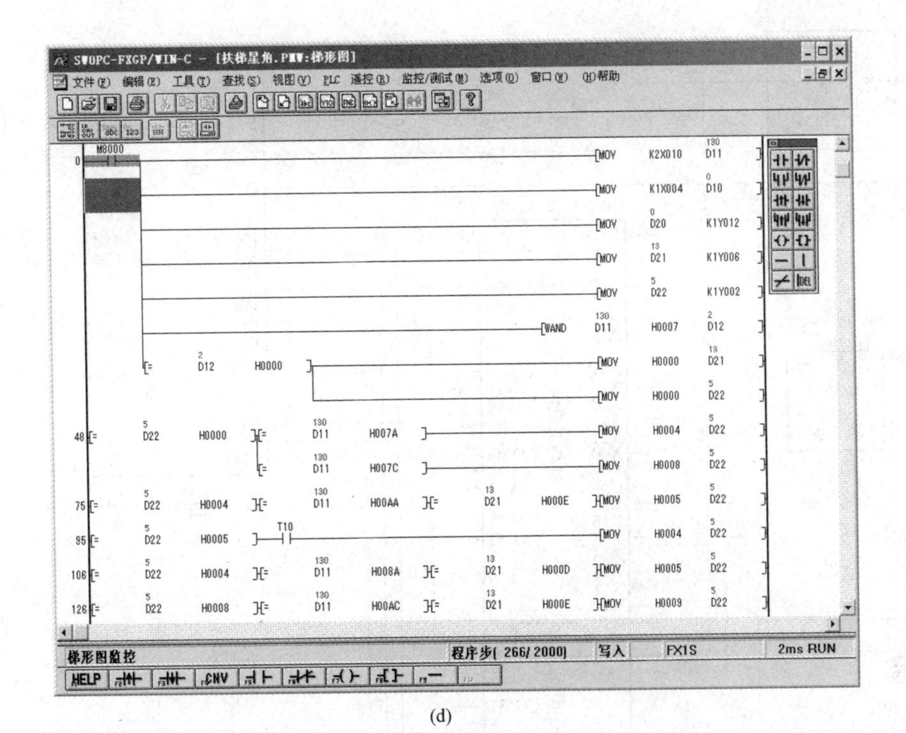

(d)

图 7-129 状态法起动监控界面（续）

(d) 三角形运行

7.11 变频器准无级调速控制

变频器广泛使用在需要调速的笼型三相异步电动机拖动中，7.9 介绍了变频器多段速的有级调速，但在某些场所需要进行连续的无级调速。变频器的调速控制方式通常有面板调节、电压调节、电流调节和网络变量调节几种。本节介绍一种采用板式 PLC 通过按钮进行的准无级调节速度方法，该方法设置有两个操作按钮，分别用于加速和减速，每按一次按钮便会使变频器速度增加或减少，若按住按钮不放约 3s 后变频器便连续升速或降速，释放按钮速度增加或减少就停止，每次增加或减少速度的量可在梯形图中设定。

7.11.1 准无级调速控制电路原理

采用板式 PLC 用按钮对 LG 变频器 iG5 进行正/反转准无级调速，需要的输入信号有正转、反转、速度增加、速度降低以及变频器故障开关量信号，若需要对变频器运行频率进行监视，还需要一路模拟电压量输入。输出信号有一路模拟电压量输出、一路变频器电源接触器、一路信号指示。板式 PLC 的配置是 QRPLC-0824MBR 和一块 QRPLC-EXDA 扩展板，其电路原理图如图 7-130 所示，输入、输出信号资源分配和功能见表 7-18。

7.11.2 控制功能

正/反转选择开关 SA 打在 X00 端为正转，指示灯 LX0 点亮，此时输出信号指示灯 LY02 点亮、输出 Y02 使接触器 KM1 吸合，输出信号 Y00 有效；正/反转选择开关 SA 打在 X01 端为反转，指示灯 LX1 点亮，此时输出 Y02 使接触器 KM1 吸合，输出信号 Y01 有效。

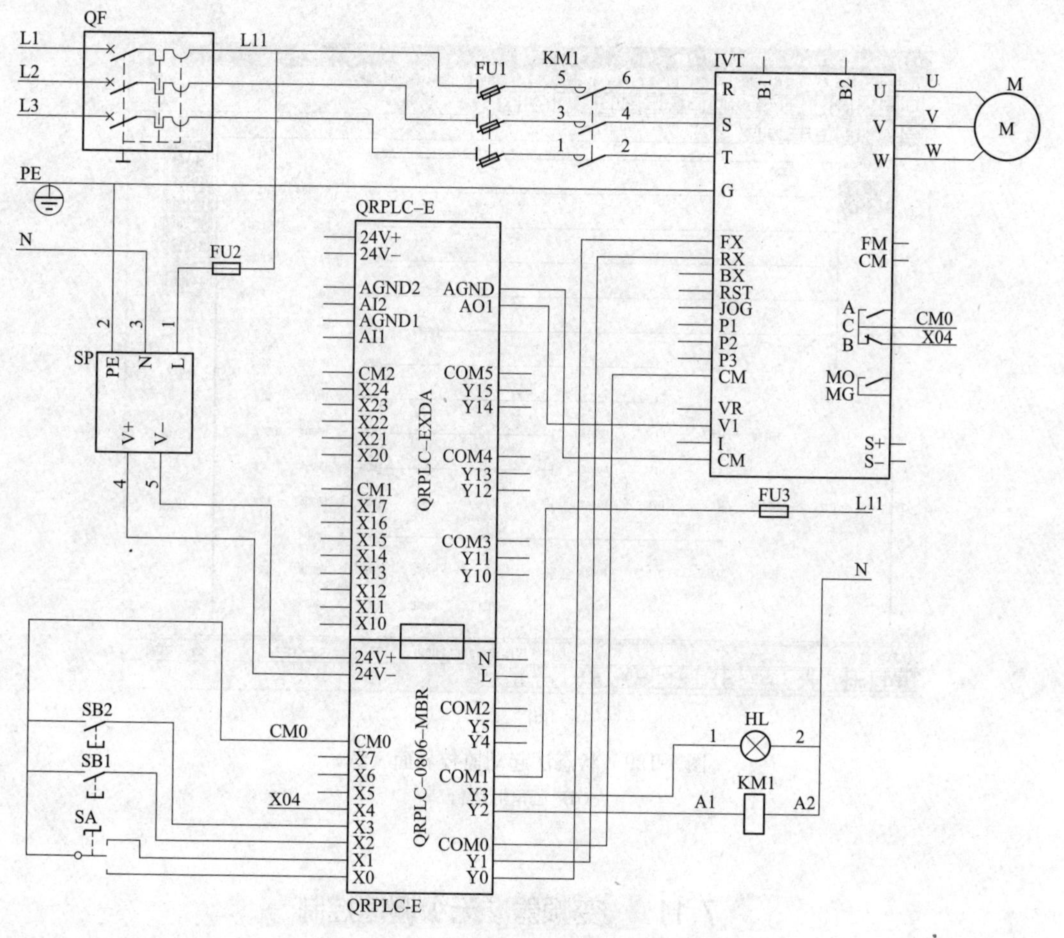

图 7-130　变频器准无级调速电路原理图

表 7-18　　　　　　输入/输出信号资源及功能

元件代码	功能	资源		元件代码	功能	资源	
输入信号							
SA	正转按钮	X00	P2.7	SB2	降速按钮	X03	P2.4
	反转按钮	X01	P2.6	IVT_BC	变频器故障	X04	P2.3
SB1	升速按钮	X02	P2.5				
输出信号							
IVT_FX	正转	Y00	P3.2	HL	报警指示	Y03	P3.5
IVT_RX	反转	Y01	P3.3	IVT_VI	给定电压	AO1	P1.3
KM1	变频器电源	Y02	P3.4				

变频器在电源接触器 KM1 吸合、信号 Y00（变频器 FX）或 Y01（变频器 RX）有效的情况下，可通过操作按钮 SB1 或 SB2 来增加或减少输出模拟电压的大小，从而调节电动机 M 的速度。正/反转选择开关 SA 打在中间位置时，所有输出信号释放、输出模拟电压信号 AO1 为 0。

每按一次按钮使变频器速度增加或减少，若按住按钮不放约 3s 后变频器便连续升速或降速，释放按钮速度增加或减少就停止，每次增加或减少速度的量可在梯形图中设定。

变频器出现故障时，报警指示灯 HL 闪烁、且调节速度的输出电压归零。

7.11.3　梯形图设计

三菱编程软件 FXGPWIN.EXE 中设计控制梯形图，按功能要求设计的梯形图如图 7-131 所示，文件名为“按钮无级.PMW”。图7-131中第12行加速梯形图[ADD D18 K2 D18]中的寄存器D18内容为速度给定值，K2为速度上升步长；减速梯形图[SUB D18 K2 D18]中，K2为速度下降步长。连续加速梯形图[ADD D18 K6 D18]中，K6为速度上升步长；减速梯形图[SUB D18 K6 D18]中，K6为速度下降步长。步长可根据现场情况做调整，若需更细的步长可把转换参数中AD转换设定为10位，并把梯形图中有关数值做相应改动。

在使用沿触发梯形图时有一点需要注意的是，转换软件要求沿触发梯形图应在对应驱动线圈的梯形图后使用才有效，即图7-131中的M5沿触发触点应在(M5)后面使用。

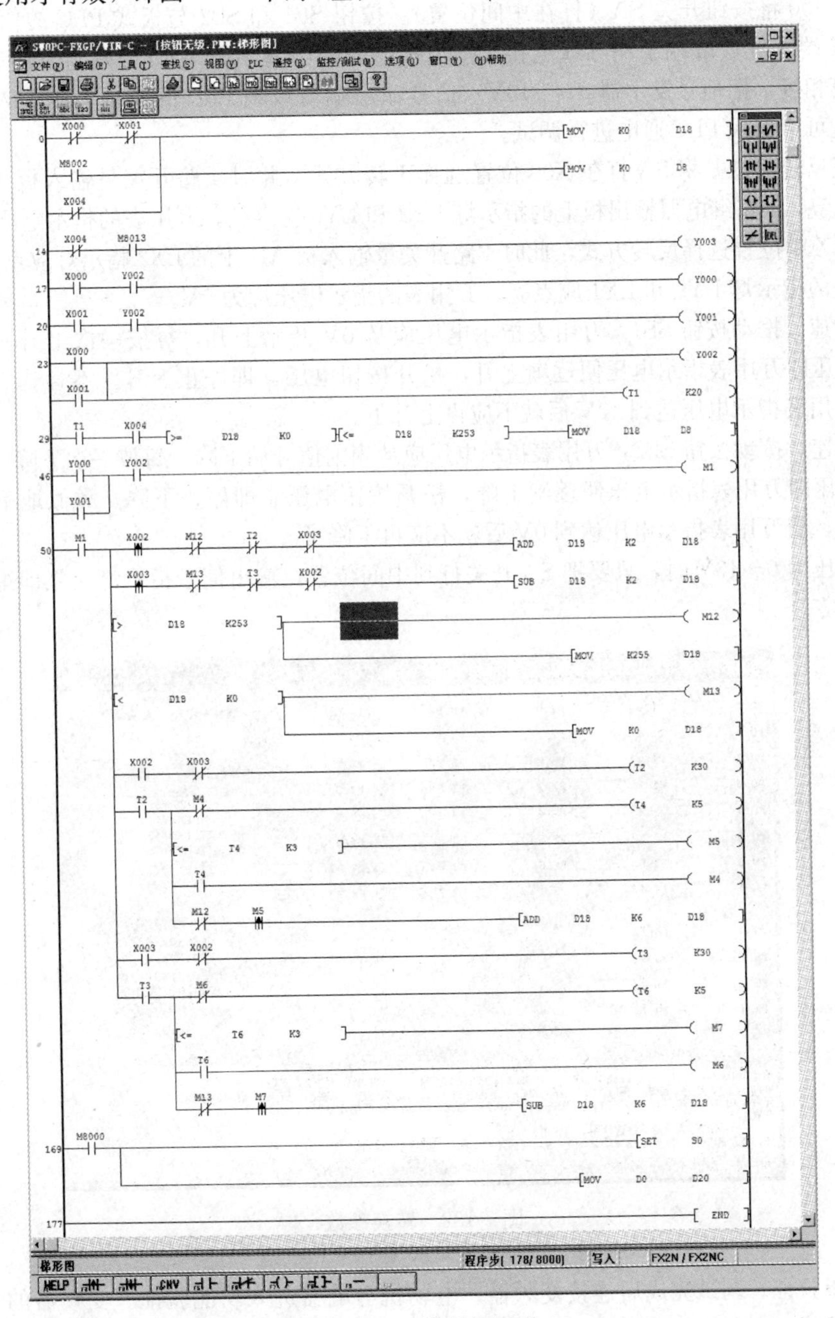

图7-131 控制梯形图

7.11.4 调试与验证

用 FX_{2N} 型梯形图转换软件，即梯形图转单片机 HEX 正式 V1.43Bate12.exe 将图 7-131 所示的梯形图转换成单片机可执行的代码文件，本例用的是 STC12C5A60S2 单片机，转换参数设置如图 7-132 所示。转换完成后点击“STC 烧录软件”按钮将得到的代码烧录到单片机中。

为了观察板式 PLC 的运行状态，需要用 GXDeveloper 编程软件将 FXGP（WIN）格式的文件读入进行监控。

按图 7-130 将按钮开关 SA（打在中间位置）、按钮 SB1 和 SB2 与板式 PLC 的信号输入连接，暂时把 X04 端子与 com 端子用导线连接，把模拟电压输出的端子 AVo 分别与万用表（10V 电压挡）的表笔相接，把信号发生器（0～10V）信号输出端与板式 PLC 的模拟电压输入端子 AVi 相连。完毕就可给板式 PLC 通电进行调试。

（1）正反转调试。将 SA 打在 X00 位置选择正转方式，此时 4 路开关量输入板 AI1 上的 LX3 指示灯应点亮，4 路继电器输出板上的指示灯 LY2 和 LY0 应点亮。万用表的指示电压应为 0V。再将 SA 打在 X01 位置选择反转方式，此时 4 路开关量输入板 AI1 上的 LX2 指示灯应点亮，4 路继电器输出板上的指示灯 LY2 和 LY1 应点亮。万用表的指示电压应为 0V。

（2）增速。按动按钮 SB1，万用表指示电压应从 0V 开始上升，每按一次上升一点。按住约 3s，输出电压即万用表指示电压便逐渐上升，松开按钮电压立即停止上升。不管是点按还是长按按钮，当万用表指示电压达到 10V 后就不应再上升了。

（3）减速。按动按钮 SB2，万用表指示电压应从当前值开始下降，每按一次下降一点。按住约 3s，输出电压即万用表指示电压便逐渐下降，松开按钮电压立即停止下降。类似地不管是点按还是长按按钮，当万用表指示电压达到 0V 后就不应再下降了。

输出电压为 0～10V 时，只要把 SA 开关打到中间位置，输出信号指示灯应立即熄灭，万用表上的电压归零。

图 7-132 转换参数

（4）功能验证。调试完成后连接变频器、电动机等电器进入功能验证。变频器的参数设置应根据电动机铭牌和变频器使用手册进行。将变频器的运行模式设置为端子控制、频率模式设置为电压、频率计输出设置为电压等，验证内容参照功能要求和调试过程。

在输出给定电压为10V时，实测电动机的转速是1495r/min，监控界面如图7-133所示。

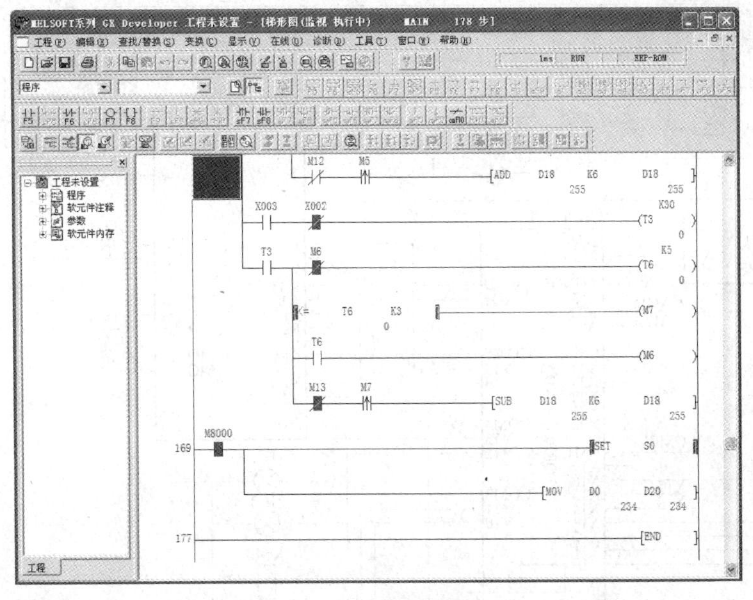

图7-133 监控状态

用按钮增减板式PLC模拟电压输出量来调节变频器的输出频率，从而控制电动机的转速。虽然同样使用电压控制频率模式，但使用按钮控制有别于采用电位器的传统电压控制方式，当控制地与控制柜存在一定距离时不会因干扰而出现速度扰动，是一种远近控制都适宜的变频器调节速度方法。

7.12 电动机变频/工频运行控制

变频器驱动电动机的场合除了用到有级或无级调速外，有时还需要进行变频与工频运行间切换。本节采用QRPLC-0606-MT和QRPLC-EXDA控制板各1块组成变频或工频运行控制，设计有工频运行和变频运行两种方式。工频方式下按下起动按钮电动机全压起动进行运转状态。变频方式下按下起动按钮电动机进入运行状态，通过升频按钮或降频按钮调节电动机的运转速度，当电动机转速达到设定值（接近额定转速的一个值）运行10s后自动转入工频运转；在变频方式工频运行状态下，按动降频按钮电动机就返回到变频运转。当运行方式选择开关处在中间位置时，电动机为停止状态，不管是工频还是变频运行状态，控制器的输出接触器都要释放。

7.12.1 控制原理图

根据运行功能要求，QRPLC的输入信号设置有工频和变频、升频和降频、起动5点，输出信号有变频器电源接触器、变频器输出接触器和电动机全压接触器和变频器故障信号，其电路原理图如图7-134所示。当方式选择开关SA打在工频位置时，按下起动按钮SB3，输出接触器KM3吸合，电动机全压起动运行；需要停机时只要将开关SA打回中间位置即可。当方式选择开关SA打在变频位置时，输出接触器KM2和KM1分别吸合，只有按下起动按钮SB3，控制器输出信号Y15动作，变频器进入运行状态。之后按动升频按钮SB1，控制器输出信号电压AO1增加，电动机转速升高；按动降频按钮SB2，控制器输出信号电压AO1减少，电动机转速降低。当电动机转换达到切换设定值稳定运转一定时间（例程中为10s）后开始切换到工频运行，若要退出工频运行返回到变频方式，按动按钮SB2就能使电动机从工频返回到变频方式，需要停止时只要将开关SA打回中间位置即可。

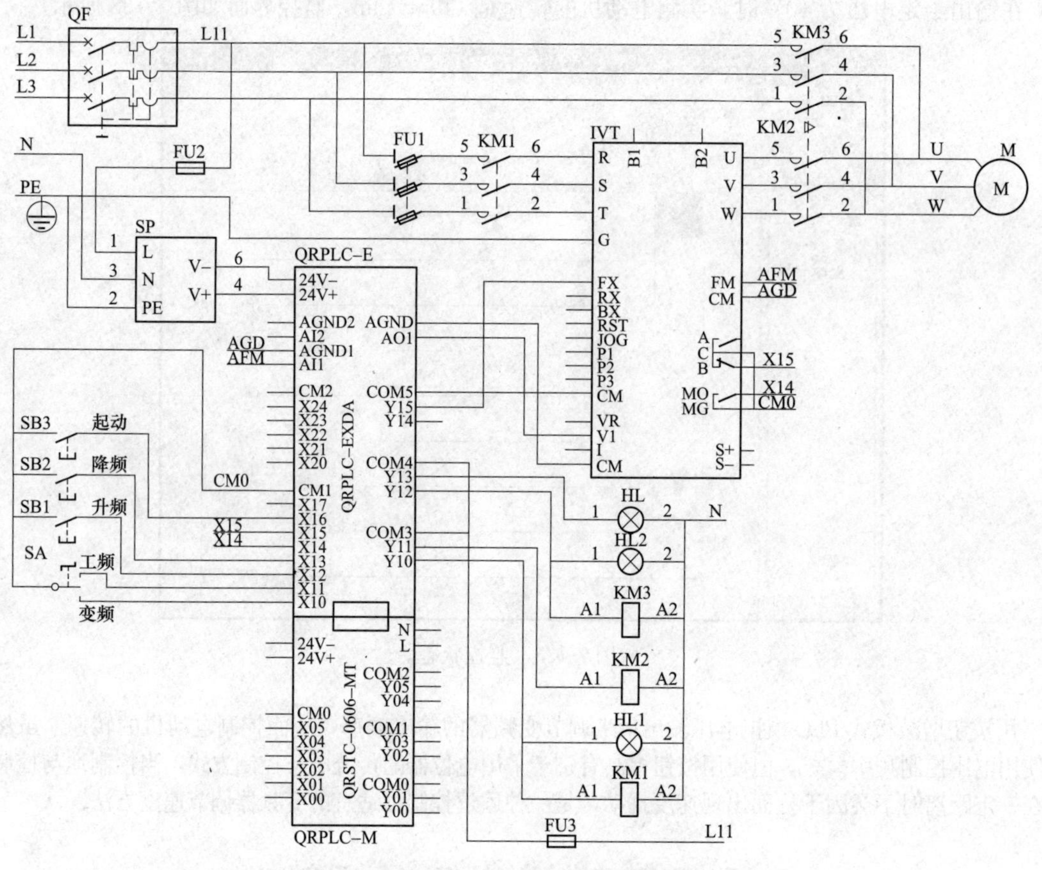

图 7-134　变频/工频运行电路原理图

7.12.2　梯形图设计

工频运行的梯形图如图 7-135（a）所示，图中 X16 为起动按钮信号、X11 为工频运行方式、X10 为变频运行方式、Y11 为变频器输出接触器、T8 为变频转工频信号。变频运行方式下，电动机速度的升降参考图 7-131 所示的梯形图；电动机的运转速度由按钮变频转工频的切换梯形图如图 7-135（b）所示，图中寄存器 D0 是变频器频率输出的电压信号，T7 为起动切换时间。

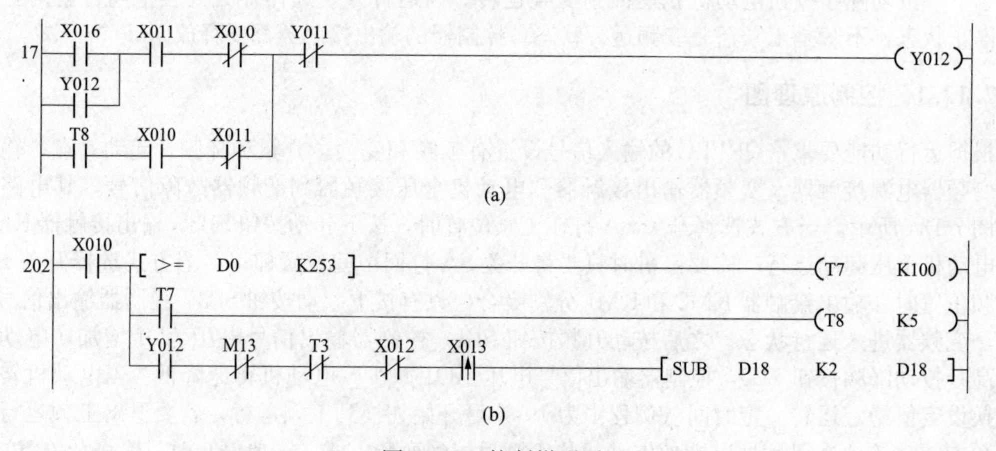

图 7-135　控制梯形图

（a）工频运行；（b）变频转工频切换

7.12.3 调试要点

第1步：调试工频运行方式下的起动和停止操作。

第2步：调试变频方式下的升频和降频操作。

第3步：调试变频方式下的变频与工频切换操作。

在第2步调试过程中暂时先不接电压AFM信号到控制器，需要在变频器输出48Hz频率（50Hz的电动机）时测量变频器输出FM-CM端子间的电压，若超过10V需要在参数中予以调整，使其低于10V。切换操作需要调整的有切换设定值和时间，需要根据实际情况来确定。

变频器的参数设置应根据电动机铭牌和变频器使用手册进行。将变频器的运行模式设置为端子控制、频率模式设置为电压、频率计输出设置为电压等。如采用LG变频器iG5系列，除电动机参数外，参数“DRV-03”设置为1、“DRV-04”设置为2、“I/O-40”设置为2，根据需要调整参数“I/O-41”等，其他参考7.11.4。

7.13 选配型控制板案例集锦

7.1～7.12介绍的应用实例采用的都是固定点的控制板，由于固定点控制板的点数固定，因此使用中有时会存在备用点多的问题，而选配型输入输出点配置比较灵活，但组合后体积较固定点控制板大。虽然可以将MCU板上的通用接口插座改用直脚，使输入输出板立式安装来缩小其所占体积，但给接线带来了不便。本节主要介绍采用选配型控制板的部分案例电气原理图及转换时需要的单片机引脚的资源分配，梯形图可参照前面对应案例。

7.13.1 异步电动机星形—三角形降压起动控制

在三相交流异步电动机不能满足直接起动条件的情况下，通常采用降压起动，而首选的是星形—三角形切换起动。用选配式嵌入式PLC控制板进行电动机星形—三角形降压起动控制时，需要配置QRPLC-MCU-44板1块、QRPLC-4DI开关量输入板2块、QRPLC-4DO-B晶体管输出板2块，选配式控制板进行三相异步电动机正反转的星形—三角形降压起动电路原理图如图7-136所示，图中KJZ、KJF、KJJ、KJX和KJHL为中间继电器（线圈电压24V DC）。控制板上信号功能及资源分配见表7-19。

表7-19　星形—三角形起动选配式控制板资源分配

输入信号							
元件代号	功能	资源		元件代号	功能	资源	
FR	热保护	X00	P1.3	SBZ	正转起动按钮	X03	P1.0
S/Z	手动/自动	X01	P1.2	SB2	反转起动按钮	X04	P0.0
SBT	停止按钮	X02	P1.1	KMX	KMX监测	X05	P0.1
输出信号							
KMZ	正转接触器	Y00	P4.3	KMX	星形接触器	Y03	P4.0
KMF	反转接触器	Y01	P4.2	KJHL	指示灯	Y04	P2.0
KMJ	三角形接触器	Y02	P4.1				

7.13.2 多台异步电动机顺序起停控制

多台异步电动机顺序起停控制采用选配式控制板时，需要配置QRPLC-MCU-44板1块、QRPLC-4DI开关量输入板3块、QRPLC-4DO-B晶体管输出板2块，其电路原理图如图7-137所示，控制板上信号功能及资源分配见表7-20。

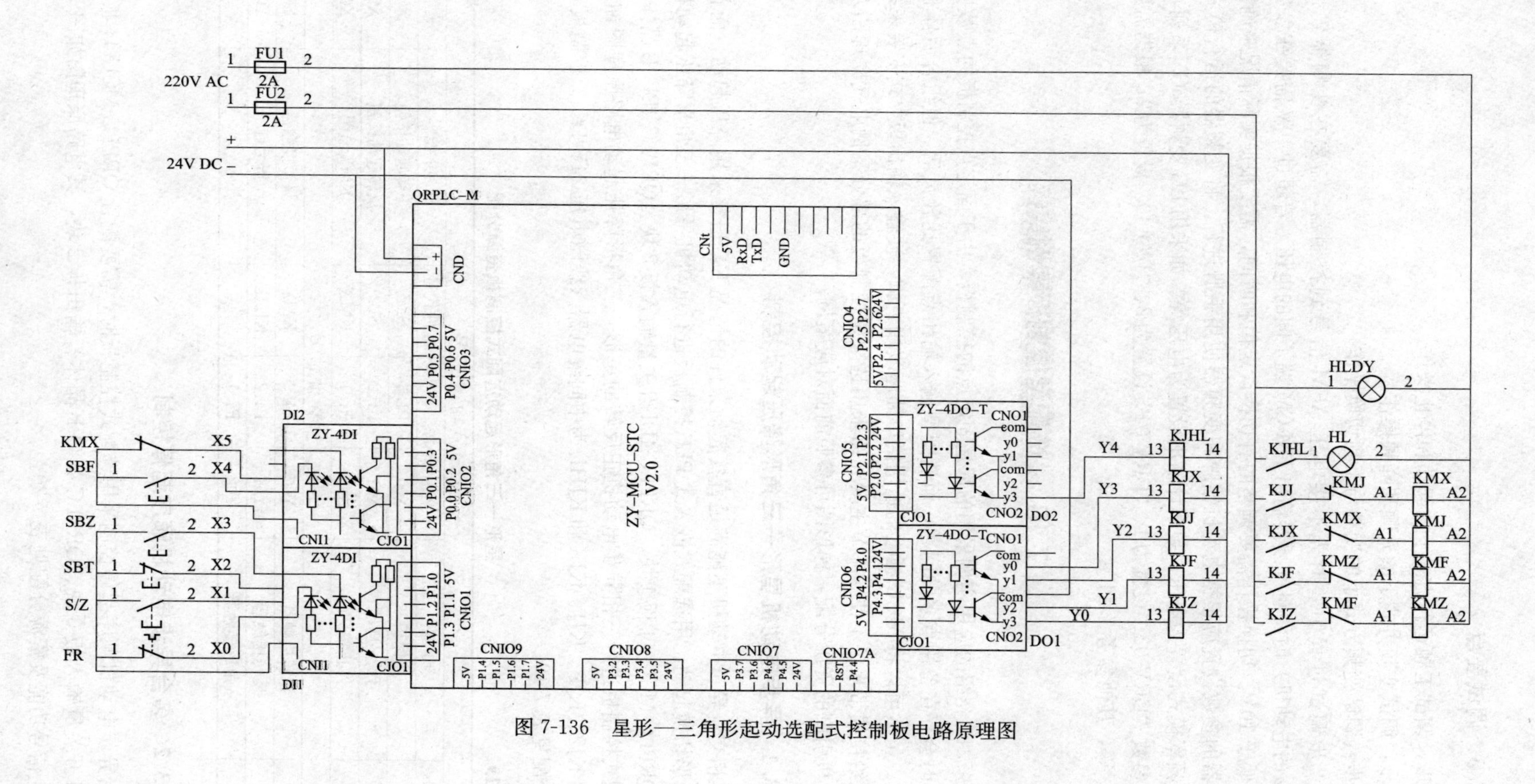

图 7-136　星形—三角形起动选配式控制板电路原理图

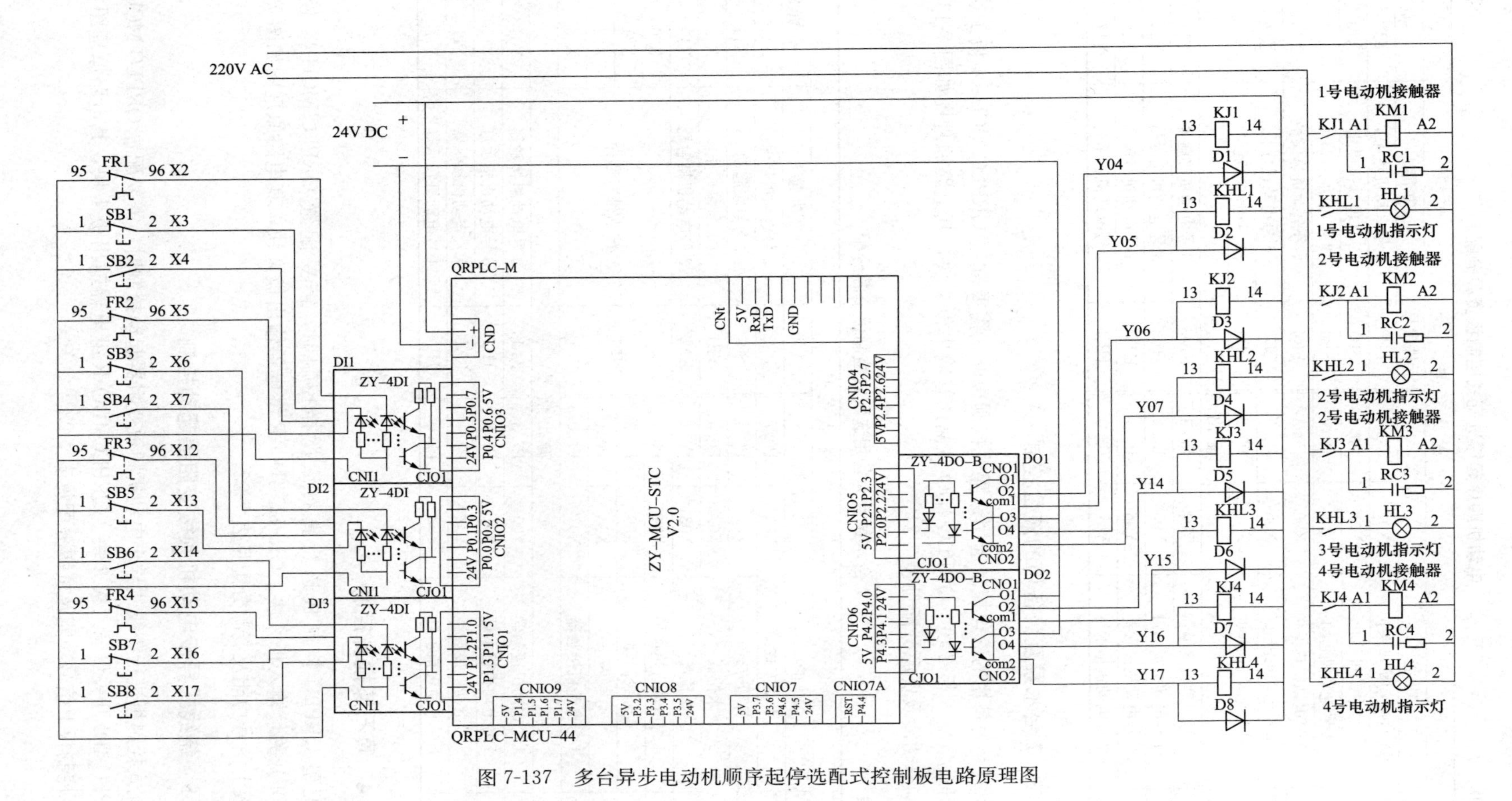

图 7-137 多台异步电动机顺序起停选配式控制板电路原理图

表 7-20　　电动机顺序起停选配式控制板资源分配

元件代号	功 能	资 源		元件代号	功 能	资 源	
输 入 信 号							
FR1	1 号电动机热保护	X02	P0.7	FR3	3 号电动机热保护	X12	P0.1
SB1	1 号电动机停止	X03	P0.6	SB5	3 号电动机停止	X13	P0.0
SB2	1 号电动机起动	X04	P0.5	SB6	3 号电动机起动	X14	P1.0
FR2	2 号电动机热保护	X05	P0.4	FR4	4 号电动机热保护	X15	P1.1
SB3	2 号电动机停止	X06	P0.3	SB7	4 号电动机停止	X16	P1.2
SB4	2 号电动机起动	X07	P0.2	SB8	4 号电动机起动	X17	P1.3
输 出 信 号							
KM1	1 号电动机接触器	Y04	P2.3	KM3	3 号电动机接触器	Y14	P4.0
HL1	1 号电动机指示灯	Y05	P2.2	HL3	3 号电动机指示灯	Y15	P4.1
KM2	2 号电动机接触器	Y06	P2.1	KM4	4 号电动机接触器	Y16	P4.2
HL2	2 号电动机指示灯	Y07	P2.0	HL4	4 号电动机指示灯	Y17	P4.3

7.13.3　2 台水泵互为备用的液位控制

2 台水泵互为备用的液位控制选用选配式控制板时，需要配置 QRPLC-MCU-44 板 1 块、QRPLC-4DI 开关量输入板 2 块、QRPLC-4DO-B 晶体管输出板 2 块，其电路原理图如图 7-138 所示，控制板上信号功能及资源分配见表 7-21。

表 7-21　　2 台水泵互为备用选配式控制板资源分配

元件代号	功 能	资 源		元件代号	功 能	资 源	
输 入 信 号							
SA	手动方式	X00	P0.7	FR2	2 号电动机热保护	X10	P1.0
	自动方式	X01	P0.6	SB3	2 号泵起动	X11	P1.1
SL1	水位低	X02	P0.5	SB4	2 号泵停止	X12	P1.2
SL2	水位高	X03	P0.4	KM2	2 号电动机接触器	X13	P1.3
FR1	1 号电动机热保护	X04	P0.3	JP1	注水排水选择	X20	P1.4
SB1	1 号泵起动	X05	P0.2			X21	P1.5
SB2	1 号泵停止	X06	P0.1			X22	P1.6
KM1	1 号电动机接触器	X07	P0.0			X23	P1.7
输 出 信 号							
KM1	1 号电动机接触器	Y00	P2.3	KM3	3 号电动机接触器	Y04	P4.0
HL1	1 号电动机指示灯	Y01	P2.2	HL3	3 号电动机指示灯	Y10	P4.1
KM2	2 号电动机接触器	Y02	P2.1	KM4	4 号电动机接触器	Y11	P4.2
HL2	2 号电动机指示灯	Y03	P2.0	HL4	4 号电动机指示灯	Y12	P4.3

7.13.4　真石漆搅拌控制

用选配型 QRPLC 控制板进行真石漆搅拌控制时，需要配置 QRPLC-MCU-44 板 1 块、QRPLC-4DI 开关量输入板 3 块、QRPLC-4DO-R 继电器输出板 2 块，其电路原理图如图 7-139 所示，控制板上信号功能及资源分配见表 7-22。

7.13.5　绕线式异步电动机频敏变阻器起动控制

用选配式控制板进行绕线式异步电动机频敏变阻器起动控制时，需要配置 QRPLC-MCU-44 板 1 块、QRPLC-4DI 开关量输入板 2 块、QRPLC-4DO-R 继电器输出板 1 块，其电路原理图如图 7-140 所示，控制板上信号功能及资源分配见表 7-23。

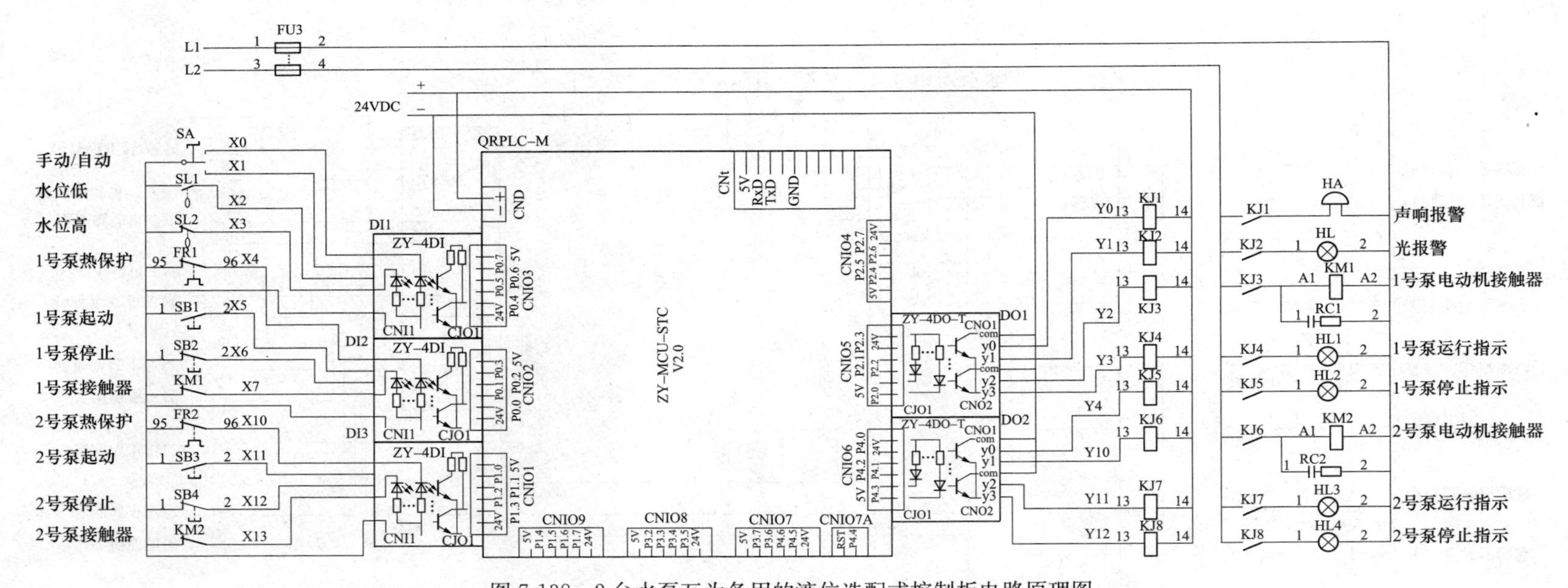

图 7-138 2 台水泵互为备用的液位选配式控制板电路原理图

注 默认方式为注水方式。若需用排水方式，必须断开 KZB-B 板上 CNI06 A 的跳线，并将 SL1 和 SL2 的动断和动合互换。

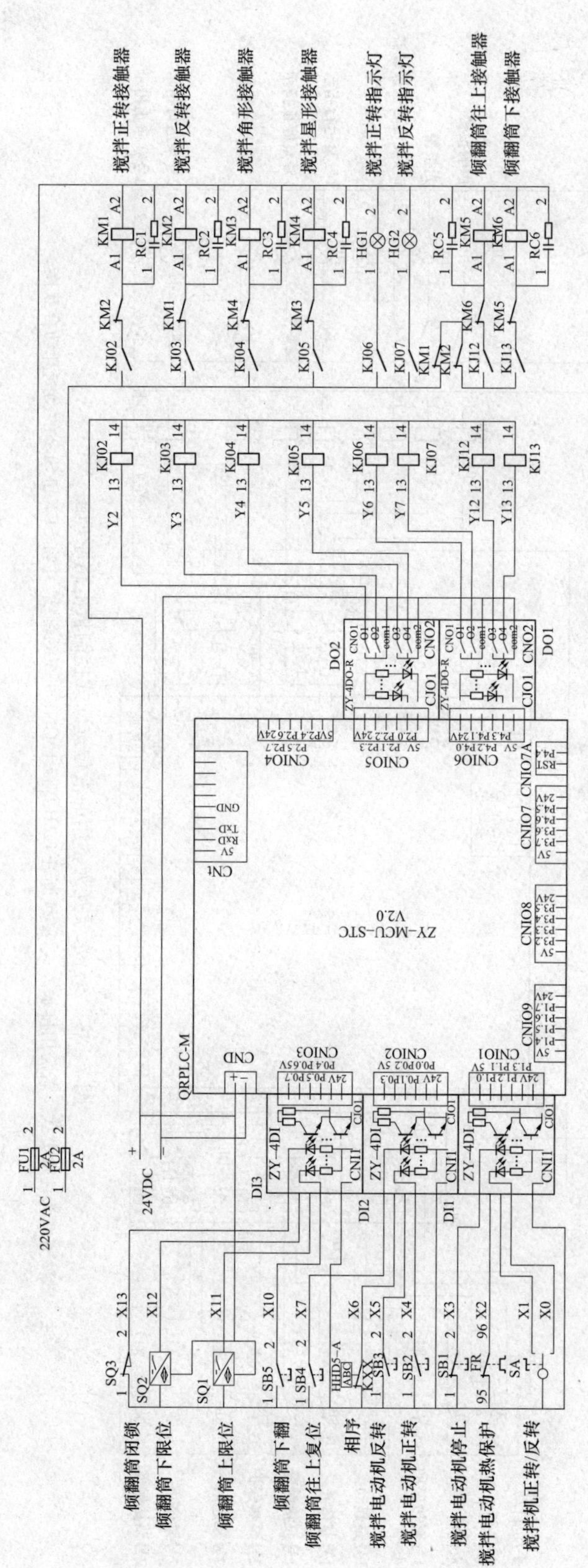

图 7-139 真石漆搅拌选配式控制板电路原理图

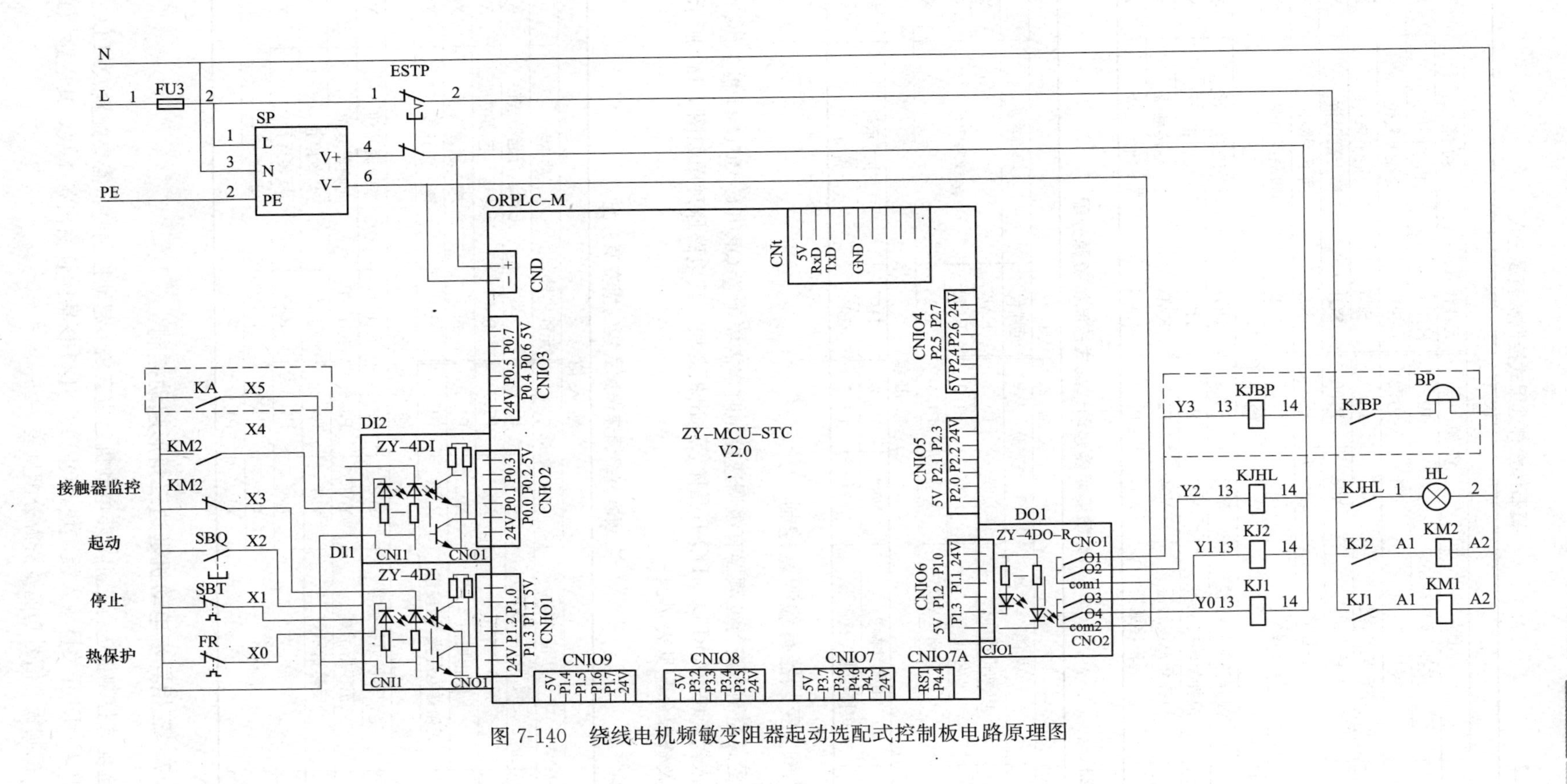

图 7-140 绕线电机频敏变阻器起动选配式控制板电路原理图

表 7-22　　　　真石漆搅拌选配式控制板资源分配

元件代号	功能	资源		元件代号	功能	资源	
输入信号							
SA	搅拌正转	X00	P1.3	HHD5-A	相序保护	X06	P0.2
	搅拌反转	X01	P1.2	SB4	筒往上复位	X07	P0.3
FR	电动机热保护	X02	P1.1	SB5	筒下翻	X10	P0.4
SB1	停止	X03	P1.0	SQ1	筒上翻限位	X11	P0.5
SB2	正转起动	X04	P0.0	SQ2	筒下翻限位	X12	P0.6
SB3	反转起动	X05	P0.1	SQ3	倾翻筒闭锁	X13	P0.7
输出信号							
KM1	搅拌正转接触器	Y02	P2.3	HG1	搅拌正转指示灯	Y06	P4.0
KM2	搅拌反转接触器	Y03	P2.2	HG2	搅拌反转指示灯	Y07	P4.1
KM3	搅拌角形接触器	Y04	P2.1	KM5	筒上翻接触器	Y12	P4.2
KM4	搅拌星形接触器	Y05	P2.0	KM6	筒下翻接触器	Y13	P4.3

表 7-23　　　　频敏变阻器起动选配式控制板资源分配

元件代号	功能	资源		元件代号	功能	资源	
输入信号							
FR	电动机热保护	X00	P1.3	KM2	接触器监控	X03	P1.0
SBT	停止	X01	P1.2	KM2		X04	P0.0
SBQ	起动	X02	P1.1	KA		X05	P0.1
输出信号							
KM1	电源接触器	Y00	P4.3	HL	搅拌指示灯	Y02	P4.1
KM2	短接变阻器接触器	Y01	P4.2	BP	警铃	Y03	P4.0

7.13.6　变频器有级调速控制

用选配式控制板进行变频器有级调速控制时，需要配置 QRPLC-MCU-44 板 1 块、QRPLC-4DI 开关量输入板 2 块、QRPLC-4DO-B 晶体管输出板 3 块，其电路原理图如图 7-141 所示，控制板上信号功能及资源分配见表 7-24。

表 7-24　　　　变频器有级调速选配式控制板资源分配

元件代号	功能	资源		元件代号	功能	资源	
输入信号							
IVT-C	变频器故障信号	X00	P1.3	SB3	正转运行起动按钮	X04	P0.0
IVT-MG	变频器就绪信号	X01	P1.2	SB4	反转运行起动按钮	X05	P0.1
SB1	停止按钮	X02	P1.1	SB5	增一级速度	X06	P0.2
SB2	变频器电源投/撤按钮	X03	P1.0	SB6	降一级速度	X07	P0.3
输出信号							
KM	变频器供电接触器	Y02	P3.7	KJJOG	变频器寸动	Y11	P4.0
HL1	正转指示灯	Y03	P3.6	KJRST	变频器复位	Y12	P2.0
HL2	反转指示灯	Y04	P4.6	KJBX	紧急停止	Y13	P2.1
IVTP3	8段速	Y06	P4.3	RX	反转运行	Y14	P2.2
IVTP2		Y07	P4.2	FX	正转运行	Y15	P2.3
IVTP1		Y10	P4.1				

7.13.7　三相异步电动机延边三角形起动控制

采用选配式控制板进行三相异步电动机延边三角形起动控制时，需要配置 QRPLC-MCU-44 板 1 块、QRPLC-4DI 开关量输入板 1 块、QRPLC-4DO-B 晶体管输出板 1 块，其电路原理图如图 7-142 所示，控制板上信号功能及资源分配见表 7-25。

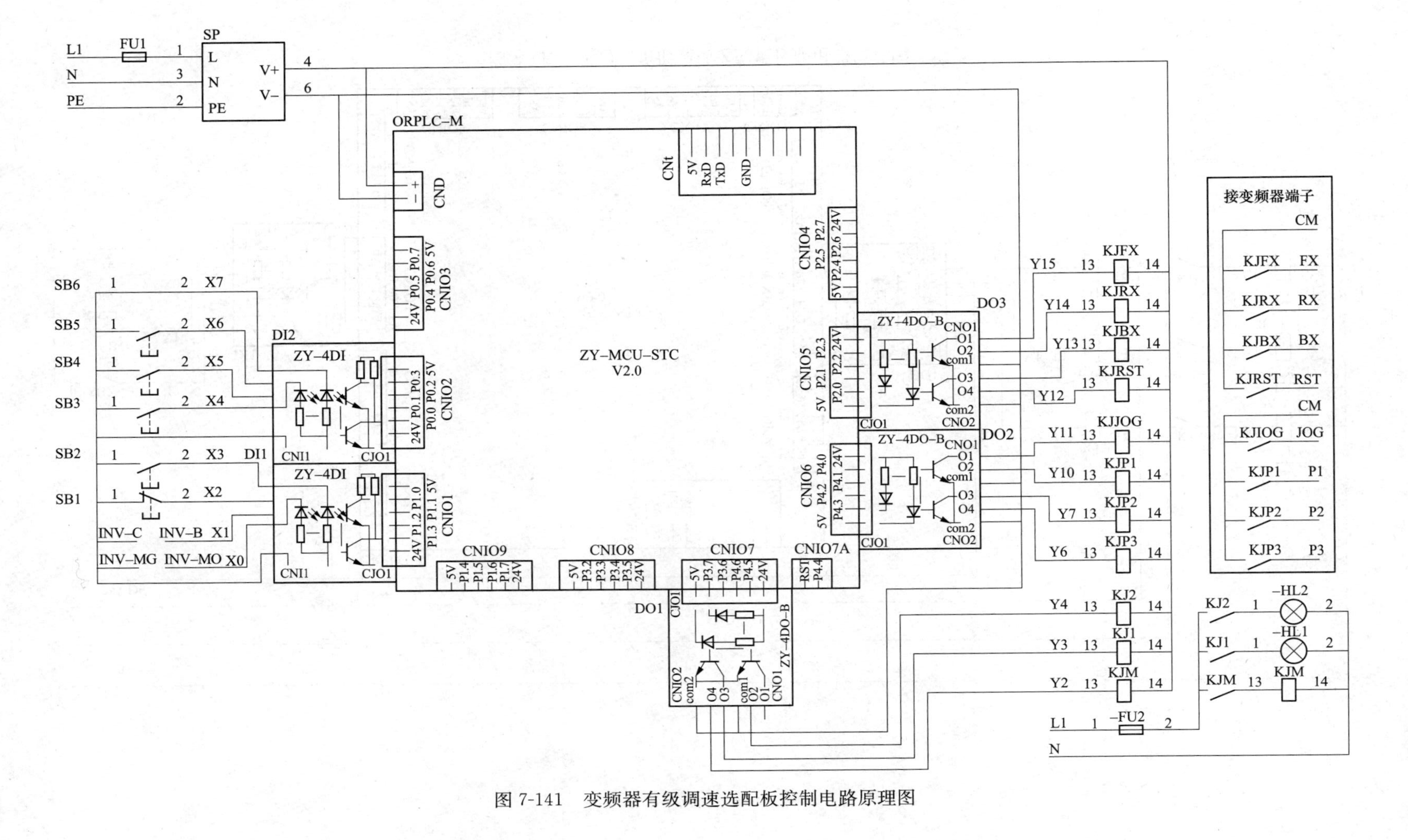

图 7-141 变频器有级调速选配板控制电路原理图

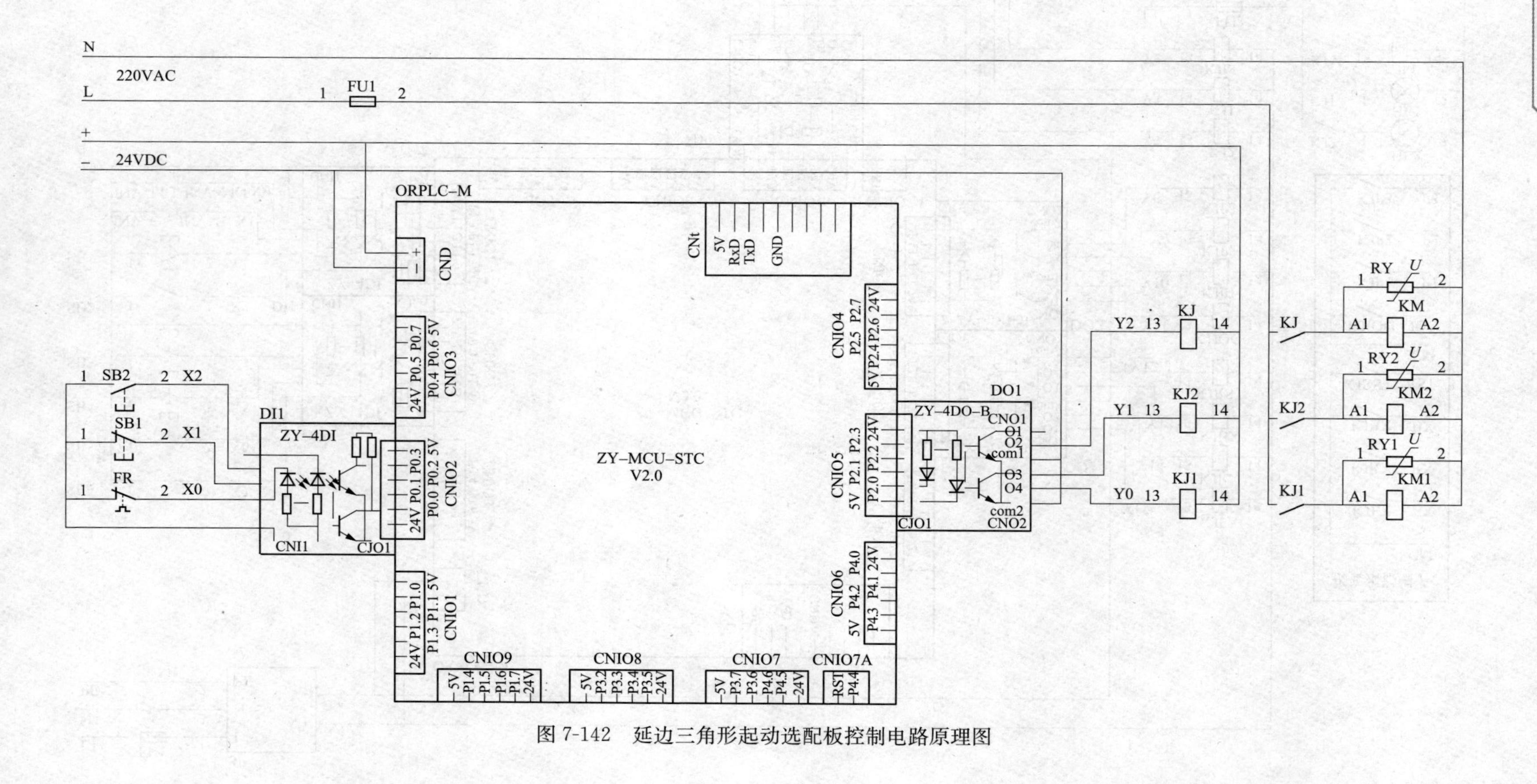

图 7-142　延边三角形起动选配板控制电路原理图

表 7-25 延边三角形起动选配式控制板资源分配

输入信号							
元件代号	功能	资源		元件代号	功能	资源	
FR	电动机热保护	X00	P0.3	SB2	起动	X02	P0.1
SB1	停止	X01	P0.2	—	备用	X03	P0.0
输出信号							
KM1	电源接触器	Y00	P2.0	KM	延边三角形接触器	Y02	P2.2
KM2	三角形接触器	Y01	P2.1	—	备用	Y03	P2.3

7.13.8 消防兼平时两用风机控制

将选配式 QRPLC 配置成 2×12 点开关量直流输入和 2×4 点继电器输出。采用冗余双组输入输出需要 1 块 QRPLC-MCU-44 板、3 块 4 路直流电源输入板和 2 块 4 路继电器输出板，其控制的电气原理如图 7-143 所示，控制板上信号功能及资源分配见表 7-26，可以看出用选配型控制板进行冗余设计十分方便。

表 7-26 两用风机控制板信号功能及资源分配

输入信号						输出信号					
代号	信号资源				功能	代号	信号资源				功能
SAC	X00	P0.7	X20	P2.7	手动方式	QAC	Y02	P1.4	Y10	P4.5	电动机接触器
	X01	P0.6	X21	P2.6	自动方式	PGY	Y03	P1.5	Y11	P4.6	过载报警光信号
SS1	X02	P0.5	X22	P2.5	手动停止	PB	Y04	P1.6	Y12	P3.6	过载报警声信号
SF1	X03	P0.4	X23	P2.4	手动起动	KA2	Y05	P1.7	Y13	P3.7	过载返回信号
BB	X04	P0.3	X24	P2.3	过载保护						
BAS	X05	P0.2	X25	P2.2	BAS 信号	中间（内部）信号					
KH	X06	P0.1	X26	P2.1	防火阀信号	KA3	M3		M13		消声辅助继电器
KA4	X07	P0.0	X27	P2.0	消防联动起动	KA6	M6		M16		消防自动辅助继电器
KA5	X10	P1.0	X30	P4.0	消防联动停止						
KA1	X11	P1.1	X31	P4.1	消防联动自动起动						
ST	X12	P1.2	X32	P4.2	声光试验						
SR	X13	P1.3	X33	P4.3	报警声解除						

7.13.9 变频器准无级调速

采用选配型控制板进行变频器准无级调速控制时，需要 QRPLC-MCU-44 板 1 块、4 路直流电源输入板 2 块、3 路模拟电压输入 1 路电压输出板 1 块和 4 路继电器输出板 1 块，其控制的电气原理如图 7-144 所示，控制板上信号功能及资源分配见表 7-27，可以看出用选配型控制板进行冗余设计十分方便。

表 7-27 选配型控制板变频器准无级信号功能及资源分配

输入信号							
元件代号	功能	资源		元件代号	功能	资源	
SA	正转	X00	P0.7	SB2	降频	X03	P0.4
	反转	X01	P0.6	X04	变频器故障	X04	P0.3
SB1	升频	X02	P0.5				
输出信号							
IVT-FX	变频器正转	Y00	P2.0	KM1	变频器电源接触器	Y02	P2.2
IVT-RX	变频器反转	Y01	P2.1	HL	指示灯	Y03	P2.3
IVT-V1	变频器给定电压	AO	P1.3				

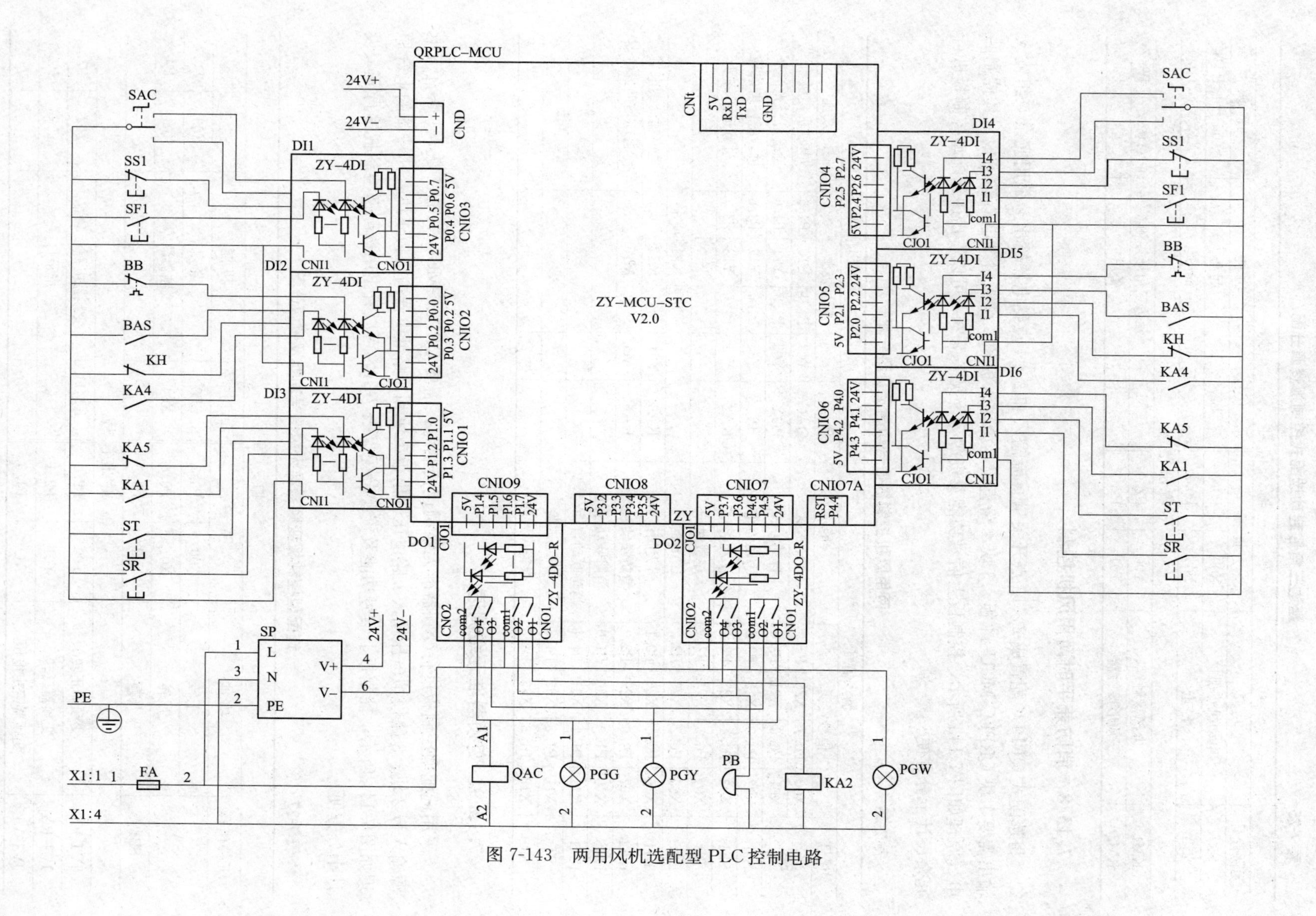

图 7-143 两用风机选配型 PLC 控制电路

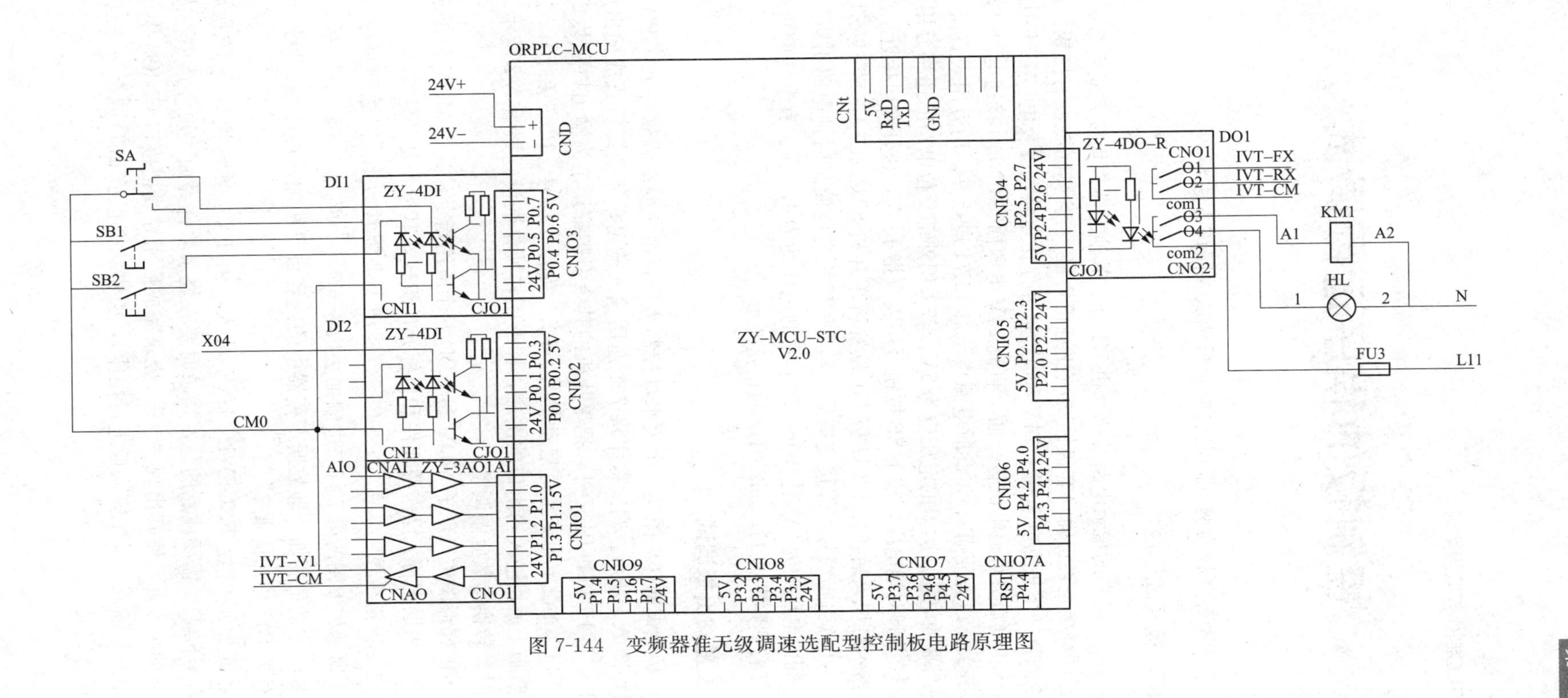

图 7-144 变频器准无级调速选配型控制板电路原理图

附录A

控制板的程序运行调试

本附录以选配型控制板为例，固定点控制板调试参照该方法。

A.1 MCU 板调试

除了用到模拟量引脚的指示电路及单片机 U1 外，其他元器件焊接完成后需要先通电检查一下 MCU 板的元器件焊接是否正确（有极性的应注意正负极）、管脚间有没有搭锡。用万用表电阻挡 R×1 或蜂鸣挡测量一下板上电源端子 24V 和 5V 是否存在短路，以及电容 C54 引脚两端是否存在短路，测量确认正确后方可通电试板。插上直流 24V 电源插头 CND，接通电源（建议 24V 电源线上串联接入一开关，以方便通断），此时电源指示灯 LE71 应点亮。用万用表直流 10V 电压挡测量电容 C54 引脚两端的电压，测得的电压应为 5V。若采用外部复位电路的还将万用表的红表笔测量接口 CNIO7A［3］脚对地电压，按下 SB 按钮万用表应指示 5V，松开则应接近 0V。电压检测正确后关断电源待指示灯熄灭后，在 MCU 板 U1 位置将单片机 STC12C5A60S2 或 STC11F60XE 等焊接上，焊接时须注意引脚编号。焊接完毕后，给 MCU 板通电测量时钟电路引脚的电压，U1 引脚［18］～［20］间的电压约为 2V、［19］～［20］间的电压约为 1.75V。有条件的可以用示波器观察引脚的波形，可看到频率为 11.0592MHz 的正弦波形。

A.2 开关量输出板调试

用于 MCU 板调试的梯形图是一个流水灯控制程序，由三菱编程软件 FXGPWIN.EXE 录入的 FX_{1N} 型梯形图如图 A-1 所示。调试程序将 7 个通用输入输出单元全部设置成输出单元，即除通信引脚 P3.0 和 P3.1、P1 口和 P4.7 外，把单片机的其余引脚都设定为输出口，共 28 路输出点。把 CNIO9 中的引脚 P1.4 设定为流水灯启动信号、P1.5 为停止信号、P1.6 和 P1.7 为跳跃时间加减调整信号。按照板上通用输入输出口的次序，梯形图转换参数设置如图 A-2 所示。若按引脚状态指示灯的次序时，转换参数应做调整。

图 A-1 所示的梯形图中出现了 MOV 和 ADD 两个应用指令，其中 MOV 是传送指令、ADD 是二进制加法指令，由助记符、操作源元件和目标元件组成，其指令要素见表 A-1。图 A-1 所示的梯形图中第一行的传送指令[MOV K5 D10]是把十进制常数 K5 传送到目标元件数据寄存器 D10 中。图 A-1 所示梯形图的第 7 行二进制加法指令[ADD D15 D15 D15]是把源元件 D15 中的值与 D15 中的值相加，即数据寄存器中的内容自身相加，再送回到目标元件 D15 中，等效于把数据寄存器 D15 中的值乘 2。

MCU 板测试梯形图经 FXGPWIN.EXE 录入，由 FX_{1N} 型转换软件转换和 stc-isp-15xx-v6.85.exe 烧录（下载）。需要注意的是，烧录时要在烧录软件界面“硬件选项”内点击“复位脚用作 I/O 口”前的小方框，使其出现“√”。烧录完成后用导线把接口 CNIO9 中［9］脚与［10］脚短接一下（最好是插入一块 4 输入板进行操作），引脚状态指示 LED 就会一一点亮，到此 MCU 板的基本测试任务完成。

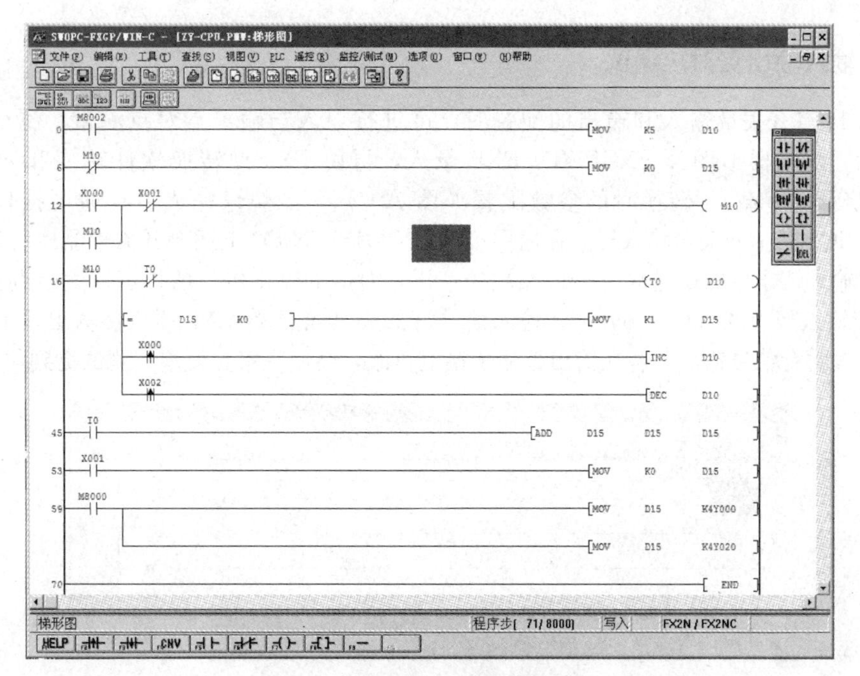

图 A-1　MCU 板测试梯形图

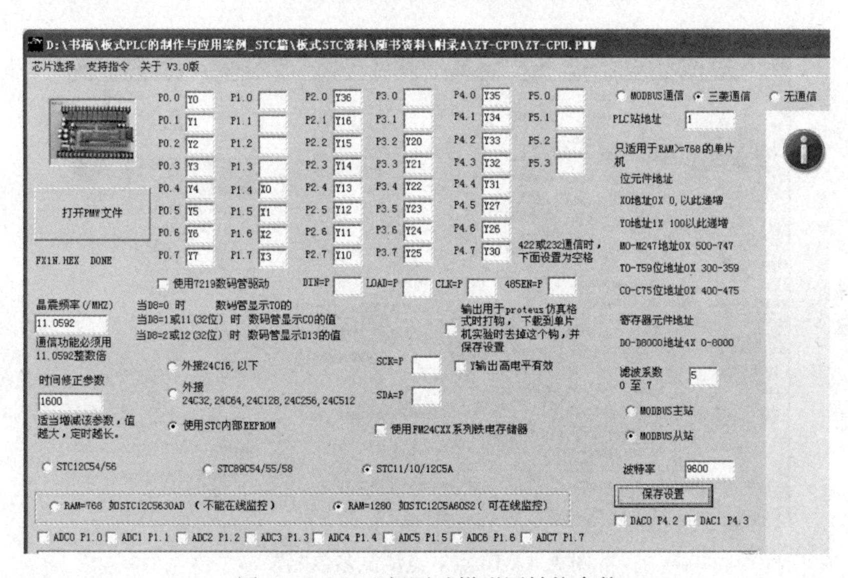

图 A-2　MCU 板测试梯形图转换参数

表 A-1　　传送和加法指令

指令助记符	功能	可用元件	梯形图表示
MOV	数据传送	S＊/D＊：K、H、KnX、KnY、KnM、KnS、T、C、D、V、Z	[MOV　S*　D*]
ADD	二进制加法	S1＊/S2＊：K、H、KnX、KnY、KnM、KnS、T、C、D、V、Z； D＊：KnY、KnM、KnS、T、C、D、V、Z	[ADD　S1*　S2*　D*]

A.3 输入输出点对应调试

若采用16点开关量输入和输出的配置时，可进行输入与输出点对点测试。测试梯形图如图A-3所示。调试梯形图经FXGPWIN.EXE录入，再由FX_{1N}型转换软件转换和stc-isp-15xx-v6.85.exe烧录（下载），转换时的参数配置如图A-4所示。烧录完成后在通用接口CNIO1～CNIO3、CNIO9插上开关量输入板，在通用接口CNIO4～CNIO7上插上开关量晶体管输出板。用导线逐一把输入端子中的信号端与com端短接一下，对应的输出端子的指示灯就会点亮，如接通CNIO3所接输入板上的X3与com端，输入信号灯LX3点亮；若CNIO4所接输出板上的LY1信号灯点亮，表明有信号输出。若在输出板端子接上负载，会使观察更直观、测试更到位。

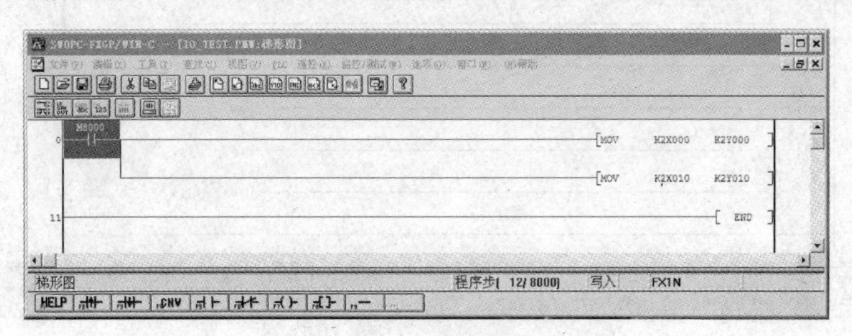

图A-3 16点对点测试梯形图

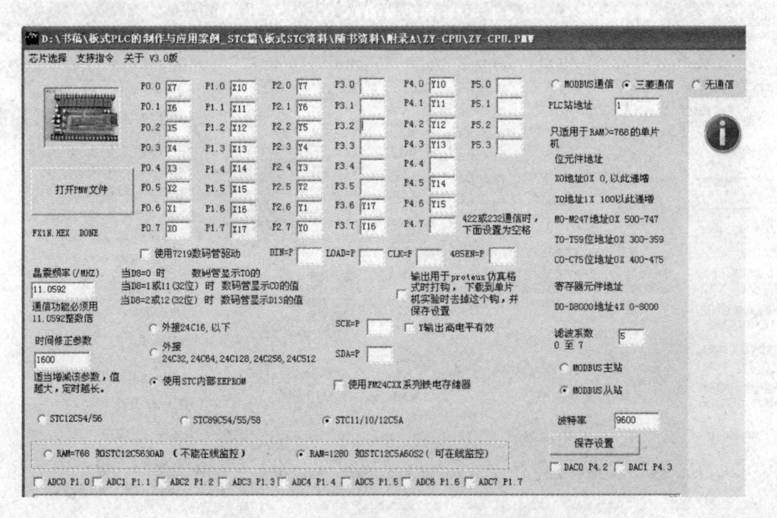

图A-4 16点对点测试参数配置

A.4 模拟电压输入输出板调试

调试模拟电压控制板的目的：一方面输入电压在0～10V变化时，观察经AD转换得出的寄存器D*i*内值的变化。当输入为10V时，取转换8位的D*i*值应该接近或等于255；取转换10位的D*i*值应该接近或等于1024。存在误差时如有必要可通过增加梯形图指令进行修正。另一方面是使DA转换后应用程序中寄存器D*n*的内容为255时电压输出端子上应得到10V电压，即输出$V_{AO0}=10V$，当电压输出不能达到10V时，可调节板上电位器RW1进行整定。

调试的方法比较简单，在端子AIi与信号地之间接一电压变化范围0～10V DC的信号发生器，在端子AO0与信号地之间接一略大于10V的直流电压挡数字或指针式万用表，如有必要可选用标准表。由于 MCU 板是按单片机封装 LQFP44 设计的，U1 应采用 STC12C5A60S2。

1. QRPLC-4AI 板调试

按照 FX_{1N}型和 FX_{2N}型转换软件的要求，模拟电压输入可选择在单片机 P1 口的任意引脚。4 路模拟电压量输入板 QRPLC-4AI 可以插入 MCU 板的 CNIO1 或 CNIO9 接口。对于转换位数，FX_{1N}型是固定 10 位不能选择，FX_{2N}型有 10 位和 8 位可选择。FX_{1N}型模拟电压量输入调试梯形图如图 A-5 所示，转换参数设置如图 A-6 所示，输入电压 10V 时运行监控界面如图 A-7 所示，从图中可以看到转换得到的值为 D1＝1023。

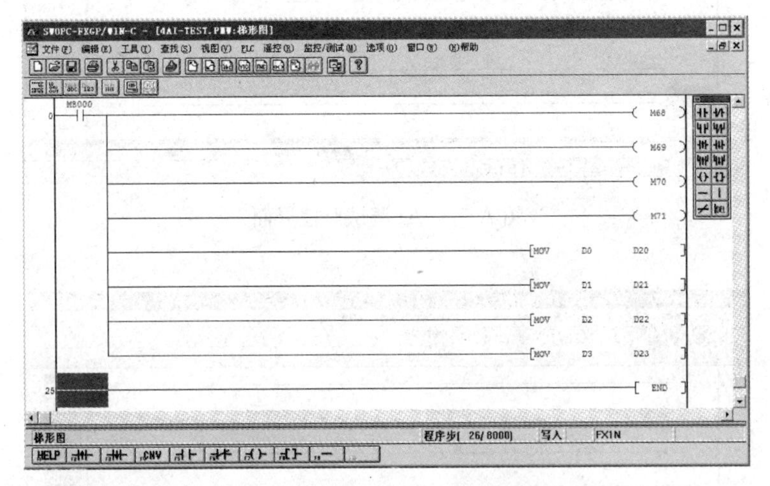

图 A-5 FX_{1N}型 4AI 调试梯形图

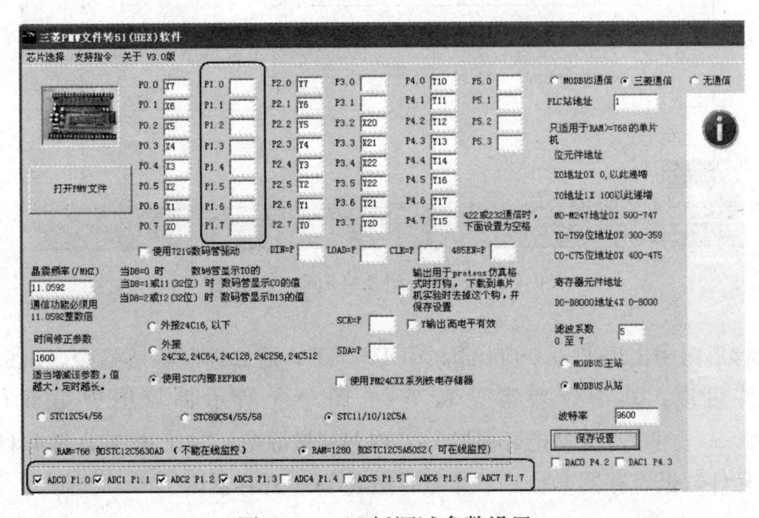

图 A-6 4AI 板调试参数设置

2. QRPLC-2AO 调试

模拟电压输出时，FX_{1N} 型的输出只能选择在单片机的 P4.2 和 P4.3，FX_{2N} 型的有 P1.3 和 P1.4、P4.2 和 P4.3 2 组。2 路模拟量输出板 QRPLC-2AO 应插入 MCU 板的 CNIO6 位置；若插在 CNIO9 接口上只有 1 路输出且是 FX_{2N}型转换软件。将通道 AI0 输入的信号电压经 QRPLC 内部转换后在 AO0 通道输出的 FX_{1N} 型调试梯形图如图 A-8 所示，转换参数设置如图 A-9 所示，AI0 输入电压 10V 时的运行监控界面如图 A-10 所示。

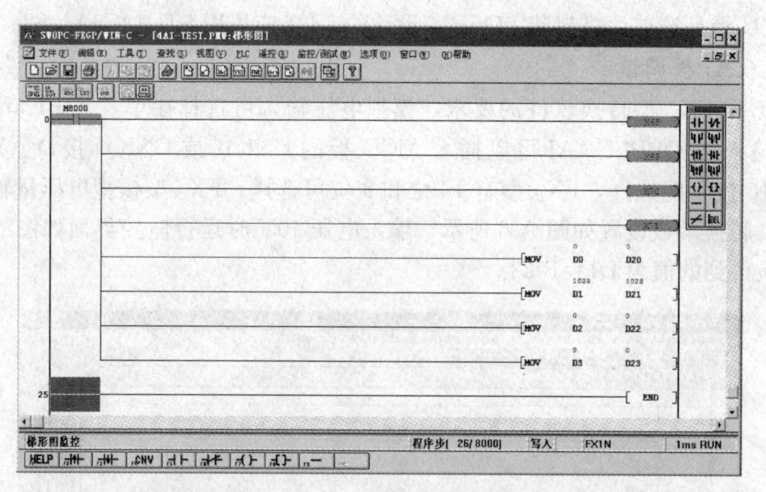

图 A-7　4AI 调试监控界面

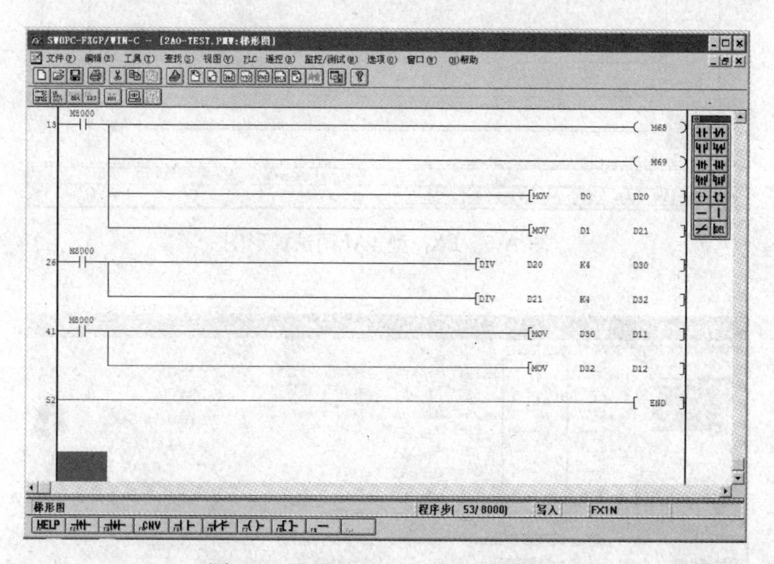

图 A-8　FX1N 型 2AO 调试梯形图

图 A-8 所示梯形图中出现了一个应用指令 DIV，DIV 是二进制除法指令，由助记符、操作源元件和目标元件组成，其指令要素见表 A-2。图 A-8 所示梯形图中第五行的除法指令 [DIV　D20　K4　D30] 是把寄存器 D20 内容（被除数）除十进制常数 4（除数），并运算结果传送到目标元件数据寄存器 D30 中、余数存放在 D31 寄存器内。

表 A-2　　　　**二进制除法指令**

指令助记符	功能	可用元件		梯形图表示
DIV	二进制除法	S1 */S2 *：K、H、KnX、KnY、KnM、KnS、T、C、D、Z	D *：KnY、KnM、KnS、T、C、D、Z	[ADD　S1*　S2*　D*]

3．QRPLC-3AI1AO 调试

3 路模拟电压输入 1 路电压输出板 QRPLC-3AI1AO 只能插入 MCU 板的 CNIO1 口。CNIO1 接口的［3］脚为电压输出，［5］、［7］和［9］脚为电压输入。调试通道 AI0 与 AO0 的 FX_{2N} 型梯形图如图 A-11 所示，其他通道应按表 4-16 做相应改动，转换参数设置如图 A-12 所示。当 AI0 输入信号电压 10V 时的监控界面如图 A-13 所示，可见寄存器数值不是 255，而是 253，存在 2 的误差。

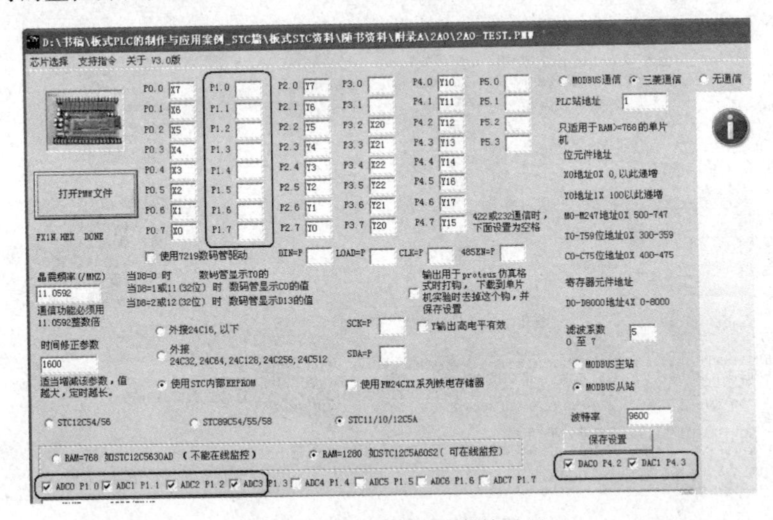

图 A-9　2AO 板调试参数设置

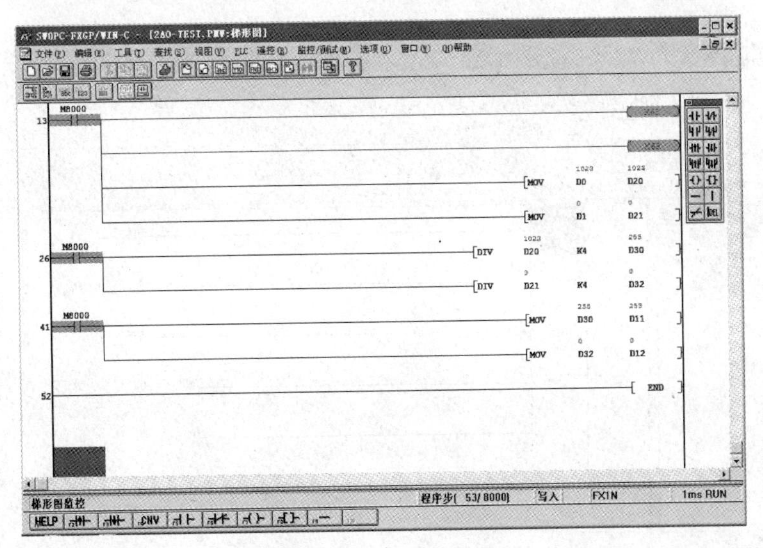

图 A-10　2AO 调试监控界面

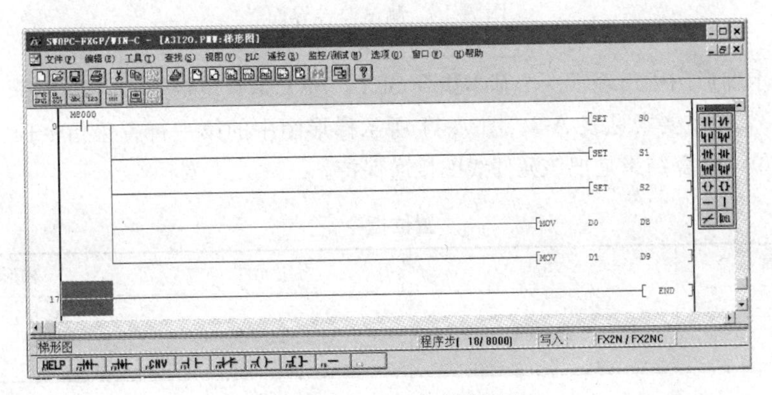

图 A-11　AI0 测试梯形图

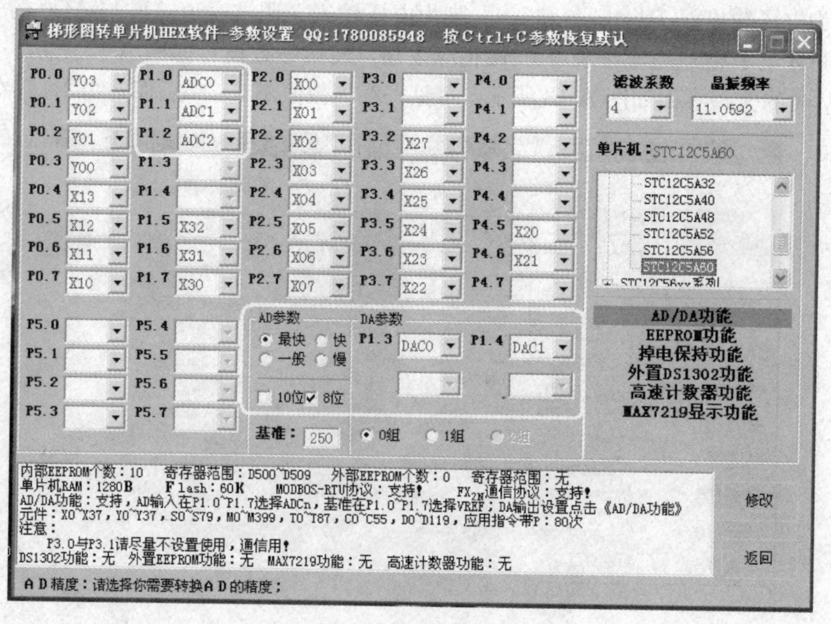

图 A-12　转换参数设置

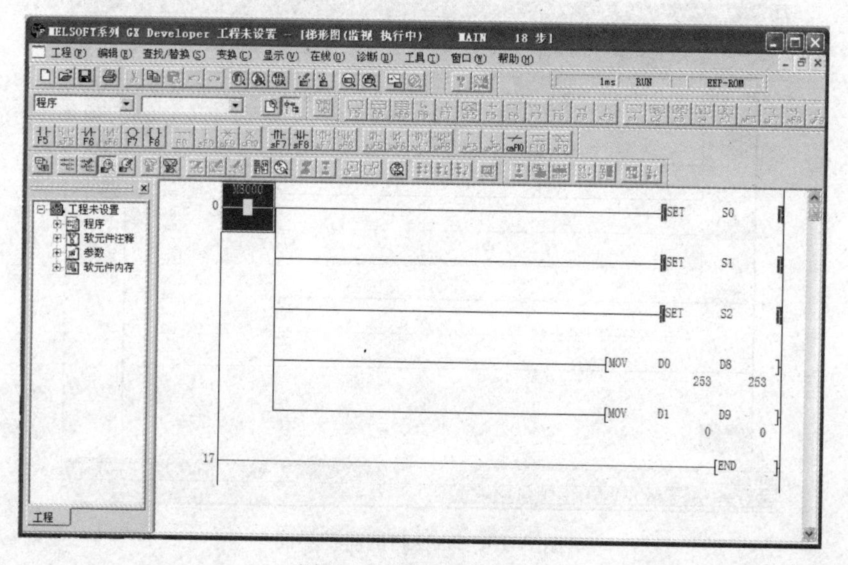

图 A-13　测试监控界面

图 A-11 所示梯形图中出现了一个基本指令 SET，SET 是置位指令，由助记符、操作源元件和目标元件组成，其指令要素见表 A-3。图 A-11 所示梯形图中的第一行置位指令-[SET S0]-是把状态器 S0 置位，运算结果是把该元件线圈接通保持。

表 A-3　置位指令

指令助记符	功能	可用元件	梯形图表示
SET	二进制除法	S*：Y、M、S	-[SET S*]-

应用指令梯形图说明

梯形图转单片机可执行代码的 FX_{1N} 型转换软件支持的三菱 PLC 应用指令助记符、功能和梯形图见表 B-1，FX_{2N} 型转换软件支持的三菱 PLC 应用指令助记符、功能和梯形图见表 B-2，表中括号中的助记符前缀“D”表示 32 位运算，助记符后缀“P”表示脉冲执行型。

表 B-1　　FX1N 型支持应用指令说明

类别	指令助记符	功能	内部资源类型	梯形图表示
定位	ZRN	原点复位	R_1/R_2：K、H、KnX、KnY、KnM、KnS、T、C、D、V/Z；R_3：X、Y、M、S；R：M、S	[ZRN R_1 R_2 R_3 R]
高速处理	PLSY (DPLSY)	脉冲输出	R_1/R_2：K、H、KnX、KnY、KnM、KnS、T、C、D、V/Z；R：Y00、Y01	[PLSY R_1 R_2 R]
	PLSR (DPLSR)	带加减速脉冲输出	$R_1/R_2/R_3$：K、H、KnX、KnY、KnM、KnS、T、C、D、V/Z；R：Y00、Y01	[PLSR R_1 R_2 R_3 R]
方便	ALT	交替输出	R：Y、M、S	[ALT R]
传送	MOV	数据传送	R_1：K、H、KnX；R_1/R：KnY、KnM、KnS、T、C、D、V/Z	[MOV R_1 R]
数据处理	ZRST	批次复位	R_1/R_2：Y、M、S、T、C、D	[ZRST R_1 R_2]
逻辑运算	INC	(R)+1→(R)	R：KnY、KnM、KnS、T、C、D、V/Z	[INC R]
	DEC	(R)−1→(R)		[DEC R]
	ADD (DADD)	(R_1)＋(R_2)→(R)	R_0/R_2：K、H、KnX；R_0/R_2/R：KnY、KnM、KnS、T、C、D、V/Z	[ADD R_1 R_2 R]
	SUB (DSUB)	(R_1)＋(R_2)→(R)		[SUB R_1 R_2 R]
	MUL (DMUL)	(R_1)×(R_2)→(R_{i+1}、R_i)	R_0/R_2：K、H、KnX、Z；R_0/R_2/R：KnY、KnM、KnS、T、C、D、V	[MUL R_0 R_2 R]
	DIV (DDIV)	(R_1)÷(R_2)→(R_{i+1}、R_i) 商：R；余数：R_{+1}		[DIV R_0 R_2 R]

续表

类别	指令助记符	功能	内部资源类型	梯形图表示
触点比较	LD=	$(R_1)=(R_2)$	R_1/R_2：K、H、KnX、KnY、KnM、KnS、T、C、D、V/Z	[LD= R_1 R_2]—( )
	LD>	$(R_1)>(R_2)$		[LD> R_1 R_2]—( )
	OR=	$(R_1)=(R_2)$		[OR= R_1 R_2]—( )
	OR>	$(R_1)>(R_2)$		[OR> R_1 R_2]—( )
	AND=	$(R_1)=(R_2)$		[AND= R_1 R_2]( )
	AND>	$(R_1)>(R_2)$		[AND> R_1 R_2]( )

表 B-2　FX_{2N}型支持16位应用指令说明

类别	指令助记符	功能	内部资源类型	梯形图表示
传送	MOV（MOVP）	数据传送	R_1：K、H、KnX；R_1/R：KnY、KnM、KnS、T、C、D、V/Z	[MOV R_1 R]
逻辑运算	INC（INCP）	(R) +1→ (R)	R：KnY、KnM、KnS、T、C、D、V/Z	[INC R]
	DEC（DECP）	(R) −1→ (R)		[DEC R]
数据处理	ZRST	批次复位	R_1/R：Y、M、S、T、C、D	[ZRST R_1 R_2]
	DECO（DECOP）	译码	R_1：K、H 、T、C、D、V/Z；R：Y、M、S、T、C、D；n：K、H	[DECO R_1 R n]
	ENCO（ENCOP）	编码	R_1:X、Y、M、S、T、C、D、V/Z；R：T、C、D、V/Z；n：K、H	[ENCO R_1 R n]
	SUM	ON位数	R_1：K、H、KnX；R_1/R：KnY、KnM、KnS、T、C、D、V/Z	[SUM R_1 R]
传送与比较	CMP	比较	R_1/R_2：K、H、KnX、KnY、KnM、KnS、T、C、D、V/Z；R：Y、M、S	[CMP R_1 R_2 R]
	BCD	BCD转换	R_1：KnX、KnY、KnM、KnS、T、C、D、V/Z；R：KnY、KnM、KnS、T、C、D、V/Z	[BCD R_1 R]

续表

类别	指令助记符	功能	内部资源类型	梯形图表示
传送与比较	CML (CMLP)	倒转传送	R_1：K、H、KnX； R_1/R：KnY、KnM、KnS、T、C、D、V/Z	[CML R_1 R]
	ZCP	区域比较	$R_1/R_2/R_3$：K、H、KnX、nY、KnM、KnS、KnY、KnM、KnS、T、C、D、V/Z； R：Y、M、S	[ZCP R_1 R_2 R_3 R]
	BMOV (BMOVP)	成批传送	R_1：KnX、KnY、KnM、KnS、T、C、D； R：KnY、KnM、KnS、T、C、D； n：K、H、D	[BMOV R_1 R n]
循环移位	ROR (RORP)	循环右移	R：KnY、KnM、KnS、T、C、D； n：K、H	[ROR R n]
	ROL (ROLP)	循环左移		[ROL R n]
触点比较	LD>	$(R_1)>(R_2)$	R_1/R_2：K、H、KnX、KnY、KnM、KnS、T、C、D、V/Z	[LD> R_1 R_2]—( )
	LD>=	$(R_1)>=(R_2)$		[LD>= R_1 R_2]—( )
	LD<	$(R_1)<(R_2)$		[LD< R_1 R_2]—( )
	LD<=	$(R_1)<=(R_2)$		[LD<= R_1 R_2]—( )
	LD=	$(R_1)=(R_2)$		[LD= R_1 R_2]—( )
	LD<>	$(R_1)<>(R_2)$		[LD<> R_1 R_2]—( )
	OR>	$(R_1)>(R_2)$		[OR> R_1 R_2]
	OR>=	$(R_1)>=(R_2)$		[OR>= R_1 R_2]
	OR<	$(R_1)<(R_2)$		[OR< R_1 R_2]
	OR<=	$(R_1)<=(R_2)$		[OR<= R_1 R_2]
	OR=	$(R_1)=(R_2)$		[OR= R_1 R_2]
	OR<>	$(R_1)<>(R_2)$		[OR<> R_1 R_2]

续表

类别	指令助记符	功能	内部资源类型	梯形图表示
触点比较	AND＞	$(R_1)>(R_2)$	R_1/R_2：K、H、KnX、KnY、KnM、KnS、T、C、D、V/Z	┤├[AND> R_1 R_2]( )┤
	AND＞＝	$(R_1)>=(R_2)$		┤├[AND>= R_1 R_2]( )┤
	AND＜	$(R_1)<(R_2)$		┤├[AND< R_1 R_2]( )┤
	AND＜＝	$(R_1)<=(R_2)$		┤├[AND<= R_1 R_2]( )┤
	AND＝	$(R_1)=(R_2)$		┤├[AND= R_1 R_2]( )┤
	AND＜＞	$(R_1)<>(R_2)$		┤├[AND<> R_1 R_2]( )┤
方便指令	ALT (ALTP)	交替输出	R：Y、M、S	┤├─┤├[ALT R]┤
程序流程	WDT	监控定时器	—	┤├──[WDT]┤
	CALL	子程序调用	—	┤├──[CALL Pi]┤
	SRET	子程序返回	—	├──[SRET]┤
	CJ	条件跳转	—	┤├──[CJ Pi]┤
	FEND	主程序结束	—	├──[FEND]┤
逻辑运算	ADD (DADD)	$(R_1)+(R_2)\rightarrow(R)$	R_1/R_2：K、H、KnX；$R_1/R_2/R$：KnY、KnM、KnS、T、C、D、V/Z	┤├─┤├[ADD R_1 R_2 R]┤
	SUB (DSUB)	$(R_1)+(R_2)\rightarrow(R)$		┤/├─┤├[SUB R_1 R_2 R]┤
	MUL (DMUL)	$(R_1)\times(R_2)\rightarrow(R_{i+1},R_i)$	R_0/R_2：K、H、KnX、Z；$R_0/R_2/R$：KnY、KnM、KnS、T、C、D、V	┤├─┤├[MUL R_0 R_2 R]┤
	DIV (DDIV)	$(R_1)\div(R_2)\rightarrow(R_{i+1},R_i)$ 商：(R_{i+3},R_{i+2})		┤├─┤├[DIV R_0 R_2 R]┤
	WAND	字逻辑与	R_1/R_2：K、H、KnX、KnY、KnM、KnS、T、C、D、V/Z；R：KnY、KnM、KnS、T、C、D、V/Z	┤├─┤├[WAND R_1 R_2 R]┤
	WOR	字逻辑或		┤├─┤├[WOR R_1 R_2 R]┤
	WXOR	字逻辑异或		┤├─┤├[WXOR R_1 R_2 R]┤
高速处理	PLSY (DPLSY)	脉冲输出	R_1/R_2：K、H、KnX、KnY、KnM、KnS、T、C、D、V/Z；R：Y00、Y01	┤├─┤├[PLSY R_1 R_2 R]┤
	PLSR (DPLSR)	带加减速脉冲输出	$R_1/R_2/R_3$：K、H、KnX、KnY、KnM、KnS、T、C、D、V/Z；R：Y00	┤├──[PLSR R_1 R_2 R_3 R]┤
时钟运算	TRD	时钟数据读出	R：T、C、D	┤├──[TRD R]┤

参 考 文 献

[1] 孙涵芳，徐爱卿．MCS-51/96单片机的原理与应用（修订版）［M］．北京：北京航空航天大学出版社，1996.
[2] 陈洁，陈玉红．单片机控制技术快速入门［M］．北京：中国电力出版社，2015.
[3] 李清泉，黄昌宁．集成运算放大器原理与应用［M］．北京：科学出版社，1980.
[4] 杨家树，关静．实用电子技术丛书 OP放大器电路及应用［M］．北京：科学出版社，2010.
[5] 余永权，李小青，陈林康．单片机应用系统的功率接口技术［M］．北京：北京航空航天大学出版社，1992.
[6] 陈洁．PLC控制技术快速入门—三菱FX系列［M］．北京：中国电力出版社，2010.
[7] 陈洁，张其努，贾利忠．用PLC实现变频器的有级调速［J］．电气技术，2010（6）：98-100.
[8] 陈洁．嵌入式PLC的编制过程和应用［N］．电子报，2014（16）：第11版．
[9] 陈洁．自动扶梯的PLC单片机化控制［J］．电世界，2015（9）：44-48.
[10] 陈洁．PLC控制程序的状态转换法设计［J］．电工技术，2016（1）：41-44.
[11] 陈洁．轻松掌握PLC软硬件及应用（三菱FX1S）［M］．北京：中国电力出版社，2016.
[12] 陈洁．电动机星角降压起动的状态转换法编程［J］．电世界，2016（7）：44-46.
[13] 陈洁．使用梯形图编程进行单片机应用系统开发［J］．电世界2016（9）：40 -42.
[14] 《钢铁企业电力设计手册》编委会．钢铁企业电力设计手册（下册）［M］．北京：冶金工业出版社，1996.
[15] 史国生．电气控制与可编程控制器技术［M］．北京：化学工业出版社，2004.
[16] 沈洪，陈洁．三菱PLC应用程序的模块化设计［N］．电子报，2018（12/13）：第8版．
[17] 陈洁．电动机星角降压起动控制器及其应用［N］．电子报，2018（27）：第7版．
[18] 陈洁．自动扶梯曳引机Y-Δ起动PLC控制的状态转换法编程［J］．中国电梯，2016（23）：18-21.
[19] 陈洁．变频器有级调速PLC控制的状态转换法编程［N］．电子报，2018（51/52）：第7版．
[20] 陈洁．用单片机控制几台三相异步电动机顺序起停电路［N］．电子报，2019（6/7）：第7版．
[21] 沈洪，键谈．用单片机进行2台机组互为备用的液位控制电路［N］．电子报，2019（11/12）：第7版．
[22] 沈洪，键谈．真石漆搅拌机的单片机控制电路和程序设计［N］．电子报，2019（13）：第7版．
[23] 陈洁．单片机在胶水混合机控制中的应用［J］．电世界，2019（4）：37-41.
[24] 沈洪，键谈．用单片机控制频敏变阻器启动电动机的方法［N］．电子报，2019（20）：第7版．
[25] 陈洁．胶水混合机PLC控制的状态转换法编程［J］．电世界，2019（9）：44-47.
[26] 键谈，沈洪，等．用梯形图编程进行STC单片机应用设计制作［N］．电子报，2019（30-40）：第8版．
[27] 键谈．用梯形图进行STC单片机应用设计制作——拼装式单片机控制板及应用［N］．电子报，2020（11-14）：第7版．
[28] 键谈．排烟加压风机电路的PLC控制和程序设计［N］．电子报，2020（15-16）：第8版．
[29] 陈洁，沈洪，严俊高．一用一备排水泵自动轮换的PLC控制［J］．电世界，2020（8）：44-48.
[30] 陈洁．用STC单片机制作板式PLC及其应用实例——MCU板制作［J］．电世界，2020（12）：45-49.
[31] 陈洁．PLC入门与应用案例［M］．北京：中国电力出版社，2011.
[32] 李英姿．低压电器应用技术［M］．北京：机械工业出版社，2009.